金属工艺学

主　编　邱常明
副主编　张好强　孙红婵
参　编　郭春丽　骆建华　李晨辉
　　　　王鑫阁　琚立颖　王彦凤
主　审　李世杰

科学出版社

北　京

内 容 简 介

　　本书是在传统的金属工艺学教材基础上，按照课程改革的新形势和实践理论教学要求，认真总结多年教学改革经验编写而成的。本书共分10章。除第1章简要介绍与金属工艺有关的部分材料基本知识外，其余9章分别针对基本金属工艺中的铸造、锻压、焊接、车削加工、刨削加工、铣削加工、磨削加工、数控加工及特种加工等进行了介绍。每章后面还附有一定数量的思考题。全书的内容编排有利于学生根据实习工种进行针对性的理论学习。

　　本书可作为普通高等教育本科、高职高专、成人教育、广播电视大学、技工等院校的机械类、近机类工科专业学生"金工实习"和"专业技术训练"的实训理论指导书，也可作为企业管理人员、工程技术人员、技术工人的学习参考书。

图书在版编目(CIP)数据

金属工艺学/邱常明主编. —北京：科学出版社，2016.8

ISBN 978-7-03-049033-9

Ⅰ. ①金… Ⅱ. ①邱… Ⅲ. ①金属加工–工艺学 Ⅳ. ①TG

中国版本图书馆 CIP 数据核字(2016)第 141775 号

责任编辑：毛　莹　朱晓颖/责任校对：桂伟利
责任印制：徐晓晨/封面设计：迷底书装

科学出版社 出版

北京东黄城根北街 16 号
邮政编码：100717
http://www.sciencep.com

北京凌奇印刷有限责任公司 印刷

科学出版社发行　各地新华书店经销

*

2016 年 8 月第 一 版　　开本：787×1092　1/16
2021 年 1 月第五次印刷　　印张：17 1/2
字数：448 000

定价：62.00 元

(如有印装质量问题，我社负责调换)

前　　言

近年来，我国的工程实践教学取得了一系列重大进展，为进一步适应课程改革的新形势和实践理论教学要求，编者在认真总结多年教学改革经验的基础上编写了本书。

在编写时，编者从高等学校金属工艺实训的理论与实践相结合出发，确定了编写的指导思想和教材特色。侧重于应用理论和应用技术，强调理论联系实际，加强综合、归纳、运用和培养能力的结合，增加了插图、表格，力求便于自学，注意了各种加工的经济性分析，以培养学生的经济观点、适应市场经济。本书最大限度地采用了法定计量单位及最新的国家标准。

本书内容包括材料基础知识、铸造、锻压、焊接、车削加工、铣削加工、刨削加工、磨削加工、钳工加工、数控加工技术和特种加工等。内容丰富，文字简明通顺，插图清晰生动，易为读者接受和掌握。

本书由华北理工大学邱常明任主编，张好强和孙红婵任副主编，全书由邱常明统稿及定稿。参加编写的人员有：孙红婵(第1章、第2章部分、第3章部分)，郭春丽(第2章部分)，骆建华(第3章部分)，琚立颖(第4章)，张好强(第5、6章)，邱常明(第7章)，王彦凤(第8章)，李晨辉(第9章、第10章部分)，王鑫阁(第10章部分)。

河北工业大学李世杰教授主审本书，在审阅中提出了很多宝贵意见，在此表示衷心的感谢。

在本书的编写过程中，许多实训指导教师给出了诚恳指导和帮助，在此一并表示感谢。

在编写过程中，参考了大量的相关教材和资料，所有参考文献均已在书后列出，在此对文献作者表示由衷的谢意。

由于编者水平有限，书中难免有不足或疏漏之处，恳请广大读者批评指正。

编　者

2016 年 3 月

目　　录

第1章　工程材料基本知识

1.1　常用金属材料、牌号和用途

用于机械制造的各种材料统称为机械工程材料。现代社会中材料、能源、信息以及生物技术已成为一个国家经济建设的支柱产业，其中材料占有十分突出的地位。金属材料是机械制造过程中使用最广泛的工程材料，主要包括钢、合金钢、铸铁、铜、铝、铜合金、铝合金等。

1.1.1　碳素钢

碳素钢(碳钢)是含碳量质量百分比(w_C)在 0.02%～2.11%、以铁和碳为主要组成元素的铁碳合金的统称，常含硅(Si)、锰(Mn)、硫(S)、磷(P)等杂质。碳素钢的性能主要取决于含碳量，含碳量增加，钢的强度、硬度升高，但塑性、韧性和可焊性降低。与其他钢类相比，碳素钢使用最早、成本低、性能范围宽、用量最大。

1. 碳素钢的分类

碳钢分类方法很多，比较常用的有三种，即按钢的含碳量、质量和用途分类。

1) 按含碳量分类

低碳钢：含碳量小于或等于 0.25% 的钢，$w_C \leqslant 0.25\%$。

中碳钢：含碳量为 0.25%～0.60% 的钢，$0.25\% < w_C \leqslant 0.60\%$。

高碳钢：含碳量大于 0.6% 的钢，$w_C > 0.60\%$。

2) 按质量分类

即按含有杂质元素 S、P 的多少分类。

普通碳素钢：$w_S \leqslant 0.055\%$，$w_P \leqslant 0.045\%$。包括甲类钢(A 类钢，保证力学性能)、乙类钢(B 类钢，保证化学成分)和特类钢(C 类钢，保证力学性能和化学成分)，如 Q235A、Q235B、Q235C、SS400 等。

优质碳素钢：w_S、$w_P \leqslant 0.035\%$～0.040%。

高级优质碳素钢：$w_S \leqslant 0.020\%$～0.030%，$w_P \leqslant 0.030\%$～0.035%，如 45、S50C、S45C、P20 等。

3) 按用途分类

碳素结构钢：用于制造各种工程构件(如桥梁、船舶、建筑构件等)及机器零件(如齿轮、轴、连杆、螺钉、螺母等)。

碳素工具钢：用于制造各种刀具、量具、模具等，一般为高碳钢，在质量上都是优质钢或高级优质钢。

2. 碳素钢的牌号和用途

(1) 普通碳素结构钢："Q+数字+(A/B/C/D)+(F/b/Z/TZ)"。

主要保证力学性能，牌号体现力学性能。Q 为屈服点，"屈"汉语拼音；数字表示屈服强度数值，单位 MPa；若牌号后面标注字母 A、B、C、D，则表示钢材质量等级不同，即 S、P 含量不同，A、B、C、D 质量依次提高；F 表示沸腾钢，b 为半镇静钢，不标 F 和 b 的为镇静钢，Z 为镇静钢，TZ 为特殊镇静钢。

如 Q235-A·F 表示屈服强度为 235MPa 的 A 级沸腾钢，Q235-C 表示屈服强度为 235MPa 的 C 级镇静钢。

碳素结构钢按照它们的屈服强度分为 5 个牌号：Q195、Q215、Q235、Q255、Q275。每个牌号由于质量不同可分为 A、B、C、D 四个等级(最多的有四种，有的只有一种)。

普通碳素结构钢一般情况下都不经热处理，而是在供应状态下直接使用。

(2) 优质碳素结构钢："两位数字"。

"两位数字"表示钢中平均含碳量的万分之几。如 45 钢表示钢中平均含碳量为 0.45%，08 钢表示钢中平均含碳量为 0.08%。若钢中含锰量较高，需将锰元素标出，如 0.45%C、0.70%～1.00% Mn 的钢，牌号即为 45Mn。

优质碳素结构钢能够同时保证钢的化学成分和力学性能，主要用于制造机械零件，一般都要经过热处理以提高力学性能。

(3) 碳素工具钢："碳或 T+ 数字"。

"数字"表示钢中平均含碳量的千分之几；T8、T10 分别表示钢中平均含碳量为 0.80% 和 1.0%的碳素工具钢，若为高级优质碳素工具钢，则在钢号最后附以"A"字。如 T12A。

碳素工具钢用于制造各种量具、刃具、模具等。经热处理(淬火+低温回火)后具有高硬度，用于制造尺寸较小要求耐磨性的量具、刃具、模具等。

1.1.2　合金钢

合金钢是在碳素钢的基础上加入不同的合金元素，如锰(Mn)、镍(Ni)、钒(V)、稀土元素(RE)等，使其具有特殊的性能。添加不同的元素，并采取适当的加工工艺，可获得具有高强度、高韧性、耐磨、耐腐蚀、耐低温、耐高温、无磁性等特殊性能的合金钢。

1. 合金钢的分类

合金钢的种类繁多，分类方法也较多，常用的分类方法有以下两种。

1) 按特性和用途

(1) 合金结构钢。用于制造重要的机器零件和工程结构，可分为普通低合金钢和优质结构钢。

普通低合金钢是在含碳量小于 0.2%普通钢的基础上加入少量合金元素(<3%)所制得的钢。由于合金元素的强化作用，具有较好的塑性、韧性、焊接性和耐蚀性，主要用于各种工程结构，如桥梁、建筑、船舶、车辆、高压容器等。采用普通低合金钢的目的是减轻结构重量，保证使用可靠性，节约钢材，例如，用 16Mn 代替 Q235 可节约钢材 15%～20%。

优质结构钢是机械制造用钢，是在优质钢和高级优质钢的基础上加上合金元素所制得的, 按其用途和热处理特点又可分为如下几种: 渗碳钢、调质钢、弹簧钢、滚动轴承钢、易切钢和超高强度钢等。

(2) 合金工具钢、量具钢。是含碳量较高、合金元素含量较低的钢, 具有高的硬度和耐磨性, 机加工性能好, 稳定性好, 用于制造重要的工具、模具等。

(3) 特殊性能钢。具有某种特殊物理、化学性能, 如不锈钢、耐热钢等。

2) 按合金元素含量

(1) 低合金钢。合金元素总量小于 5%。

(2) 中合金钢。合金元素总量 5%～10%。

(3) 高合金钢。合金元素总量大于 10%。

2. 合金钢牌号的表示方法

合金钢的表示采用"数字+元素符号+数字"的方法。

(1) 结构钢:"两位数字+元素符号+数字"。

"两位数字"表示钢中平均含碳量的万分之几。如 45 钢表示钢中平均含碳量为 0.45%, 08 钢表示钢中平均含碳量为 0.08%。若钢中含锰量较高, 需将锰元素标出, 如 0.45%C、0.70%～1.00% Mn 的钢, 牌号即为 45Mn。

(2) 工具钢:"一位数字+元素符号+数字"。

"一位数字"表示平均含碳量的千分之几, 如 9SiCr, 含义是平均含碳量 0.9%, Si、Cr 含量均小于 1.5%。当含碳量大于 1%时, 则不再标出含碳量, 如 Cr12MoV, 表示此工具钢含碳量大于 1%, Cr 含量为 12%, Mo、V 含量均小于 1.5%。

此外, 为了表示钢的用途, 有些钢种在牌号前加一字母, 如滚动轴承钢的牌号为 GCr9, 其含铬量为 0.9%; 再如, 易切钢在牌号前加字母"Y", 如 Y12、Y15 等。

(3) 特殊性能钢:其编号方法同合金工具钢, 如不锈钢 1Cr18Ni9Ti, 其含义为 w_C=0.1%, w_{Cr}=18%, w_{Ni}=9%, w_{Ti}<1.5%。

1.1.3　铸铁

铸铁是含碳量大于 2.11% 的铁碳合金, 与钢相比, 其碳、硅含量较高(大致成分为 2.5%～4.0%C、1.0%～3.0%Si)。铸铁的抗拉强度、塑性和韧性不如钢, 其力学性能比钢差, 不能锻造。但铸铁具有优良的铸造性、减振性、耐磨性和切削加工性等特点, 加之成本低廉, 生产设备和工艺简单, 在机械制造中应用较广。

根据铸铁中碳的存在形态不同, 分为灰口铸铁和白口铸铁。其中, 灰口铸铁中碳以石墨的形式存在, 应用广泛。按石墨形式的不同灰口铸铁又分为灰铸铁、可锻铸铁、球墨铸铁和蠕墨铸铁等(表 1-1)。

表 1-1　铸铁牌号、应用及说明

名称	牌号	应用	说明
灰铸铁	HT150	用于承受中等负荷的零件, 如机座、支架、轴承座、阀体等	"HT"表示灰铸铁, 后面的三个数字表示直径 30mm 试棒的最低抗拉强度值(MPa) 和最低延伸率(%)
	HT200	用于承受较大负载的零件, 如汽缸、齿轮、机座、飞轮、床身、汽缸体、汽缸套、活塞、齿轮箱等	
	HT250		

名称	牌号	应用	说明
可锻铸铁	KTH300-06 KTH330-08	用于承受冲击、震动及扭转负荷的零件，如汽车、拖拉机的后桥壳，转向机构壳体，弹簧钢板支座、低压阀门和各种管接头等	"KT" 表示可锻铸铁；"KTH""KTZ"分别表示黑心和白心可锻铸铁；后面的三个数字表示最低抗拉强度值(MPa)
	KTZ450-06	用于负荷较高和耐磨损的零件，如曲轴、连杆、齿轮、凸轮轴等	
球墨铸铁	QT400-18 QT450-10	用于承受冲击、震动的零件，如汽车、拖拉机底盘零件、中低压阀门、管道	"QT"为球墨铸铁的代号，后面的数字分别代表最低抗拉强度(MPa)和最低延伸率(%)
	QT500-7 QT800-2	用于负荷大、受力复杂的零件，如曲轴、齿轮、凸轮轴、连杆、轧钢机轧辊	

1.2　金属材料的机械性能

金属材料的种类繁多，性能各异，为了正确合理地选用，并且尽量发挥材料的潜能，通过一系列指标来衡量比较它们的性能。材料性能包括使用性能和加工性能(工艺性能)。其中，使用性能包括机械性能、物理性能和化学性能等，加工性能包括铸造性能、锻造性能、焊接性能、切削加工性和热处理工艺性，在以后章节中将做进一步的详细介绍。

机械性能也称为力学性能，指材料抵抗外力的能力。常用的机械性能指标有强度、塑性、硬度、韧性等。

1. 强度

金属材料在静载荷的作用下，抵抗变形和断裂的能力。所谓静载荷，是指对材料缓慢地加载。抵抗能力越大，则材料的强度越高。由于材料所受外力的形式不同，因此强度也分为弹性极限（即材料不产生永久变形的最大应力）屈服强度（即材料发生塑性变形的最小应力）抗拉强度（即材料在断裂前所承受的最大拉力）以及抗压强度、抗弯强度、抗扭强度、抗剪强度等，使用最广泛的是抗拉强度。

抗拉强度的测定是在专门的拉伸试验机上进行的，其测定步骤如下。

(1) 按规定将测试材料制成拉伸试样，如图 1-1 所示。

(2) 将其装在拉伸试验机上缓慢加载，直至拉断，同时记录载荷与变形量的数值，如图 1-2 所示。

(3) 获得拉伸曲线，如图 1-3 所示。

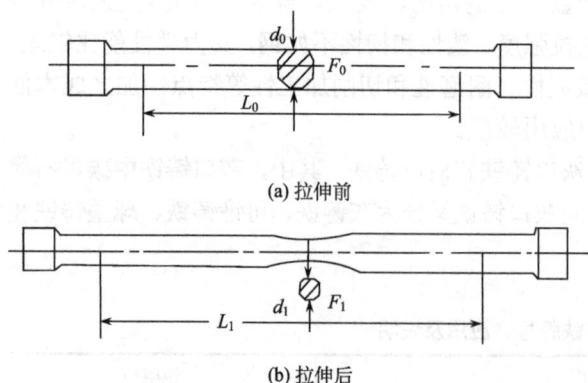

(a) 拉伸前

(b) 拉伸后

图 1-1　拉伸试样试验前和拉伸后示意图

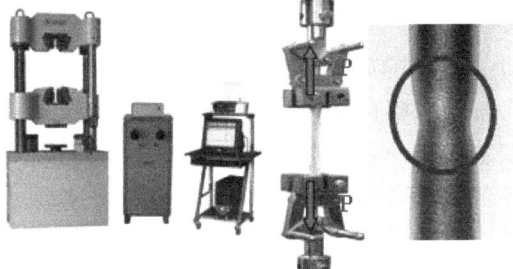

图 1-2　拉伸试验机及过程示意图

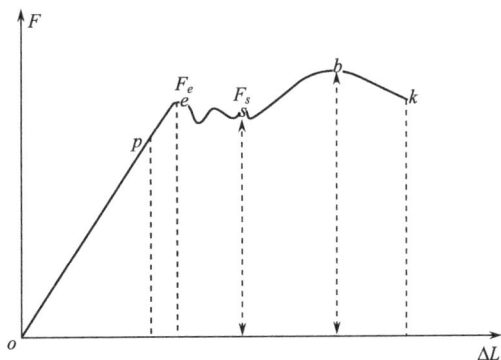

图 1-3　拉伸实验曲线

将力与变形量转化为单位面积和单位长度上的指标，即应力（σ）和应变（ε）。应力是单位面积上所承受的载荷，单位兆帕（MPa）；应变是单位长度上发生的变形量。

$$\sigma = \frac{F}{A_0}, \quad \varepsilon = \frac{\Delta L}{L_0}$$

拉伸试验的力-变形量曲线即转变为应力-应变曲线，可分为以下几个阶段。

op 段：即弹性变形阶段。形变量与载荷成正比，去除载荷变形消失，试样恢复原状，这种变形称为弹性变形。F_e 是材料保持仅发生弹性变形的最大载荷，称为弹性极限，材料不产生永久变形的最大应力 σ_e。

op 段斜率为材料试样的弹性模量，即 $E = \sigma/\varepsilon$。

工程上也将弹性模量称为材料的刚度，来表示材料弹性变形抗力的大小。弹性模量 E 主要决定材料本身，是金属材料最稳定的性能之一，加工处理对它的影响不大。

pe 段：即微量塑性变形阶段。应力超出 σ_e 之后，材料进一步变形，但若此时去除载荷，绝大多数变形消失，但仍有微量变形不能消失而保留下来，这种变形叫塑性变形。

es 段：即屈服阶段。应力增大到 σ_s 时，保持载荷不变而试样的塑性变形却继续增加，这种现象称为屈服现象。屈服强度是指在外力作用下开始产生明显塑性变形的最小应力。用 σ_s 表示。

$$\sigma_s = \frac{F_s}{A_0}$$

式中，F_s 为试样产生明显塑性变形时所受最小载荷，即拉伸曲线中 s 点所对应外力，N；A_0 为试样的原始截面积，mm^2。

有些材料的拉伸曲线上没有明显的屈服点，故规定试样产生 0.2% 的残余应变时的应力作为该材料的条件屈服强度，以 $\sigma_{0.2}$ 表示。

sb 段：随载荷的增加，材料开始发生大量塑性变形，试样均匀伸长，直到 b 点。F_b 是材料所能承受的最大载荷。故其所对应的应力称为材料的强度极限，又叫做材料的抗拉强度，常用 σ_b 来表示。

$$\sigma_b = \frac{F_b}{A_0}$$

式中，F_b 指试样被拉断前所承受的最大外力，即拉伸曲线上 b 点所对应的外力，N；A_0 指试样的原始截面积，mm^2。

bk 段：载荷达到 F_b 后，试样局部截面缩小，即产生颈缩现象，如图 1-2 所示。所承受的载荷也逐渐降低，当达到 *k* 点时，试样被拉断。

σ_s / σ_b 比值称为屈强比。材料的屈强比越小，构件的可靠性越高，但材料的利用率越低，材料的屈强比可通过合金化、热处理等手段加以调整(一般情况下选 0.85 左右)。

屈服强度和抗拉强度在设计机械和选择、评定金属材料时有重要意义，因为金属材料不能在超过其 σ_s 的条件下工作，否则会引起机件的塑性变形；金属材料也不能在超过其 σ_b 的条件下工作，否则会导致机件的破坏。

2. 塑性

材料在外力的作用下，发生不能恢复原状的变形叫做塑性变形。材料在断裂前发生塑性变形的能力称为塑性。良好的塑性是金属材料进行塑性加工的必要条件，衡量指标是伸长率(δ)和断面收缩率(ψ)，δ 和 ψ 越大，材料的塑性越好，断面收缩率与试样尺寸无关。

伸长率：
$$\delta = \frac{(L_1 - L_0)}{L_0} \times 100\%$$

式中，L_0 为试样原标距的长度，mm；L_1 为试样拉断后的标距长度，mm。

材料伸长率的大小不仅取决于材料本身，还受到试样标距 L_0 影响，故短试样伸长率记为 δ_5，长试样的伸长率记为 δ_{10}，对于同一种材料 $\delta_5 > \delta_{10}$。

断面收缩率：
$$\psi = \frac{(A_0 - A_1)}{A_0} \times 100\%$$

式中，A_0 为试样的原始截面积，mm^2；A_1 为试样断面处的最小截面积，mm^2。

3. 硬度

硬度是金属材料表面抵抗硬物压入的能力，即材料对局部塑性变形的抵抗能力。根据使用条件的不同，所用的硬度指标有多种，如布氏硬度(HB)、洛氏硬度(HR)、维氏硬度(HV)和肖氏硬度(HS)等，其中前两种最常用。

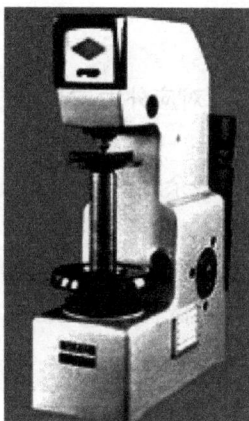

各种硬度间的粗略换算关系如下：HB≈HV≈10HRC，HB≈6HS。

(1) 布氏硬度。用一定直径 D 的淬火钢球(或硬质合金球)在规定载荷 F 的作用下，压入被测材料的表面，并保持一定时间，然后测量压痕面积，计算硬度值，如图 1-4 所示。压痕面积越小则材料越硬。在硬度低时用淬火钢球作为压头，布氏硬度值用 HBS 表示，其最大有效测量值是 450HBS；在硬度较高时用硬质合金球作为压头，布氏硬度值用 HBW 表示，其最大有效测量值是 650HBW。

图 1-4　布氏硬度仪及工作原理

布氏硬度测量准确，但测量范围有限，太薄、太硬(>650HBW)的材料不宜采用布氏硬度。

(2) 洛氏硬度。有多种测量指标，最常用的是 HRC。其测量方法是用 150kg·f (1kg·f=9.80665N)的载荷把顶角为 120°的金刚石圆锥压头压入被测材料的表面，如图 1-5 所示，然后测量压痕的深度，换算成洛氏硬度值，其有效值范围是 20~67HRC，低于此值的用 HRB 测量，高于此值的用 HRA 测量。洛氏硬度测量简单迅速，但不够准确。其和布氏硬度的换算关系大约是 1HRC=10HB。

(3) 维氏硬度。采用相对面夹角为 136°的四棱锥金刚石压头，配以适当的试验力，压入被测材料的表面，通过测量压痕面积，计算出所测的硬度值，如图 1-6 所示。优点是测量范围可从最软到最硬，数值连续，且压痕较小，对工件的损坏不大。维氏硬度的符号记为 HV。

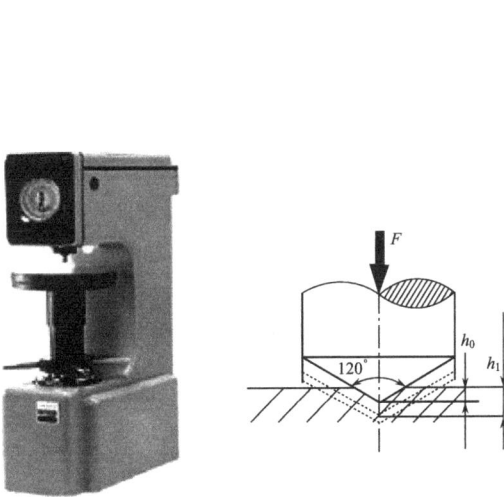

图 1-5　洛氏硬度仪及工作原理　　　　图 1-6　维氏硬度仪和原理图

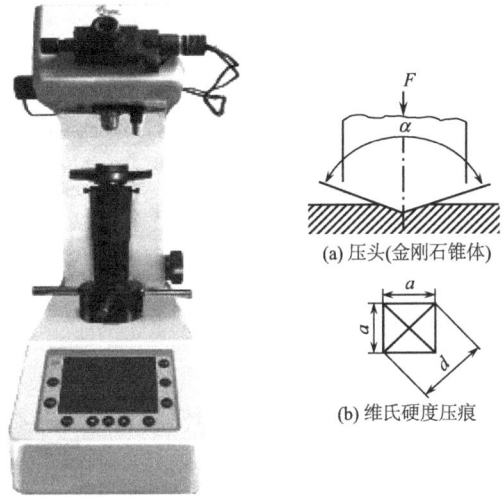

4. 冲击韧性

在工程上，冲击载荷是一类重要的动载形式，材料受冲击而不破坏的能力，称为冲击韧性。冲击韧性的大小除取决于材料本身性能外，还受环境温度、试样大小、缺口形状等因素影响，一般不做零件设计的依据。

5. 疲劳强度

疲劳强度是机械零件失效的主要原因之一，对于轴、齿轮、轴承、叶片、弹簧等承受交变载荷的零件要选择疲劳强度较好的材料。许多机械零件工作时承受交变载荷的作用，即使交变应力往往低于屈服强度，但经一定循环次数后，材料仍会断裂。但当应力低于某一值时，材料可经无限次循环而不断裂，这一应力称为疲劳强度或疲劳极限。

6. 断裂韧性

工程中使用的材料，常存有一定的缺陷，如材料中存在一些微小的裂纹，其尖端易造成应力集中。当应力加大时，应力强度因子也随之加大(微裂纹扩展)，当其加大到一定值时，材料发生断裂。断裂韧性是安全设计的一个重要的力学性能指标。

1.3 金属材料的晶体结构

工程材料的性能与其内部的晶体结构有密切关系，通过热处理或其他手段改变其结构，以获得更好的力学性能为目的，满足工件的使用要求。在自然界中，固体物质按其内部结构可分为晶体和非晶体两大类。除了少数物质属于非晶体外，固体金属基本上都是晶体。

(1) 晶体。原子在空间做有规则的排列。

(2) 非晶体。原子的排列是不规则的。

1.3.1 纯金属的晶体结构

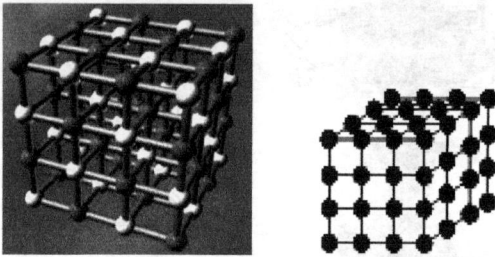

图1-7 晶格示意图

(1) 晶格。晶体中原子排列的格式。如图 1-7 所示，为了分析问题的简便，对原子排列做了近似的简化处理。将实际晶体结构视为完整无缺理想晶体；把原子看成是不动的等径刚球质点，并简化成一点；原子在三维空间紧密堆积；没有局部排列不规则的缺陷；所有质点的中心用假想的平行直线连接起来，构成一个三维的几何格架。

(2) 晶胞。通常取晶格的一个基本单元来进行分析，晶格的一个基本单元叫晶胞。整个晶胞由许多大小、形状和位向相同的晶胞在空间重复堆积而形成。如图 1-8 所示。

(3) 晶格参数。不同的金属，其晶胞的大小和形状也不尽相同，描述它们的几何参数称为晶格参数，包括晶胞的三个棱边长度 a、b、c 和三个棱边的夹角 α、β、γ，如图 1-9 所示。其中决定晶胞大小的三个棱长又叫做晶格常数，单位：埃(Å)，$1Å = 10^{-10}m$。常见金属的晶格常数在 2.5～5.0Å。

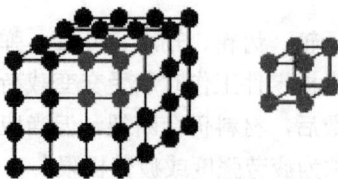

图1-8 晶胞示意图

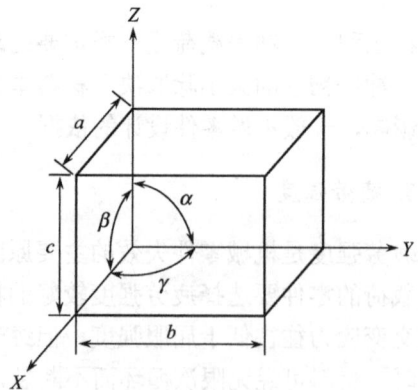

图1-9 晶格常数

1.3.2　晶格的类型

不同的金属除了晶格常数不同外，晶格中原子的排列也不相同，最常见晶格有以下几种。

（1）体心立方晶格。如图 1-10（a）所示，晶胞是一个立方体，晶格参数 $a=b=c$，$\alpha=\beta=\gamma=90°$，原子排列于立方体的各个结点和立方体的中心。属于这类晶格的金属有：Cr、Mo、W、V、α-Fe（912℃ 以下的纯铁）。

（2）面心立方晶格。如图 1-10（b）所示，其晶胞是一个立方体，原子除了分布于立方体的 8 个顶点外，在每个面的中心也分布着一个原子。属于这类晶格的金属有：Cu、Al、Ni、Au、Ag、γ-Fe（912～1394℃ 的纯铁）等。

（3）密排六方晶格。如图 1-10（c）所示，晶胞是一个六方柱体，晶格参数 $a=b\neq c$，$\alpha=\beta=90°$，$\gamma=120°$。属于这类晶格的金属有：Be、Mg、Zn、Ca 等。

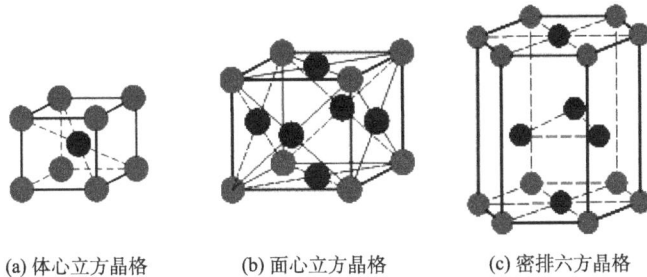

(a) 体心立方晶格　　　　(b) 面心立方晶格　　　　(c) 密排六方晶格

图 1-10　晶格类型示意图

在晶体中，由于各晶面和各晶向上的原子排列密度不同，因而在同一晶体的不同晶面和晶向上的各种性能不同，这种现象称为"各向异性"。单晶体具有各向异性的特征，而多晶体一般不具有各向异性。

1.3.3　纯金属的实际结构

如上介绍的是理想单晶体的结构，单晶体材料只有经过特殊制作才能获得，例如，半导体工业中的单晶硅。但在实际金属材料中，其晶体结构和理想晶体相差甚远。

1. 多晶体结构和亚结构

机器制造业中使用的金属都是多晶体，材料内部包含了许许多多的小晶体，其中的每一个小的晶体都称为一个晶粒，相邻的晶粒间晶格的位向有明显的差别，晶粒之间原子排列不规律的区域（晶粒之间分界面）称为晶界，由许多晶粒所组成的结构称为多晶体结构，如图 1-11 所示。

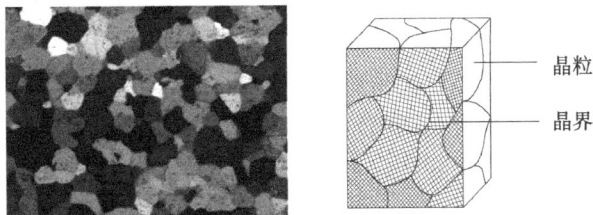

图 1-11　多晶体显微组织照片和微观示意图

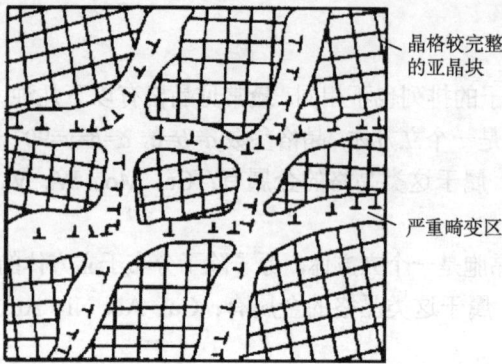

图 1-12　亚结构示意图

（1）多晶体结构。多晶体结构中，晶粒的尺寸一般很小，如钢铁材料一般为 0.001～0.1mm，必须在显微镜下才能看到。多晶体材料不显示各向异性，这种状态称为"伪无向性"。

（2）亚结构。多晶体的不同晶粒之间，晶格的位向不相同，即使在同一个实际金属的晶粒内部，其晶格位向也不尽相同，内部存在着尺寸更小、位向差也更小的小晶块，它们互相嵌镶成一个晶粒，如图 1-12 所示。这种结构称为亚结构，亦称为亚晶粒或嵌镶块。两相邻亚结构的边界称为亚晶界。

2. 晶体的缺陷

在实际金属中，由于种种原因，晶体内部的某些局部区域原子的规则排列往往受到干扰而被破坏，不像理想晶体那样规则和完整，这些区域称为晶体缺陷。晶体缺陷对金属的性能有着很大的影响，甚至对金属的某些性能(如锻造性能)起着决定性的作用。

根据晶体缺陷的几何形态，晶体缺陷分成三类。

1）点缺陷

（1）空位。晶格的某些结点未被原子所占有，空着的位置称为空位。

（2）间隙原子。晶格空隙处出现的多余原子。

（3）置换原子。结点上的原子被异类原子所置换。

晶格点缺陷的出现，促使周围的原子发生靠拢或撑开，破坏了原来规则的晶格，改变晶格常数，造成了晶格的畸变，其内部产生应力，硬度、强度增加，发生固溶强化。如图 1-13 所示。

2）线缺陷

线缺陷是晶体中呈线状分布的缺陷，其具体形式是各种类型的位错。所谓位错，是晶格中局部地区有一列或若干列原子发生有规则的错排现象，位错的基本类型有两种：刃位错和螺位错。

（1）刃型位错。如图 1-14 所示，位错像刀刃一样切入晶体，使晶格多出一个原子面，造成晶格的畸变，在位错线附近的区域里产生应力。

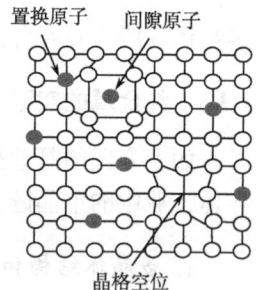

图 1-13　点缺陷示意图

（2）螺型位错。晶格沿某一平面上下两部分发生错动，原子平面被扭成了螺旋面，晶格严重畸变，如图 1-15 所示。实际金属晶粒内存有大量的位错，位错密度通常在 $10^6 \sim 10^8$ cm/cm^3。

3）面缺陷

面缺陷主要指金属中的晶界和亚晶界。

工业金属是多晶体，各晶粒之间的位向不尽相同，故晶界处存在一个过渡层，过渡层的原子排列是不规则的，因而把它看成是一种缺陷。同理，亚晶界也是一种面缺陷。如图 1-16 所示。在晶格的缺陷处，都伴有晶格变形，产生应力，阻碍金属的进一步变形，故而表现出金属的强度、硬度提高。

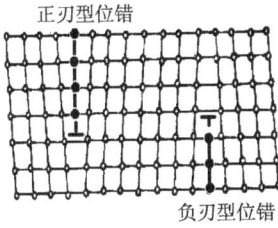

图 1-14　刃位错示意图

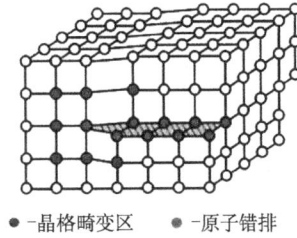

● -晶格畸变区　　○ -原子错排

图 1-15　螺位错示意图

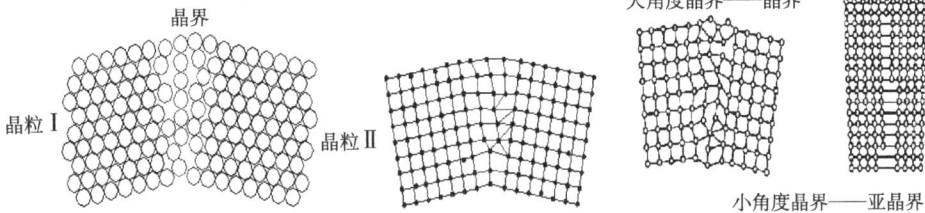

图 1-16　面缺陷示意图

1.4　金属的结晶

　　一切物质从液态到固态的转变过程称为凝固，如凝固后形成晶体结构，则称为结晶。金属在固态下通常都是晶体，所以金属自液态冷却转变为固态的过程，称为金属的结晶。

　　液态金属与固态金属的主要差别在于：液态金属无一定形状，易流动，原子间的距离大，但在一定温度条件下，在液态金属中存在与固态金属的"远程排列"不同的"近程排列"。

1.4.1　纯金属结晶

　　纯金属都有一定的结晶温度，如 Fe 为 1539℃、Cu 为 1083℃等，这是理论结晶温度，也称为平衡结晶温度，是液体的结晶速度与晶体的熔化速度相等时的温度。实际上只有实际结晶温度 T_1 低于平衡结晶温度 T_0，结晶过程才能自发进行。这种实际结晶温度低于平衡结晶温度的现象称为过冷现象，两者之间温度差 ΔT 称为过冷度，$\Delta T = T_0 - T_1$。过冷度大小与金属的本性以及冷却速度有关，冷却速度越大，过冷度 ΔT 越大。

　　金属的实际结晶温度可以用热分析方法测定，具体步骤：先将纯金属加热熔化为液体，然后缓慢冷却下来；同时每隔一定时间测一次温度；把记录的数据绘在温度-时间坐标中，得到温度与时间的曲线，即冷却曲线，如图 1-17 所示。

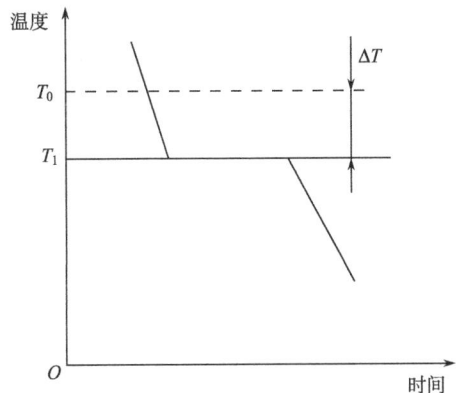

图 1-17　纯金属冷却曲线

在冷却曲线中随时间的增长，温度逐渐降低，在 T_1 温度时出现一平台，说明这时虽然液体金属向外散热，但其温度并没下降，这是由于在这一温度液体开始结晶产生结晶潜热，向外散热补偿了液体对外的热量散失，结晶终了后没有结晶潜热来补偿热量的散失，温度又开始下降。

1.4.2　影响生核和长大的因素

液态金属的结晶包括形核和晶核长大两个基本环节。当液体金属冷到实际结晶温度后，开始从液体中形成一些尺寸极小的、原子呈规则排列的晶体——晶核，这种已形成的晶核不断长大，同时液态金属的其他部位也产生新的晶核，新晶核又不断长大，直到液态金属全部消失，结晶结束。

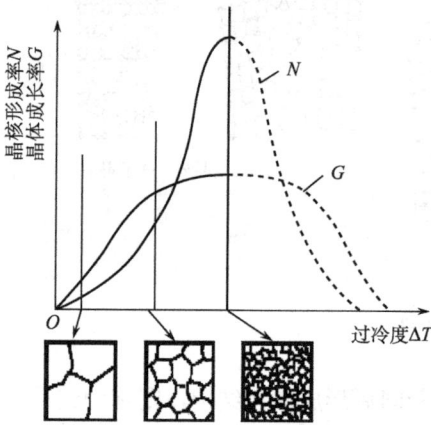

图 1-18　过冷度对晶粒大小的影响

(1) 过冷度。过冷度（ΔT）大，结晶驱动力大，形核率和长大速度都大，且形核率（N）比长大速度（G）增加得快，提高了 N 与 G 的比值，晶粒变细，但过冷度过大，对晶粒细化不利，结晶发生困难。如图 1-18 所示。

(2) 变质处理。在液态金属结晶前，特意加入某些合金，造成大量可以成为非自发晶核的固态质点，使结晶时的晶核数目大大增加，从而提高了形核率，细化晶粒，这种处理方法即为变质处理。例如，在钢中加入 Ti、B、Al，在铸铁中加入 Si、Ca，在铝硅合金中加入钠盐（$NaCO_3$）。

(3) 附加振动。打碎枝晶，增加晶核数目 N，晶粒尺寸细小。

1.4.3　合金结晶

合金的结晶过程同纯金属一样，通过形核和长大来实现的。由于在合金中含有两种或两种以上元素的原子，它们之间必然要发生相互作用，因而使生成的结晶产物往往不是只含有一种元素的小晶体（晶粒），而是含有两种或多种元素的小晶体。

在固态合金中，这些由多种元素构成的小晶体的化学成分和晶格结构可以是完全均匀一致的，也可能是不一致的。若合金是由成分、结构都相同的同一种晶粒构成的，则各晶粒虽有界面分开，却属于同一种相，这一合金为单相合金。若合金是由成分、结构互不相同的几种晶粒所构成的，它们将属于不同种相，这一合金为多相合金（或复相合金）。

1.4.4　固溶体

组成合金的各组元在凝固后仍能保持溶解状态而形成均匀的固相，称为固溶体。固溶体是单相组织，晶格类型与溶剂保持一致。

根据合金各组元溶解方式的不同，固溶体可以分为以下两类。

1) 置换固溶体

如图 1-19 所示，溶剂晶格上的原子被溶质原子所取代。根据溶剂、溶质的情况，置换固溶体可分为两类：无限固溶体和有限固溶体。

（1）无限固溶体。溶质、溶剂分子半径相近，化学性质相似，晶格类型相同，则溶质可以以任何比例溶解到溶剂中，如铁和铬、铜和镍即是。此种固溶体称为无限固溶体。

（2）有限固溶体。以上条件不能满足，则溶解度有限，这样所形成的置换固溶体称为有限固溶体。如黄铜(Cu-Zn 合金)即是有限固溶体，Zn 在铜中的溶解度为 46%。在形成固溶体时，一般温度越高，溶解度越大，反之溶解度下降。

在形成置换固溶体时虽然保持着溶剂的晶格，但两者的原子半径不可能完全相同，故固溶体的晶格产生畸变。

2）间隙固溶体

如图 1-20 所示，溶质原子挤到溶剂晶格的原子间隙之中，而形成的固溶体，称为间隙固溶体。由于原子的间隙总是有限的，故这类固溶体都是有限固溶体。有限固溶体的溶解度随温度的增加而增加。

图 1-19　置换固溶体示意图　　　　　　　　　　图 1-20　间隙固溶体示意图

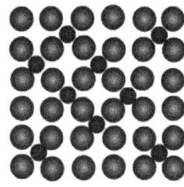

1.4.5　金属化合物

金属化合物是合金各组元相互化合而形成的一种新的晶体，单相，大都具有较复杂的晶格结构，是许多合金的重要组成相。具有熔点高，硬而脆的特点。当合金中出现化合物时，将使合金的强度、硬度提高，但塑性和韧性有所下降。

常见的化合物，根据其形成条件和结构特点，可分为如下几种类型。

（1）正常价化合物。这是一种符合化合物原子价规律，成分固定并有严格分子式的金属化合物。通常由在元素周期表中相距较远、电化学性质相差很大的两种元素化合而成。例如，强金属元素与非金属元素或类金属元素(Sb、Bi、Sn、Pb)形成的化合物 Mg_2Si、Mg_2Sn 等。正常价化合物常被用作有色金属材料的强化相。

（2）电子化合物。这是一类不遵守原子价规律而服从电子浓度规律的金属化合物。所谓电子浓度，即价电子数目与原子数目之比。当电子浓度为 21/14、21/13、21/12 时，则分别形成体心立方的电子化合物(β 相)、复杂立方的电子化合物(γ 相)、密排六方电子化合物(ε 相)。电子化合物亦常被用作有色金属材料的强化相。

（3）间隙化合物。原子直径较大的过渡族元素和原子直径很小的非金属元素组成的化合物。非金属元素的原子有规则地嵌入金属元素的晶格间隙中，所以称为间隙化合物。

间隙化合物可分为间隙相和复杂结构的间隙化合物两类。

① 间隙相。当非金属元素原子直径与金属原子直径的比值小于 0.59 时，形成简单晶格的间隙化合物。间隙相具有高熔点和高硬度，是合金工具钢中的重要组成相，如 WC。

② 复杂结构的间隙化合物。当非金属元素原子直径与金属原子直径的比值大于 0.59 时，则产生复杂结构的间隙化合物。复杂结构的间隙化合物中的金属原子或非金属原子都可以被其他的原子所置换，形成所谓的合金化合物，对其将进一步强化。

1.5　铁碳合金相图

1.5.1　纯铁

铁(Fe)是ⅧB族 26 号元素，具有一系列优良的物理及化学性质，特别是在晶体结构上具有多晶型性，即金属的同素异构转变。金属在固态下随着温度或压力的改变，发生晶体结构变化，即由一种晶格转变为另一种晶格的变化，其力学性能也随之发生改变。具有同素异构转变的金属有铁(Fe)、钴(Co)、钛(Ti)、锡(Sn)、锰(Mn)等，纯铁的同素异构转变如图 1-21 所示。

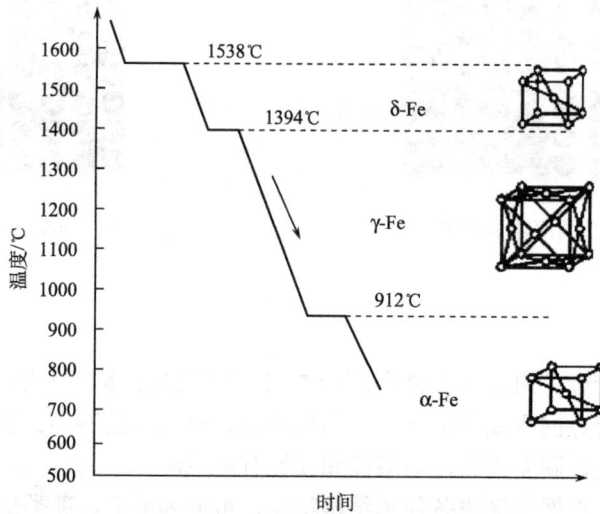

图 1-21　纯铁的同素异构转变示意图

温室～912℃　　　体心立方　　　α-Fe

912～1394℃　　　面心立方　　　γ-Fe

1394℃～熔点　　　体心立方　　　δ-Fe (不同于 α-Fe，晶格尺寸较大)

1.5.2　铁碳合金

在铁碳合金中，由于含碳量和温度的不同，铁原子和碳原子相互作用可以形成铁素体、奥氏体和渗碳体等基本相。

(1) 铁素体。碳在 $\alpha-Fe$ 中形成的固溶体(Ferrite)常用"F"表示，是间隙固溶体，$\alpha-Fe$ 为溶剂，保持体心立方晶格，由于 $\alpha-Fe$ 的晶格间隙比碳原子的半径小得多，所以碳原子很难溶入晶格间隙，一般存在于晶格缺陷处，碳在 $\alpha-Fe$ 中的溶解度度很小，最大溶解度在 727℃时为 0.02%，室温时仅溶 0.0008%。

(2) 奥氏体。碳在 $\gamma-Fe$ 中形成的固溶体(Austenite)，常用"A"表示，奥氏体也是间隙固溶体，因其晶格间隙尺寸较大，故碳在 $\gamma-Fe$ 中的溶解度较大。温度升高，溶碳量提高，727℃溶碳 0.77%，1148℃达到最大溶碳量 2.11%。

（3）渗碳体。铁和碳相互作用形成的具有复杂晶格的间隙化合物，分子式 Fe_3C，是铁碳相图中的另一个组元，其含碳量为 6.69%，熔点为 1227℃，没有同素异构转变。

Fe_3C 是亚稳定化合物，在一定条件下，可以分解为 Fe 和石墨态的自由碳：

$$Fe_3C \rightarrow 3Fe + G(石墨)$$

1.5.3　铁碳合金相图

铁碳合金相图是在平衡条件下（极其缓慢的冷却），铁碳合金的成分、组织和性能之间的关系及变化规律。铁碳相图是长期的生产和科学实验中总结出来的，是研究钢铁材料，制订热加工工艺的重要理论依据和工具。

1. 铁碳相图

图 1-22 是 $Fe-Fe_3C$ 相图，图中的特性点和特性线如下。

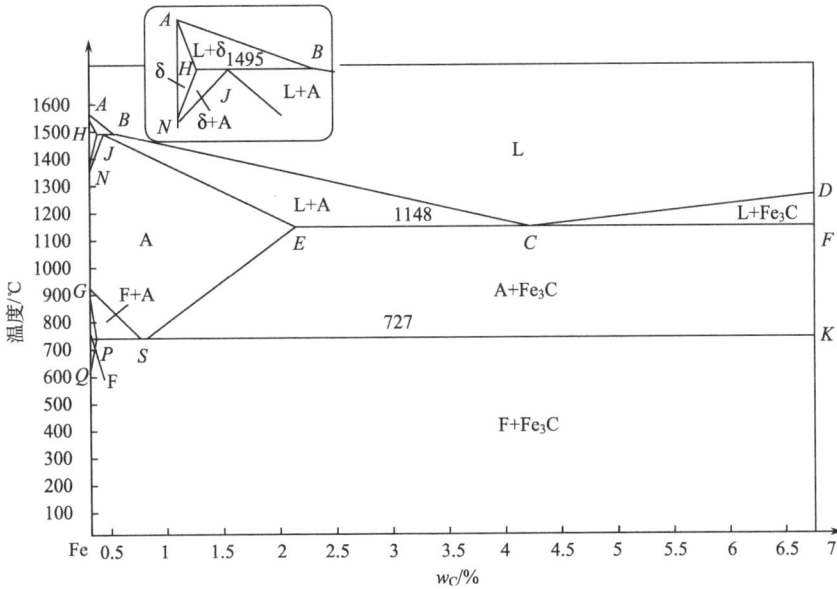

图 1-22　Fe -Fe₃C 合金相图

1）特征点

A：铁的熔点，1538℃，0%C。

B：包晶反应时液态合金的浓度，1495℃，0.53%C。

C：共晶成分点，1148℃，4.30%C。在这一点上发生共晶转变。

D：渗碳体熔点(计算值)，1227℃，6.69%C。

E：碳在 $\gamma-Fe$ 中的最大溶解度点，1148℃，2.11%C。

F：渗碳体：1148℃，6.69%C。

G：$\alpha-Fe \Leftrightarrow \gamma-Fe$ 同素异构转变点，912℃，0%C。

　　H：碳在 $\delta-Fe$ 中的最大溶解度为 $1495℃$，$0.09\%C$。

　　J：包晶成分点，$1495℃$，$0.17\%C$，在这一点上发生包晶转变。

　　K：渗碳体，$727℃$，$6.69\%C$。

　　N：$\gamma-Fe \Leftrightarrow \delta-Fe$ 同素异构转变点，$1394℃$，$0\%C$。

　　P：碳在 $\alpha-Fe$ 中的最大溶解度点，$727℃$，$0.0218\%C$。

　　S：共析成分点，$727℃$，$0.77\%C$。在这一点上发生共析转变。

　　Q：碳在 $\alpha-Fe$ 中的溶解度点，室温 $0.0008\%C$。

　　2）特性线

　　$ABCD$ 线：液相线，$ABCD$ 线以上全部是液体。

　　$AHJECF$ 线：固相线，固相线以下全部是固体。

　　整个相图主要是由包晶、共晶和共析三个恒温转变组成的。

　　(1) HJB 线。包晶转变线，在这条线上含碳在 $0.09\%\sim0.53\%$ 的铁碳合金冷却到 $1495℃$ 时都将发生包晶转变，$L_B+d_H \Leftrightarrow A_J$ 转变，生成奥氏体（A）。

　　(2) ECF 线。共晶转变线，含碳在 $2.11\%\sim6.69\%$ 的铁碳合金冷却到 $1148℃$ 时将发生共晶转变 $L_C \Leftrightarrow A_E+Fe_3C$，生成奥氏体和渗碳体混合物（$A_E+Fe_3C$），又称为莱氏体（Ld）。

　　(3) PSK 线。共析转变线，含碳量在 $0.02\%\sim6.69\%$ 的铁碳合金冷却到 $727℃$ 时将发生共析转变 $A_S \Leftrightarrow F_P+Fe_3C$，生成铁素体和渗碳体（$F_P+Fe_3C$），又称为珠光体（P）。

　　此外 $Fe-Fe_3C$ 相图中还有三条重要的固态转变线。

　　(1) ES 线。碳在奥氏体中的溶解度曲线，又称 Acm 温度线，随温度的降低，碳在奥化体中的溶解度减少，多余的碳以 Fe_3C 形式析出，所以具有 $0.77\%\sim2.11\%C$ 的钢冷却到 Acm 线与 PSK 线之间时的组织 $A+Fe_3C_{II}$，从 A 中析出的 Fe_3C 称为二次渗碳体。

　　(2) GS 线。不同含碳量的奥氏体冷却时析出铁素体的开始线称 A_3 线，GP 线则是铁素体析出的终了线，所以 GSP 区的显微组织是 $F+A$。

　　(3) PQ 线。碳在铁素体中的溶解度曲线，随着温度的降低，碳在铁素体中的溶解度减少，多余的碳以 Fe_3C 形式析出，从 F 中析出的 Fe_3C 称为三次渗碳体 Fe_3C_{III}，由于铁素体含碳很少，析出的 Fe_3C_{III} 很少，一般忽略，认为从 $727℃$ 冷却到室温的显微组织不变。

　　铁碳合金按其含碳量分为三大类：

　　(1) 工业纯铁（$0.0218\%C$）。显微组织为铁素体。

　　(2) 钢（$0.0218\%\sim2.11\%$）。其特点是高温组织为单相奥氏体，具有良好的塑性，适用于锻造、轧制，工业上应用广泛。根据其室温组织又将其分为三类：

　　亚共析钢（$<0.77\%C$）——组织为铁素体和珠光体；

　　共析钢（$0.77\%C$）——组织为珠光体；

　　过共析钢（$0.77\%C$）——组织为珠光体和二次渗碳体。

　　(3) 白口铸铁（$2.11\%\sim6.69\%$）。其特点是液相结晶时都有共晶转变，因共晶反应在恒温下进行，故流动性好，成分偏析小，分散缩孔少，具有较好的铸造性能，但由于渗碳体量过多，脆性大，不能锻造、轧制，工业上应用不广。根据室温组织的不同又将其分为三类：

　　亚共晶白口铁（$4.3\%C$）——组织为珠光体、二次渗碳体和莱氏体；

　　共晶白口铁（$4.3\%C$）——组织为莱氏体；

　　过共晶白口铁（$4.3\%C$）——组织为一次渗碳体和莱氏体。

2. 典型合金的结晶过程

图 1-23 是 Fe-C 合金相图示意图，图中标注了 7 个典型合金，将依次讲解结晶过程。

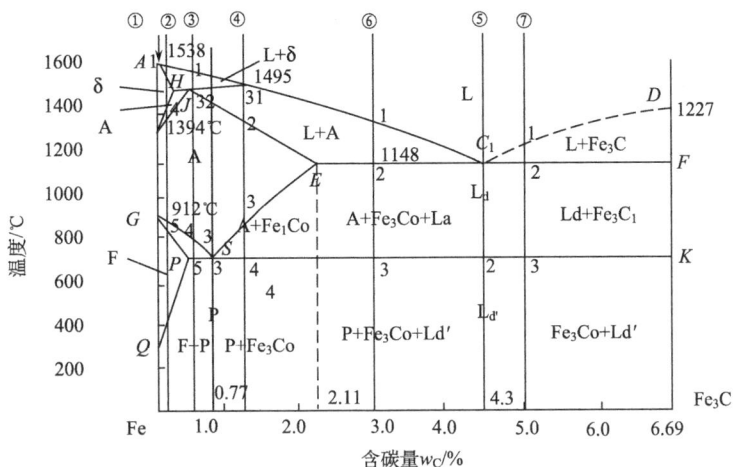

图 1-23　典型铁碳合金结晶过程

1）含碳 0.01%的工业纯铁（合金①）

如图 1-24 和图 1-25 所示，合金溶液在 1～2 点温度区间按匀晶转变结晶出 δ 固溶体；2～3 点温度区间合金是 δ 固溶体单相区；冷却到 3 点温度时发生固溶体的同素异构转变，δ→A，A 不断地在 δ 固溶体的晶界上形核并长大，这一转变在 4 点温度结束；4～5 点温度区间合金是单相奥氏体（A）。冷却到 5～6 点温度区间又发生同素异构转变 A→F，F 同样在 A 的晶界形核并长大，6～7 点温度区间合金是单相铁素体（F）区。冷到 7 点温度以下时，碳在铁素体中的溶解量达到饱和，将从铁素体中析出三次渗碳体 Fe_3C_{III}。室温组织是铁素体和三次渗碳体（$F+Fe_3C_{III}$）。

2）含碳 0.77%的共析钢（合金②）

如图 1-26 和图 1-27 所示，在 1～2 点温度区间合金按匀晶转变结晶出奥氏体（A），在 2 点结晶结束，全部转变为 A；2～3 点温度区间是 A 单相区；冷到 3 点温度 727℃时，发生共析转变 $A_{0.77} \rightarrow F_{0.0218} + Fe_3C$，转变结束时全部为珠光体（P），珠光体中的渗碳体称为共析渗碳体；当温度继续下降时，珠光体中铁素体碳溶解量减少，其成分沿固溶度线 PQ 变化，析出 Fe_3C_{III}，它常与共析渗碳体长在一起，彼此分不出且数量少，可忽略。室温时组织组成物为珠光体（P），含量 100%。

3）含碳 0.40%的亚共析钢（合金③）

如图 1-28 和图 1-29 所示，合金在 1～2 点温度区间按匀晶转变结晶出 δ 固溶体，冷却到 2 点温度时，δ 固溶体含碳量 0.09%，溶液含碳量 0.53%，在 1495℃发生包晶转变 $\delta_{0.09} + L_{0.53} \rightarrow A_{0.17}$；由于合金的含碳量 0.40%大于 J 点的含碳量 0.17%，所以包晶转变结束后液相有剩余，在 2～3 点温度区间液相继续转变为 A，所有 A 中含碳量均沿 JE 线变化冷却到 3 点温度，合金是含 0.40%C 的 A 所组成的；单相 A 冷到 4 点，开始析出铁素体（F）；4～5 点温度区间的 A 中含碳量沿 GS 线变化，F 中含碳量沿 GP 线变化；当到 5 点温度 727℃

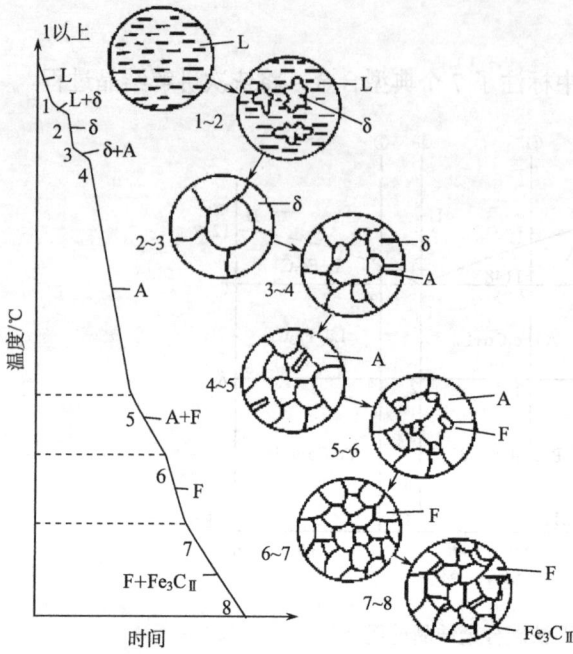

图 1-24　工业纯铁的结晶过程示意图

图 1-25　工业纯铁室温组织

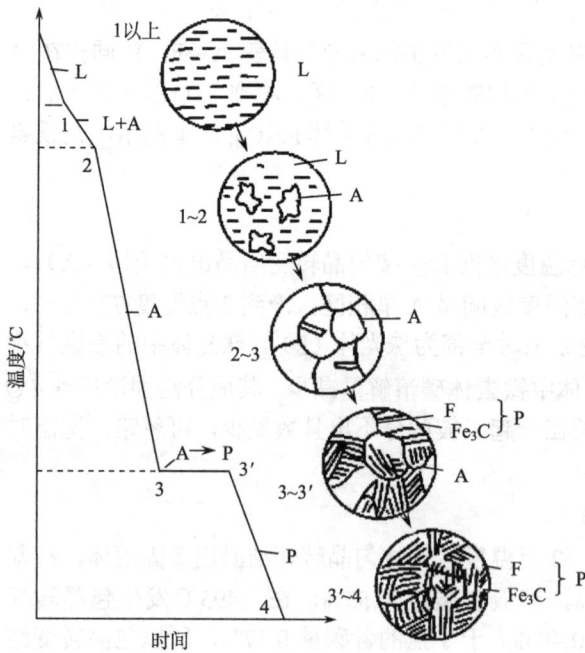

图 1-26　0.77%共析钢结晶过程示意图

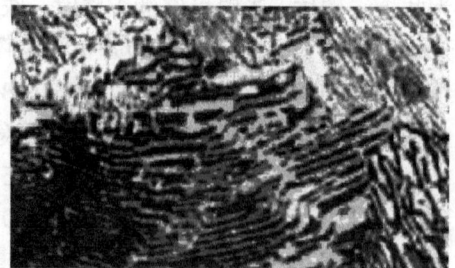

图 1-27　共析钢金相组织图

时，奥氏体的成分达到 S 点成分（含碳 0.77%），发生共析转变 $A_{0.77} \rightarrow F_{0.0218} + Fe_3C$，形成珠光体（P）。共析转变结束后，原先析出的铁素体保持不变，称为先共析铁素体（$F_先$），其含碳量为 0.0218%，所以合金的组织组成物为先共析铁素体和珠光体（$F_先+P$）。当温度继续下降时，F 的 C 含量沿 PQ 线变化，析出 Fe_3C_{III}，同样 Fe_3C_{III} 量很少，可忽略。

F-Fe₃C 相图中，所有亚共析钢的室温组织都是由先共析铁素体和珠光体（$F_先+P$）组成的，其中的差别仅在于珠光体和铁素体的相对量不同，含碳量越高，珠光体越多，铁素体越少。

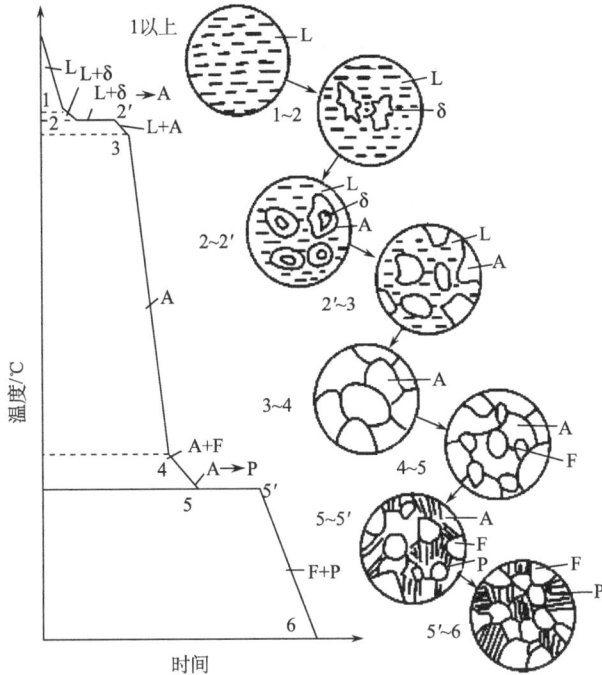

图 1-28　亚共析钢结晶过程示意图

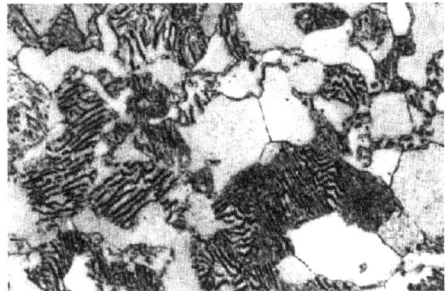

图 1-29　亚共析钢金相组织图

4）含碳 1.2%的过共析钢（合金④）

如图 1-30 和图 1-31 所示，合金在 1～2 点温度区间按匀晶转变结晶出奥氏体，称为初生奥氏体，2 点温度结晶结束；2～3 点温度区间合金是单相 A；冷却到 3 点温度时，开始沿奥氏体的晶界析出二次渗碳体（Fe_3C_{II}），呈网状分布，在 3～4 点温度区间 A 中的 C 含量沿 ES 线变化，Fe_3C_{II} 不断析出，当到达 4 点温度 727℃时，其 C 含量降为 0.77%，在恒温下发生共析转变 $A_{0.77} \rightarrow F_{0.0218} + Fe_3C$，形成珠光体（P）。此时先析出的 Fe_3C_{II} 保持不变，称为先共析渗碳体，所以共析转变结束时的组织为先共析渗碳体和珠光体（$Fe_3C_{II}+P$），忽略 Fe_3C_{III}。

5）含碳 4.3%的共晶白口铁（合金⑤）

如图 1-32 和图 1-33 所示，在合金溶液冷却到 1 点温度（1148℃）时，发生共晶转变 $L_{4.3} \rightarrow A_{2.11} + Fe_3C$，转变结束时全部为莱氏体（Ld），其中的奥氏体称为共晶奥氏体，而渗碳体称为共晶渗碳体。1～2 点温度区间共晶奥氏体中将析出 Fe_3C_{II}，Fe_3C_{II} 通常依附在共晶渗碳体上分辨不出；当降到 2 点温度 727℃时，共晶奥氏体中的 C 含量为 S 点（0.77%C），

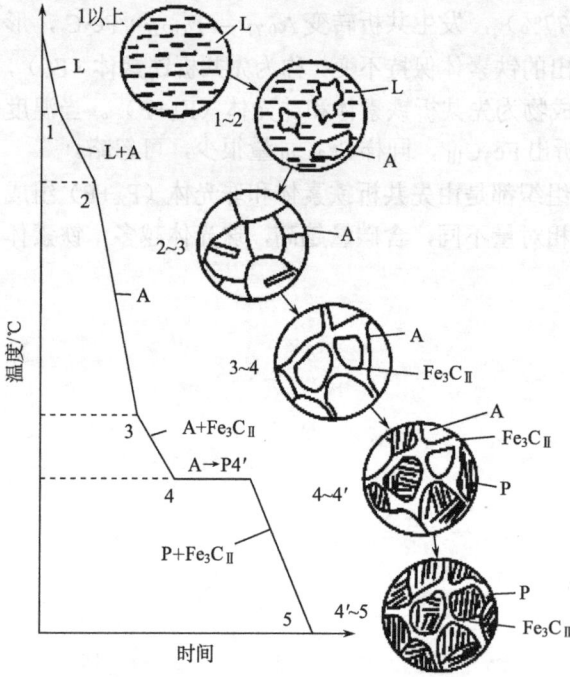

图 1-30　过共析钢结晶过程示意图

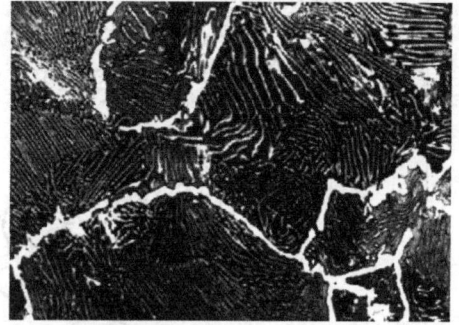

图 1-31　过共析钢金相组织图

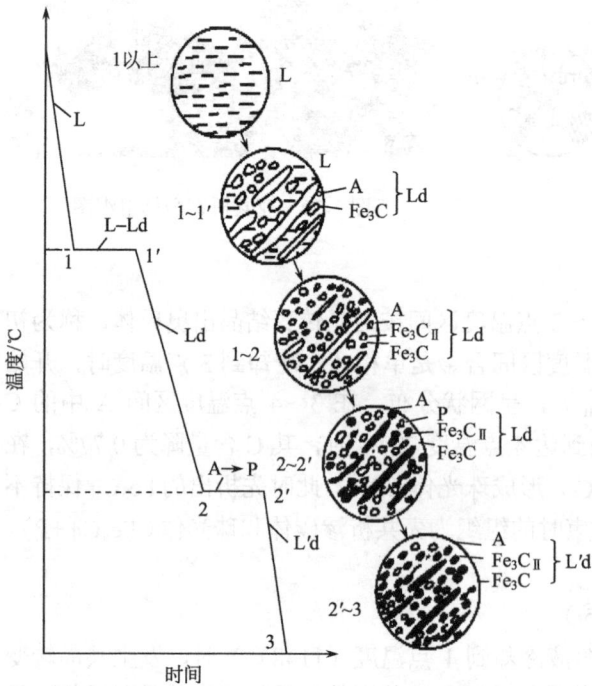

图 1-32　共晶白口铁的结晶过程示意图

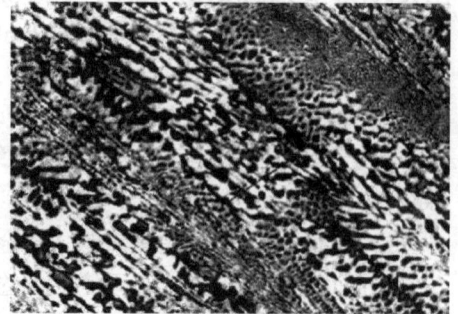

图 1-33　共晶白口铁金相组织图

发生共析转变 $A_{0.77} \rightarrow F_{0.0218} + Fe_3C$，形成珠光体（P），而共晶渗碳体不发生变化，忽略 2～室温之间 Fe_3C_{III} 的析出，室温组织为低温莱氏体，用（Ld'）表示，它是由珠光体和渗碳体组成，而共析转变前的莱氏体由奥氏体和渗碳体组成，用 Ld 表示，二者形貌相似。

6）含碳 3.0%的亚共晶白口铁（合金⑥）

如图 1-34 和图 1-35 所示，在 1～2 点温度区间按匀晶转变结晶出初生奥氏体，A 中 C 含量沿 JE 线变化，液相（L）沿 BC 线变化；当到达 2 点温度 1148℃时，液相（L）中 C 含量为 4.3%，发生共晶转变 $L_{4.3} \rightarrow A_{2.11} + Fe_3C$，形成莱氏体（Ld），在共晶转变时初生奥氏体中 C 含量为 2.11%，共晶转变结束时的组织为初生奥氏体和莱氏体；在 2～3 点温度区间，初生奥氏体和莱氏体中的共晶奥氏体中不断析出二次渗碳体（Fe_3C_{II}），C 含量沿 ES 线变化；当温度到达 3 点 727℃时，所有奥氏体的成分为 0.77%C，发生共析转变 $A_{0.77} \rightarrow F_{0.0218} + Fe_3C$，形成珠光体（P）。共析转变时，共晶渗碳体和二次渗碳体保持不变，室温组织是珠光体、二次渗碳体和低温莱氏体（$P+ Fe_3C_{II}+Ld'$）。

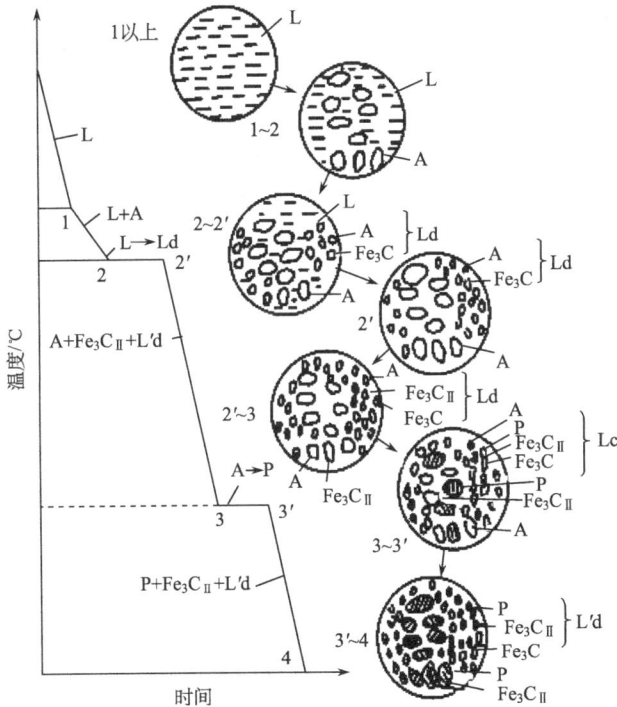

图 1-34　亚共晶白口铁结晶过程示意图

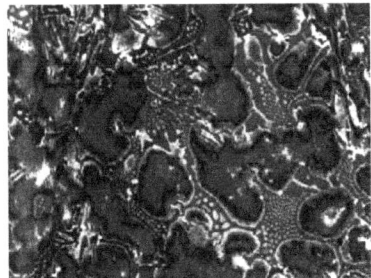

图 1-35　亚共晶白口铁金相组织图

7）含碳 5.0%的过共晶白口铁（合金⑦）

如图 1-36 和图 1-37 所示，在 1～2 点温度区间结晶出一次渗碳体（Fe_3C_I），合金溶液冷却到 2 点 1148℃时，发生共晶转变 $L_{4.3} \rightarrow A_{2.11} + Fe_3C$，转变结束时，合金全部是莱氏体（Ld），其中的奥氏体称为共晶奥氏体，而渗碳体称为共晶渗碳体。在 2～3 点温度区间共晶奥氏体中析出二次渗碳体 Fe_3C_{II}，Fe_3C_{II} 通常依附在共晶渗碳体上分辨不出；当温度降到 3 点 727℃时，莱氏体中的共晶奥氏体的成分为 S 点（0.77%C），发生共析转变 $A_{0.77} \rightarrow F_{0.0218} + Fe_3C$，形成珠光体（P），而共晶渗碳体不发生变化，组成了低温莱氏体（Ld'）。忽略 3～4 室温之间 Fe_3C_{III} 的析出，室温组织是低温莱氏体和一次渗碳体（$Ld'+Fe_3C_I$）。

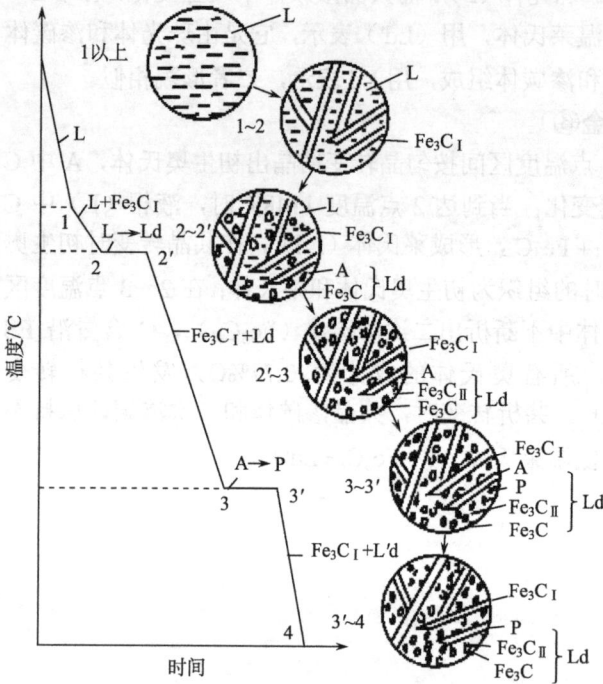

图 1-36 过共晶白口铁结晶过程示意图

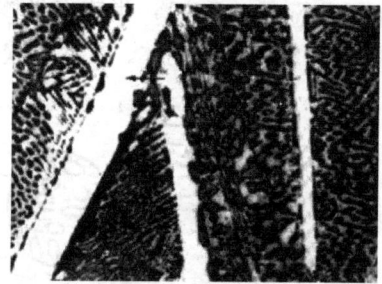

图 1-37 过共晶白口铁金相组织图

1.5.4 碳对铁碳合金平衡组织的影响

含碳量对铁碳合金组织的影响:

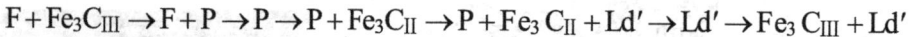

$$F+Fe_3C_{III} \rightarrow F+P \rightarrow P \rightarrow P+Fe_3C_{II} \rightarrow P+Fe_3C_{II}+Ld' \rightarrow Ld' \rightarrow Fe_3C_{III}+Ld'$$

此外,当含碳量长高时,不仅其组织中的渗碳体的数量增加,而且渗碳体的分布和形态也在发生变化,如图 1-38 所示。

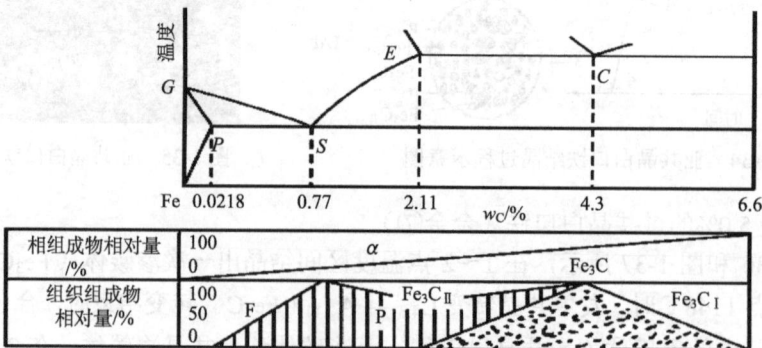

图 1-38 含碳量对平衡组织的影响

Fe_3C_{III}(沿 F 晶界分布的基片)→共析 Fe_3C(分布在铁素体内的片层状)→Fe_3C_{II}(沿 A 晶界呈网状分布)→共晶 Fe_3C(为莱氏体的基体)→Fe_3C_I(分布在莱氏体上的粗大片状)。

碳对铁碳合金力学性能的影响：室温下铁碳合金由铁素体和渗碳体两个相组成。铁素体是软、韧相，渗碳体是硬、脆相。当两者以层片状组成珠光体时，珠光体兼具两者的优点，即具有较高的硬度、强度和良好的塑性、韧性。

铁碳合金中渗碳体是强化相，对于以铁素体为基体的钢来说，渗碳体的数量越多，分布越均匀，其强度越高。但若 Fe_3C 以网状分布于晶界上或呈粗大片状，尤其是作为基体时就使得铁碳合金的塑性、韧性大大下降，这就是过共析钢和白口铸铁脆性很高的原因。如图 1-39 是含碳量对缓冷碳钢的力学性能的影响。

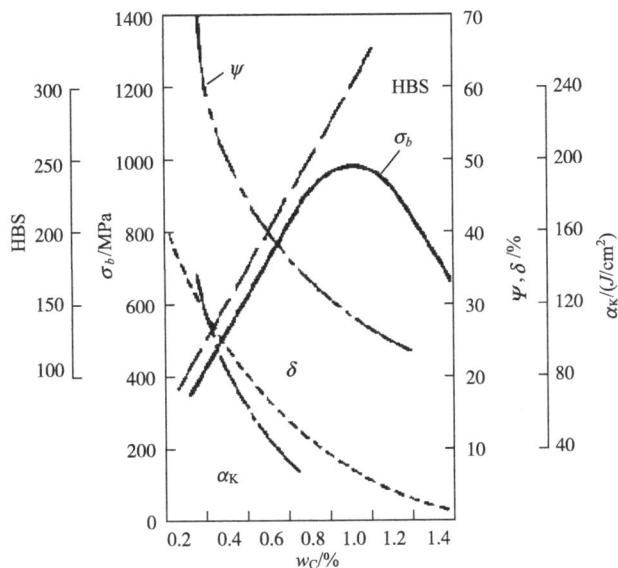

图 1-39　含碳量对力学性能的影响

随着含碳量的增加，强度、硬度增加，塑性、韧性降低。当含碳量大于 1.0% 时，由于网状二次渗碳体的出现，导致钢的强度下降。为了保证工业用钢具有足够的强度和适当的塑性、韧性，其含碳量一般不超过 1.3%～1.4%。

含碳量大于 2.11% 的铁碳合金，即白口铸铁，由于其组织中存在大量的渗碳体，具有很高的硬度和脆性，难以切削加工，除少数耐磨件外很少应用。

1.6　热　处　理

为使金属工件具有所需要的力学性能、物理性能和化学性能，除了合理选用材料和各种成形工艺，热处理工艺往往是必不可少的。热处理是指材料在固态下，通过加热、保温、冷却等手段以获得预期组织和性能的一种金属热加工工艺，是机械制造中的重要工艺之一。与其他加工工艺相比，热处理一般不改变工件的形状和整体的化学成分，而是通过改变工件内部的显微组织，或改变工件表面的化学成分，赋予或改善工件的内在质量和使用性能。

根据热处理时加热和冷却方法的不同，常用的热处理方法大致分类如下。

（1）普通热处理。退火、正火、淬火、回火。

（2）表面热处理。表面淬火，如火焰加热表面淬火、感应加热表面淬火。

（3）化学热处理。渗碳、渗氮、碳氮共渗。

实际生产中，各种工件在制造过程中有不同的工艺路线：铸造（或锻造）→退火（正火）→切削加工→成品，或铸造（或锻造）→退火（正火）→粗加工→淬火→回火→精加工→成品。退火与正火是应用非常广泛的热处理方法。

普通热处理安排在铸造或锻造之后，切削加工之前具有以下几点原因。

（1）在铸造或锻造之后，钢件中不仅残留有铸造或锻造应力，还存在着成分和组织上的不均匀性，因而力学性能较低，会导致淬火时的变形和开裂。经过退火和正火后，便可得到细而均匀的组织，并消除应力，改善钢件的力学性能并为随后的淬火做了准备。

（2）铸造或锻造后，钢件硬度经常偏高或偏低，严重影响切削加工。经过退火与正火后，钢的组织接近于平衡组织，其硬度适中，有利于下一步的切削加工。

（3）如果工件性能要求不高，如铸件、锻件或焊接件等，退火或正火常作为最终热处理。

1. 钢的退火

退火是将工件加热到临界点以上，或在临界点以下某一温度保温一定时间后，以十分缓慢的速度冷却（炉冷、坑冷、灰冷）的一种操作工艺。

根据钢的成分、组织状态和退火目的的不同，退火工艺可分为：完全退火、等温退火、球化退火、去应力退火等。

2. 钢的正火

正火：将工件加热到临界温度 Ac3 或 Acm 以上 $30\sim50$℃，保温后从炉中取出在空气中冷却的一种操作工艺。

与退火的主要区别是冷速快，组织细，强度和硬度有所提高。正火应用于普通结构零件，可作为最终热处理，细化晶粒提高力学性能；用于低、中碳钢作为预先热处理，合适的硬度便于切削加工；用于过共析钢可消除网状 Fe_3C_{II}，有利于球化退火的进行。

3. 钢的淬火

淬火就是将钢件加热到临界温度 Ac3 或 Ac1 以上 $30\sim50$℃，保温一定时间，然后快速冷却（一般为油冷或水冷），从而得马氏体的一种操作。但淬火必须和回火相配合，否则淬火后虽然得到了高硬度、高强度，但韧性、塑性低，不能获得优良的综合力学性能。

淬火是一种复杂的热处理工艺，又是决定产品质量的关键工序之一，淬火后要得到细小的马氏体组织又不至于产生严重的变形和开裂，就必须根据钢的成分、零件的大小、形状等，结合 C 曲线合理地确定淬火加热和冷却方法。

4. 钢的回火

回火是将淬火钢重新加热到 A_1 点以下的某一温度，保温一定时间后，冷却到室温的一种操作。

由于淬火钢硬度高、脆性大，存在着淬火内应力，且淬火后的马氏体组织 M 和残余奥氏体组织 A′ 都处于非平衡态，是不稳定组织，在一定条件下，经过一定的时间后，组织会向平衡组织转变，导致工件的尺寸形状改变，性能发生变化，为克服淬火组织的这些弱点而采取回火处理。

回火的目的是降低淬火钢的脆性，减少或消除内应力，使组织趋于稳定并获得所需要的性能。

5. 热处理对零件结构设计的要求

在满足零件使用要求的前提下，在零件设计时应考虑到零件的结构、形状、尺寸能尽可能好地适应热处理工艺要求，以便能降低热处理的操作难度，可靠地保证热处理质量，减少大量废品(畸变超差、开裂)，并以最低的耗费成本和生产周期达到预期的技术要求。

（1）零件几何形状力求对称、简单，截面厚度力求均匀、质量平衡，避免突然变化。遇结构尺寸悬殊时，为减少畸变或开裂，可在厚度大处加开工艺孔，并合理分布其位置和数量，尽可能避免淬火应力的分布不均匀。

（2）零件应尽量避免尖锐、薄边和大台阶，锐边夹角要倒钝或改成过渡圆角。零件的尖棱角等部位是淬火应力最为集中处，往往成为淬火裂纹的起源。

（3）尽量减少零件上的孔、槽、键槽，如果不可避免也尽可能使槽开得浅些。尽量避免局部渗碳、局部渗氮。

（4）内孔要求淬硬时，应变不通孔(盲孔)为通孔，以改善冷却条件。孔与孔之间或孔与棱边之间应有一定距离。

（5）热处理件不允许设计成中空密封结构，以避免加热时爆炸，如需设计成中空结构时，必须有排气孔。

（6）形状复杂或不同部位有不同性能要求时，在可能的情况下，可改成组合结构；细(薄)长件在结构上有可能拼接时，应尽量拼接。

（7）对于大件、长件，设计时应考虑便于热处理时的装夹、吊挂。

（8）设计时尽可能提高零件结构的刚性，必要时可采取附加加强筋或工艺桥等措施。

（9）轴类零件的细长比不可太大。

1.7　材料的选用

1.7.1　选材的原则

1. 材料的使用性能

材料的使用性能指的是零件在使用时所应具备的材料性能，包括力学学能、物理性能和化学性能。对大多数零件而言，力学性能是主要的性能指标，表征力学性能的参数主要有强度极限 σ_b、弹性极限 σ_e、屈服强度 σ_s 或 $\sigma_{0.2}$ 伸长率 δ、断面收缩率 ψ、冲击韧性 α_K 及硬度 HRC 等。这些参数中强度是力学性能的主要性能指标，只有在强度满足要求的情况下，才能保证零件正常工作，且经久耐用。在材料力学的学习中已经发现，在设计计算零件的危险截面尺寸或校核安全程度时所用的许用应力，都要根据材料强度数据推出。

2. 材料的工艺性能

材料的加工工艺性能主要有铸造、压力加工、切削加工、热处理和焊接等性能。其加工工艺性能的好坏直接影响零件的质量、生产效率及成本。所以,材料的工艺性能也是选材的重要依据之一。

(1) 铸造性能。一般是指熔点低、结晶温度范围小的合金才具有良好的铸造性能。例如,具有共晶成分的合金铸造性最好。

(2) 压力加工性能。是指钢材承受冷热变形的能力。冷变形性能好的标志是成形性良好、加工表面质量高,不易产生裂纹;而热变形性能好的标志是接受热变形的能力好,抗氧化性高,可变形的温度范围大及热脆倾向小等。

(3) 切削加工性能。刀具的磨损、动力消耗及零件表面粗糙度等是评定金属材料切削加工性能好坏的标志,也是合理选择材料的重要依据之一。

(4) 可焊性。衡量材料焊接性能的优劣是以焊缝区强度不低于基体金属和不产生裂纹为标志。

(5) 热处理性能。是指金属材料在规定的热处理条件下获得需要的组织和机械性能的能力。如过热倾向、淬透性、回火脆性、氧化脱碳倾向以及变形开裂倾向等来衡量热处理工艺性能的优劣。

总之,良好的加工工艺性可以大大减少加工过程的动力、材料消耗、缩短加工周期及降低废品率等,是降低产品成本的重要途径。

3. 材料的经济性能

每台机器产品成本的高低是劳动生产率的重要标志。产品的成本主要包括原料成本、加工费用、成品率以及生产管理费用等。材料的选择也要着眼于经济效益,根据国家资源,结合国内生产实际加以考虑。此外,还应考虑零件的寿命及维修费,若选用新材料还要考虑研究试验费。

作为一个机械设计人员,在选材时必须了解我国工业发展趋势,按国家标准,结合我国资源和生产条件,从实际出发全面考虑各方面因素。

1.7.2　零件的失效

任何零件或部件使用一段时间后都要损伤或损坏,其损伤的程度有以下三种情况。

(1) 零件彻底破坏,不能再使用,如轴断裂。

(2) 严重损伤继续使用不安全,如有裂纹产生、表面磨损。

(3) 虽然还能安全工作,但已达不到预定的作用。

只要发生上面情况中的任何一种都可以认为零件已经失效。对机器零件或部件进行失效分析的目的就是要找出零件破坏的原因,并且提出相应的改进措施。失效分析的结果对于零件的设计、选材、加工及使用都具有很大的指导意义。

1. 机械零件失效的方式

零件失效的形式多种多样,按零件的工作条件及失效的宏观表现与规律可分为:变形失效、断裂失效、表面损伤失效等。

2. 机械零件失效的原因

失效原因有多种，在实际生产中，零件失效很少是由于单一因素引起的，往往是几个因素综合作用的结果。归纳起来可分为设计、材料、加工和安装使用四个方面。可能的原因如下。

(1) 设计原因。一是由于设计的结构和形状不合理导致零件失效，如零件的高应力区存在明显的应力集中源(各种尖角、缺口、过小的过渡圆角等)；二是对零件的工作条件估计失误，如对工作中可能的过载估计不足，使设计的零件的承载能力不够。

(2) 材料方面的原因。选材不当是材料方面导致失效的主要原因。最常见的是设计人员仅根据材料的常规性能指标作出决定，而这些指标根本不能反映出材料所受某种类型失效的能力；材料本身的缺陷(如缩孔、疏松、气孔、夹杂、微裂纹等)也导致零件失效。

(3) 加工方面原因。由于加工工艺控制不好会造成各种缺陷而引起失效。如热处理工艺控制不当导致过热、脱碳、回火不足等；锻造工艺不良带状组织、过热或过烧现象等；冷加工工艺不良造成粗糙度太高，刀痕过深、磨削裂纹等都可导致零件的失效。

(4) 安装使用与失效。零件安装时，配合过紧、过松、对中不良、固定不紧等，或操作不当均可造成使用过程中失效。

3. 零件失效分析的方法步骤

(1) 现场调查研究。这是十分关键的一步。尽量仔细收集失效零件的残骸，并拍照记录实况，从而确定重点分析的对象，样品应取自失效的发源部位。

(2) 详细记录并整理失效零件的有关资料，如设计图纸、加工方式及使用情况。

(3) 对所选定的试样进行宏观和微观分析，确定失效的发源点和失效的方式；扫描电镜断口分析确定失效发源地和失效方式；金相分析，确定材料的内部质量。

(4) 测定样品的：性能测试、组织分析、化学成分分析及无损探伤等相关数据。

(5) 断裂力学分析。

(6) 最后综合各方面分析资料作出判断，确定失效的具体原因，提出改进措施，写出分析报告。

思　考　题

1-1　纯铁结晶过程中结构变化特点是什么？

1-2　铁碳合金状态图中主要特性点的含义是什么？典型合金的结晶过程是怎样的？

1-3　热处理三要素是什么？常用的热处理工艺是什么？

1-4　工程材料的主要力学性能是什么？

1-5　说明铸铁的分类。

第 2 章　铸　　造

铸造生产是一种热加工方法，产品铸件有着十分广泛的应用，是机器制造业的基础，在整个国民经济中占有重要的地位。涉及民用产品、国防工业、飞机、汽车、拖拉机以及各种机床等许多应用，凡是使用机器的地方都离不开铸件。据粗略统计，铸件在整个机器重量中占 45%～85%，在一些重型机械上，例如，重型机床、矿山机械铸件重量占 85%～90%。

2.1　铸造基础知识

铸造是熔炼金属、制作铸型，并将熔融金属浇入铸型，冷凝后得到所需形状和性能铸件的成形方法。一般尺寸精度不高、表面粗糙的铸造毛坯，必须经过切削加工后才能成为零件。若对零件的表面质量要求不高，也可以直接获得零件。

熔炼金属和制作铸型是铸造两个基本过程。适宜铸造的金属有铸铁、铸钢和铸造有色合金，其中铸铁(特别是灰铸铁)用得最普遍。铸型是根据所设计的零件形状用造型材料制成的，造型材料可以是型砂、金属或其他耐火材料。砂型铸型主要用于铸铁件，金属型铸型主要用于有色金属铸件。

2.1.1　铸型的组成和造型工具

铸型的组成如图 2-1 所示。

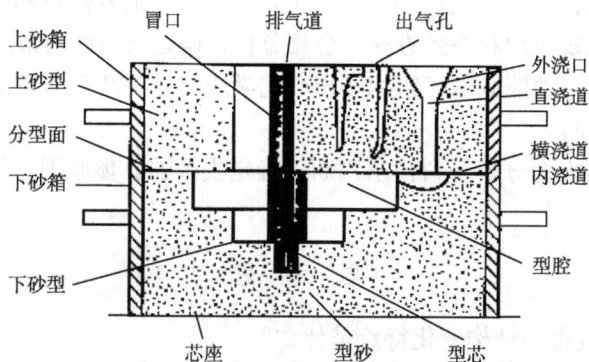

图 2-1　铸型的组成

造型过程中用以舂砂、修补和精整砂型的手工工具，如舂砂、压勺、提钩、镘刀、水笔等，应结合现场操作合理选择、正确使用，如图 2-2 所示。

2.1.2　造型方法

目前铸造铸型的造型方法分为手工造型方法和机器造型方法，实习过程中铸造车间主

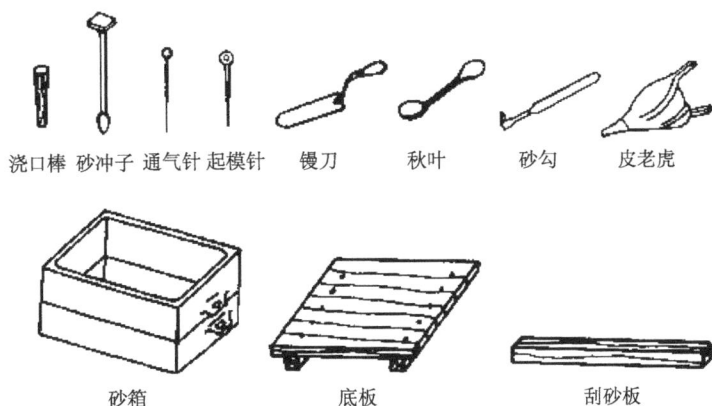

图 2-2 铸造造型常用工具

浇口棒 砂冲子 通气针 起模针　镘刀　秋叶　砂勾　皮老虎

砂箱　　　　　底板　　　　　刮砂板

要工作就是手工造型，其紧实型砂和起模都是用手工来完成的。手工造型操作灵活，工艺装备简单，适应性强，目前仍是铸造生产中应用很广的一种造型方法。

手工造型的方法很多，常用的有整模两箱造型、分模造型、挖沙造型、活块造型等，根据零件的技术要求，铸件的形状、尺寸大小和生产批量等不同情况合理选择。

1. 手工造型

1）整模造型方法

两箱整模造型过程如图 2-3 所示。两箱整模造型的特点是：模样是整体结构，最大截面是平面位于模样一端；分型面多为平面；操作简单。整模造型适用于形状简单的铸件，如盘、轴承、盖类。

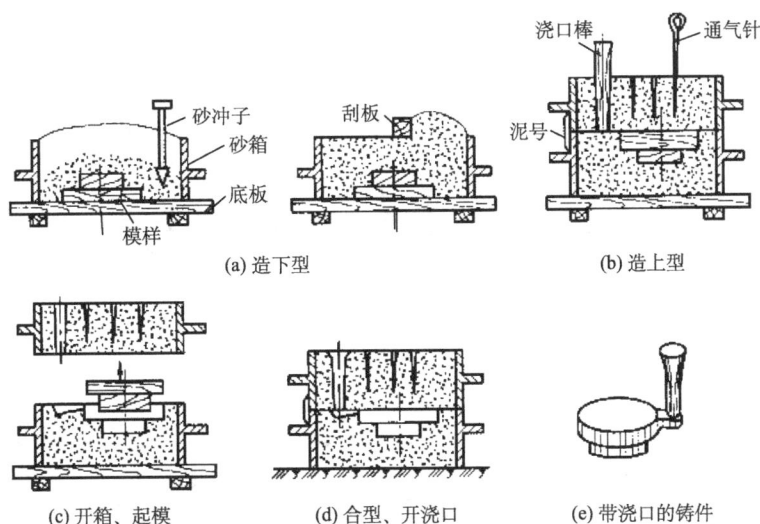

(a) 造下型

砂冲子
刮板
砂箱
底板
模样

(b) 造上型

浇口棒　通气针
泥号

(c) 开箱、起模

(d) 合型、开浇口

(e) 带浇口的铸件

图 2-3 盘类两箱整模造型

2) 分模造型方法

两箱分模造型的特点是：模样是分开的，模样的分开面(称为分模面)必须是模样的最大截面，以利于起模；分型面与分模面相重合。分模造型过程与整模造型基本相似，不同的是造上型时增加"放上模样"和"取上半模样"两个操作。图 2-4 所示为套筒的分模造型过程。两箱分模造型主要应用于某些没有平整表面、最大截面在模样中部的铸件，如套筒、管子和阀体等以及形状复杂的铸件。

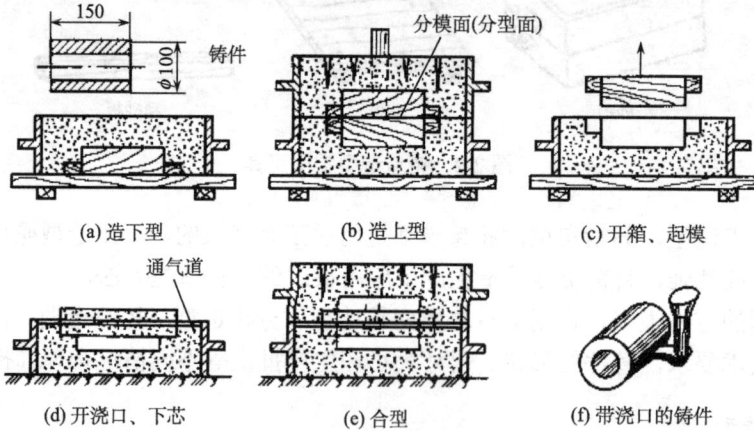

图 2-4 套筒两箱分模造型

3) 三箱造型方法

三箱分模造型的操作程序比较复杂。如图 2-5 所示，三箱分模造型时必须有与模样高度相适应的中箱，因此难以用机器造型。当生产量很大时，可通过使用外型芯(如环形型芯)将三箱分模造型改为两箱整模造型，如图 2-6 所示。也可用两箱分模造型，以适应机器两箱造型(图 2-7)。

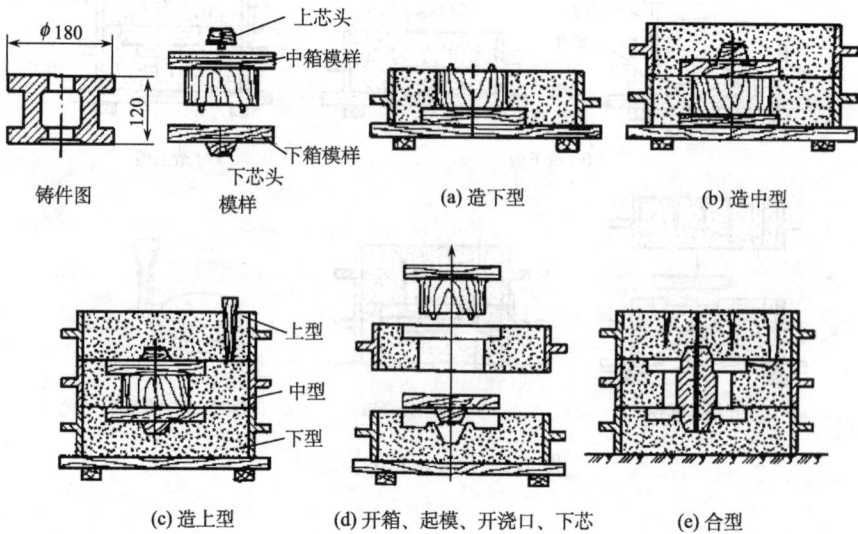

图 2-5 皮带轮的三箱造型

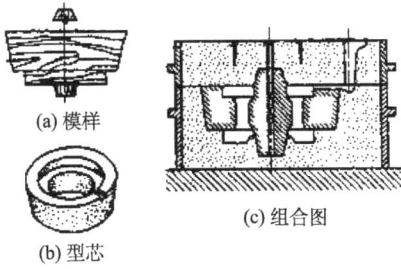

(a) 模样

(b) 型芯

(c) 组合图

图 2-6　采用外型芯的两箱整模造型

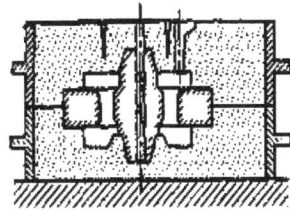

图 2-7　采用外型芯的两箱分模造型

4）挖沙造型方法

有些铸件如手轮、法兰盘等，最大截面不在端部而模样又不能分开时，只能做成整模放在一个砂型内，为了起模，需在造好下砂型翻转后，挖掉妨碍起模的型砂至模样最大截面处，其下型分型面被挖成曲面或有高低变化的阶梯形状（称为不平分型面），这种方法称为挖砂造型。图 2-8 所示为手轮的挖砂造型。挖砂造型工作麻烦费时，只适用于单件生产。当数量较大时，一般采用假箱造型。

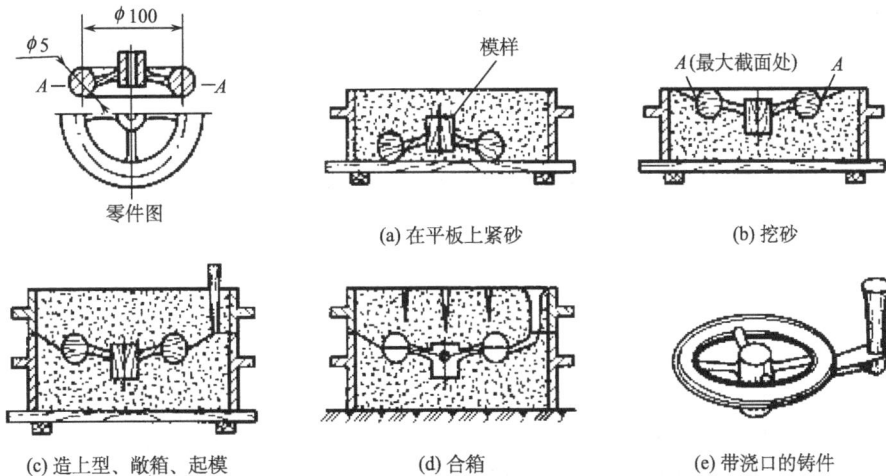

零件图

(a) 在平板上紧砂

模样

(b) 挖砂

A（最大截面处）　A

(c) 造上型、敞箱、起模

(d) 合箱

(e) 带浇口的铸件

图 2-8　手轮的挖砂造型过程

5）假箱造型方法

利用特制的假箱或型板进行造型，自然形成曲面分型。假箱造型可免去挖砂操作，造型方便。先利用模样造一假箱，再在假箱上造下型，不必挖砂就可以使模样露出最大的截面。假箱只用于造型，不参与浇注，它是用高强度型砂舂制而成的，分型面光滑平整、位置正确，能多次使用，如图 2-9 所示。当生产数量较大时，可用木材或铝合金制造的底板来代替假箱，称为成型底板，如图 2-10 所示。

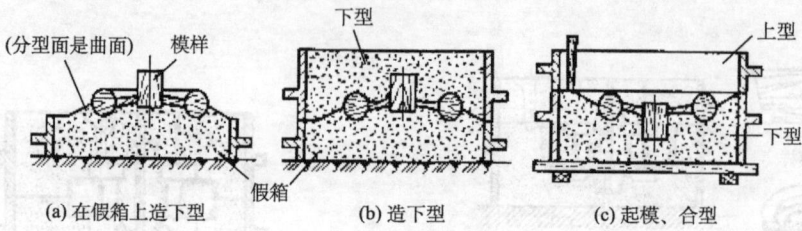

图 2-9　手轮的假箱造型

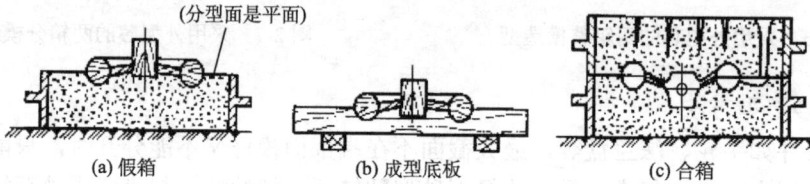

图 2-10　成型底板造型

6）活块造型方法

模样上可拆卸或能活动的部分叫活块。当模样上有妨碍起模的侧面伸出部分(如小凸台)时，常将该部分做成活块。起模时，先将模样主体取出，再将留在铸型内的活块单独取出，这种方法称为活块造型，如图 2-11 所示。用钉子连接的活块模造型时，应注意先将活块四周的型砂塞紧，然后拔出钉子。

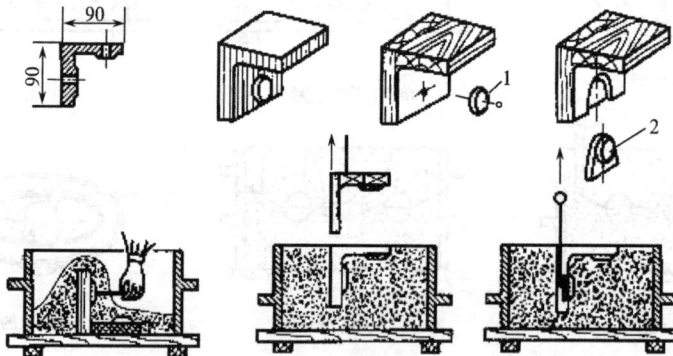

图 2-11　活块造型

1-用钉子连接活块；2-用燕尾连接活块

活块造型的操作难度较大，生产率低，仅适用于单件生产。当产量较大时，可用外型芯取代活块，从而将活块造型改为整模造型，使造型容易，如图 2-12 所示。

7）刮板造型

用与铸件截面形状相适应的特制木质刮板代替模样进行造型的方法称为刮板造型。尺寸大于 500mm 的旋转体铸件，如带轮、飞轮、大齿轮等单件生产时，为节省木材、模样加工时间及费用，可以采用刮板造型。刮板是一块和铸件截面形状相适应的木板。造型时将刮板绕着固定的中心轴旋转，在砂型中刮制出所需的型腔，如图 2-13 所示。

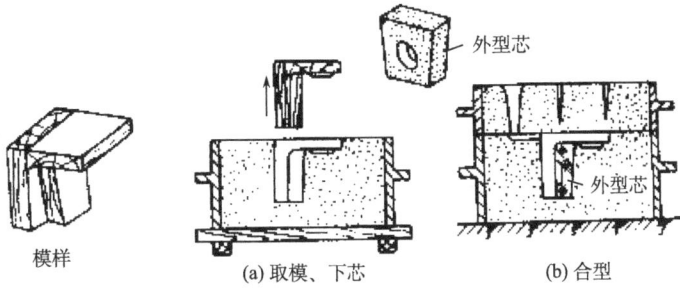

图 2-12　用外型芯做出活块

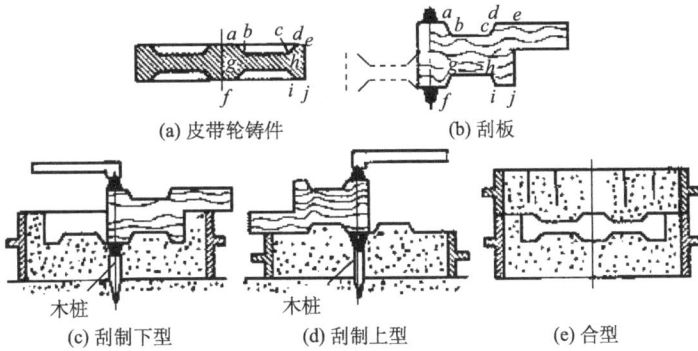

图 2-13　皮带轮铸件的刮板造型过程

8) 型芯制造法

型芯主要是用于形成铸件的内腔，有时也用于铸出铸件的外部凹槽，以简化造型过程。型芯大多是在芯盒内制成的。形状简单的小型芯可以采用整体芯盒制造；圆柱形型芯常用对开芯盒制造；形状复杂和尺寸较大的型芯则常用可拆式芯盒制造。图 2-14 是型芯的制作过程。

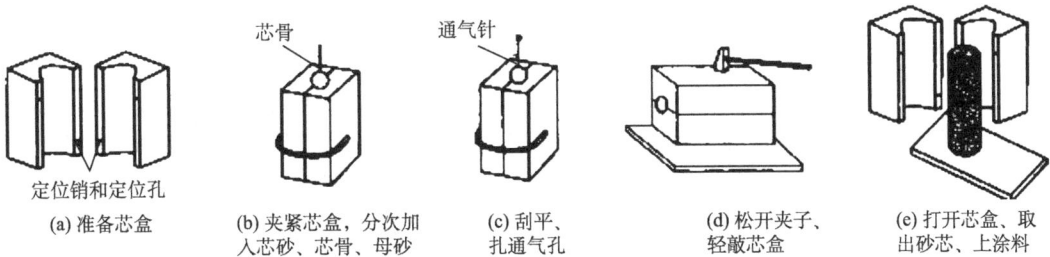

图 2-14　型芯的制作过程

型芯砂的性能要求较高，但是由于型芯的工艺条件较差，一般的型芯中还要用金属芯骨来加强，而且必须开设可靠的通气孔。为了避免铸件表面黏砂，型芯表面常刷上一层耐火涂料，并进行烘干，以免铸件中产生气孔，同时增强其强度、便于搬运和安装。型芯的安装一般是由芯头来定位和紧固的，安装后要确保其通气孔畅通无阻。

2. 机器造型

手工造型对工人的技术水平要求较高，且劳动强度较大，生产率低，铸件质量不够稳定，所以主要用于单件、小批量生产。当大批量生产定型铸件时，宜采用机器造型。

机器造型的实质是把造型过程中的主要操作——紧砂与起模机械化，可提高生产率，保证铸件的质量，同时减轻工人的劳动强度。为了提高生产率，采用机器造型的铸件，应尽可能避免活块和砂芯，同时机器造型因无法造出中箱而只适合两箱造型，不能进行三箱造型。机器造型根据紧砂和起模方式不同，有振压造型、气动微振压实造型、射压造型、高压造型、抛砂造型。

1）振压造型

砂箱放在振动台上，工作台(振击活塞)由气缸推动上升一定高度后自由下落，多次振击，靠惯性力将型砂初步紧实，上部较松散型砂再用压头压实。

2）气动微振压实造型

以压缩空气为动力，在高频率(700～1000 次／min)、低振幅(5～10mm) 微振下，利用型砂的惯性紧实作用，同时或随后加压紧实型砂的方法。常采用两台造型机配对使用，分别在上型和下型。这种造型机噪声较小，型砂紧实度均匀，生产率高。气动微振压实造型机紧砂原理如图 2-15 所示。

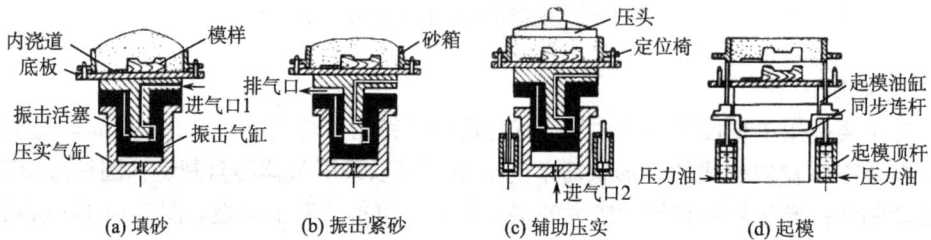

图 2-15 气动微振压实造型机的工作原理

3）多触头高压造型

多触头由许多可单独动作的触头组成，可分为主动伸缩的主动式触头和浮动式触头。使用较多的是弹簧复位浮动式多触头，如图 2-16 所示。当压实活塞向上推动时，触头将型砂从余砂框压入砂箱，而自身在多触头箱体的相互连通的油腔内浮动，以适应不同形状的模样，使整个型砂得到均匀的紧实度。多触头高压造型通常也配备气动微振装置，以便增加工作适应能力。

4）射压造型

(1) 型砂由压缩空气高速射入造型室。

(2) 由液压系统将型砂进行高压压实。

(3) 推出砂型块，砂型块的两侧各有半个型腔。

(4) 重复上述动作，两个砂块组成一个铸型(合型)。

如是反复形成一串无砂箱的垂直分型的铸型，造型的同时可进行浇注。如图 2-17 所示。

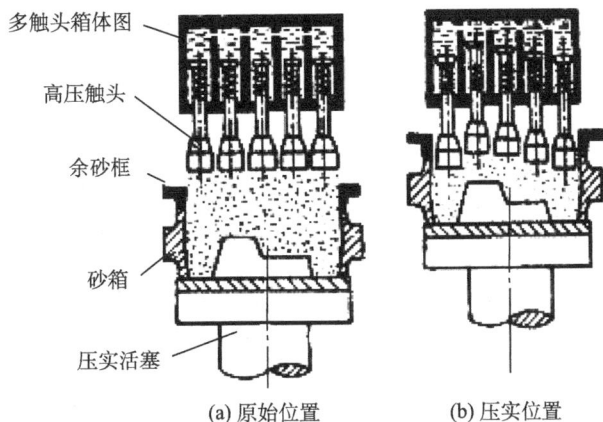

图 2-16 多触头高压造型工作原理

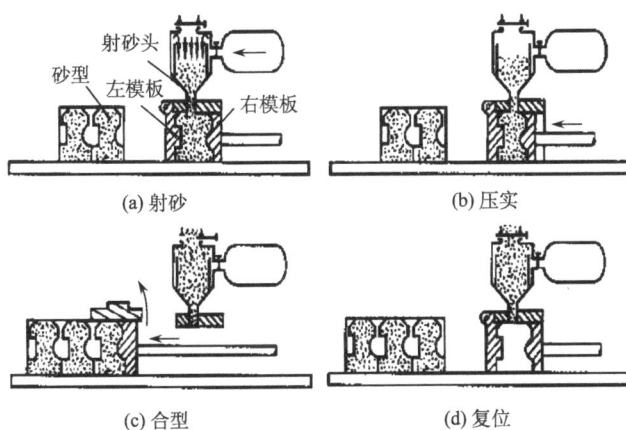

图 2-17 射压造型示意图

2.1.3 浇冒口系统

1. 浇注系统

浇注系统是为金属液流入型腔而开设于铸型中的一系列通道。其作用是：平稳、迅速地注入金属液；阻止熔渣、砂粒等进入型腔；调节铸件各部分温度，补充金属液在冷却和凝固时的体积收缩。

典型的浇注系统由外浇口、直浇道、横浇道和内浇道四部分组成，如图 2-18 所示。对形状简单的小铸件可以省略横浇道。

(1) 外浇口。容纳注入的金属液并缓解液态金属对砂型的冲击。小型铸件通常为漏斗状(称浇口杯)，较大型铸件为盆状(称浇口盆)。

(2) 直浇道。连接外浇口与横浇道的垂直通道。改变直浇道的高度可以改变金属液的静压力大小和改变金属液的流动速度，从而改变液态金属的充型能力。如果直浇道的高度或直径太小，会使铸件产生浇不足的现象。

(3) 横浇道。将直浇道的金属液引入内浇道的水平通道，一般开设在砂型的分型面上，其截面形状一般是高梯形，并位于内浇道的上面。横浇道的主要作用是分配金属液进入内浇道和起挡渣作用。

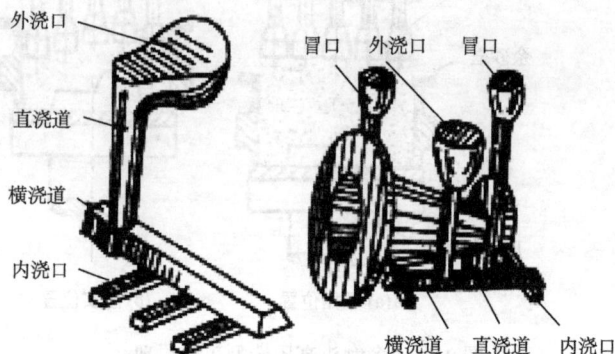

图 2-18 典型浇注系统的组成

（4）内浇口。它是直接与型腔相连，并能调节金属液流入型腔的方向和速度、调节铸件各部分的冷却速度。内浇道的截面形状一般是扁梯形和月牙形，也可为三角形。

2. 冒口

常见的缩孔、缩松等缺陷是由于铸件冷却凝固时体积收缩而产生的。为防止缩孔和缩松，往往在铸件的顶部或厚大部位以及最后凝固的部位设置冒口。冒口中的金属液可不断地补充铸件的收缩，从而使铸件避免出现缩孔、缩松。冒口是多余部分，清理时要切除掉。冒口除了补缩作用外，还有排气和集渣的作用。

2.1.4 合金的浇注

1. 合金的熔炼

合金的熔炼是铸造的必要过程之一，若控制不当会使铸件化学成分和力学性能不合格，以及产生气孔、夹渣、缩孔等缺陷。对合金熔炼的基本要求是优质、低耗和高效，即金属液温度高、化学成分合格和纯度高；燃料、电力耗费少，金属烧损少；熔炼速度快。

铸造合金熔炼的设备有冲天炉、感应炉、坩埚炉、电弧炉和高频炉等。冲天炉有结构简单、成本低廉等优点，但是因所占场地较大和污染环境，已经很少应用。

感应电炉根据电磁感应和电流热效应原理，利用炉料内感应电流的热能熔化金属。具有加热速度快、热量散失少、热效率高、温度可控、元素损失少等优点；但同时也具有耗电量大，去硫、去磷效果差等缺点。工作示意图如图 2-19 所示。

常用的铸造合金主要是铸造铝合金、铸造铜合金等。与钢相比，铸造合金具有熔点低、易氧化和吸收，应用于缸体、阀体、壳体等形状较复杂的薄壁零件。铸造合金常用坩埚炉进行熔炼，如图 2-20 所示。熔炼时，合金置于坩埚中，上面覆盖溶剂隔绝空气，用电阻丝加热坩埚使金属熔化。为了减少合金的氧化，一般金属液温度不宜过高。

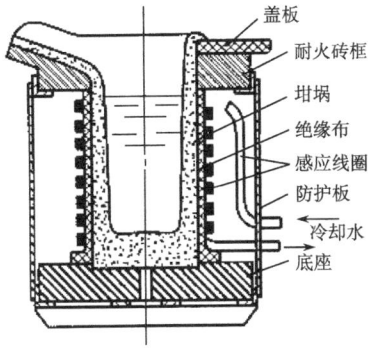

图 2-19 感应式加热炉

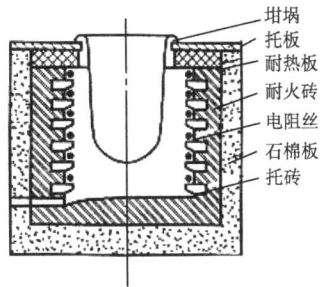

图 2-20 坩锅炉

2. 铸型的浇注

将金属液从浇包中注入铸型的过程称为浇注。浇包外壳采用钢板焊成，内壁衬有耐火材料，使用前必须烘干，以免引起铁水飞溅及温降。

浇注时，金属液流应对准浇口，且不得断流；挡渣钩应挡在包嘴附近，防止浇包中熔渣随金属液体流入浇口。

2.1.5 铸件缺陷分析

清理完的铸件要进行质量检验，对铸件缺陷进行分析，找出主要原因，提出预防措施。表 2-1 列举了常见铸件缺陷的特征及产生的主要原因。

表 2-1 铸件缺陷特征和产生原因

类别	缺陷名称	缺陷图例	主要原因分析
孔洞类	气孔：铸件内部出现的空洞，常是梨形、圆形和椭圆形，孔的内壁比较光滑		1. 砂型紧实度过高 2. 型砂太湿，起模、修型时刷水太多 3. 砂芯未烘干或通气道堵塞 4. 浇注系统不正确，气体排不出去
	缩孔：铸件厚截面处出现的形状极其不规则的空洞，空的内壁粗糙 缩松：铸件截面上细小而分散的缩孔		1. 浇注系统或冒口设置不正确，补缩不足 2. 浇注温度过高，金属液体收缩过大 3. 铸铁中碳硅含量过低，其他金属元素含量高时容易出现缩松
	砂眼：铸件内部或表面带有沙粒的孔洞		1. 型砂太干，韧性差，易掉砂 2. 局部没舂紧，型腔、浇口内散沙没吹净 3. 合箱时砂型局部挤坏，掉砂 4. 浇注系统设置不正确，冲坏砂型
	渣气孔：铸件浇注时的上表面充满熔渣气孔，常与气孔并存，大小不一，成群集结		1. 浇注温度太低，熔渣上浮困难 2. 浇注时没有挡住熔渣 3. 浇注系统设置不正确，挡渣作用差

续表

类别	缺陷名称	缺陷图例	主要原因分析
表面缺陷类	机械黏砂：铸件表面黏附着一层砂粒和金属的机械混合物，使表面粗糙		1. 砂型舂得太松，型腔表面不致密 2. 浇注温度过高，金属液渗透力大 3. 砂粒过粗，砂粒间隙过大
	夹砂结疤：铸件表面有局部突出的长条疤痕，其边缘与铸件本体分离，并夹有一层型砂。多产生在大平板铸件表面 鼠尾：在打平板铸件下型表面有浅的条状凹槽或不规则折痕	(a) (b)	1. 型砂的热湿强度较低，特别是在型腔表层受热后，水分向内部迁移形成的高水层更低 2. 表层因石英砂受热膨胀拱起，与高水分层分离直至开裂 3. 砂型局部过紧、不均匀，易出现表层拱起 4. 浇注温度过高，型腔烘烤严重 5. 浇注速度过慢，金属液体压不住拱起的表面型砂，易产生鼠尾
形状差错类	偏芯：铸件内腔和局部形状位置偏错		1. 砂芯变形 2. 下芯时放偏 3. 砂芯没有固定好，浇注时被冲偏
	错箱：铸件的一部分与另一部分在分型面处错开		1. 合箱时上、下箱错位 2. 定位销或混记号不准 3. 造型时上、下模有错动
裂纹冷隔类	热裂：铸件开裂，裂纹断面严重氧化，外形曲折不规则 冷裂：裂纹断面被氧化并发亮，有时轻微氧化，呈连续直线	裂纹	1. 砂型(芯)退让性差，阻碍铸件收缩 2. 浇注系统开设不当，阻碍铸件收缩 3. 铸件设计不合理，薄厚差别大
	冷隔：铸件上下未完全融合的缝隙，边缘呈圆角	冷隔	1. 浇注温度过低 2. 浇注速度过慢 3. 内浇道界面尺寸和位置不当 4. 远离浇口的铸件过厚
残缺类	浇不到：铸件残缺，或轮廓不完整，或形状完整但边角圆滑光亮，其浇注系统是充满的		1. 浇注温度过低 2. 浇注速度过慢 3. 内浇道界面尺寸和位置不当 4. 未开出气口，金属液体的流动受型内气体的阻碍

2.2 铸造性能

　　铸造厂根据用户提供的零件图样来生产铸件，但铸件图与零件图又不尽相同，所以生产铸件的第一步工作是根据零件的特点、技术要求、生产批量及本厂的生产条件确定铸件的材料、铸造工艺和绘制铸造工艺图。首先了解金属的铸造性能。

金属的铸造性能是指铸造成形过程中获得外形准确、内部健全铸件的能力,是材料的一项重要工艺性能。铸造性能通常用金属液的流动性、凝固性、收缩性等衡量。

1. 流动性

流动性是指金属液本身的流动能力,流动性好坏影响金属液的充型能力。

1) 流动性对铸件质量的影响

流动性好的金属,浇注时金属液容易充满铸型的型腔,能获得轮廓清晰、尺寸精确、薄而形状复杂的铸件;还有利于金属液中夹杂物和气体的上浮排除。相反,金属的流动性差,则铸件易出现冷隔、浇不到、气孔、夹渣等缺陷。金属的流动性可用螺旋线长度来测定,图 2-21 为螺旋形试样。将金属液浇注入螺旋形铸型中,在相同的铸造条件下,获得的螺旋线越长,表明金属液的流动性越好。表 2-2 为常用合金的流动性。

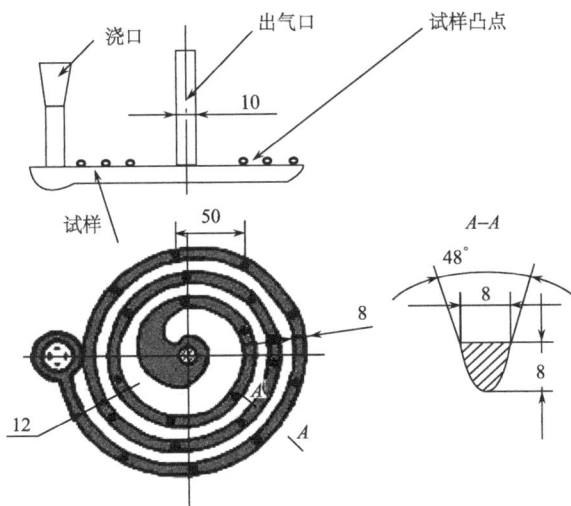

图 2-21 螺旋形试样

表 2-2 常用合金的流动性(砂型,试样截面 8mm×8mm)

合金种类		铸型种类	浇注温度/℃	螺旋线长度/mm
铸铁	w_{C+Si}=6.2%	砂型	1300	1800
	w_{C+Si}=5.9%	砂型	1300	1300
	w_{C+Si}=5.2%	砂型	1300	1000
	w_{C+Si}=4.2%	砂型	1300	600
铸钢	w_C=0.4%	砂型	1600	100
		砂型	1640	200
铝硅合金(硅铝明)		金属型(300℃)	680~720	700~800
镁合金(含 Al 和 Zn)		砂型	700	400~600
锡青铜(w_{Sn}≈10%,w_{Zn}≈2%)		砂型	1040	420
硅黄铜(w_{Si}=1.5%~4.5%)		砂型	1100	1000

2）影响流动性的因素

（1）合金的种类与化学成分。不同种类的合金具有不同的流动性，根据流动性试验测得的螺旋线长度，常用铸造合金中，灰铸铁的流动性较好，而铸钢的流动性较差。

同类合金中，化学成分不同，合金的结晶特点不同，其流动性也不一样。一般合金的结晶是在一个温度区间内完成的，结晶时先形成的初晶会阻碍金属液的流动；而共晶合金是在恒温下结晶，无初晶形成，对金属液的阻力较小，另外共晶合金的熔点低，在同样的浇注温度下，共晶合金结晶前有足够的时间充满铸型的型腔，所以共晶合金的铸造性能优良。合金的成分越远离共晶点，结晶温度范围越宽，其流动性越差。因此在满足使用性能的前提下，铸造合金应尽量选用共晶合金或接近共晶成分的合金。

（2）浇注工艺条件。提高浇注温度可改善金属的流动性。浇注温度越高，金属保持液态的时间越长，其黏度也越小，所以流动性也就越好。因此适当提高浇注温度是改善流动性的工艺措施之一。另外铸型材料的导热性、铸型内腔的形状和尺寸等因素对流动性也有影响。

2. 凝固性

铸件凝固过程中，在其断面上存在三个区域：已凝固的固相区、液固两相并存的凝固区和未开始凝固的液相区，其中凝固区的宽窄对铸件质量影响较大，其宽窄决定着铸件的凝固方式。

（1）逐层凝固。纯金属或共晶成分的合金，凝固时铸件的断面上不存在液、固两相并存的凝固区，已凝固层与未凝固的液相区之间界限清晰，随着温度的下降，已凝固层不断加厚，液相区逐渐减小，直到铸件完全凝固，这种凝固方式称为逐层凝固，如图 2-22（a）所示。

（2）中间凝固。大多数铸造合金的凝固方式介于逐层凝固和糊状凝固之间，即在凝固过程中，铸件断面上存在一定宽度的液固两相共存的凝固区，称为中间凝固，如图 2-22（b）所示。

（3）糊状凝固。如果合金的结晶温度范围很宽，且铸件断面的温度梯度较小，则在开始凝固的一段时间内，铸件表面不会形成坚固的已凝固层，而是液、固两相共存区贯穿铸件的整个断面，这种凝固方式先呈糊状，然后整体凝固，故称为糊状凝固，如图 2-22（c）所示。

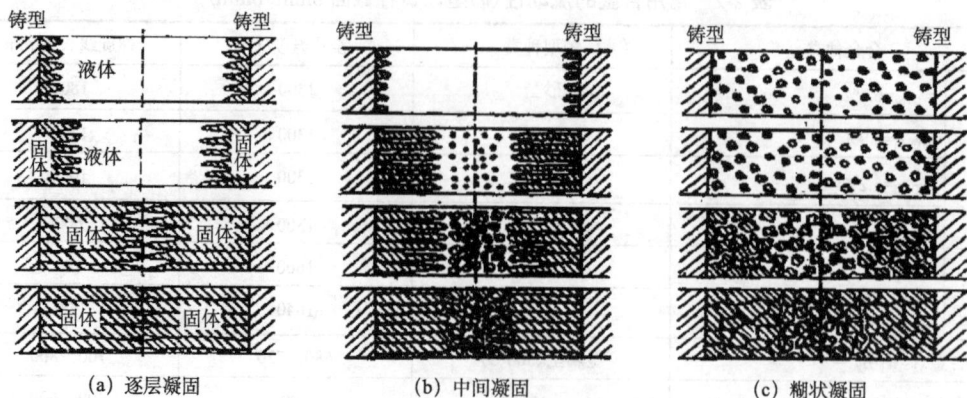

| (a) 逐层凝固 | (b) 中间凝固 | (c) 糊状凝固 |

图 2-22　金属的凝固方式

铸件采取何种凝固方式主要取决于该合金的结晶温度范围和铸件的温度梯度。

1) 铸造合金的结晶温度范围

合金的结晶温度范围越窄，铸件的凝固区域就越窄，越倾向于逐层凝固。如砂型铸造时，低碳钢的凝固为逐层凝固，而高碳钢的结晶温度范围较宽成为糊状凝固。

2) 铸件的温度梯度

铸造合金的成分一定时，铸件凝固区域的宽窄就取决于其断面的温度梯度，如图 2-23 所示，随温度梯度由小变大，则相应的凝固区会由宽变窄。

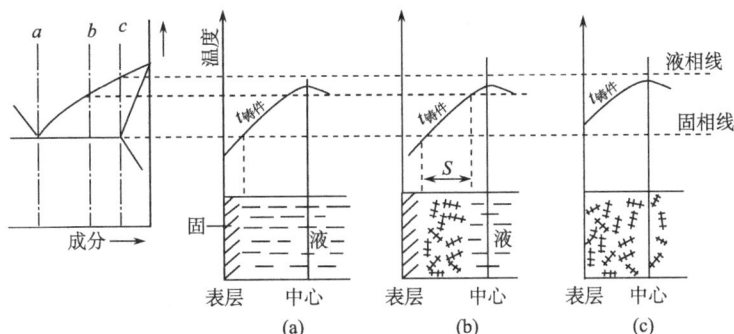

图 2-23 温度梯度对凝固方式的影响

铸件的温度梯度主要取决于：

(1) 铸造合金的性质。如铸造合金的导热性越好、结晶潜热越大，则铸件均匀温度的能力越强，温度梯度就越小。

(2) 铸型的蓄热能力和导热性越好，对铸件的激冷能力越强，使铸件的温度梯度越大。

(3) 提高浇注温度，会降低铸型的冷却能力，从而降低铸件的温度梯度。

总之，合金的结晶温度范围越小，铸件断面的温度梯度越大，铸件越倾向于逐层凝固方式，也越容易铸造。所以铸造倾向于糊状凝固的合金铸件时，如锡青铜和球墨铸铁等，应采用适当的工艺措施，减小其凝固区。

3. 收缩性

收缩是铸造合金从液态凝固和冷却至室温过程中产生的体积和尺寸的缩减，包括液态收缩、凝固收缩、固态收缩三个阶段。

(1) 液态收缩。金属液由于温度的降低而发生的体积缩减。

(2) 凝固收缩。金属液凝固(液态转变为固态)阶段的体积缩减。液态收缩和凝固收缩表现为合金体积的缩减，通常称为"体收缩"。

(3) 固态收缩。金属在固态下由于温度的降低而发生的体积缩减，固态收缩虽然也导致体积的缩减，但通常用铸件的尺寸缩减量来表示，故称为"线收缩"。

1) 收缩对铸件质量的影响

液态收缩和凝固收缩若得不到补足，会使铸件产生缩孔和缩松缺陷；固态收缩若受到阻碍会产生铸造内应力，导致铸件变形开裂。

(1) 缩孔与缩松。

①缩孔。是由于金属的液态收缩和凝固收缩部分得不到补足时，在铸件的最后凝固处出现的较大的集中孔洞，如图 2-24 所示。

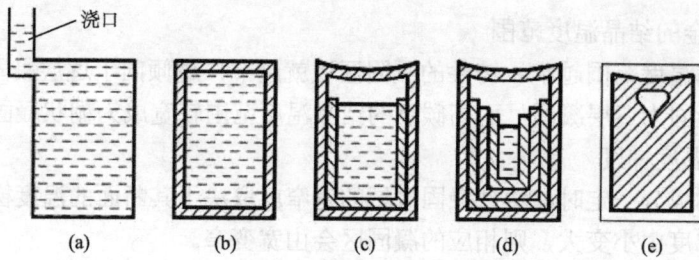

图 2-24　缩孔的形成过程

②缩松。是分散在铸件内的细小的缩孔，如图 2-25 所示。主要出现在呈糊状凝固方式的合金中或断面较大的铸件壁中，是被树枝状晶体分隔开的液体区难以得到补缩所致。缩松大多分布在铸件中心轴线处、热节处、冒口根部、内浇口附近或缩孔下方。

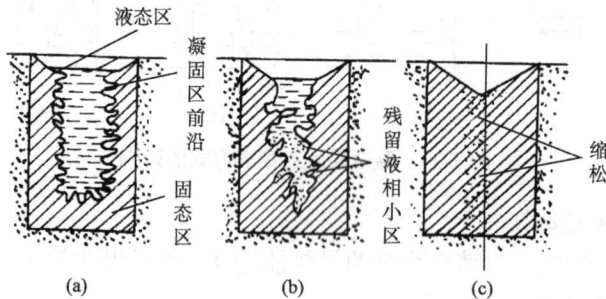

图 2-25　缩松的形成过程

缩孔和缩松都使铸件的力学性能下降，缩松还使铸件在气密性试验和水压试验时出现渗漏现象。生产中可采用定向凝固防止缩孔的产生，在铸件的厚壁处设置冒口的工艺措施，使缩孔转移至最后凝固的冒口处，从而获得完整的铸件，如图 2-26 所示。冒口是多余部分，切除后便获得完整、致密铸件。在铸件可能出现缩孔的厚大部位，通过安放冒口等工艺措施，使铸件上远离冒口的部位最先凝固(图 2-26 Ⅰ区)，之后是靠近冒口的部位凝固(图 2-26 Ⅱ、Ⅲ区)，冒口本身最后凝固。按照这样的凝固顺序，先凝固部位的收缩，由后凝固部位的金属液来补充；后凝固部位的收缩，由冒口中的金属液来补充从而将缩孔转移到冒口之中。

为了实现定向凝固，在安放冒口的同时，也可以在铸件上某些厚大部位增设的金属材料，如图 2-27 所示。

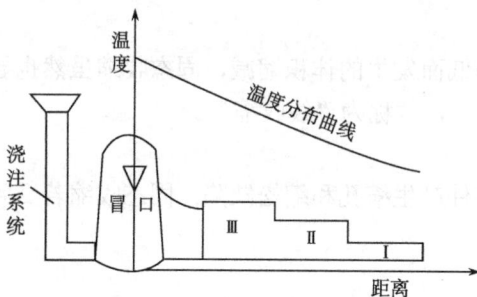

图 2-26　定向凝固示意图

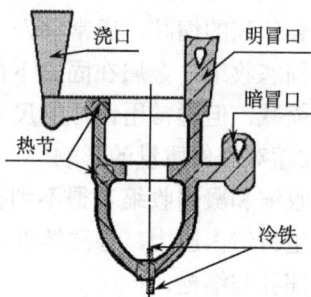

图 2-27　阀体的冷铁作用和冒口补缩

（2）应力和变形。铸件凝固后继续冷却过程中，若固态收缩受到阻碍就产生铸造内应力，当内应力达到一定数值，铸件便产生变形甚至开裂。

铸造内应力主要包括收缩时的机械应力和热应力两种，机械应力是铸型、型芯等外力的阻碍收缩引起的内应力，使铸件产生拉伸或剪切应力，是暂时存在的，在铸件落砂之后，这种内应力便可自行消除，如图 2-28 所示。热应力是铸件在冷却和凝固过程中，由于不同部位的不均衡收缩引起的内应力。热应力形成规律：铸件的厚壁或心部受拉应力，薄壁或表层受压应力。如图 2-29 所示的框形铸件热应力的形成过程。

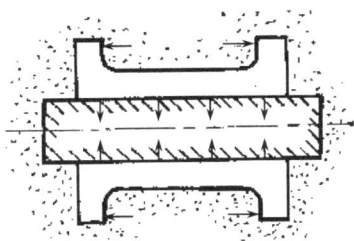

图 2-28　机械应力图

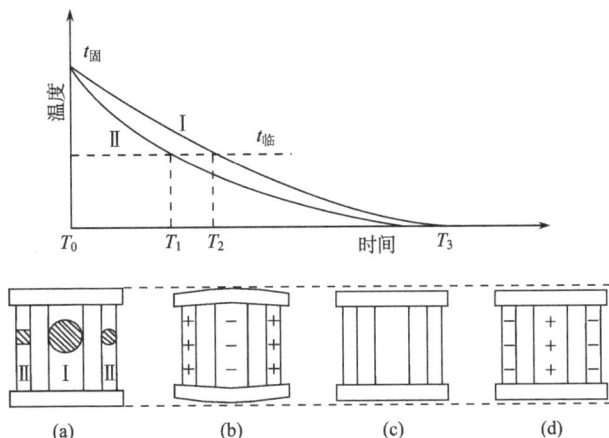

图 2-29　热应力的形成（"+"表示拉应力；"-"表示压应力）

生产中为减小铸造内应力，经常从改进铸件的结构和优化铸造工艺入手。如铸件的壁厚应均匀或合理地设置冷铁等工艺措施，使铸件各部位冷却均匀，同时凝固，从而减小热应力；铸件的结构尽量简单、对称，这样可减小金属的收缩受阻，从而减小机械应力。将铸件加热到 550～650℃保温，进行去应力退火可消除残余内应力。

2）影响收缩率的因素

（1）合金的种类和成分。合金的种类和成分不同，其收缩率不同，铁碳合金中灰铸铁的收缩率小，铸钢的收缩率大。表 2-3 为常用铸造合金的线收缩率。

表 2-3　常用铸造合金的线收缩率　　　　　　　　　　（单位：%）

合金种类	灰铸铁	球墨铸铁	铸钢	铝硅合金	普通黄铜	锡青铜
自由收缩	0.7～1.0	1.0	1.6～2.3	1.0～1.2	1.8～2.0	1.4
受阻收缩	0.5～0.9	0.8	1.3～2.0	0.8～1.0	1.5～1.7	1.2

注：金属的体收缩约等于线收缩的 3 倍

（2）工艺条件。金属的浇注温度对收缩率有影响，浇注温度越高，液态收缩越大。铸件的结构和铸型材料对收缩也有影响，型腔形状越复杂、铸型材料的退让性越差，对收缩的阻碍越大。当铸件结构设计不合理，铸型材料的退让性不良时，铸件会因收缩受阻而产生铸造应力，容易产生裂纹。

2.3　铸造工艺设计

铸造工艺设计是根据铸造零件的结构特点、技术要求、生产批量和生产条件等，确定铸造方案和工艺参数，绘制铸造工艺图，编制工艺卡等技术文件的过程。铸件在生产之前，首先应进行铸造工艺设计，使铸件的整个工艺过程都能实现科学操作，才能有效地控制铸件的形成过程，达到优质高产的效果，如表 2-4 所示。

表 2-4　铸造工艺设计的一般内容和程序

项目	内容	用途及应用范围	设计程序
铸造工艺图	在零件图上，用标准(JB/T 2435—2013)规定的红、蓝色符号表示出：浇注位置和分型面，加工余量，铸造收缩率(说明)，起模斜度，模样的反变形量，分型负数，工艺补正量，浇注系统和冒口，内外冷铁，铸肋，砂芯形状，数量和芯头大小等	用于制造模样、模板、芯盒等工艺装备，也是设计这些金属模具的依据。还是生产准备和铸件验收的根据。适用于各种批量的生产	(1) 零件的技术条件和结构工艺性分析 (2) 选择铸造及造型方法 (3) 确定浇注位置和分型面 (4) 选用工艺参数 (5) 设计浇冒口，冷铁和铸肋 (6) 砂芯设计
铸件图	反映铸件实际形状、尺寸和技术要求。用标准规定符号和文字标注，反映内容：加工余量，工艺余量，不铸出的孔槽，铸件尺寸公差，加工基准，铸件金属牌号，热处理规范，铸件验收技术条件等	铸件检验和验收、机械加工夹具设计的依据。适用于成批、大量生产或重要的铸件	(7) 在完成铸造工艺图的基础上，画出铸件图
铸型装配图	表示出浇注位置，分型面、砂芯数目，固定和下芯顺序，浇注系统、冒口和冷铁布置，砂箱结构和尺寸等	生产准备、合箱、检验、工艺调整的依据。适用于成批、大量生产的重要件，单件生产的重型件	(8) 通常在完成砂箱设计后画出
铸造工艺卡	说明造型、造芯、浇注、开箱、清理等工艺操作过程及要求	用于生产管理和经济核算。依据批量大小，填写必要内容	(9) 综合整个设计内容

2.3.1　零件结构的铸造工艺性

零件的结构应符合铸造生产的要求，易于保证铸件品质、简化铸造工艺过程和降低成本。

1. 铸件壁厚应合理取值

(1) 不同铸造方法、不同种类的铸造合金，充型能力有较大差异，允许的最小壁厚值也各不相同。

(2) 增设加强筋，减小壁厚，如图 2-30 所示。

(3) 铸件各壁冷却速度均匀相近，如图 2-31 所示。

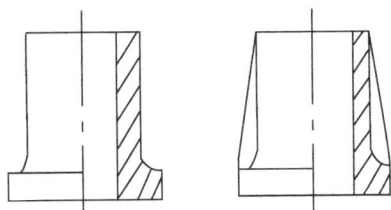

图 2-30 采用加强筋减小壁厚

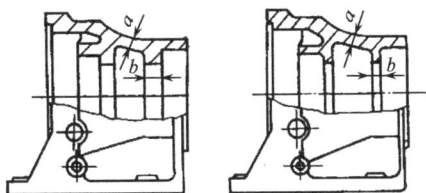

图 2-31 铸件内部壁厚相对减薄

2. 铸件壁厚力求均匀，避免局部过厚形成热节（如图 2-32 所示）

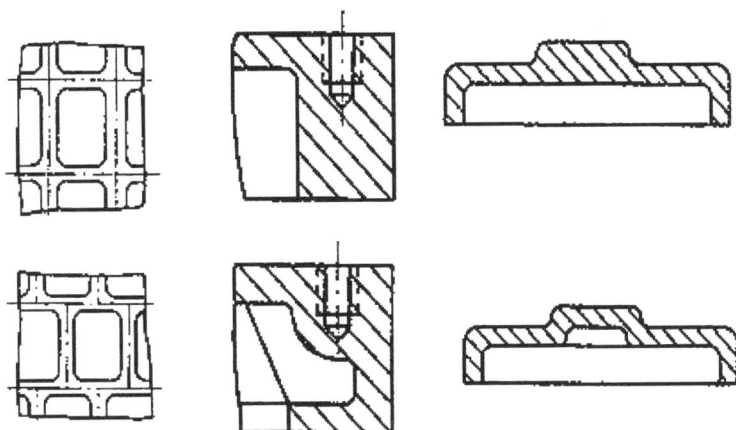

图 2-32 壁厚均匀实例图

3. 铸件各壁之间应均匀过渡

两个非加工表面所形成内角应设计成结构圆角，如图 2-33 所示。不同壁厚联结应逐步过渡，以避免出现应力集中和裂纹，如图 2-34 所示。

图 2-33 接头结构图

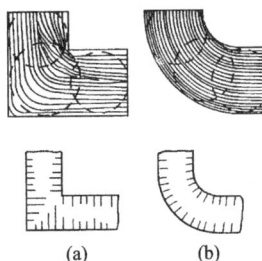

(a)　　　　(b)

图 2-34 圆角结构

直角结构易产生缺陷：

(1) 难成形、易夹砂、金属聚集，缩孔、缩松；

(2) 应力集中，易出现裂纹；

(3) 柱状晶晶粒分界面，积聚杂质，形成薄弱环节。

4. 避免产生翘曲变形和大的平面结构

（1）细长或平板形结构，当断面不对称时，会产生翘曲变形，应设计成对称结构。如图 2-35 所示。

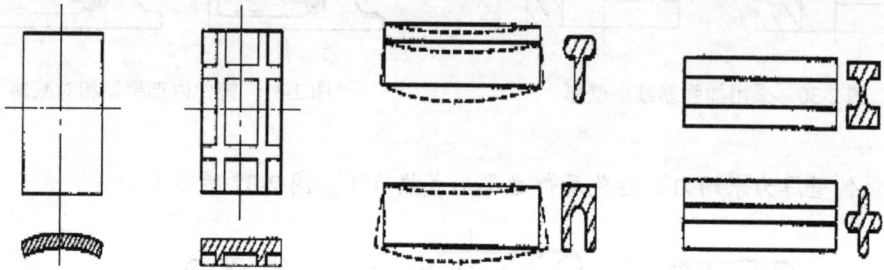

图 2-35　防止变形的铸件结构

（2）大的水平平面结构，易产生弯曲变形，应增加筋条，易产生浇不足、夹砂、缺肉等缺陷，应修改结构。如图 2-36 所示。

5. 简化工艺过程的合理结构

（1）分型面数量应少，且平直，便于取出模型。

（2）合理设计凸台，避免侧壁的局部凹陷结构。如图 2-37 所示。

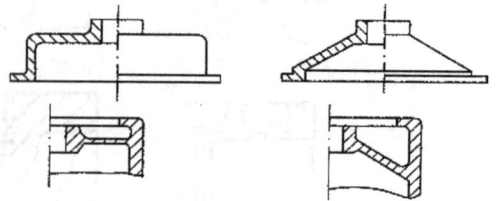

图 2-36　大水平面结构设计

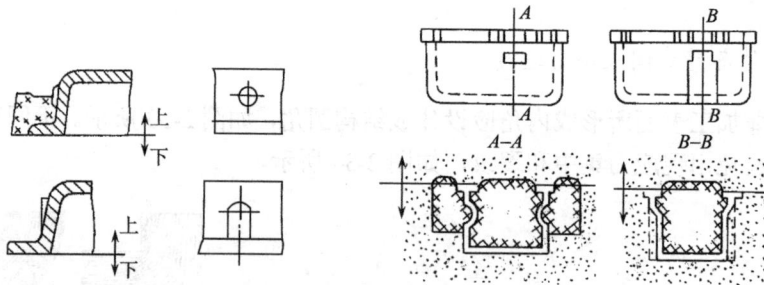

图 2-37　凸台、侧凹结构设计

（3）合理确定结构斜度。结构斜度为零件设计时，垂直于分型面的非加工表面均应设计出斜度，以便于造型时拔模，确保型腔质量。结构斜度在零件图上标出，数值可较大。如图 2-38 所示。

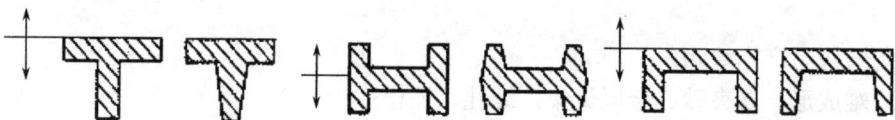

图 2-38　结构斜度

6. 铸件的外形

(1) 使分型面少而简单。

(2) 尽量采用平直轮廓；结构确需采用曲面外形时，最好用圆柱面或圆锥面，以便模样的加工制作。

(3) 简化结构。

(4) 应有结构斜度。

7. 铸件内腔的设计：外形设计的原则同样也适于内腔的设计。

(1) 尽量不用或少用型芯。

(2) 铸件结构应有利于型芯的固定、排气和清理。

(3) 型芯装配稳固、排气容易、清砂方便；型芯在铸型中不能牢固安放时，就会产生偏芯、气孔、砂眼等缺陷。

铸件结构设计，首先要保证铸件使用要求，同时应根据铸造工艺特点，避免铸造缺陷，简化铸造工艺，降低铸造成本。

2.3.2 浇注位置的确定

铸件的浇注位置是指浇注时铸件在型内所处的状态和位置。浇注位置与造型(合箱)位置、铸件冷却位置可以不同。生产中常以浇注时分型面是处于水平、垂直或倾斜位置，分别称为水平浇注、垂直浇注或倾斜浇注。

确定浇注位置时应考虑以下原则。

(1) 铸件的重要部位应尽量置于下部，铸件下部金属在上部金属的静压力下凝固并得到补缩，组织致密。

(2) 重要加工面应朝下或呈直立状态。经验表明，气孔、非金属夹杂物等缺陷多出现在朝上的表面，而朝下的表面或侧立面通常比较光洁，出现缺陷的可能性小。个别加工表面必须朝上时，应适当放大加工余量，以保证加工后不出现缺陷。

各种机床床身的导轨面是关键表面，不允许有砂眼、气孔、渣孔、裂纹和缩松等缺陷，而且要求组织致密、均匀，以保证硬度值在规定范围内。因此，尽管导轨面比较肥厚，对于灰铸铁件而言，床身的最佳浇注位置是导轨面朝下。缸筒和卷筒等圆筒形铸件的重要表面是内、外圆柱面，要求加工后金相组织均匀、无缺陷，其最优浇注位置应是内、外圆柱面呈直立状态。

(3) 使铸件的大平面位置朝下，避免夹砂结疤类缺陷。对于大的平板类铸件，可采用倾斜浇注，以便增大金属液面的上升速度，防止夹砂结疤类缺陷。倾斜浇注时，依砂箱大小，砂箱高度一般控制在 200～400mm 范围内。

(4) 应保证铸件能充满。对具有薄壁部分的铸件，应把薄壁部分放在下半部或置于内浇道以下，以免出现浇不到、冷隔等缺陷。

(5) 应有利于铸件的补缩。对于因合金体收缩大或铸件结构上厚薄不均匀而易于出现缩孔、缩松的铸件，浇注位置的选择应优先考虑实现顺序凝固的条件，要便于安放冒口和发挥冒口的补缩作用。

（6）避免用吊砂、吊芯或悬臂式砂芯，便于下芯、合箱及检验。经验表明，吊砂在合箱、浇注时容易塌箱。向上半型上安放吊芯很不方便。悬臂砂芯不稳固，在金属浮力作用下易偏斜，故应尽力避免。此外，要照顾到下芯、合箱和检验的方便。

（7）应使合箱位置、浇注位置和铸件冷却位置一致。这样可以避免在合箱后，或于浇注后再次翻转铸型。翻转铸型不仅劳动量大，而且易引起砂芯移动、掉砂、甚至跑火等缺陷。

此外，应注意浇注位置、冷却位置与生产批量密切相关。同一个铸件，如球铁曲轴，在单件小批生产的条件下，采用横浇竖冷是合理的。而当大批大量生产时，则应采用造型、合箱、浇注和冷却位置一致的卧浇卧冷方案。

2.3.3　分型面位置的确定

分型面是指两半型相互接触的表面。分型面的选择原则如下。

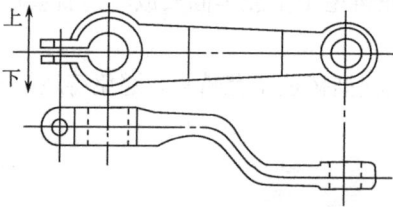

图 2-39　起重臂的分型面

（1）便于起模，使造型工艺简化。尽量使分型面平直、数量少，避免不必要的活块和型芯。图 2-39 为一起重臂铸件，按图中所示的分型面为一平面，故可采用较简便的分模造型；如果选用弯曲分型面，则需采用挖砂或假箱造型，而在大量生产中则使机器造型的模底板的制造费用增加。

（2）应尽量使铸型只有一个分型面，以便采用工艺简便的两箱造型。多一个分型面，铸型就增加一些误差，使铸件的精度降低。图 2-40（a）所示的三通，其内腔必须采用一个 T 字型芯来形成，但不同的分型方案，其分型面数量不同。当中心线 *ab* 呈垂直时（图 2-40（b）），铸型必须有三个分型面才能取出模样，即用四箱造型。当中心线 *cd* 呈垂直时（图 2-40（c）），铸型有两个分型面，必须采用三箱造型。当中心线 *ab* 和 *cd* 都呈水平位置时（图 2-40（d）），因铸型只有一个分型面，采用两箱造型即可。图 2-40（d）是合理的分型方案。

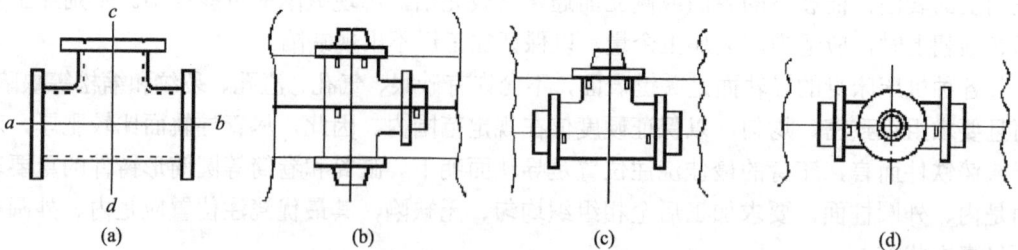

（a）　　　　　　（b）　　　　　　（c）　　　　　　（d）

图 2-40　三通的分型方案

（3）应便于下芯、合箱和检查型腔尺寸。铸件的内腔一般是由型芯形成的，有时可用型芯简化模样的外形，制出妨碍起模的凸台、侧凹等。但制造型芯需要专门的工艺装备，并增加下芯工序，会增加铸件成本。因此，选择分型面时应尽量避免不必要的型芯。

如图 2-41 所示的轮形铸件，由于轮的圆周面外侧内凹，在批量不大的生产条件下，多采用三箱造型。但在大批量生产条件下，采用机器造型，需要改用图中所示的环状型芯，使铸型简化成只有一个分型面，这种方法尽管增加了型芯的费用，但可通过机器造型所取得的经济效益得到补偿。

（4）尽量使铸件全部或大部置于同一砂箱，以保证铸件精度，如图 2-42 所示。

（5）尽量使型腔及主要型芯位于下型，这样便于造型、下芯、合箱和检验铸件壁厚。但下型型腔也不宜过深，并尽量避免使用吊芯和大的吊砂。如图 2-43 所示。

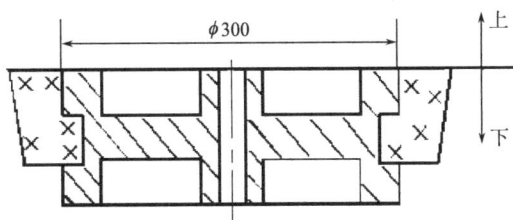

图 2-41　使用型芯减少分型面

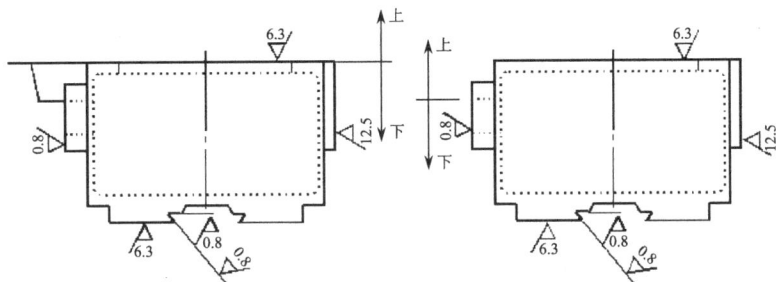

图 2-42　车床床身铸件

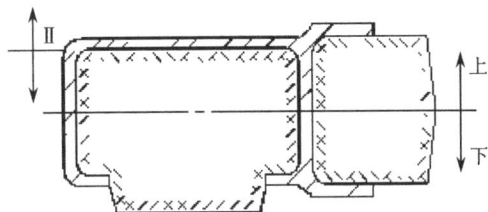

图 2-43　机床支架

（6）不使砂箱过高。分型面通常选在铸件最大截面上，以使砂箱不至于过高。因为砂箱高，会使造型困难，填砂、紧实、起模、下芯都不方便。几乎所有的造型机都对砂箱高度有限制。手工铸造大型铸件时，一般选用多分型面，即用多箱造型以控制每节砂箱的高度，使其不致过高。

（7）受力件的分型面的选择不应削弱铸件结构强度。

（8）注意减轻铸件清理和机械加工量。

以上简要介绍了选择分型面的原则，这些原则有的相互矛盾和制约。一个铸件应以哪几项原则为主来选择分型面，这需要进行多个方案的对比，根据实际生产条件，并结合经验作出正确的判断，最后选出最佳方案，付诸实施。

2.3.4　铸造工艺设计参数

铸造工艺设计参数（简称工艺参数）是指铸造工艺设计时需要确定的某些数据，工艺数据一般都与模样及芯盒尺寸有关，即与铸件的精度有密切关系，同时也与造型、制芯、下芯及合箱的工艺过程有关。

铸造工艺设计参数主要有：铸件尺寸公差、铸件重量公差、机械加工余量、铸造收缩率、起模斜度、最小铸出孔及槽、工艺补正量等。

1. 铸件的尺寸公差

指铸件各部分尺寸允许的极限偏差。

　　铸件基本尺寸即铸件图上给定的尺寸，应包括机械加工余量。公差带应对称分布，有特殊要求时，也可非对称分布，并应在图样上注明或技术文件中规定。壁厚尺寸公差一般可降低一级。

2. 铸件重量公差

　　以占铸件公称质量的百分率为单位的铸件质量变动的允许值。

　　GB/T 11351—1989 规定了铸件质量公差的数值、确定方法及检验规则，与 GB/T 6414—1999《铸件 尺寸公差与机械加工余量》配套使用。质量公差代号用字母"MT"（Mass Tolerances 的缩写）表示。质量公差等级和尺寸公差等级相对应，由精到粗也分为 16 级，从 MT1～MT16。

3. 机械加工余量

　　为保证铸件加工面尺寸和零件精度，应有加工余量，即在铸件工艺设计时预先增加的，而后在机械加工时又被切去的金属层厚度，简称加工余量。加工余量过大，浪费金属和加工工时过小，降低刀具寿命，不能完全去除铸件表面缺陷，甚至露出铸件表皮，达不到设计要求。

　　影响加工余量的主要因素有：铸造合金种类、铸造工艺方法、生产批量、设备及工装的水平、加工表面所处的浇注位置（顶、底、侧面）、铸件基本尺寸的大小和结构。

4. 铸造收缩率

$$K = \frac{L_{模} - L_{件}}{L_{件}} \times 100\%$$

式中，$L_{模}$ 为模样或芯盒工作面的尺寸，mm；$L_{件}$ 为铸件的尺寸，mm。

　　通常，灰铸铁的铸造收缩率为 0.7%～1.0%，铸造碳钢为 1.3%～2.0%，铸造锡青铜为 1.2%～1.4%。

　　由于存在合金的种类及成分、铸件冷却、收缩时受到的阻力的大小、冷却条件等差异，因此要十分准确地给出铸造收缩率是很困难的。对于大量生产的铸件，一般应在试生产过程中，对铸件多次划线，测定铸件各部分的实际收缩率，反复修改木模，直至铸件尺寸符合铸件图样要求。然后再以实际铸造收缩率设计制造金属模。

5. 起模斜度

　　为了方便起模，在模样、芯盒的出模方向留有一定斜度，以免损坏砂型或砂芯，这个斜度称为起模斜度。起模斜度应在铸件上没有结构斜度、垂直于分型面（分盒面）的表面上应用，其大小应根据模样的起模高度、表面粗糙度以及造型（芯）方法而定。

　　使用起模斜度时应注意：起模斜度应小于或等于产品图上所规定的起模斜度值，以防止零件在装配或工作中与其他零件相妨碍；尽量使铸件内、外壁的模样和芯盒斜度取值相同，方向一致，以使铸件壁厚均匀；在非加工面上留起模斜度时，要注意与相配零件的外形一致，同一铸件的起模斜度应尽可能只选用一种或两种斜度，以免加工金属模时频繁地换刀。

6. 最小铸出孔及槽

一般说来，较大的孔、槽等应铸出来，以便节约金属和加工工时，同时还可以避免铸件局部过厚所造成的热节，提高铸件质量。孔、槽比较小，或者铸件壁很厚，则不宜铸出孔，选择机械加工更方便。有特殊要求的孔，如弯曲孔，无法实行机械加工，则一定要铸出。可用钻头加工的受制孔(有中心线位置精度要求)最好不铸出，铸出后很难保证铸孔中心位置准确，再用钻头扩孔也无法纠正中心位置。表 2-5 列出了铸件毛坯的最小铸孔尺寸。

表 2-5　铸件毛坯的最小铸出孔

生产批量	最小铸出孔的直径 d/mm	
	灰铸铁件	铸钢件
大量生产	12～15	—
成批生产	15～30	30～50
单件、小批量生产	30～50	50

7. 工艺补正量

在单件、小批量生产中，由于选用的收缩率与铸件的实际收缩率不符，或由于铸件产生了变形、操作中的不可避免的误差(如工艺上允许的错型偏差、偏芯误差)等原因，加工后的铸件某些部分的厚度小于图样要求尺寸，严重时会因强度太弱而报废。因工艺需要在铸件相应非加工面上增加的金属层厚度称为工艺补正量。

2.4　铸造工艺图

用各种工艺符号，把制造模型及铸型所需的工艺资料，用线条和符号直接描绘在零件图上，此即为铸造图。

铸造工艺图包括以下内容。

1. 浇注位置的选择

选择原则：确保铸件质量。
(1) 重要加工面和受力面朝下或侧放。
(2) 铸件的大平面朝下。
(3) 铸件的薄壁部分放在下部或侧立。
(4) 厚大部分放在上部，便于安置冒口补缩。
(5) 尽量减少型芯数量和便于安装。

2. 铸件分型面的选择

选择原则：在保证质量的前提下简化造型工艺。
(1) 尽量采用平直分型面。

(2) 尽量减少型芯数量。

(3) 尽量减少分型面数量和活块数量。

(4) 尽量把铸件的大部分放在同一砂箱内。

(5) 尽量减轻清理工作量。

3. 各种工艺参数的选择

(1) 机械加工余量。

(2) 起模斜度。

(3) 最小铸出孔和槽。

(4) 铸造收缩率。

(5) 型芯与芯头。

(6) 设计浇、冒口系统。

4. 结合铸造方法的合理结构

1) 熔模铸造的铸件结构

(1) 便于从压型中取出蜡模。

(2) 为便于浸挂涂料和撒砂，孔、槽不宜过小或过深。孔 $d>2mm$，$h<4d$；槽 $t>2mm$，$h<4t$。

(3) 壁厚均匀，避免过多的分散热节。

2) 金属型铸造的铸件结构

(1) 应顺利出型，方便抽芯，确定合理分型面。

(2) 壁厚均匀，不能过薄。

(3) 便于型芯安放和抽芯，孔径不宜过小、过深。

3) 压铸件结构

(1) 尽可能采用薄壁、均匀结构，最小壁厚可铸螺纹、孔、齿形图案等具体尺寸应按标准选定。

(2) 非加工表面应设计结构斜度和圆角。

(3) 发挥镶嵌件的优越性，但应确保连接牢固，使用可靠。

5. 铸造工艺图绘制举例

单件小批生产时，可直接在零件图上绘制，供制造模样、造型和检验使用。铸造工艺符号及绘制方法参阅 JB/T 2435—2013。

如图 2-44(a) 为连接盘零件图，材料为 HT200，采用砂型铸造，年生产量 200 件，试绘出铸造工艺图。

1) 分析生产性质

该零件属小批生产，零件上 $\phi60\,mm$ 的孔要铸出，需用一个型芯。四个 $\phi12\,mm$ 的小孔可不铸出，铸后再用机械加工出该孔，铸造工艺图上的不铸出孔用红线打叉，见图 2-44(b)。

2) 浇注位置和分型面

选 $\phi200mm$ 端面为分型面，采用两箱整体模造型。分型面用蓝线表示，写出"上、下"。

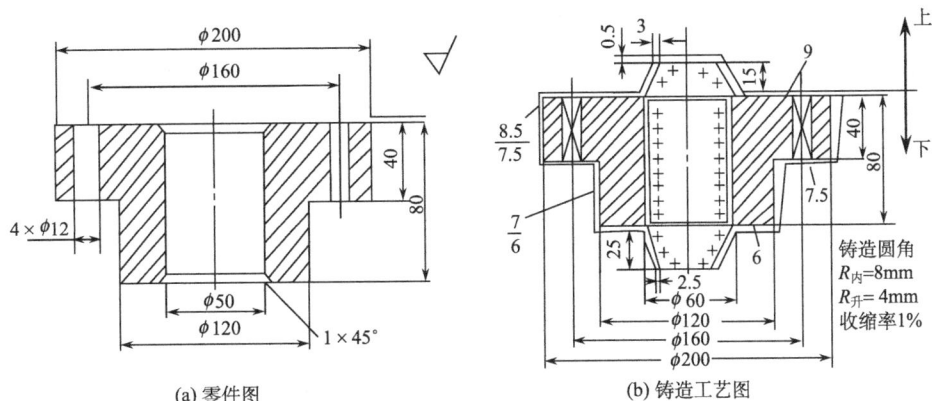

(a) 零件图　　　　　　　　　　　(b) 铸造工艺图

图 2-44　零件图和铸造工艺图

3）加工余量

铸件基本尺寸取最大尺寸 $\phi 200$ mm。查表砂型铸造灰铸铁件的公差及配套的加工余量等级为 14 / H。按规定顶面和孔加工余量等级应降一级，由 H 降为 J 级。查表得：

$\phi 200$ mm 顶面的单侧加工余量为 9 mm；

$\phi 200$ mm 与 $\phi 120$ mm 相邻的台阶面，单侧加工余量为 6.0 mm；

$\phi 200$ mm 外圆单侧的加工余量为 7.5 mm；

$\phi 120$ mm 外圆的单侧加工余量为 6.0 mm；

$\phi 120$ mm 端面是底面，单侧加工余量为 6.0 mm；

$\phi 60$ mm 孔的单侧加工余量为 6.0mm。

加工余量可用红色线在加工符号附近注明加工余量的数值。

4）起模斜度

按零件图尺寸采用增厚法。两处平行于起模方向的侧壁高度均为 40 mm，查表得起模斜度为 1.0 mm。

图 2-44（b）中“8.5 / 7.5”和“7 / 6”表示考虑了加工余量和起模斜度后，上端分别加 8.5mm 和 7mm，下端分别加 7.5mm 和 6.0 mm。

5）确定线收缩率

小批生产，各尺寸方向的收缩率均取 1%。

6）芯头尺寸

该芯头为垂直芯头。查有关手册得芯头尺寸。

7）铸造圆角

铸造圆角按(1/5～1/3)壁厚的方法，取 $R_内$ 为 8 mm，$R_外$ 为 4 mm。

8）绘出铸造工艺图

铸件图是反映铸件实际尺寸、形状和技术要求的图样，它是铸造生产、铸件检验与验收的主要依据，也是机械加工工艺装备设计的依据。铸件图应在完成了铸造工艺图的基础上画出。连接盘铸件图绘制方法如图 2-45 所示。

（1）在铸件图上，用粗实线表示铸件的外形轮廓；用细双点画线表示零件的外形；在粗实线与细双点画线之间标注加工余量数值；在剖面图上用网格线表示加工余量或不铸孔、槽等。

(2) 尺寸的标注方法多以零件尺寸为基准；铸件图上标出零件的实际尺寸；加工余量(包括起模斜度)等则在零件的尺寸线上向外标注；铸件图也应用符号标出分型面。

(3) 铸件图还应标出公差、硬度、不允许出现的铸造缺陷及检验方法等技术要求。

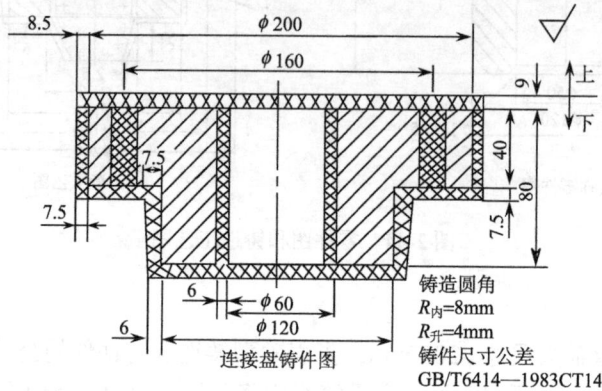

铸造圆角
$R_{内}=8mm$
$R_{升}=4mm$
铸件尺寸公差
GB/T6414—1983CT14

连接盘铸件图

图 2-45 零件铸件图

2.5 特 种 铸 造

2.5.1 金属型铸造

1. 实质

将液体金属浇入金属铸型以获得铸件的工艺过程，是对传统砂型铸造造型材料的改革。

金属型可以重复使用，故又称永久型铸造(几百~几千次)。如同熔模铸造一样，我国是应用金属型最早的国家，根据考古资料，早在春秋战国时代，就成功地用金属型铸造各种农具、兵器和日用品，如铁犁、铁锄和铁斧等。图2-46是金属型结构示意图。

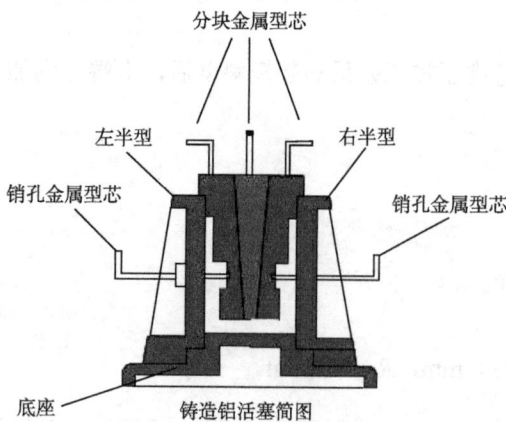

图 2-46 金属型铸造结构示意图

2. 工艺特点

金属材料导热速度快，无退让性，无透气性，耐火性比型砂差，易产生浇不足、冷隔、裂纹及白口等缺陷。由于金属型反复受灼热金属液的冲刷，寿命会降低，应采用相应的工艺措施。

1) 喷刷涂料

导热能力较强的耐火材料(氧化锌、石墨料)。其作用如下。

(1) 隔绝液态金属与金属型腔的直接接触，方便铸件出型。

(2) 避免高温液体金属直接冲刷金属型腔表面，减弱液体金属对铸型热冲击的作用，延长铸型的使用寿命。

(3) 减缓铸件的冷却速度，防止铸件产生裂纹和白口组织等缺陷。

2) 保持合适的工作温度

金属型要预热才能使用，铸铁件 250～350℃，有色金属件 100～250℃。

预热的目的：减缓铸型对金属的激冷作用，利于金属液的充型和避免产生浇不足、裂纹或白口缺陷，减小所浇金属与铸型的温差，提高铸型的寿命。

3) 控制开型时间

浇注后开型太晚，铸型会阻碍铸件收缩而使其产生裂纹，增大取件和抽出型芯的难度，对灰口铸铁还将增厚白口层。但开型过早也会影响铸件成形和使铸件变形过大。通常开型时间为 10～60s，大多通过实验确定合适的开型时间。

4) 浇注灰口铸铁件要防止产生白口组织

铸铁件壁厚应大于 15mm。铁水中的碳、硅总量应高于 6%，涂料中应掺有硅铁粉，以使铸件表面的含硅量稍高而减弱白口倾向。从铸型中取出铸件后，应放入缓冷环境(如干砂坑、草灰坑或保温炉)中冷却。

3. 特点和应用

优点：

(1) 节省造型材料、设备和工时，一型多铸，便于自动化生产，生产效率高。

(2) 金属型冷却速度快，获得铸件的组织致密，晶粒细小，力学性能好，较砂型铸件的强度提高约 20%。

(3) 铸件尺寸精度高，公差等级为 IT12～IT16，表面粗糙度较低，$Ra < 12.5\mu m$。

缺点：铸型制造周期长、成本高、工艺参数要求严格，易出现大量同一缺陷的废品等；难铸薄壁件；冷却速度快，充型能力差(HT 壁厚大于 15mm)；高熔点金属(ZG)易损型。

应用：主要用于熔点较低的有色金属的大批量生产铸件，如飞机、汽车、内燃机等用的铝合金活塞、汽缸体、汽缸盖、水泵壳体及铜合金轴瓦、轴套等。黑色金属类铸件只限于形状简单的中、小型铸铁件。

2.5.2 压力铸造

在高压下，快速地将液态或半液态金属压入金属型中，是对金属型铸造浇注方法的改革。

1. 压铸机及压铸工艺过程

压铸机可分为热压室式和冷压室式两大类。

热压室式压铸机压室与合金熔化炉成一体或压室浸入熔化的液态金属中，用顶杆或压缩空气产生压力进行压铸。热压室式压铸机压力较小，压室易被腐蚀，一般只用于铅、锌等低熔点合金的压铸，生产中应用较少。

冷压室式压铸机压室和熔化金属的坩埚是分开的。压铸机结构简单，生产率高，液体金属进入型腔流程短，压力损失小，故使用较广。

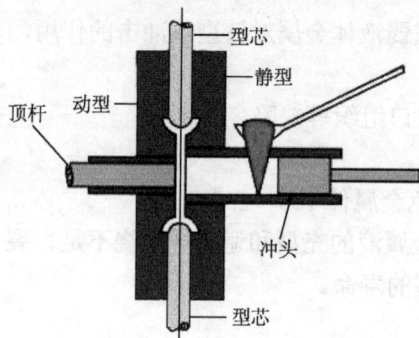

图 2-47　压力铸造结构示意图

冷室式卧式压铸机结构示意图如图 2-47 所示。工艺过程如下：

（1）注入金属。喷刷涂料→闭合压型→液态金属经压室上的注液孔注入压室。

（2）压铸。压射冲头向前推进，金属液压入压型中，保压、凝固。

（3）取出铸件。铸件凝固后，型腔两侧型芯同时抽出→动型左移开型→铸件被冲头顶离压室→铸件被顶杆顶出动型。

2. 压铸的特点和适用范围

（1）精度和表面质量高于其他铸造方法，少、无切削加工。

（2）压铸件强度、硬度较高，力学性能好。

（3）可压铸出形状复杂的薄壁件，镶嵌件，最小壁厚 0.4mm。

（4）生产率很高。

（5）设备投资高，铸型制造周期长。

适合压铸的合金种类有限，压铸件不能采用热处理改性，不能承受冲击载荷。适应于大批量的有色金属铸件，如缸体、齿轮、箱体、支架等生产。

2.5.3　低压铸造

低压铸造是介于重力铸造（如砂型、金属型铸造）和压力铸造之间的一种铸造方法。液态合金在压力作用下，自下而上地充填型腔，并在压力下结晶形成铸件的工艺过程。所用压力较低，一般为 0.02～0.07MPa。

1. 工艺过程

密闭的保温坩埚用于熔炼与储存金属液体，垂直的升液管使金属液与铸型朝下的浇口相通，铸型可用砂型、金属型等，其中金属型最为常用，但金属型必须预热并喷刷涂料。如图 2-48 所示。

浇注前紧锁上半型，浇注时，先缓慢向坩埚室通入压缩空气→金属液在升液管内平稳上升，直至充满铸型→升压到所需压力（工作压力）→保压、凝固结晶→撤压，升液管和浇口中未凝固的金属液体在重力作用下流回坩埚内→由气动装置开启上型→取出铸件。

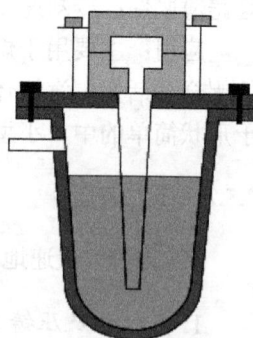

图 2-48　低压铸造示意图

2. 低压铸造的特点

（1）充型时的压力和速度便于控制和调节，充型平稳，液体合金中的气体较容易排出，气孔、夹渣等缺陷较少。

（2）低压作用下，升液管中的液态合金源源不断地补充铸型，有效防止了缩孔、缩松的出现，尤其是克服了铝合金的针孔缺陷。

(3) 省掉了补缩冒口，使金属利用率提高到 90%～98%。

(4) 铸件组织致密、力学性能好。

(5) 压力提高了液态合金的充型能力，有助于大型薄壁件的铸造。

3. 适用范围

主要用于质量要求较高的铝、镁合金铸件的大批量生产，如气缸、曲轴、高速内燃机活塞、纺织机零件等。

2.5.4 离心铸造

1. 工艺过程

将液体金属浇入高速旋转的铸型中，使金属在离心力的作用下充填铸型和结晶。图 2-49 是离心铸造的示意图。

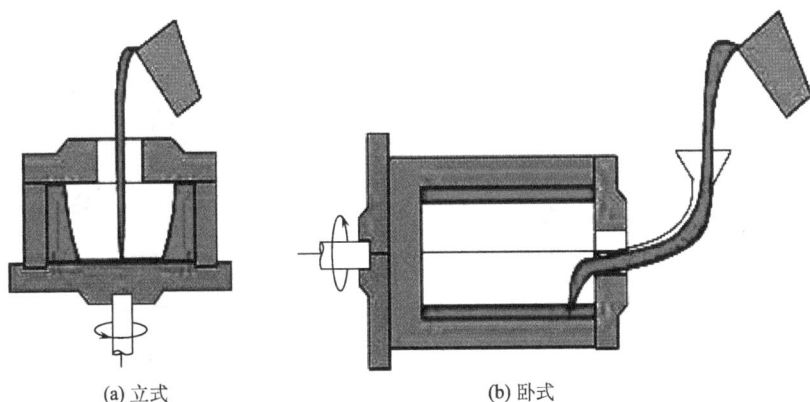

(a) 立式   (b) 卧式

图 2-49 离心铸造示意图

2. 特点

(1) 铸件质量比较好。在离心力的作用下，金属中的气体、熔渣等夹杂物比重轻，集中在内表面，而外表面结晶细密，无气孔、缩孔、缩松、夹渣等缺陷，力学性能好。

(2) 中空结构可不用型芯和浇注系统，简化生产过程，节约金属。

(3) 便于生产双金属铸件。

(4) 铸件易产生偏析，内孔不准确，内表面缺陷较多。

3. 用途

主要用于生产一些管、套类铸件。

2.5.5 熔模铸造

熔模铸造是一个古老的铸造方法，早在 2000 多年前，我国的劳动人民就已掌握了熔模铸造的原理和工艺。例如，古代流传下来的青铜钟鼎等器皿便是用这种方法生产出来的。

1. 工艺过程

(1) 制造压型。用低熔点金属制造特殊铸型，它不用来浇注铸件，而用来生产蜡模。

(2) 熔蜡、铸造蜡模。把蜡基模料(50%石蜡+50%硬脂酸，其熔点 60℃左右)加热到熔化或糊状态，用压力将其压入压型，冷凝后开型，取出蜡模并修整，如图 2-50(a)所示。

(3) 制成蜡模组。将单个蜡模黏合到蜡质浇注系统上得到蜡模组，如图 2-50(b)所示。

(4) 制作铸型。在蜡模组上涂挂耐火涂料，撒一层细石英砂，硬化；重复上述工艺 3～7 次(每层石英砂逐步加粗)，直到结成 5～10mm 硬壳。

(5) 脱蜡。将包覆硬壳的蜡模组放到 80～90℃的热水中加热，蜡料熔化，浮出水面，留下和所需零件形状相同的空腔——铸型。如图 2-51 所示。

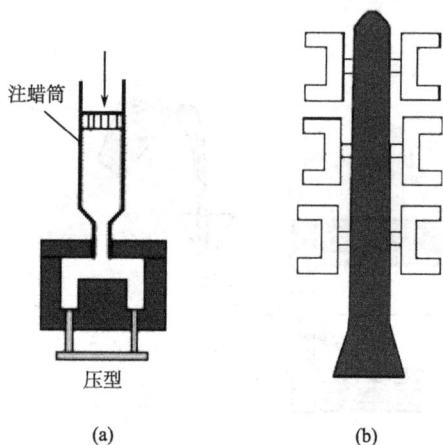

图 2-50　蜡模制造

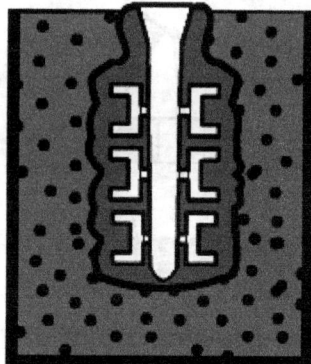

图 2-51　制作铸型

(6) 焙烧铸型，趁热浇注。

(7) 落砂、清理，得到铸件。

工艺过程如图 2-52 所示。

2. 特点

(1) 铸型没有分型面，型腔表面极为光洁，起模过程无振动，型腔变形很小，故铸件精度及表面质量好；可以铸出精度高、形状复杂的铸件(精度可达 IT11～IT14 表面粗糙度 1.6～12.5μm)。

(2) 铸型在预热(600～700℃)后浇注，可生产形状复杂薄壁件(最小壁厚 0.7mm)。

(3) 适用各种合金的铸造，结壳材料耐火度高，可浇注高熔点合金及难切削合金(如高锰钢、耐热合金等)。

(4) 生产批量不受限制，既适应成批生产，又适应单件生产。

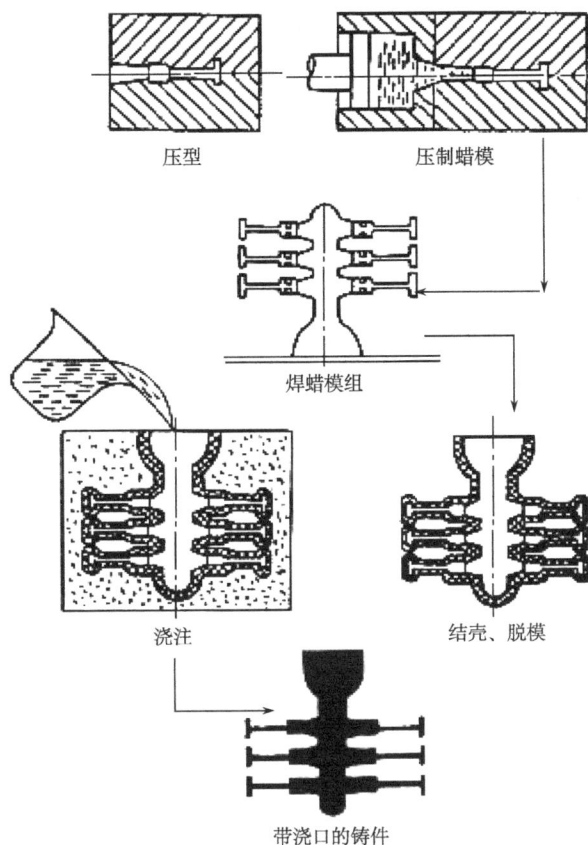

图 2-52 熔模铸造工艺过程

（5）原材料价格昂贵，工艺过程复杂，生产周期长 4～15 天，铸件成本高，铸件尺寸、重量受限。

3. 用途

高熔点合金精密铸件的成批、大量生产；形状复杂、难以切削加工的小零件；要求精度较高，且不便于进行切削加工的零件，例如发动机叶片、高合金钢（ZGMn13）。多用于小型零件，一般不超过 25kg。

思 考 题

2-1 液态合金的充型能力是什么？与合金的流动性有什么关系？化学成分对流动性的影响是什么？为什么铸钢的充型能力比铸铁好？

2-2 缩孔和缩松对铸件质量的影响是什么？如何避免产生缩孔或缩松？

2-3 铸铁采用金属型铸造方法生产为什么会出现白口组织？如何避免产生白口组织？

2-4 影响铸铁石墨化的因素有哪些？

2-5 说明熔模铸造的生产工艺过程。

2-6 砂型铸造的铸型由哪几部分组成？

2-7　砂型铸造的手工造型方法有哪些？各适用于哪种批量生产？

2-8　手工造型和机器造型的特点分别有哪些？

2-9　合型应注意哪些问题？合型不当对铸件质量有什么影响？

2-10　起模时为什么要在模样周围的型砂上刷水？

2-11　型砂反复使用后为什么性能会下降？旧砂采取什么措施可以恢复性能？

2-12　浇注前应做好哪些准备？

2-13　铸件冷却时间过短，会产生哪些问题？

2-14　怎样辨别气孔、缩孔、砂眼和渣气四种缺陷？产生原因是什么？如何防止？

2-15　结合实习中所做铸件产生的缺陷，分析产生原因，提出防止方法。

第3章 锻 造

锻压是金属塑性成型方法之一，依靠外力使金属坯料产生塑性变形，从而改变其尺寸、形状、性能，是制造机器零件或毛坯的各种工艺方法的总称。根据坯料供应形式的不同，锻压分成锻造和冲压两大类。通常将以锭料或棒料为坯料的锻压称为锻造，将以板料为坯料的锻压称为冲压。

金属塑性加工能够改善金属的组织、提高力学性能；材料的利用率高；生产率较高；毛坯或零件的精度较高。钢和非铁金属材料可以在冷态或热态下压力加工，但是对于脆性材料(如铸铁)和形状特别复杂(特别是内腔形状复杂)或体积特别大的零件或毛坯不能采用塑性成型方法加工。

3.1 锻 造 过 程

锻造是将加热后的金属坯料放在锻压设备的砧铁或模具之间，施加锻压力以获得毛坯或零件的方法。在机械制造中，锻造和铸造是获得零件毛坯的两种主要方法。锻造过程中，金属因经历塑性变形而使其内部组织更加致密，晶粒得到细化，因此锻件的力学性能比铸件好。但是锻件是在固态下成形的，锻件的形状比较简单且为后续工序留下的加工余量较大，金属材料的利用率较低，制造成本较高。因此锻件主要用于承受重载和冲击载荷的重要机器零件和工具的毛坯，如机床主轴、传动轴、齿轮、曲轴、弹簧、锻模等。

1. 下料

根据锻件的形状、尺寸和质量，从选定的原材料上截取相应的坯料。中小型锻件一般以热轧圆钢或方钢为原料。锻件坯料的下料方法主要有剪切、锯割、氧气切割等。

2. 加热

加热的目的是提高坯料的塑性并降低变形抗力，以改善其锻造性能。一般来说，随着温度的升高，金属的强度降低而塑性提高。但是加热温度太高也会使锻件质量下降，甚至造成废品。各种材料在锻造时所允许的最高加热温度，称为该材料的始锻温度。

坯料在锻造过程中，随着热量的散失，温度不断下降，因此塑性越来越差，变形抗力越来越大。温度下降到一定程度后，不仅难以继续变形，且易锻裂，必须及时停止锻造，或重新加热。各种材料允许的终锻锻造的温度称为终锻温度。

始锻温度与终锻温度的温度区间称为锻造温度范围。几种常用材料的锻造温度范围列于表 3-1。由于加热不当，碳钢在加热时可出现多种缺陷，见表 3-2。

表 3-1　常见金属的锻造温度范围　　　　　　　　　（单位：℃）

材料种类	始锻温度	终锻温度
低碳钢	1200～1250	800
中碳钢	1150～1200	800
合金结构钢	1100～1180	850
铝合金	450～500	350～380
铜合金	800～900	650～700

表 3-2　碳钢常见的加热缺陷

名称	实质	危害	防止(减少)措施
氧化	坯料表面铁元素氧化	烧损材料，降低锻件精度和表面质量，减少模具寿命	在高温区减少加热时间；采用控制炉气成分的少无氧化加热或电加热
脱碳	坯料表面碳分氧化	降低锻件表面硬度，表层易产生龟裂	
过热	加热温度过高，停留时间长造成晶粒粗大	锻件力学性能降低，必须再经过锻造或热处理才能改善	控制加热温度，减少高温加热时间
过烧	加热温度接近材料熔化温度，造成晶粒界面杂质氧化	坯料一锻即碎，只得报废	
裂纹	坯料内外温差太大，组织变化不匀造成材料内应力过大	坯料产生内部裂纹，报废	某些高碳或大型坯料开始加热时应缓慢升温

3. 锻造温度的控制

在锻造过程中，连续加热时可采用调节出炉间隔或自动检测调控炉温等方法来控制始锻温度，终锻温度可通过调节工序过程的节奏来控制。在实习中或单件小批生产的条件下，根据坯料的颜色和明亮度不同来判别温度，称为火色鉴别法。碳钢温度与火色的关系见表 3-3。

表 3-3　碳钢温度与火色的关系

火色	黄白	淡黄	黄	淡红	樱红	暗红	赤褐
温度/℃	1300	1200	1100	900	800	700	600

4. 锻造成形

坯料在锻造设备上经过锻造成形，才能达到一定的形状和尺寸要求。常用锻造方法有自由锻、胎模锻和模锻三种。

1）自由锻

自由锻是将坯料直接放在自由锻造设备的上砧和下砧之间施加外力，或借助简单的通用工具，使之产生塑性变形的锻造方法。自由锻应用设备和工具有很大的通用性，且工具简单，但只能锻造形状简单的锻件，操作强度大，生产效率低，加工余量大，锻件精度低，表面质量差，金属消耗也较多。自由锻依靠操作者控制其形状和尺寸，对工人的操作技艺要求高，只适用于单件和小批量生产。但对于大型锻件，自由锻是唯一的制造方法，因此自由锻在重型机械制造中有特别重要的意义。

2）胎模锻

胎模锻是在自由锻设备上使用简单的、非固定的模具生产锻件的方法。每锻造一个锻件，胎模的各组件要往砧座处放上和取下一次。

与自由锻相比，胎模锻具有生产效率高，锻件表面光洁，加工余量较小，材料利用率较高等优点。但是锻造每一个锻件的胎模需要搬上和搬下一次，劳动强度很大。胎模锻只适用于小型锻件的中小批量生产。

3）模锻

模锻是将金属坯料置于锻模模膛内，在冲击力或压力的作用下产生塑性流动。由于模膛对金属坯料流动的限制，从而充满模膛获得与模膛形状相同的锻件。

与自由锻相比，模锻具有以下优点。

（1）生产效率高。模锻时，金属变形是在锻模模膛内进行的，能较快地获得所需要的形状，生产效率比自由锻高 3～4 倍，甚至几十倍。

（2）锻件成形靠模膛控制，因此能锻出形状复杂、尺寸精确、更接近成品的锻件。

（3）锻件表面光洁，尺寸精度高，加工余量小，节约材料和切削加工工时。

（4）操作方便，质量易于控制，生产过程易于实现现代化、自动化。

（5）模锻需要专门的模锻设备，要求功率大、刚性好、精度高，设备投资大，能耗消耗大。模锻制造工艺复杂，制造成本高、周期长。

5. 锻件的冷却

为了保证锻件的质量，获得所需的力学性能，必须正确选择锻件的冷却方式。表 3-4 列出了锻件常用的冷却方式及适用场合。

表 3-4　锻件常用的冷却方式

方式	特点	适用场合
空冷	锻后置空气中散放，冷速快，晶粒细化	低碳、低合金中小件或锻后不直接切削加工件
坑冷（堆冷）	锻后置干沙坑内或箱内堆在一起，冷速稍慢	一般锻件，锻后可直接切削
炉冷	锻后置原加热炉中，随炉冷却，冷速极慢	含碳或含合金成分较高的中、大件，锻后可切削

6. 锻后热处理

锻件在切削加工前一般都要进行一次热处理。热处理的作用是使锻件的内部组织进一步细化和均匀化，消除锻造残余应力，降低锻件硬度，便于进行切削加工等。常用的锻后热处理方法有正火、退火和球化退火等。

3.2 自 由 锻

利用冲击力或压力，使金属在上、下砧铁之间，产生塑性变形而获得所需形状、尺寸以及内部质量锻件的一种加工方法。自由锻造加工时，由于与上、下砧铁接触的金属部分受到摩擦力约束，而金属坯料圆周方向均能自由变形流动，所以无法精确控制金属变形的发展。

自由锻分为手工锻造和机器锻造两种。手工锻造只能生产小型锻件，生产率也较低。机器锻造是自由锻的主要方法。

3.2.1 自由锻设备

自由锻的设备有空气锤、蒸汽-空气自由锻锤和自由锻水压机等，前两者是利用落下部分的冲击能量，而水压机是用静压力使坯料变形的。

空气锤是将电能转化为压缩空气的压力能来产生打击力的。空气锤的传动是由电动机经过一级皮带轮减速，通过曲轴连杆机构，使活塞在压缩缸内做往复运动产生压缩空气，进入工作缸使锤杆做上下运动以完成各项工作。一般单件、小批生产中，坯料质量在100kg以下的小型自由锻件或制坯、修理场合，通常都在空气锤上锻造。图3-1为空气锤的外观结构图，图3-2为其工作原理示意图。

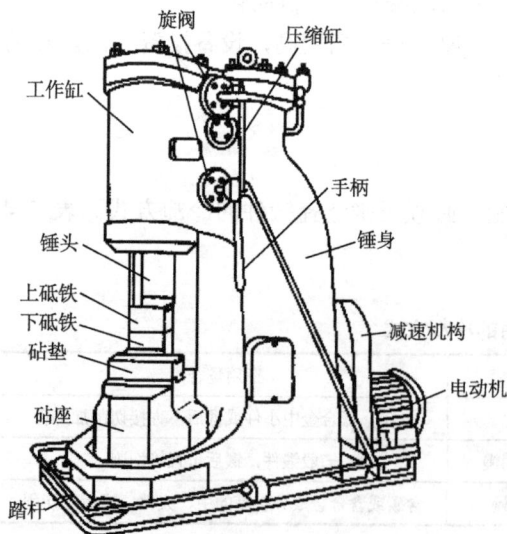

图 3-1　空气锤的外观结构

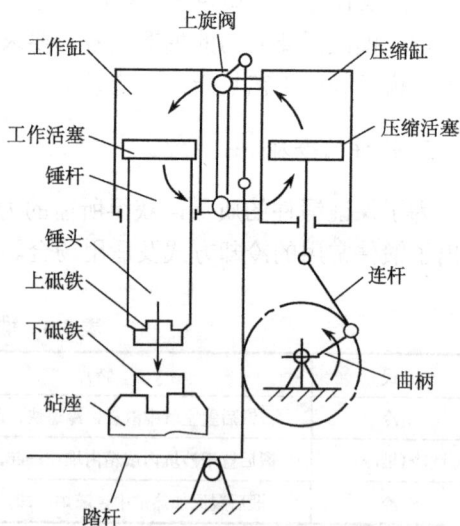

图 3-2　空气锤工作原理示意图

3.2.2 自由锻常用工具

自由锻的常用工具如图3-3所示，其中砧铁和手锤属于手工自由锻的工具，也可作为机器的辅助工具使用。

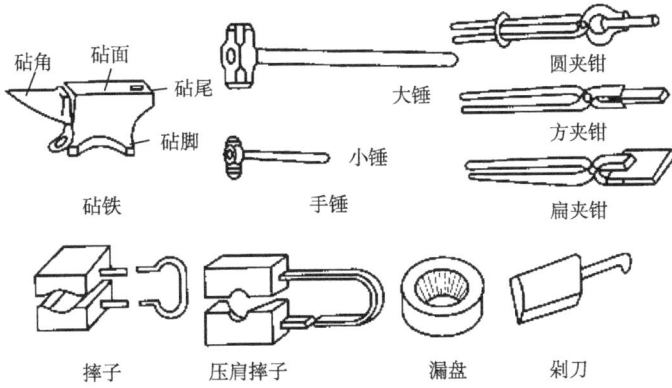

图 3-3　自由锻常用工具

3.2.3　自由锻工序

锻件的成形过程由一系列变形工序组成。根据工序的实施阶段和作用不同，自由锻工序可以分为基本工序、辅助工序和精整工序三类。

1. 基本工序

基本工序是实现锻件基本成形的工序，有镦粗、拔长、冲孔、弯曲、扭转、切割等。为了便于实施基本工序而使坯料预先产生少量变形的工序称为精整工序，如压肩、压痕、倒棱等。在基本工序之后，为修整锻件的形状和尺寸、消除表面不平、矫正弯曲和歪扭等目的而实施的工序称为精整工序，如滚圆、摔圆、平整、校直等。

1）镦粗

使坯料横截面积增大、高度减少的工序，有整体镦粗和局部镦粗两种，如图 3-4 所示。镦粗时应注意以下问题。

(1) 镦粗时坯料的高径比，即坯料的原始高度 H_0 和直径 D_0 之比，应小于 2.5～3。局部镦粗时，漏盘以上镦粗的部分高径比也要满足这一要求。高径比过大，易产生坯料镦弯，如图 3-5(a) 所示。发生坯料镦弯现象时，应将坯料平放，轻轻锤击矫正。

(2) 高径比过大或锤击力不足时，还可能将坯料镦成双鼓形，如图 3-5(b) 所示。若不及时矫正，则可能发展成折叠，致使坯料报废，如图 3-5(c) 所示。

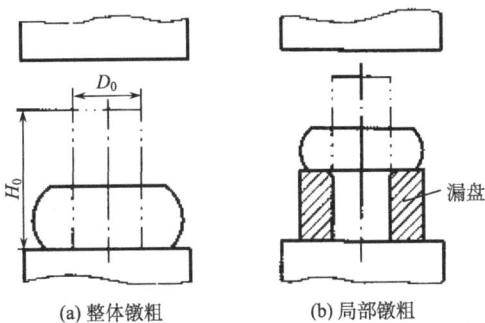

(a) 整体镦粗　　　　(b) 局部镦粗

图 3-4　镦粗

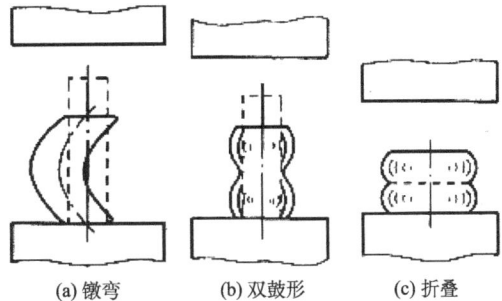

(a) 镦弯　　　(b) 双鼓形　　　(c) 折叠

图 3-5　镦粗时易出现的问题

（3）为防止镦歪，坯料的端面应与轴线垂直。端面与轴线不垂直时，要将坯料夹紧，将端面轻敲矫正。

（4）局部镦粗时，要选择合适或加工合适的漏盘。漏盘要有 5°～7° 的斜度，漏盘的上口部位要采用圆角过渡。

（5）坯料镦粗后，必须及时进行滚圆修整，以消除镦粗造成的鼓形。滚圆时，将坯料翻转 90°，使其轴线与砧铁表面平行，一边轻轻敲击，一边滚动坯料。

2）拔长

拔长是使坯料的长度增加、横截面积减少的工序。操作要点如下。

（1）坯料沿砧铁宽度方向送进，每次的送进量 l 应为砧铁宽度的 0.3～0.7（图 3-6）。送进量太大，金属主要向坯料宽度方向流动，降低拔长效率；送进量太小而压下量很大时，易产生折叠。避免缠身折叠的措施是增大送进量，使两次送进量与单边压缩量之比大于 1～1.5。

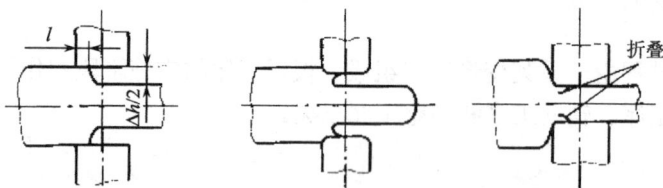

图 3-6　送进量较小、压下量较大时表面折叠形成过程

（2）拔长过程中要不断翻转坯料，翻转的方法如图 3-7 所示。

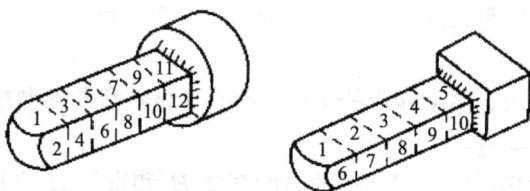

图 3-7　拔长过程中的翻转方法

（3）锻打时，每次的压下量不宜过大，应保持坯料的宽度与厚度之比不超过 2.5，否则翻转后继续拔长时容易形成折叠。

（4）将圆截面的坯料拔长直径较小的圆截面锻件时，必须先将坯料锻成方形截面，在边长接近锻件直径时，锻成八角形，然后滚圆，如图 3-8 所示。

（5）锻成台阶或凹档时，要先将截面分界处压出凹槽，即压肩。压肩后再把截面较小的一端锻出，如图 3-9 所示。

（6）对于图 3-10 所示的套筒类锻件，拔长需将坯料先冲孔，然后套在拔长轴上拔长，坯料边旋转边送进，并严格控制送进量。送进量过大，不仅拔长效率低，而且坯料内孔增大较多（图 3-11）。

（7）拔长后需进行调平、校直等修整，以使锻件表面光洁、尺寸准确，如图 3-12 所示。

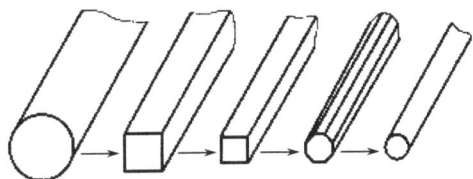

图 3-8 拔长坯料截面

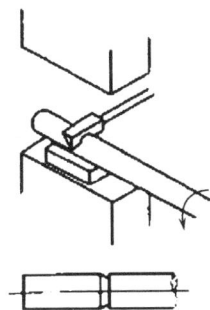

图 3-9 压肩

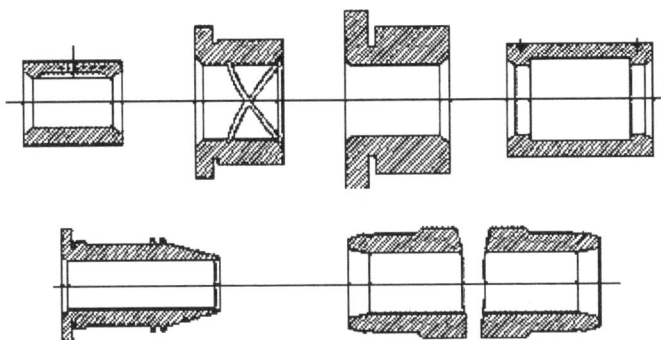

图 3-10 套筒类锻件

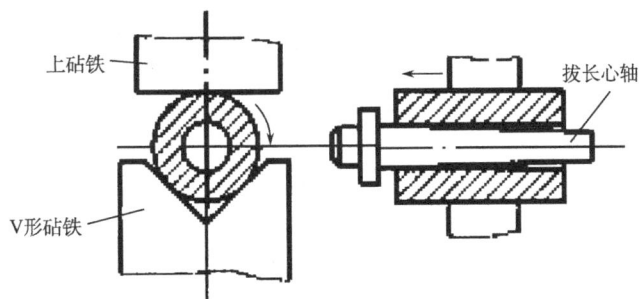

图 3-11 套筒类锻件拔长示意图

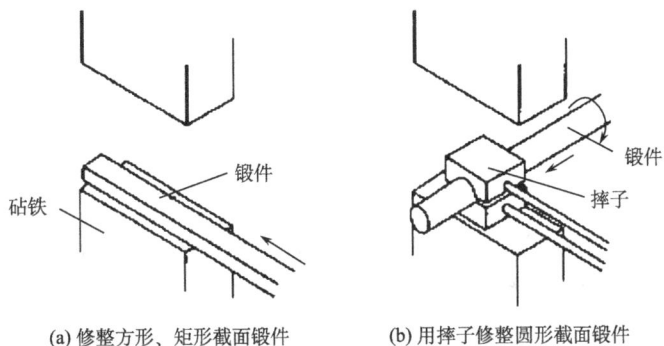

(a) 修整方形、矩形截面锻件　　(b) 用摔子修整圆形截面锻件

图 3-12 拔长后修整

3）冲孔

冲孔是在坯料上锻出孔的工序。冲孔一般都是冲出圆形通孔，具体操作如图3-13所示。冲孔的工艺要点如下。

（1）冲孔时坯料的局部变形量很大，为了提高塑性、防止冲裂，冲孔前应将坯料加热到始锻温度。

（2）冲孔前坯料必须镦粗，以减少孔的深度，并使端面平直，防止将孔冲斜。

（3）为了保证冲孔位置正确，应先试冲。先用冲子轻轻压出孔位的凹痕，如有偏差，可加以修正。

（4）冲孔过程中应保持冲子的轴线与砧面垂直，以防冲斜。

（5）一般锻件的通孔采用双面冲孔法。先从一面将孔冲至厚度的2/3～3/4，取出冲子，翻转坯料，然后从反面将孔冲透。

（6）较薄的坯料可采用单面冲孔。单面冲孔时应将冲子大头朝下，漏盘上的孔不易过大，必须仔细对正。

（7）冲孔的直径一般要小于坯料直径的1/3，超过这一限制时坯料容易胀裂，因此要先冲出一个较小的孔，然后采用扩孔的方法达到要求的孔径尺寸（图3-14）。

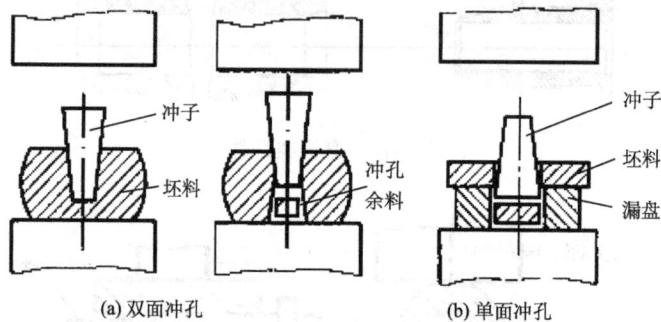

(a) 双面冲孔　　　　　　　　　(b) 单面冲孔

图 3-13　冲孔示意图

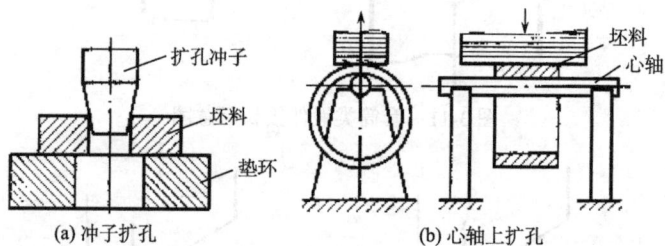

(a) 冲子扩孔　　　　　　　　　(b) 心轴上扩孔

图 3-14　扩孔过程

4）弯曲

将坯料弯成一定角度或弧度的工序称为弯曲，如图3-15所示。弯曲的方法很多：采用上下砧压紧坯料后，以大锤打弯或用行车吊弯；在平台上用固定心轴和挡块，利用行车吊弯；用胎模弯曲；在支架上弯曲几何形状复杂的吊钩等。弯曲变形时，坯料的纤维组织不被切断，并沿锻件外形连续分布，因此不降低原有的力学性能。

(a) 角度弯曲　　　　　　　　　(b) 成形弯曲

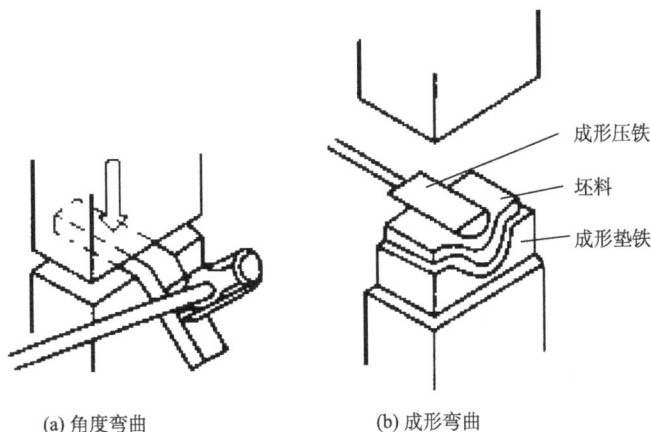

图 3-15　弯曲示意图

5）扭转

扭转是在保持坯料轴线方向不变的情况下，将坯料的一部分相对于另一部分扭转一定角度的工序，如图 3-16 所示。扭转前坯料需加热到始锻温度，受扭部位必须表面光滑，面与面的相交处要有圆角过渡，以防扭裂。

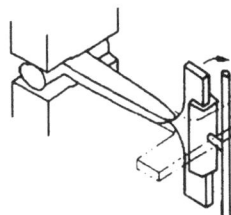

6）切割

切割是分割坯料或锻件余料的工序。方形截面锻件的切割方法如图

图 3-16　扭转

3-17（a）所示。先将切刀垂直切入工件，至快要断开时将锻件翻转，再用剁刀或克棍截断。切割圆形截面锻件时，应将锻件放在带有凹槽的剁垫中，边切割，边旋转，如图 3-17（b）所示。

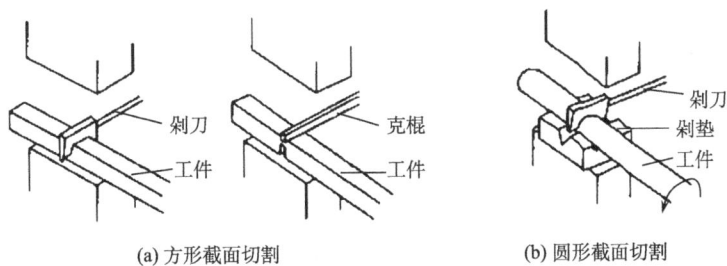

(a) 方形截面切割　　　　　　　　　　　(b) 圆形截面切割

图 3-17　切割

7）锻接

锻接是将两段或几段坯料加热后，用锻造的方法连接成牢固整体的一种锻造工序，又称锻焊。锻接主要用于小锻件生产或修理工作，如锚链的锻焊、刃具的夹钢和贴钢等，它是将两种成分不同的钢料锻焊在一起。

典型的锻接方法有搭接法、咬接法和对接法。搭接法是最常用的，易于保证锻件质量。交错搭接法操作较困难，用于扁坯料。咬接法的缺点是锻接时接头中氧化溶渣不易挤出。对接法的锻接质量最差，只在被锻接的坯料很短时采用。锻接的质量不仅和锻接方法有关，还与钢料的化学成分和加热温度有关。低碳钢易于锻接，而中、高碳钢则较困难，合金钢更难以保证锻接质量。

2. 辅助工序

为使基本工序操作方便而进行的预变形工序称为辅助工序，如钢锭倒棱和缩颈倒棱、预压夹钳把、阶梯轴分锻压痕等工步。

3. 精整工序

指用来精整锻件尺寸和形状使其完全达到锻件图要求的工序。一般在某一基本工序完成后进行，如镦粗后的鼓形滚圆和截面滚圆，凸起、凹下及不平和有压痕面的平整，端面平整，拔长后的弯曲校直和锻斜后的校正等工步。

3.2.4　自由锻工艺规程的制订

制订工艺规程、编写工艺卡片是进行自由锻生产必不可少的技术准备工作，是组织生产、规范操作、控制和检查产品质量的依据。

自由锻工艺规程：根据零件图绘制锻件图，计算坯料的质量与尺寸，确定锻造工序，选择锻造设备，确定坯料加热规范和填写工艺卡片等。

1. 绘制自由锻件图

以零件图为基础，结合自由锻工艺特点绘制而成的图形，是工艺规程的核心内容，是制订锻造工艺过程和锻件检验的依据。锻件图必须准确而全面地反映锻件的特殊内容，如圆角、斜度等，以及对产品的技术要求，如性能、组织等。

绘制时主要考虑以下几个因素。

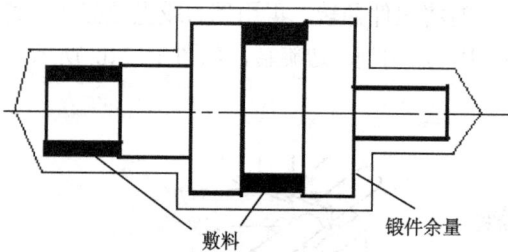

图 3-18　锻件余量及敷料

（1）敷料。对键槽、齿槽、退刀槽以及小孔、盲孔、台阶等难以用自由锻方法锻出的结构，必须暂时添加一部分金属以简化锻件的形状。为了简化锻件形状以便于进行自由锻造而增加的这一部分金属，称为敷料，如图 3-18 所示。

（2）锻件余量。在零件的加工表面上增加供切削加工用的余量，称为锻件余量，如图 3-18 所示。锻件余量的大小与零件的材料、形状、尺寸、批量大小、生产实际条件等因素有关。零件越大，形状越复杂，则余量越大。

（3）锻件公差。锻件公差是锻件名义尺寸的允许变动量，其值的大小与锻件形状、尺寸有关，并受生产具体情况的影响。钢轴自由锻件的余量和锻件公差见表 3-5。

在锻件图上，锻件的外形用粗实线，如图 3-19 所示。为了使操作者了解零件的形状和尺寸，在锻件图上用双点画线画出零件的主要轮廓形状，并在锻件尺寸线的上方标注

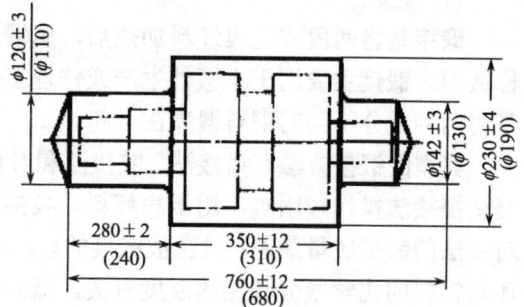

图 3-19　典型锻件图

锻件尺寸与公差，尺寸线下方用圆括弧标注出零件尺寸。对于大型锻件，还必须在同一个坯料上锻造出供性能检验用的试样，该试样的形状与尺寸也在锻件图上表示。

表 3-5　钢轴自由锻件余量和锻件公差（双边）　　　　　　（单位：mm）

零件长度	零件直径					
	<50	50～80	80～120	120～160	160～200	200～250
	锻件余量和锻件公差					
<315	5±2	6±2	7±2	8±3	—	—
315～630	6±2	7±2	8±3	9±3	10±3	11±4
630～1000	7±2	8±3	9±3	10±3	11±4	12±4
1000～1600	8±3	9±3	10±3	11±4	12±4	13±4

2. 计算坯料质量与尺寸

（1）确定坯料质量。自由锻所用坯料的质量为锻件的质量与锻造时各种金属消耗的质量之和：

$$G_{坯料} = G_{锻件} + G_{烧损} + G_{料头}$$

式中，$G_{坯料}$ 为坯料质量，kg；$G_{锻件}$ 为锻件质量，kg；$G_{烧损}$ 为加热时坯料因表面氧化而烧损的质量，kg，第一次加热取被加热金属质量分数的 2%～3%，以后各次加热取 1.5%～2.0%；$G_{料头}$ 为锻造过程中被冲掉或切掉的那部分金属的质量，kg，如冲孔时坯料中部的料芯，修切端部产生的料头等。对于大型锻件，当采用钢锭作坯料进行锻造时，还要考虑切掉的钢锭头部和尾部的质量。

（2）确定坯料尺寸。根据塑性加工过程中体积不变原则和采用的基本工序类型（如拔长、镦粗等）的锻造比、高度与直径之比等计算出坯料横截面积、直径或边长等尺寸。典型锻件的锻造比见表 3-6。

表 3-6　典型锻件的锻造比

锻件名称	计算部位	锻造比	锻件名称	计算部位	锻造比
碳素钢轴类锻件	最大截面	2.0～2.5	锤头	最大截面	≥2.5
合金钢轴类锻件	最大截面	2.5～3.0	水轮机主轴	轴身	≥2.5
热轧辊	辊身	2.5～3.0	水轮机立柱	最大截面	≥3.0
冷轧辊	辊身	3.5～5.0	模块	最大截面	≥3.0
齿轮轴	最大截面	2.5～3.0	航空用大型锻件	最大截面	6.0～8.0

3. 选择锻造工序

自由锻锻造工序的选取应根据工序特点和锻件形状来确定。一般而言，盘类零件多采用镦粗（或拔长-镦粗）和冲孔等工序；轴类零件多采用拔长、切肩和锻台阶等工序。一般锻件的分类及采用的工序见表 3-7。

表 3-7　锻件分类及所需锻造工序

锻件类别	图例	锻造工序
盘类零件		镦粗(或拔长－镦粗)、冲孔等
轴类零件		拔长(或镦粗－拔长)、切肩、锻台阶等
筒类零件		镦粗(或拔长－镦粗)、冲孔、在芯轴上拔长等
环类零件		镦粗(或拔长－镦粗)、冲孔、在芯轴上扩孔等
弯曲类零件		拔长、弯曲等

自由锻工序的选择与整个锻造工艺过程中的火次(即坯料加热次数)和变形程度有关。所需火次与每一火次中坯料成形所经历的工序都应明确规定出来，写在工艺卡片上。

4. 选择锻造设备

根据作用在坯料上力的性质，自由锻设备分为锻锤和液压机两大类。

锻锤产生冲击力使金属坯料变形。锻锤的吨位是以落下部分的质量来表示的。生产中常使用的锻锤是空气锤和蒸汽－空气锤。空气锤利用电动机带动活塞产生压缩空气，使锤头上下往复运动进行锤击。它的特点是结构简单，操作方便，维护容易，但吨位较小，只能用来锻造 100kg 以下的小型锻件。蒸汽－空气锤采用蒸汽和压缩空气作为动力，其吨位稍大，可用来生产质量小于 1500kg 的锻件。

液压机产生静压力使金属坯料变形。目前大型水压机可达万吨以上，能锻造 300 吨的锻件。由于静压力作用时间长，容易获得较大的锻透深度，可获得整个断面为细晶粒组织的锻件，液压机工作平稳，金属变形过程中无振动，噪声小，劳动条件较好。液压机是大型锻件的唯一成形设备，但设备庞大、造价高。

自由锻设备的选择应根据锻件大小、质量、形状以及锻造基本工序等因素，并结合生产实际条件来确定。例如，用铸锭或大截面毛坯作为大型锻件的坯料，可能需要多次镦、拔操作，在锻锤上操作比较困难，并且心部不易锻透，而在水压机上因其行程较大，下砧可前后移动，镦粗时可换用镦粗平台，所以大多数大型锻件都在水压机上生产。

5. 确定锻造温度范围

锻造温度范围是指始锻温度和终锻温度之间的温度范围。

锻造温度范围应尽量选宽一些，以减少锻造火次，提高生产率。加热的始锻温度一般取固相线以下 100~200℃，以保证金属不发生过热与过烧。终锻温度一般高于金属的再结晶温度 50~100℃，以保证锻后再结晶完全，锻件内部得到细晶粒组织。

碳素钢和低合金结构钢的锻造温度范围，一般以铁碳平衡相图为基础，且其终锻温度选在高于 Ar_3 点，以避免锻造时相变引起裂纹。高合金钢因合金元素的影响，始锻温度下降，终锻温度提高，锻造温度范围变窄。部分金属材料的锻造温度范围见表 3-8。此外，锻件终锻温度还与变形程度有关，变形程度较小时，终锻温度可稍低于规定温度。

表 3-8　部分金属材料的锻造温度范围

材料类型	锻造温度/℃		保温时间 /(min/mm)
	始锻	终锻	
10、15、20、25、30、35、40、45、50	1200	800	0.25~0.7
15CrA、16Cr$_2$MnTiA、38CrA、20MnA、20CrMnTiA	1200	800	0.3~0.8
12CrNi$_3$A、12CrNi$_4$A、38CrMoAlA、25CrMnNiTiA、30CrMnSiA、50CrVA、18Cr$_2$Ni$_4$WA、20CrNi$_3$A	1180	850	0.3~0.8
40CrMnA	1150	800	0.3~0.8
铜合金	800~900	650~700	—
铝合金	450~500	350~380	—

6. 填写工艺卡片

半轴的自由锻造工艺卡片见表 3-9。

表 3-9　半轴自由锻工艺卡

锻件名称	半轴	图例
坯料质量	25kg	
坯料尺寸	φ130×240	
材料	18CrMnTi	

续表

火次	工序	图例
1	锻出头部	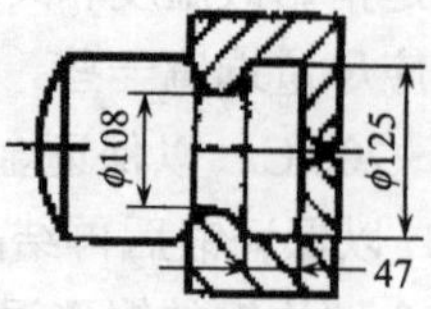
	拔长	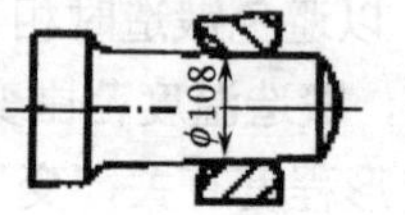
	拔长及修整台阶	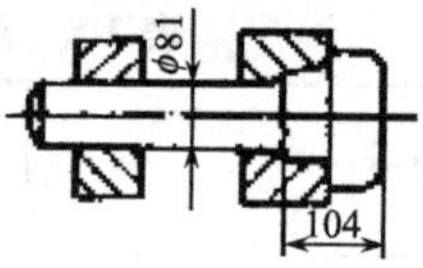
	拔长并留出台阶	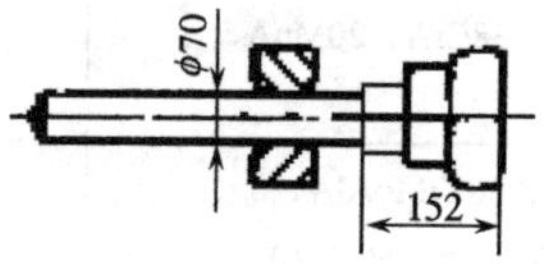
	锻出凹档及拔长端部并修整	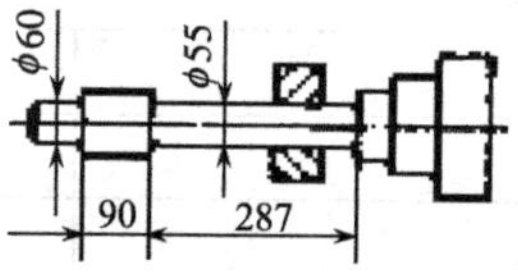

3.2.5 自由锻件的结构工艺性

自由锻件的设计原则：在满足使用性能的前提下，锻件的形状应尽量简单，易于锻造。

（1）尽量避免锥体或斜面结构。锻造具有锥体或斜面结构的锻件，需制造专用工具，锻件成形也比较困难，从而使工艺过程复杂，不便于操作，影响设备使用效率，应尽量避免，如图 3-20 所示。

（2）避免几何体的交接处形成空间曲线。如图 3-21（a）所示的圆柱面与圆柱面相交，锻件成形十分困难。改成如图 3-21（b）所示的平面相交，消除了空间曲线，使锻造成形容易。

（3）避免加强肋、凸台，工字形、椭圆形或其他非规则截面及外形。如图 3-22（a）所示的锻件结构，难以用自由锻方法获得，若采用特殊工具或特殊工艺来生产，会降低生产率，增加产品成本。改进后的结构如图 3-22（b）所示。

（4）合理采用组合结构。锻件的横截面积有急剧变化或形状较复杂时，可设计成由数个简单件构成的组合体，如图 3-23 所示。每个简单件锻造成形后，再用焊接或机械连接方式构成整体零件。

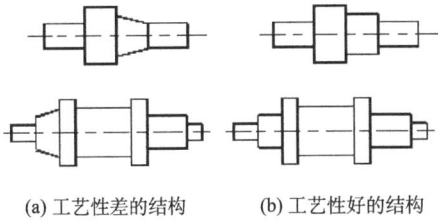

(a) 工艺性差的结构　　　(b) 工艺性好的结构

图 3-20　轴类锻件结构

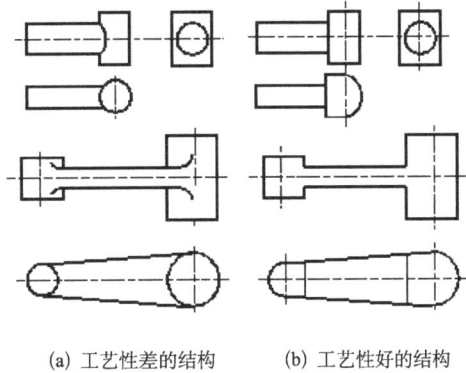

(a) 工艺性差的结构　　　(b) 工艺性好的结构

图 3-21　杆类锻件结构

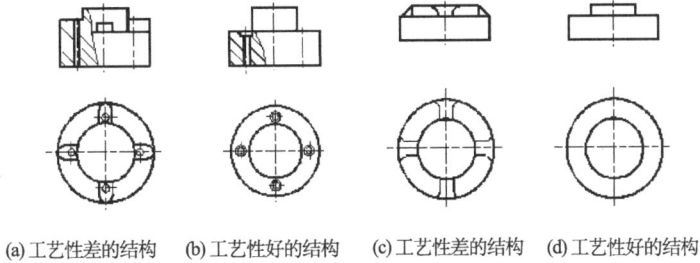

(a)工艺性差的结构　(b)工艺性好的结构　(c)工艺性差的结构　(d)工艺性好的结构

图 3-22　盘类锻件结构

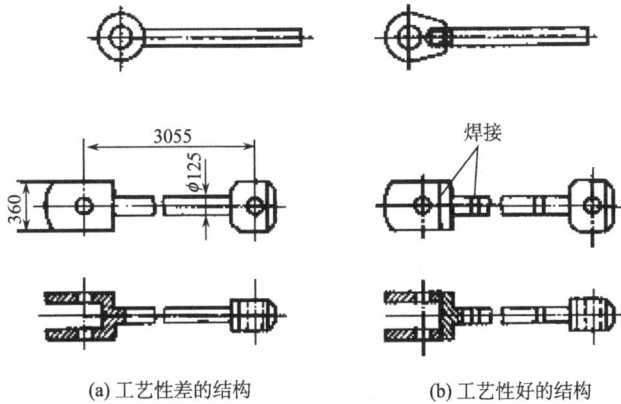

(a) 工艺性差的结构　　　　　　　(b) 工艺性好的结构

图 3-23　复杂件结构

3.3　模　锻

在模锻设备上，利用高强度锻模，使金属坯料在模膛内受压产生塑性变形，而获得所需形状、尺寸以及内部质量锻件的加工方法称为模锻。在变形过程中由于模膛对金属坯料流动的限制，因而锻造终了时可获得与模膛形状相符的模锻件。

与自由锻相比，模锻具有如下优点。

(1) 生产效率较高。模锻时，金属的变形在模膛内进行，故能较快获得所需形状。

(2) 能锻造形状复杂的锻件，并可使金属流线分布更为合理，提高零件的使用寿命。

(3) 模锻件的尺寸较精确，表面质量较好，加工余量较小。

(4) 节省金属材料，减少切削加工工作量。在批量足够的条件下，能降低零件成本。

(5) 模锻操作简单，劳动强度低。

但模锻生产受模锻设备吨位限制，模锻件的质量一般在 150kg 以下。模锻设备投资较大，模具费用较昂贵，工艺灵活性较差，生产准备周期较长。

模锻适合于小型锻件的大批大量生产，不适合单件小批量生产以及中、大型锻件的生产。

3.3.1　模锻设备

模锻设备可分为蒸汽-空气模锻锤、曲柄压力机、螺旋压力机和液压机四种。常用模锻设备的基本选用原则是设备使用特性(或参数)必须适应模锻件参数和技术要求，主要考虑打击力或打击能量、打击速度和工作台尺寸等。

1. 蒸汽-空气模锻锤

用于模锻件生产的蒸汽-空气模锻锤主要由动力传动部分和主机两个部分组成。动力传动部分包括蒸汽锅炉或空气压缩站和输气管路；主机部分包括工作机构、机架、底座和配气操作系统。

蒸汽-空气模锻锤具有较高的打击刚性和速度快、灵活的操作特性；工作时具有较好的导向性，能够提高锻件精度和质量；打击速度快，上下模接触时间短，能够为坯料提供较大的充填力。蒸汽-空气模锻锤能够为带有薄筋板、形状复杂、有重量公差要求的锻件提供较好的锻打。适应性很强的模锻设备，适应于多品种小批量的生产。锻锤是性能价格比最优的成形设备。

2. 液压机

液压机是一种利用液体压力来传递能量的锻压设备，根据静态下液体压力等值传递的帕斯卡原理制成的。它包含由油作为介质油压机和以水作为工作介质的水压机。

液压机主要用于模锻对应变速率敏感的有色合金大型锻件。除了用于大型锻件的锻造、拉深、剪切、挤压等工序外，还应用于塑料压型、层压板等。

液压机可在全行程任一位置产生额定的最大工作压力，在工作任意位置都可以回程，所以对要求工作行程较长而且变形力均匀的工艺十分适应，如深拉伸、挤压等。

液压机的工作速度低，在静压条件下金属变形均匀，再结晶充分，锻件组织均匀。可在模具上安装加热、保温装置，使模具能保持在较高温下工作，这对铝合金、钛合金和高温合金的等温锻造成型有利。由于工作速度较其他锻压设备低，特别适合于等温模锻、超塑性模锻和对应变速率敏感的有色合金大型锻件模锻。

多向模锻压力机可在几个方向上同时对毛坯进行锻造，使锻件流线更能合理充分模锻出的力学性能更均匀，锻件的尺寸精度更高。

液压机可以模锻出小模锻斜度或无模锻斜度的精锻件。液压机不宜用来制坯，生产效率低，通常用于单件小批量生产。

3. 螺旋压力机

螺旋压力机是指将传动机构的能量通过螺旋工作机构转变为塑性变形能的锻压设备。工作原理是飞轮在外力驱动下储备足够的能量，再通过螺杆传递给滑块来打击毛坯做功。

螺旋压力机具有锤类设备和曲柄压力机类设备的双重特性，是金属坯料在一个型槽内可以进行多次打击变形，从而可进行大变形工步，如镦粗或挤压；同时也可以进行小变形工步，如精压、压印等提供较大的变形力。

较低的打击速度为金属变形的再结晶提供了充足的时间，适合于模锻一些再结晶速度较低的低塑性合金钢和有色金属材料。且低速条件下，不仅可以采用整体模，还可以更多地采用镶块模，降低企业成本。

螺旋压力机备有顶出装置，它不仅可以锻压或挤压带有长杆的进排气阀、长螺钉件，而且可以实现小模锻斜度和无模锻斜度、小余量和无余量的精密模锻工艺。

4. 曲柄压力机

曲柄压力机是采用机械传动的材料成型设备，通过曲柄连杆机构将旋转运动转变为滑块的直线运动，并使其获得坯料成形所需要的力和直线，从而使坯料获得确定的变形，制成所需的锻件。

曲柄压力机精度较锤上模锻精度高，且锻出锻件内部变形渗透而均匀，流线分布好，保证了锻件力学性能均匀一致。其上模锻具有静压力特性，适合于变形速度敏感的低塑性合金的成型。

曲柄压力机在一定条件下可以生产各类形状的锻件。对于主要以镦粗方式成型的锻件，以及带有杆部或不带杆部的挤压、冲孔件，尤其适宜在曲柄压力机上模锻。此外，还可以在其上进行热精压、校正等工序。在合理的制坯配合下，其生产效率也较锤上效率高。

3.3.2　锤上模锻特点

锤上模锻是将上模固定在锤头上，下模紧固在模垫上，通过随锤头做上下往复运动的上模，对置于下模中的金属坯料施以直接锻击，来获取锻件的锻造方法。

1. 锤上模锻的工艺特点

(1) 金属在模膛中是在一定速度下，经过多次连续锤击而逐步成形的。

(2) 锤头的行程、打击速度均可调节，能实现轻重缓急不同的打击，因而可进行制坯工作。

(3) 由于惯性作用，金属在上模模膛中具有更好的充填效果。

(4) 锤上模锻的适应性广，可生产多种类型的锻件，可以单膛模锻，也可以多膛模锻。

由于锤上模锻打击速度较快，对变形速度较敏感的低塑性材料(如镁合金等)进行锤上模锻，不如在压力机上模锻的效果好。

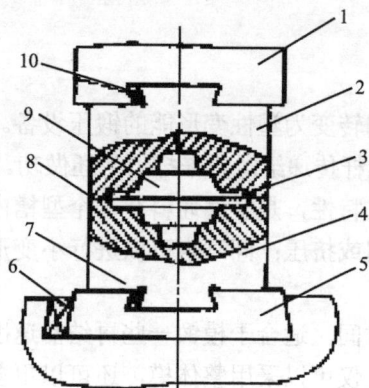

图 3-24　锤上锻模

1-锤头；2-上模；3-飞边槽；4-下模；5-模垫；
6、7、10-紧固楔铁；8-分模面；9-模膛

2. 锻模结构

如图 3-24 所示，锤上模锻用的锻模由带燕尾的上模 2 和下模 4 两部分组成，上下模通过燕尾和楔铁分别紧固在锤头和模垫上，上、下模合在一起在内部形成完整的模膛。模锻模膛分为制坯模膛和模锻模膛。

1）制坯模膛

对于形状复杂的模锻件，为了使坯料基本接近模锻件的形状，以便模锻时金属能合理分布，并很好地充满模膛，必须预先在制坯模膛内制坯。制坯模膛有以下几种。

（1）拔长模膛。减小坯料某部分的横截面积，以增加其长度。如图 3-25 所示。

（2）滚挤模膛。减小坯料某部分的横截面积，以增大另一部分的横截面积。主要是使金属坯料能够按模锻件的形状来分布。滚挤模膛也分为开式和闭式两种，如图 3-26 所示。

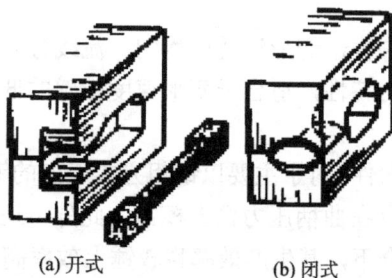

(a) 开式　　　　(b) 闭式

图 3-25　拔长模膛

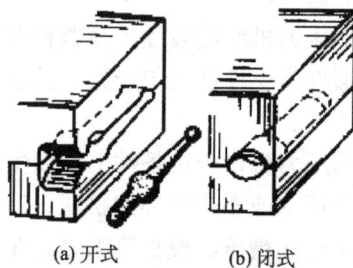

(a) 开式　　　　(b) 闭式

图 3-26　滚挤模膛

（3）弯曲模膛。使坯料弯曲，如图 3-27 所示。

（4）切断模膛。在上模与下模的角部组成一对刃口，用来切断金属，如图 3-28 所示。可用于从坯料上切下锻件或从锻件上切钳口，也可用于多件锻造后分离成单个锻件。此外，还有成形模膛、镦粗台及击扁面等制坯模膛。

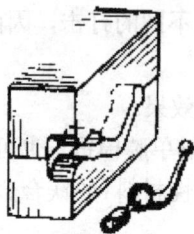

图 3-27　弯曲模膛

图 3-28　切断模膛

2) 模锻模膛

模锻模膛包括预锻模膛和终锻模膛。所有模锻件都要使用终锻模膛，预锻模膛则要根据实际情况决定是否采用。

（1）终锻模膛。使金属坯料最终变形到所要求的形状与尺寸。由于模锻需要加热后进行，锻件冷却后尺寸会有所缩减，所以终锻模膛的尺寸应比实际锻件尺寸放大一个收缩量，对于钢锻件收缩量可取 1.5%。

飞边槽用以增加金属从模膛中流出的阻力，促使金属充满整个模膛，同时容纳多余的金属，还可以起到缓冲作用，减弱对上下模的打击，防止锻模开裂。图 3-29 为带有飞边槽与冲孔连皮的模锻件。

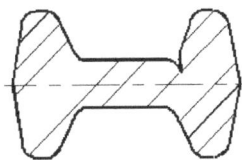

（2）预锻模膛。用于预锻的模膛称为预锻模膛。

终锻时常见的缺陷有折叠和充不满等，工字形截面锻件的折叠如图 3-30 所示。这些都是由于终锻时金属不合理的变形流动或变形阻力太大引起的。为此，对于外形较为复杂的锻件，常采用预锻工步，使坯料先变形到接近锻件的外形与尺寸，以便合理分配坯料各部分的体积，避免折叠的产生，并有利于金属的流动，易于充满模膛，同时可减小终锻模膛的磨损，延长锻模的寿命。

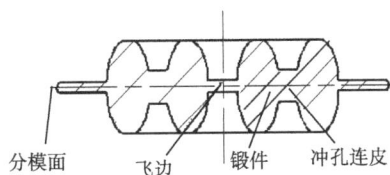

图 3-29 带有飞边槽与冲孔连皮的模锻件

图 3-30 工字形截面锻件的折叠

预锻模膛和终锻模膛的主要区别是前者的圆角和模锻斜度较大，高度较大，一般不设飞边槽。只有当锻件形状复杂、成形困难，且批量较大的情况下，设置预锻模膛才是合理的。

根据模锻件的复杂程度不同，所需的模膛数量不等，可将锻模设计成单膛锻模或多膛锻模。弯曲连杆模锻件所用多膛锻模如图 3-31 所示。

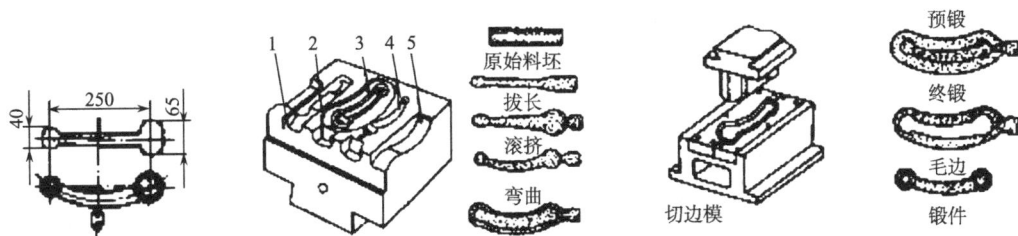

图 3-31 弯曲连杆锻模（下模）与模锻工序

1-拔长模膛；2-滚挤模膛；3-终锻模膛；4-预锻模膛；5-弯曲模膛

3.3.3 锤上模锻工艺规程的制订

锤上模锻工艺规程的制订主要包括绘制模锻件图、计算坯料尺寸、确定模锻工步、选择锻造设备、确定锻造温度范围等。

1. 绘制模锻件图

模锻件图是设计和制造锻模、计算坯料以及检验模锻件的依据。根据零件图绘制模锻件图时,应考虑以下几个问题。

1) 分模面

上、下锻模的分界面。分模面的选择应按以下原则进行。

(1) 要保证模锻件能从模膛中顺利取出,并使锻件形状尽可能与零件形状相同,一般分模面应选在模锻件最大水平投影尺寸的截面上。如图 3-32 所示,若选 *a-a* 面为分模面,则无法从模膛中取出锻件。

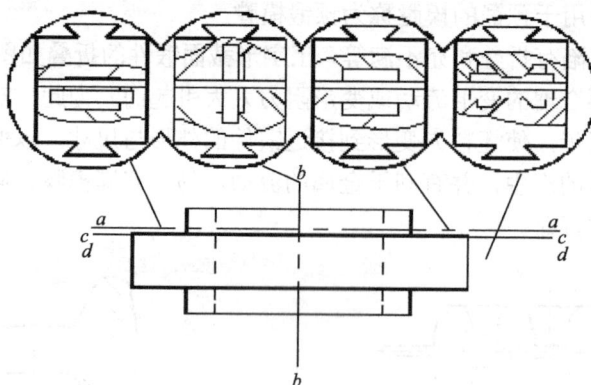

图 3-32 分模面选择比较

(2) 按选定的分模面制成锻模后,应使上下模沿分模面的模膛轮廓一致,以便在安装锻模和生产中容易发现错模现象。如图 3-32 所示,若选 *c-c* 面为分模面,就不符合此原则。

(3) 最好使分模面为一个平面,并使上下锻模的模膛深度基本一致,差别不宜过大,以便于均匀充型。

(4) 选定的分模面应使零件上所加的敷料最少。如图 3-32 所示,若将 *b-b* 面选作分模面,零件中间的孔不能锻出,其敷料最多,既浪费金属,降低了材料的利用率,又增加了切削加工工作量,所以该面不宜选作分模面。

(5) 最好把分模面选取在能使模膛深度最浅处,这样可使金属很容易充满模膛,便于取出锻件,如图 3-32 所示的 *b-b* 面就不适合做分模面。

按上述原则综合分析,选用如图 3-32 所示的 *d-d* 面为分模面最合理。

2) 加工余量和锻件公差

为了达到零件尺寸精度及表面粗糙度的要求,锻件上需切削加工而去除的金属层,称为锻件的加工余量。

模锻件水平方向尺寸公差见表 3-10。模锻件内、外表面的加工余量见表 3-11。

表 3-10 锤上模锻水平方向尺寸公差 (单位:mm)

模锻件长(宽)度	<50	50~120	120~260	260~500	500~800	800~1200
公差	+1.0	+1.5	+2.0	+2.5	+3.0	+3.5
	−0.5	−0.7	−1.0	−1.5	−2.0	−2.5

表 3-11　内、外表面的加工余量 Z1（单面）　　　　　　（单位：mm）

加工表面最大宽度或直径		加工表面的最大长度或最大高度					
		≤63	>63～160	>160～250	>250～400	>400～1000	>1000～2500
大于	至	加工余量 Z1					
—	25	1.5	1.5	1.5	1.5	2.0	2.5
25	40	1.5	1.5	1.5	1.5	2.0	2.5
40	63	1.5	1.5	1.5	2.0	2.5	3.0
63	100	1.5	1.5	2.0	2.5	3.0	3.5

3）模锻斜度

为便于从模腔中取出锻件，模锻件上平行于锤击方向的表面必须具有斜度，称为模锻斜度，一般为 5°～15°。模锻斜度与模腔深度和宽度有关，通常模腔深度与宽度的比值（h/b）较大时，模锻斜度取较大值。此外，模锻斜度还分为外壁斜度 α 与内壁斜度 β，如图 3-33 所示。外壁指锻件冷却时锻件与模壁离开的表面；内壁指当锻件冷却时锻件与模壁夹紧的表面。内壁斜度值一般比外壁斜度大 2°～5°。生产中常用金属材料的模锻斜度范围见表 3-12。

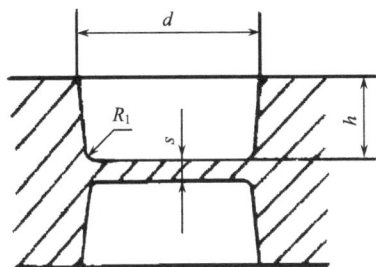

图 3-33　模锻斜度

表 3-12　各种金属锻件常用的模锻斜度

锻件材料	外壁斜度	内壁斜度
铝、镁合金	3°～5°	5°～7°
钢、钛、耐热合金	5°～7°	7°、10°、12°

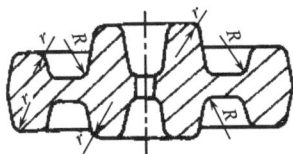

图 3-34　模锻圆角半径

4）模锻圆角半径

模锻件上所有两平面转接处均需圆弧过渡，此过渡处称为锻件的圆角，如图 3-34 所示。圆弧过渡有利于金属的变形流动，锻造时使金属易于充满模腔，提高锻件质量，并且可以避免在锻模上的内角处产生裂纹，减缓锻模外角处的磨损，提高锻模使用寿命。钢的模锻件外圆角半径（r）一般取 1.5～12mm，内圆角半径（R）比外圆角半径大 2～3 倍。模腔深度越深，圆角半径值越大。为了便于制模和锻件检测，圆角半径尺寸已经形成系列，其标准是 1、1.5、2、2.5、3、4、5、6、8、10、12、15、20、25 和 30 等，单位为 mm。

5）冲孔连皮

由于锤上模锻时不能靠上、下模的突起部分把金属完全排挤掉，因此不能锻出通孔，终锻后，孔内留有金属薄层，称为冲孔连皮，锻后利用压力机上的切边模将其去除。常用的连皮形式是平底连皮，如图 3-35 所示，连皮的厚度 t 通常在 4～8mm 范围内，可按下式

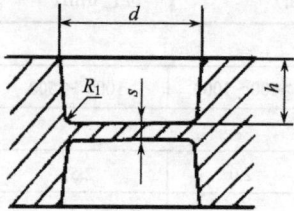

图 3-35　模锻件常用冲孔连皮

计算：
$$t=0.45(d-0.25h-5)^{0.5}+0.6h^{0.5}$$

式中，d 为锻件内孔直径，mm；h 为锻件内孔深度，mm。

连皮上的圆角半径 R_1，可按下式确定：

$$R_1=R+0.1h+2$$

孔径 $d<25$mm 或冲孔深度大于冲头直径的 3 倍时，只在冲孔处压出凹穴。

上述各参数确定后，便可绘制锻件图。图 3-36 所示为齿轮坯模锻件图。图中双点画线为零件轮廓外形，分模面选在锻件高度方向的中部。由于零件轮辐部分不加工，故无加工余量。图中内孔中部的两条直线为冲孔连皮切掉后的痕迹。

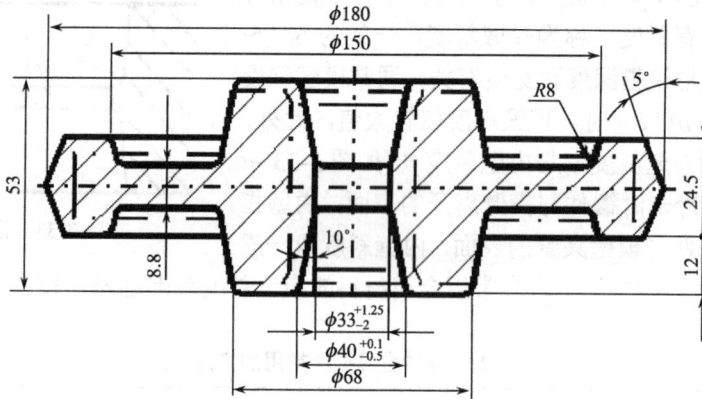

图 3-36　齿轮坯模锻件图

2. 计算坯料质量与尺寸

坯料质量包括锻件、飞边、连皮、钳口料头以及氧化皮等的质量。通常，氧化皮占锻件和飞边总和质量分数的 2.5%～4%。

3. 确定模锻工序

模锻工序主要根据锻件的形状与尺寸来确定。根据已确定的工序即可设计出制坯模膛、预锻模膛及终锻模膛。模锻件按形状可分为两类：长轴类零件与盘类零件，如图 3-37 所示。长轴类零件的长度与宽度之比较大，如台阶轴、曲轴、连杆、弯曲摇臂等；盘类零件在模面分上的投影多为圆形或近于矩形，如齿轮、法兰盘等。

1）长轴类模锻件基本工序

拔长+滚挤+弯曲+预锻+终锻。

拔长和滚挤时，坯料沿轴线方向流动，金属体积重新分配，使坯料的各横截面积与锻件相应的横截面积近似相等。坯料的横截面积大于锻件最大横截面积时，可只选用拔长工序；坯料的横截面积小于锻件最大横截面积时，应采用拔长和滚挤工序。锻件的轴线为曲线时，还应选用弯曲工序。

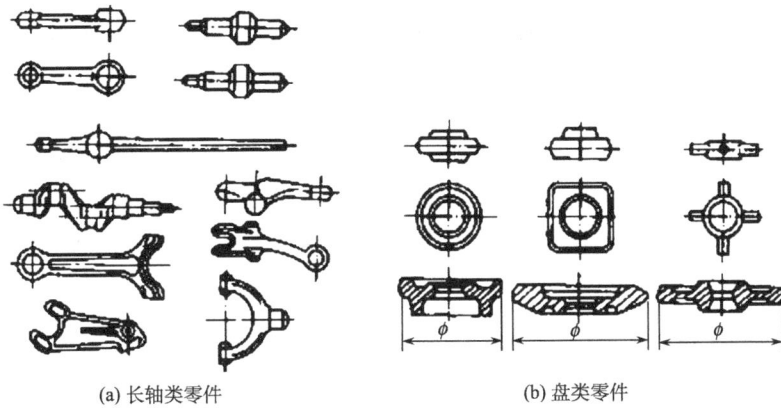

(a) 长轴类零件 (b) 盘类零件

图 3-37 模锻零件

对于小型长轴类锻件，为了减少钳口料和提高生产率，常采用一根棒料上同时锻造数个锻件的锻造方法，因此应增设切断工序，将锻好的工件分离。当大批量生产形状复杂、终锻成形困难的锻件时，还需选用预锻工序，最后在终锻模膛中模锻成形。

2）盘类模锻件基本工序

镦粗+终锻。

对于形状简单的盘类零件，可只选用终锻工序成形。对于形状复杂，有深孔或有高肋的锻件，则应增加镦粗、预锻等工序。

3）修整工序

坯料在锻模内制成模锻件后，还需经过一系列修整工序，以保证和提高锻件质量。修整工序包括以下内容。

（1）切边与冲孔。模锻件一般都带有飞边及连皮，需在压力机上进行切除。切边模如图 3-38（a）所示，由活动凸模和固定凹模组成。凹模的通孔形状与锻件在分模面上的轮廓一致，凸模工作面的形状与锻件上部外形相符。冲孔模如图 3-38（b）所示，凹模作为锻件的支座，冲孔连皮从凹模孔中落下。

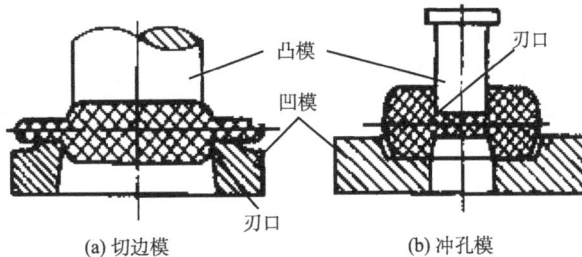

(a) 切边模 (b) 冲孔模

图 3-38 切边模及冲孔模

（2）校正。在切边及其他工序中都可能引起锻件的变形，许多锻件，特别是形状复杂的锻件在切边冲孔后还应该进行校正。校正可在终锻模膛或专门的校正模内进行。

（3）热处理。消除模锻件的过热组织或加工硬化组织，以达到所需的力学性能。常用的热处理方式为正火或退火。

（4）清理。为了提高模锻件的表面质量，改善模锻件的切削加工性能，模锻件需要进行表面清理，去除在生产中产生的氧化皮、所沾油污及其他表面缺陷等。

（5）精压。对于要求尺寸精度高和表面粗糙度小的模锻件，还应在压力机上进行精压。精压分为平面精压和体积精压两种。

平面精压用来获得模锻件某些平行平面间的精确尺寸。体积精压用来提高锻件所有尺寸的精度、减小模锻件的质量差别。精压模锻件的尺寸精度偏差可达 $\pm(0.1\sim0.25)$ mm，表面粗糙度 Ra 可达 $0.4\sim0.8\mu$m。

4. 选择锻造设备

锤上模锻的设备有蒸汽-空气锤、无砧座锤、高速锤等。

5. 确定锻造温度范围

模锻件的生产也在一定温度范围内进行，与自由锻生产相似。

3.3.4　锤上模锻件的结构工艺性

设计模锻零件时，应根据模锻特点和工艺要求，使其结构符合下列原则。

（1）模锻零件应具有合理的分模面，以使金属易于充满模膛，模锻件易于从锻模中取出，且敷料最少，锻模容易制造。

（2）模锻零件上，除与其他零件配合的表面外，均应设计为非加工表面。模锻件的非加工表面之间形成的角应设计模锻圆角，与分模面垂直的非加工表面，应设计出模锻斜度。

（3）零件的外形应力求简单、平直、对称，避免零件截面间差别过大，或具有薄壁、高肋等不良结构。一般说来，零件的最小截面与最大截面之比不要小于 0.5，如图 3-39（a）所示的零件凸缘太薄、太高，中间下凹太深，金属不易充型。如图 3-39（b）所示的零件过于扁薄，薄壁部分金属模锻时容易冷却，不易锻出，对保护设备和锻模也不利。如图 3-39（c）所示零件有一个高而薄的凸缘，使锻模的制造和锻件的取出都很困难。改成如图 3-39（d）所示形状则较易锻造成形。

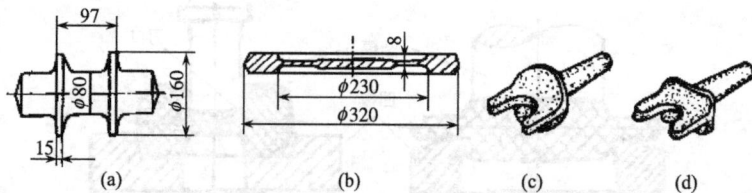

图 3-39　模锻件结构工艺性

（4）在零件结构允许的条件下，应尽量避免有深孔或多孔结构。孔径小于 30mm 或孔深大于直径两倍时，锻造困难。如图 3-40 所示齿轮零件，为保证纤维组织的连贯性以及更好的力学性能，常采用模锻方法生产，但齿轮上的四个 $\phi20$mm 的孔不方便锻造，只能采用机加工成形。

（5）对复杂锻件，为减少敷料，简化模锻工艺，在可能条件下，应采用锻造—焊接或锻造—机械连接组合工艺，如图 3-41 所示。

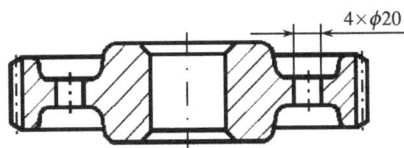

图 3-40 模锻齿轮零件

(a) 模锻件　　　(b) 焊合件

图 3-41 锻焊结构模锻零件

3.4　其他模锻方法

3.4.1　压力机模锻

用于模锻生产的压力机有摩擦压力机、平锻机、水压机、曲柄压力机等，其工艺特点的比较见表 3-13。

表 3-13　压力机上模锻方法的工艺特点比较

锻造方法	设备类型		工艺特点	应用
	结构	构造特点		
摩擦压力机上模锻	摩擦压力机	滑块行程可控，速度为 0.5～1.0m/s，带有顶料装置，机架受力，形成封闭力系，每分钟行程次数少，传动效率低	特别适合于锻造低塑性合金钢和非铁金属；简化了模具设计与制造，同时可锻造更复杂的锻件；承受偏心载荷能力差；可实现轻、重打，能进行多次锻打，还可进行弯曲、精压、切飞边、冲连皮、校正等工序	中、小型锻件的小批和中批生产
曲柄压力机上模锻	曲柄压力机	工作时，滑块行程固定，无震动，噪声小，合模准确，有顶杆装置，设备刚度好	金属在模膛中一次成形，氧化皮不易除掉，终锻前常采用预成形及预锻工步，不宜拔长、滚挤，可进行局部镦粗，锻件精度较高，模锻斜度小，生产率高，适合短轴类锻件	大批量生产
平锻机上模锻	平锻机	滑块水平运动，行程固定，具有互相垂直的两组分模面，无顶出装置，合模准确，设备刚度好	扩大了模锻适用范围，金属在模膛中一次成形，锻件精度较高，生产率高，材料利用率高，适合锻造带头的杆类和有孔的各种合金锻件，对非回转体及中心不对称的锻件较难锻造	大批量生产
水压机上模锻	水压机	行程不固定，工作速度为 0.1～0.3m/s，无震动，有顶杆装置	模锻时一次压成，不宜多膛模锻，适合于锻造镁铝合金大锻件，深孔锻件，不太适合于锻造小尺寸锻件	大批量生产

3.4.2　胎模锻

胎模是一种不固定在锻造设备上的模具，结构较简单，制造容易，如图 3-42 所示。胎模锻是在自由锻设备上用胎模生产模锻件的工艺方法，因此胎模锻兼有自由锻和模锻的特点。胎模锻适合于中、小批量生产小型多品种的锻件，特别适合于没有模锻设备的工厂。

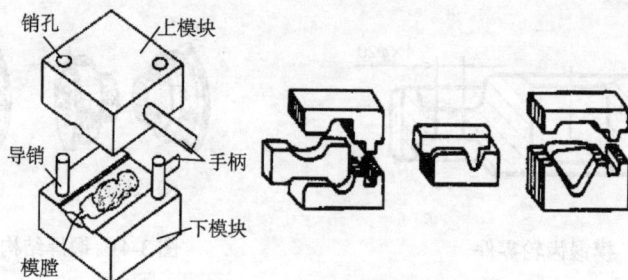

图 3-42　胎模结构示意图

图 3-43 是带有连皮和飞边的锻件采用胎模锻去除连边和飞边的工作示意图。

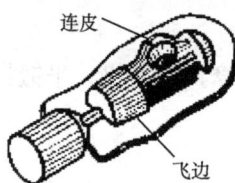

(a) 有连皮和飞边的胎模锻件

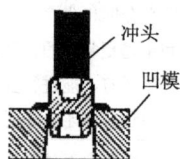

(b) 用冲头和凹模切锻件的飞边　(c) 用冲头和凹模冲锻件的连皮　(d) 锻件成品

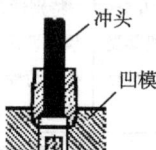

图 3-43　胎模锻工作示意图

胎模锻工艺过程包括制订工艺规程、制造胎模、备料、加热、胎模锻及后续加工工序等。在工艺规程制订中，分模面的选取可灵活一些，分模面的数量不限于一个，而且在不同工序中可选取不同的分模面，以便于制造胎模和使锻件成形。

3.5　板料冲压

板料冲压：利用冲模在压力机上使板料分离或变形，从而获得冲压件的加工方法。板料冲压的坯料厚度一般小于 4mm，通常在常温下冲压，故又称为冷冲压。

原材料：具有塑性的金属材料，如低碳钢、奥氏体不锈钢、铜或铝及其合金等，也可以是非金属材料，如胶木、云母、纤维板、皮革等。

3.5.1　板料冲压的特点

（1）冲压生产操作简单，生产率高，易于实现机械化和自动化。

（2）冲压件的尺寸精确，表面光洁，质量稳定，互换性好，一般不再进行机械加工，即可作为零件使用。

（3）金属薄板经过冲压塑性变形获得一定几何形状，并产生冷变形强化，使冲压件具有质量轻、强度高和刚性好的优点。

（4）冲模是冲压生产的主要工艺装备，其结构复杂，精度要求高，制造费用相对较高，故冲压适合在大批量生产条件下采用。

3.5.2 冲压设备

主要有剪床和冲床两大类。剪床是完成剪切工序，为冲压生产准备原料的主要设备。冲床是进行冲压加工的主要设备，按其床身结构不同，有开式和闭式两类冲床。按其传动方式不同，有机械式冲床与液压压力机两大类。图 3-44 所示为开式机械式冲床的工作原理及传动示意图。冲床的主要技术参数是以公称压力来表示的，公称压力(kN)指冲床滑块在下止点前工作位置所能承受的最大工作压力。我国常用开式冲床的规格为 63～2000kN，闭式冲床的规格为 1000～5000kN。

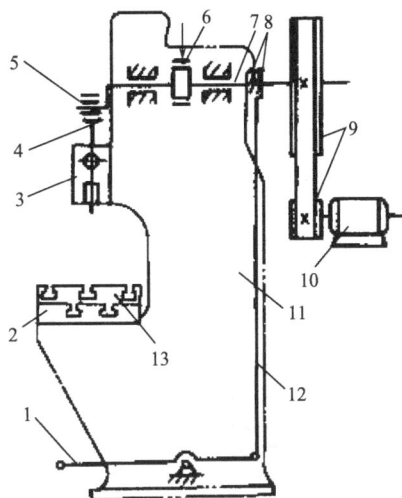

图 3-44　开式冲床

1-脚踏板；2-工作台；3-滑块；4-连杆；5-偏心套；
6-制动器；7-偏心轴；8-离合器；9-皮带轮；
10-电动机；11-床身；12-操作机构；13-垫板

3.5.3　冲压工序及冲压件结构工艺性

冲压基本工序可分为分离工序和变形工序两大类。

1. 分离工序

分离工序统称为冲裁，它是使板料的一部分与另一部分分离的加工工序。

切断：使板料按不封闭轮廓线分离的工序。

落料：从板料上冲出一定外形的零件或坯料，冲下部分是成品。

冲孔：在板料上冲出孔，冲下部分是废料。

冲孔和落料又统称为冲裁。

1）冲裁变形过程

冲裁可分为普通冲裁和精密冲裁。普通冲裁的刃口必须锋利，凸模和凹模之间留有间隙，板料的冲裁过程可分为三个阶段：弹性变形阶段、塑性变形阶段和剪裂分离阶段，如图 3-45 所示。

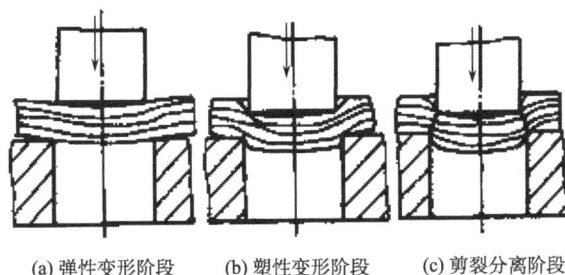

(a) 弹性变形阶段　　(b) 塑性变形阶段　　(c) 剪裂分离阶段

图 3-45　冲裁过程

板料冲裁时的应力应变十分复杂，除剪切应力应变外，还有拉伸、弯曲和挤压等应力应变。当模具间隙正常时，冲裁件的断面由圆角带、光亮带、剪裂带和毛刺四部分组成，如图 3-46 所示。如果间隙过大，会使圆角带和毛刺加大，板料的翘曲也会加大，如图 3-47(a)所示；如果冲裁间隙过小，会使冲裁力加大，不仅会降低模具寿命，还会使冲裁件的断面形成二次光亮带，在两个光面间夹有裂纹，如图 3-47(b)所示。这些都会影响冲裁件的断面质量。因此，选择合理的冲裁间隙对保证冲裁件质量，提高模具寿命，降低冲裁力都是十分重要的。

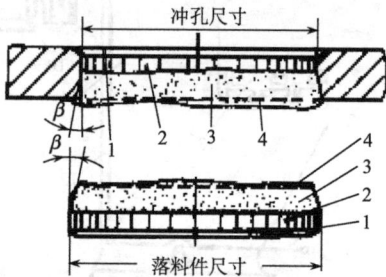

图 3-46　冲裁件断面组成部分

1-圆角带；2-光亮带；3-剪裂带；4-毛刺

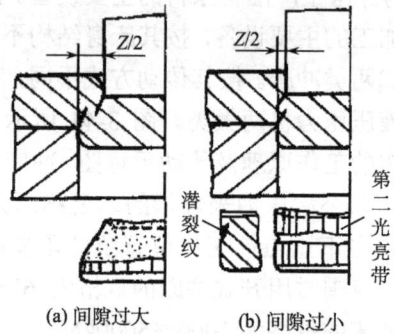

图 3-47　间隙对断面质量的影响

(a) 间隙过大　　(b) 间隙过小

2）冲裁工艺设计

冲裁件的结构工艺性分析、冲裁间隙的选择、冲裁模精度确定及刃口尺寸计算、冲裁力计算和排样设计等。

（1）冲裁间隙的选择。设计冲裁模时，可以按相关设计手册选用冲裁间隙或利用下列经验公式选择合理的间隙值：

$$Z=2Ct$$

式中，Z 为凸模与凹模间的双面间隙，mm；C 为与材料厚度、性能有关的系数，如表 3-14 所示；t 为板料厚度，mm。

表 3-14　冲裁间隙系数 C 值

材料	板厚 t/mm	
	$t \leqslant 3$	$t \geqslant 3$
软钢、纯铁	0.06～0.09	当断面质量无特别要求时，将 $t \leqslant 3$ 的相应 C 值放大 1.5 倍
铜、铝合金	0.06～0.10	
硬钢	0.08～0.12	

（2）刃口尺寸的计算原则。

① 落料时，落料尺寸由凹模决定，应以凹模为设计基准，凸模尺寸与凹模配制。冲孔尺寸由凸模决定，应以凸模为设计基准，凹模尺寸与凸模配制。凸、凹模配制时应保证冲裁的合理间隙。

② 凸、凹模应考虑模具的磨损规律，凹模磨损后会增大落料件的尺寸，因而凹模的刃口基本尺寸应接近落料件的最小极限尺寸，凸模刃口基本尺寸应趋向于孔的最大极限尺寸。

③ 当凸、凹模采用配制加工时，刃口尺寸的制造公差一般为冲裁件公差的 1/4～1/3。如果凸、凹模分别加工，其制造公差之和应小于或等于最大与最小间隙之差的绝对值，即

$$(\delta_凹 + \delta_凸) \leq | Z_{max} - Z_{min} |$$

④ 刃口尺寸计算要根据模具制造特点，冲裁件的形状简单时，其模具采用分别加工法计算，冲裁件形状复杂时，其模具用配制法计算。

(3) 冲裁力计算。冲裁力是板料冲裁时作用在凸模上的最大抗力，冲裁力计算公式为

$$F=KLt\tau \quad 或 \quad F=Lt\sigma_b$$

式中，F 为冲裁力，N；L 为冲切刃口周长，mm；t 为板料厚度，mm；τ 为板料的抗剪强度，MPa；σ_b 为板料的抗拉强度，MPa；K 为安全系数，常取 1.3。

(4) 排样设计。冲裁件在条料上的布置方法称为排样。排样设计包括选择排样方法、确定搭边值、计算送料步距和条料宽度、画排样图等。

① 排样方法可分为以下三种，如图 3-48 所示。

a. 有废料排样法。如图 3-48 (a) 所示，沿冲裁件周边都有工艺余料(称为搭边)，冲裁沿冲裁件轮廓进行，冲裁件质量和模具寿命较高，但材料利用率较低。

b. 少废料排样法。如图 3-48 (b) 所示，沿冲裁件部分周边有工艺余料。这样的排样法，冲裁沿工件部分轮廓进行，材料的利用率较有废料排样法高，但冲裁件精度有所降低。

c. 无废料排样法。如图 3-48 (c) 所示，沿冲裁件周边没有工艺余料，采用这种排样法时，冲裁件实际是由切断条料获得的，材料的利用率高，但冲裁件精度低，模具寿命不高。

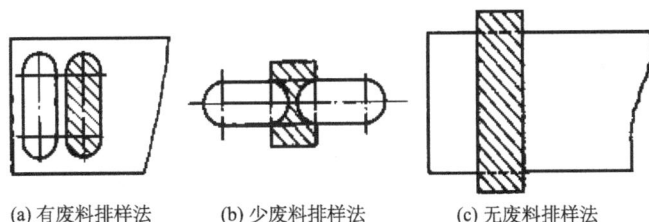

(a) 有废料排样法　　　　(b) 少废料排样法　　　　(c) 无废料排样法

图 3-48　排样方法

② 搭边是指冲裁件与冲裁件之间，冲裁件与条料两侧边之间留下的工艺余料，其作用是保证冲裁时刃口受力均匀和条料正常送进。搭边值通常由经验确定，一般在 0.5～5mm，材料越厚、越软、冲裁件的尺寸越大，形状越复杂，搭边值应越大。

③ 画排样图。排样图是排样设计的最终表达形式，是编制冲压工艺与设计模具的主要依据。一般在模具装配图的右上角画出冲裁件图与排样图。在排样图上应标注条料宽度 B 及其公差，表明冲压加工工序内容、冲压模具的压力中心位置、送料步距 A、搭边值 a 等，如图 3-49 所示。

3) 冲裁件结构工艺性

指冲裁件结构、形状、尺寸对冲裁工艺的适应性。主要包括以下几方面。

(1) 冲裁件的形状应力求简单、对称，有利于排样时合理利用材料，尽可能提高材料的利用率。

（2）冲裁件转角处应尽量避免尖角，以圆角过渡。一般在转角处应有半径 $R \geqslant 0.25t$（t 为板厚）的圆角，以减小角部模具的磨损。

（3）冲裁件应避免长槽和细长悬臂结构，对孔的最小尺寸及孔距间的最小距离等，也都有一定限制。对冲裁件的有关尺寸要求如图 3-50 所示。

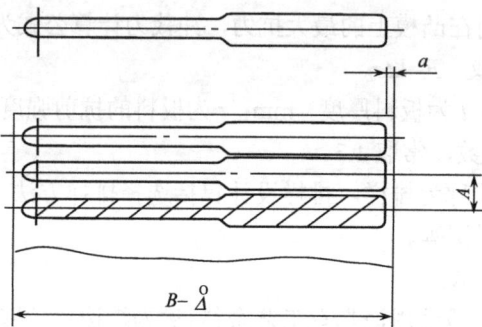

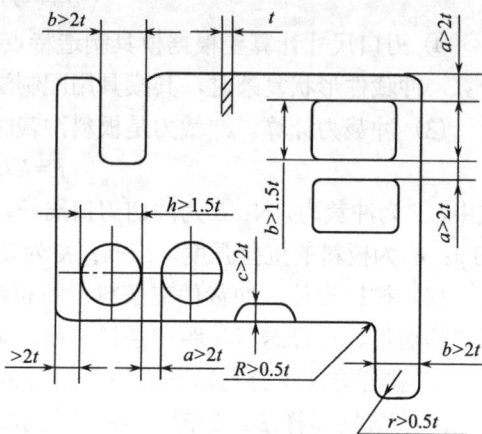

图 3-49　排样图　　　　　　　　　　图 3-50　冲裁件的有关尺寸

（4）冲裁件的尺寸精度要求应与冲压工艺相适应，其合理经济精度为 IT9～IT12，较高精度冲裁件可达到 IT8～IT10。采用整修或精密冲裁等工艺，可使冲裁件精度达到 IT6～IT7，但成本也相应提高。

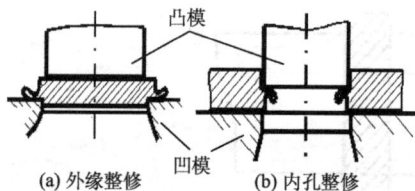

图 3-51　整修

4）整修与精密冲裁

整修是在模具上利用切削的方法，将冲裁件的边缘或内孔切去一小层金属，从而提高冲裁件断面质量与精度的加工方法，如图 3-51 所示。整修可去除普通冲裁时在断面上留下的圆角、毛刺与剪裂带等。整修余量为 0.1～0.4mm，工件尺寸精度可达 IT6～IT7。

2. 成形工序

1）弯曲工序

将金属材料弯曲成一定角度和形状的工艺方法称为弯曲，弯曲方法可分为：压弯、拉弯、折弯、滚弯等。最常见的是在压力机上压弯。弯曲变形过程如图 3-52 所示。

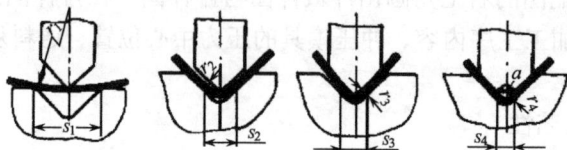

图 3-52　弯曲过程

2）弯曲件的结构工艺性

形状简单的弯曲件，如 V 形、U 形、Z 形等，只需一次弯曲就可以成形。形状复杂的弯曲件，要两次或多次弯曲成形，多次弯曲成形时，一般先弯两端的形状，后弯中间部分的形状，如图 3-53 所示。对于精度较高或特别小的弯曲件，尽可能在一付模具上完成多次弯曲成形。

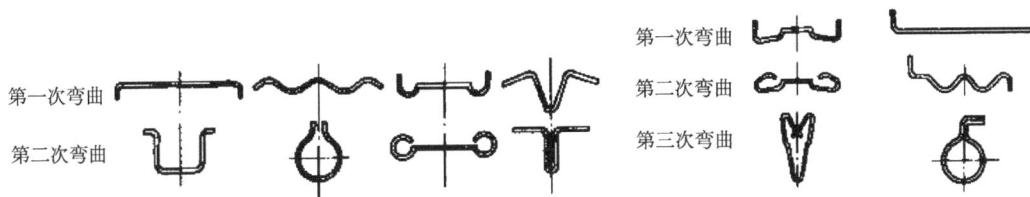

图 3-53　多次弯曲成形

设计时应考虑以下方面。

（1）弯曲件的弯曲半径不应小于最小弯曲半径，如果弯曲半径 r 小于 r_{min}，可采用减薄弯曲区厚度的方法，以加大 r_{min}/t；但弯曲半径不应也不宜过大，否则会造成回弹量过大，使弯曲件精度不易保证。如图 3-54 所示。

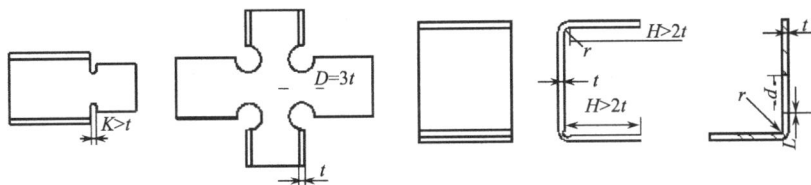

图 3-54　弯曲件结构工艺性

（2）弯曲件应尽量对称，以防止在弯曲时发生工件偏移。直边过短不易弯曲成形，应使弯曲件的直边高 $H>2t$。弯曲已冲孔的工件时，孔的位置应在变形区以外，孔与弯曲变形区的距离 $L \geqslant (1 \sim 2)t$。

（3）应尽可能沿材料纤维方向弯曲，多向弯曲时，为避免角部畸变，应先冲工艺孔或切槽。

3）拉深

拉深是使平面板料成形为中空形状零件的冲压工序。拉深工艺可分为不变薄拉深和变薄拉深两种，不变薄拉深件的壁厚与毛坯厚度基本相同，工业上应用较多，变薄拉深件的壁厚则明显小于毛坯厚度。

圆筒形不变薄拉深变形过程如图 3-55 所示，原始直径为 D_0 的板料，经过凸模压入到凹模孔口中，拉深后变成内径为 d、高度为 h 的筒形零件。

拉深过程中的主要缺陷是起皱和拉裂，如图 3-56 所示。起皱是拉深时由于较大的切向压应力使板料失稳造成的，生产中常采用加压边圈的方法予以防止。拉裂一般出现在直壁与底部的过渡圆角处，当拉应力超过材料的抗拉强度时，此处将被拉裂。

为防止拉裂，应采取如下工艺措施。

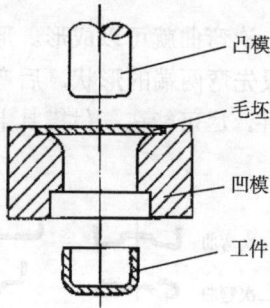

图 3-55 拉深变形过程

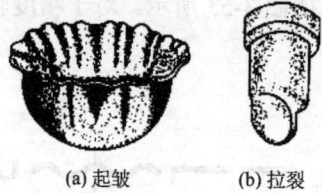

(a) 起皱　　(b) 拉裂

图 3-56 拉深件废品

(1) 限制拉深系数。拉深系数 (m) 是衡量拉深变形程度大小的主要工艺参数，它用拉深件直径 (d) 与毛坯直径 (D_0) 的比值表示，即 $m=d/D_0$。拉深系数越小，表明变形程度越大，拉深应力越大，容易产生拉裂废品。能保证拉深正常进行的最小拉深系数，称为极限拉深系数。

(2) 凹凸模工作部分，必须加工成圆角。凹模圆角半径为 $R_{凹}=(5\sim10)t$，凸模圆角为半径 $R_{凸}=(0.7\sim1)t$。

(3) 合理的凸凹模间隙。间隙过小，容易拉穿；间隙过大，容易起皱。一般凸凹模之间的单边间隙 $Z=(1.0\sim1.2)t_{max}$。

(4) 减小拉深时的阻力。压边力要合理不应过大；凸、凹模工作表面要有较小的表面粗糙度；在凹模表面涂润滑剂来减小摩擦。

深度小的工件可以一次拉深成形，深度大的工件则需两次或多次拉深，每道次的拉深系数应小于极限拉深系数。低碳钢筒形件带压边圈的极限拉深系数见表 3-15。

表 3-15　低碳钢筒形件带压边圈的极限拉深系数

拉深次数	毛坯相对厚度 t/D/%					
	2.0～1.5	1.5～1.0	1.0～0.6	0.6～0.3	0.3～0.15	0.15～0.08
第一次	0.48～0.50	0.50～0.63	0.53～0.55	0.55～`0.58	0.58～0.60	0.60～0.63
第二次	0.73～0.75	0.75～0.76	0.76～0.78	0.78～0.79	0.79～080	0.80～0.82
第三次	0.76～078	0.78～0.79	0.79～0.80	0.80～0.81	0.81～0.82	0.82～0.84
第四次	0.78～0.80	0.80～0.81	0.81～0.82	0.82～0.83	0.83～0.85	0.85～0.86
第五次	0.80～0.82	0.82～0.84	0.84～0.85	0.85～0.86	0.86～0.87	0.87～0.88

注：①表中数据也适用于软黄铜 H62。对于拉深性能偏低的 20、25、Q235、硬铝等材料，可取比表中数值大 1.5 %～2.0 %；对于拉深性能偏高的 05、08S 深拉钢及软铝等材料，可取比表中数值小 1.5 %～2.0 %

②表中数据适用于未经中间退火时的拉深。若采用中间退火，可取较表中数值小 2%～3%

③表中较小值适用于大的凹模圆角半径 $R_{凹}=(8\sim15)t$，较大值适用于小的凹模圆角半径 $R_{凹}=(4\sim8)t$

多次拉深时，若板料各道次的拉深系数分别用 m_1、m_2、$\cdots$、m_n 表示，则

$$m_1=\frac{d_1}{D_0}、\quad m_2=\frac{d_2}{D_1}、\quad \cdots、\quad m_x=\frac{d_x}{D_{x-1}}$$

工件的总拉深系数 m 为

$$m=m_1 \times m_2 \times \cdots \times m_n$$

式中，D_0 为毛坯直径，mm；d 为工件直径，mm，$t \geq 1$mm 时取中径，d_1、d_2、…、d_{n-1} 为中间各道次拉深坯的直径，最后一次拉深直径 $d_n = d$；$m_1 \sim m_n$ 为第一次至第 n 次的拉深系数。

多次拉深的圆筒直径变化如图 3-57 所示。拉深次数可根据表 3-16 数据推算，即 $d_1=m_1 D_0$、$d_2=m_2 d_1$、…、$d_n=m_n d_{n-1}$，

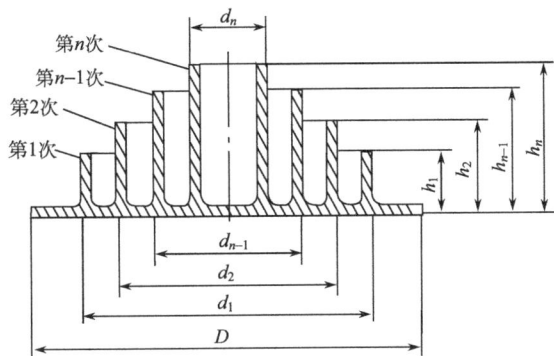

图 3-57　多次拉深圆筒直径变化

当 $d_n \leq d$ 时，n 为所求拉深次数。为提高生产效率，实际生产中，选用的拉深系数一般较表中数值略高。

拉深件的结构设计要求如图 3-58 所示，设计时主要考虑以下几个方面的问题。

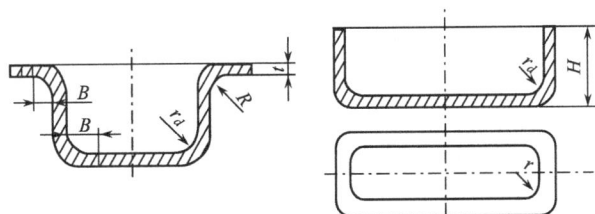

图 3-58　拉深件的尺寸要求

（1）拉深件的形状应力求简单、对称。拉深件的形状有回转体形、非回转体对称形和非对称空间形三类。其中以回转体形，尤其是直径不变的杯形件最易拉深，模具制造也方便。

（2）尽量避免直径小而深度大，否则不仅需要多副模具进行多次拉深，而且容易出现废品。

（3）拉深件的底部与侧壁，凸缘与侧壁应有足够的圆角，一般应满足 $R > r_d$，$r_d \geq 2t$，$R \geq (2 \sim 4)t$，方件 $r \geq 3t$。拉深件底部或凸缘上的孔边到侧壁的距离，应满足 $B \geq r_d+0.5t$ 或 $B \geq R+0.5t$（t 为板厚）。另外，带凸缘拉深件的凸缘尺寸要合理，不宜过大或过小，否则会造成拉深困难或导致压边圈失去作用。

（4）不要对拉深件提出过高的精度或表面质量要求。拉深件直径方向的经济精度一般为 IT9～IT10，经整形后精度可达到 IT6～IT7，拉深件的表面质量一般不超过原材料的表面质量。

此外，变形工序还有翻边、胀形、缩口等，如图 3-59 所示。这些工序是通过局部变形来实现工件成形的。

翻边：将工件上的孔或边缘翻出竖立或有一定角度的直边。

胀形：利用模具使空心件或管状件由内向外扩张的成形方法。

缩口：利用模具使空心件或管状件的口部直径缩小的局部成形工艺。

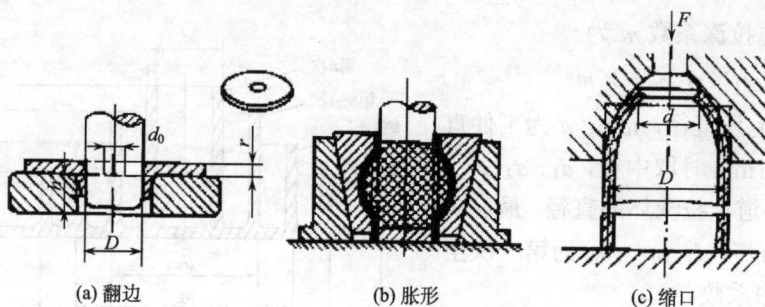

图 3-59　其他成形工序

3.5.4　冷冲压模具

常用的冷冲模按工序组合可分为简单冲模、连续冲模和复合冲模三类。

简单冲模：在一个冲压行程只完成一道工序的冲模，如图 3-60 所示。

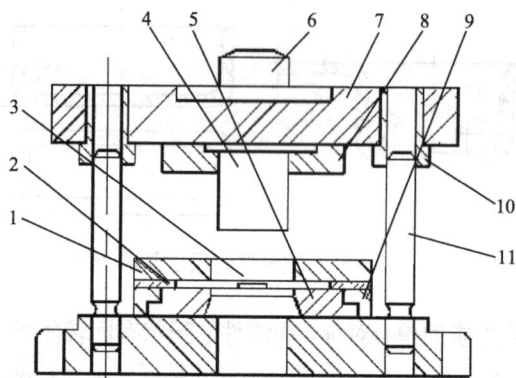

图 3-60　简单冲模

1-固定卸料板；2-导料板；3-挡料销；4-凸模；5-凹模；6-模柄；7-上模座；

8-凸模固定板；9-凹模固定板；10-导套；11-导柱

连续冲模：在一副模具上有多个工位，在一个冲压行程同时完成多道工序的冲模，如图 3-61 所示。

复合冲模：在一副模具上只有一个工位，在一个冲压行程上同时完成多道冲压工序的冲模，如图 3-62 所示。

冲压模具的组成如下。

（1）工作零件。使板料成形的零件，有凸模、凹模、凸凹模等。

（2）定位、送料零件。使条料或半成品在模具上定位、沿工作方向送进的零部件。主要有挡料销、导正销、导料销、导料板等。

（3）卸料及压料零件。防止工件变形，压住模具上的板料及将工件或废料从模具上卸下或推出的零件。主要有卸料板、顶件器、压边圈、推板、推杆等。

（4）结构零件。在模具的制造和使用中起装配、固定作用的零件，以及在使用中起导向作用的零件。主要有上、下模座，模柄，凸、凹模固定板，垫板，导柱、导套、导筒、导板螺钉、销钉等。

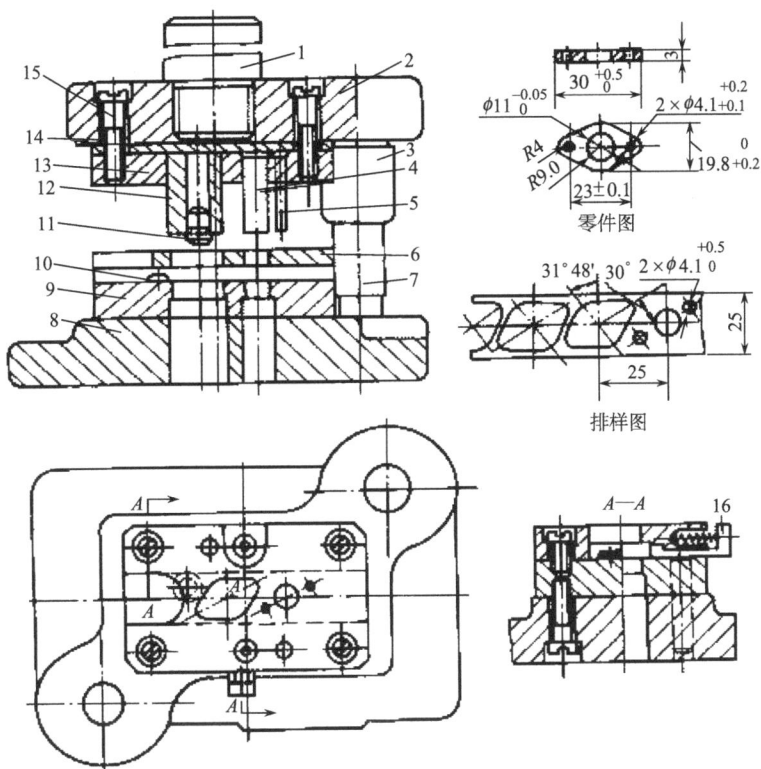

图 3-61　连续冲模

1-模柄；2-上模座；3-导套；4、5-冲孔凸模；6-固定卸料板；7-导柱；8-下模座；9-凹模；10-固定挡料销；
11-导正销；12-落料凸模；13-凸模固定板；14-垫板；15-螺钉；16-始用挡料销

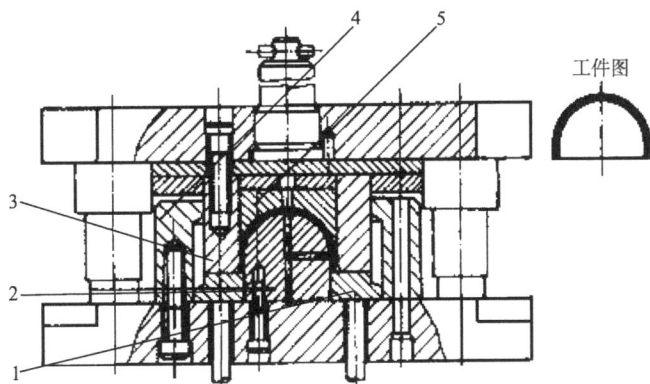

图 3-62　复合冲模

1-弹性压边圈；2-拉深凸模；3-落料、拉深凸凹模；4-落料凹模；5-顶件板

思　考　题

3-1　锻造前毛坯加热的作用是什么？

3-2　常用的加热炉有哪几种？优点和缺点分别是什么？

3-3　常见的加热缺陷是什么？对锻造过程和锻造质量的影响是什么？

3-4　拔长时，送进量的大小对拔长效率和质量有什么影响？

3-5　镦粗时为什么要控制长径比？长径比应控制在什么范围？

3-6　自由锻的设备和工具主要有哪些？

3-7　自由锻与模锻的特点各是什么？

3-8　锻造时应注意哪些安全操作事项？

3-9　模锻时如何确定分模面？

第4章 焊　　接

焊接是一种永久性连接金属材料的工艺方法。焊接的实质是利用加热或加压，或两者并用的手段，借助原子间的扩散和结合，使分离的金属牢固地连接起来。

焊接具有以下几个特点：

(1) 省工省料，构件轻便；

(2) 可以以小拼大，化大为小；

(3) 可以制造双金属结构，节省贵金属；

(4) 影响质量的因素较多，易产生缺陷，有些材料焊接性能不好。

焊接生产广泛应用于生产和日常生活，几乎所有的工业部门都需要焊接。据统计，世界上一些主要工业国家每年生产的焊接结构约占钢产量的45%。

4.1　焊　接　基　础

焊接方法的种类很多，按焊接过程的特点可以归纳为三大类。

(1) 熔焊。利用热源，将焊件接头熔化，并加入填充金属，凝固后彼此焊合在一起。常见的气焊、电弧焊属于这一类。

(2) 压焊。焊接接头受压力作用(加热或不加热)，产生塑性变形，使原子间产生结合力(组成新的晶格)而将两工件焊接起来。电阻焊是最常见的压焊。

(3) 钎焊。接头只加热不加压，焊件不熔化，钎料加热到熔化状态扩散到接头中去。例如，焊接无线电元件所用的锡焊即属于钎焊的一种。根据钎料的熔点高低，钎焊可分为两类：硬钎焊(钎料熔点在450℃以上)和软钎焊(钎料熔点在450℃以下)。

4.2　熔　　焊

4.2.1　焊条电弧焊

焊条电弧焊是利用焊条与工件之间建立起来的稳定燃烧的电弧，使焊条和工件熔化，从而获得牢固焊接接头的工艺方法，如图 4-1 所示，在焊接过程中，药皮不断地分解、熔化而生成气体及溶渣，保护焊条端部、电弧、熔池及其附近区域，防止大气对熔化金属的有害污染。焊条芯也在电弧热作用下不断熔化，进入熔池，组成焊缝的填充金属。

焊条电弧焊优点如下。

(1) 操作灵活。焊条电弧焊设备简单、移动方

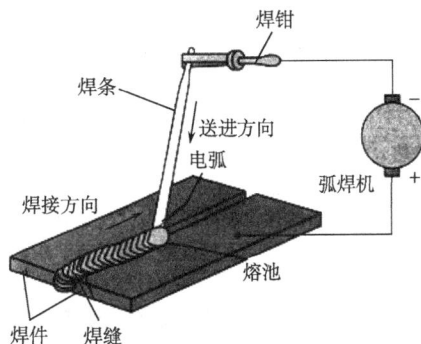

图 4-1　焊条电弧焊工作示意图

便、电缆长、焊把轻，因而广泛应用于平焊、立焊、横焊、仰焊等各种空间位置和对接、搭接、角接、T 形接头等各种接头形式的焊接。无论是在车间内，还是在野外施工现场均可采用。可以说，凡是焊条能达到的任何位置的接头，均可采用焊条电弧焊方法焊接。对于复杂结构、不规则形状的构件以及单件、非定型结构的制造，由于可以不用辅助工装、变位器、胎夹具等就可以焊接，焊条电弧焊的优越性显得尤为突出。

（2）待焊接头装配要求低。由于焊接过程由焊工手工控制，可以适时调整电弧位置和运条姿势，修正焊接参数，以保证跟踪接缝和均匀熔透。因此，对焊接接头的装配精度要求相对降低。

（3）可焊金属材料广。焊条电弧焊广泛用于低碳钢、低合金结构钢的焊接。选配相应的焊条，焊条电弧焊也常用于不锈钢、耐热钢、低温钢等合金结构钢的焊接，还可用于铸铁、铜合金、镍合金等材料的焊接，以及耐磨损、耐腐蚀等特殊使用要求的构件进行表面层堆焊。

（4）焊接生产率低。焊条电弧焊与其他电弧焊相比，由于其使用的焊接电流小，每焊完一根焊条后必须更换焊条，以及因清渣而停止焊接等，故这种焊接方法的熔敷速度慢，焊接生产率低。

（5）焊接质量受人为因素的影响大。虽然焊接接头的力学性能可以通过选择与母材力学性能相当的焊条来保证，但焊缝质量在很大程度上取决于焊工的操作技能及现场发挥，甚至焊工的精神状态也会影响焊缝质量。

（6）焊接成本较高。焊条成本高，焊接过程中焊接材料的损耗大，焊接生产率低导致焊接人工费用高。因此，焊条电弧焊与其他电弧焊（如 CO_2 气体保护焊、埋弧焊等）相比，焊接成本相对较高。

1. 焊接电弧

焊接电弧是指由焊接电源供给的，具有一定电压的两电极间或电极与焊件间，在气体介质中产生的强烈而持久的放电现象。如图 4-2 所示，当焊条的一端与焊件接触时，造成短路，产生高温，使相接触的金属很快熔化并产生金属蒸汽。当焊条迅速提起 2～4mm 时，在电场的作用下，阴极表面开始产生电子发射。这些电子在向阳极高速运动的过程中，与气体分子、金属蒸汽中的原子相互碰撞，造成介质和金属的电离。由电离产生的自由电子和负离子奔向阳极，正离子则奔向阴极。在它们运动过程中以及到达两极时不断碰撞和复合，使动能变为热能，产生了大量的光和热。其宏观表现是强烈而持久的放电现象，即电弧。

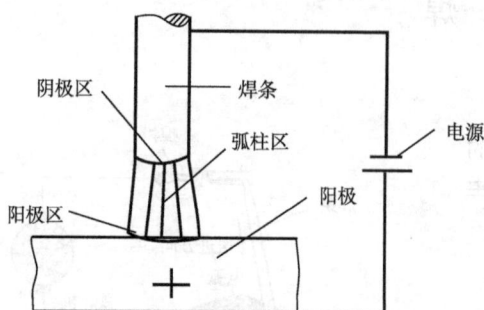

图 4-2　电弧的构造示意图

焊接电弧由阴极区、阳极区和弧柱区三部分组成。

（1）阴极区。阴极区在阴极的端部，是向外发射电子的部分。发射电子需消耗一定的能量，因此阴极区产生的热量不多，放出热量占电弧总热量的 36% 左右。

（2）阳极区。阳极区在阳极的端部，是接收电子的部分。由于阳极受电子轰击和吸入电子,获得很大能量,因此阳极区的温度和放出的热量比阴极高些,约占电弧总热量的 43%。

(3) 弧柱区。弧柱区是位于阳极区和阴极区之间的气体空间区域,长度相当于整个电弧长度。它由电子、正负离子组成,产生的热量约占电弧总热量的 21%。弧柱区的热量大部分通过对流、辐射散失到周围的空气中。

电弧中各部分的温度因电极材料不同而有所不同。如用碳钢焊条焊接碳钢焊件时,阴极区的温度约为 2400K,阳极区的温度约为 2600K,电弧中心的温度高达 5000~8000K。

由于直流电焊时,焊接电弧正、负极上热量不同,所以采用直流电源时有正接和反接之分。所谓正接是指焊条接电源负极,焊件接电源正极,此时焊件获得热量多,温度高,熔池深,易焊透,适于焊厚件。所谓反接是指焊条接电源正极,焊件接电源负极,此时焊件获得热量少,温度低,熔池浅,不易焊透,适于焊薄件。如果焊接时使用交流电焊设备,由于电弧极性瞬时交替变化,所以两极加热一样,两极温度也基本一样,不存在正接和反接的问题。

2. 焊条电弧焊电源设备

焊条电弧焊的电源设备称为弧焊机。按产生电流种类不同,弧焊机可分为交流弧焊机和直流弧焊机两大类。

交流弧焊机(图 4-3)实际上是符合焊接要求的降压变压器。它将 220V 或 380V 电源电压降到 60~80V(即焊机空载电压),从而既能满足引弧的需要,又能保证人身安全。焊接时,电压会自动下降到电弧正常工作时所需的工作电压 20~30V,满足了电弧稳定燃烧的要求。交流弧焊机的输出电流是交流电,可根据焊接的需要,将电流从几十安培调到几百安培。它具有结构简单、制造方便、成本低、节省材料、使用可靠和维修容易等优点,缺点是电弧稳定性不如直流弧焊机,对有些种类的焊条不适用。

直流弧焊机又可分为两类:直流弧焊发电机和弧焊整流器。直流弧焊发电机(图4-4)由交流电动机和直流发电机组成,电动机通过带动发电机运转,从而发出满足焊接要求的直流电。直流弧焊发电机的特点是能得到稳定的直流电。因此,引弧容易,电弧

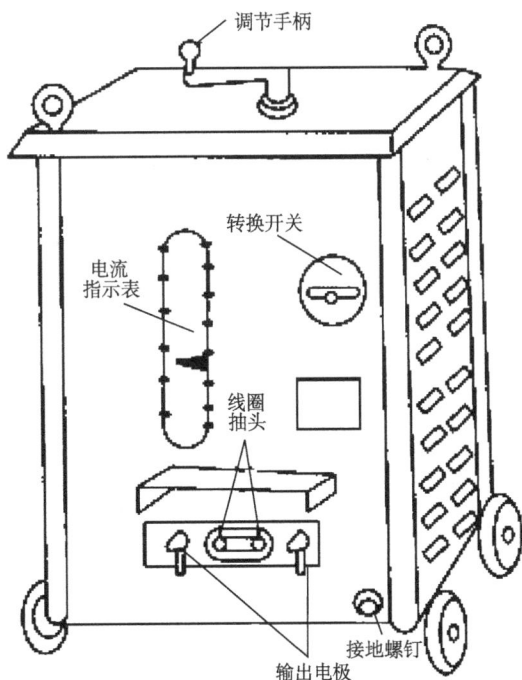

图 4-3 BX3-330 型漏磁式交流弧焊机

稳定,焊接质量好,但是构造复杂,制造和维修较困难,成本高,使用时噪声大。因此,一般只用在对电流有特殊要求的场合。弧焊整流器是通过交流电整流而获得直流电的,弥补了交流电焊机电弧稳定性不好的缺点。与直流弧焊发电机相比,它没有转动部分,因此具有噪声小、空载、耗电少、节省材料、成本低、制造与维修容易等优点。

目前,在众多工业发达的国家,弧焊整流器的数量已大大超过弧焊发电机的数量。我

国近年来在这方面也有很大进步，弧焊整流器有取代弧焊发电机的趋势。此外，新一代弧焊电源逆变式电焊机已经问世并得以推广。这种焊机的特点是：高效节能，电流适应范围宽，引弧容易，焊接电弧稳定，飞溅小，焊接工艺性能好，是现代理想的焊接设备。

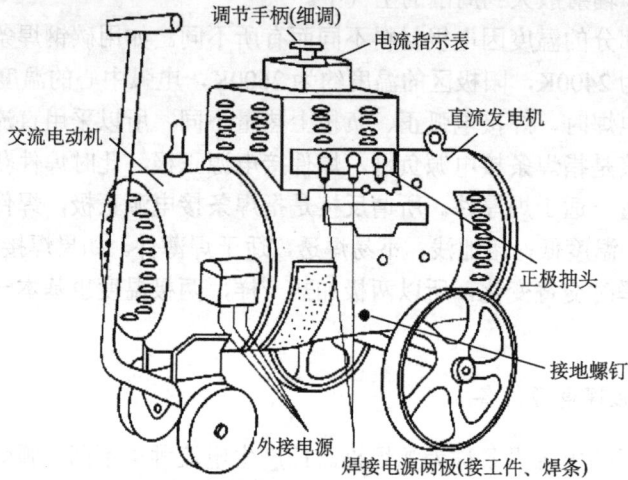

图 4-4　AX-500 直流弧焊机

3. 焊条电弧焊工具

图 4-5 所示为电弧焊常用的工具。

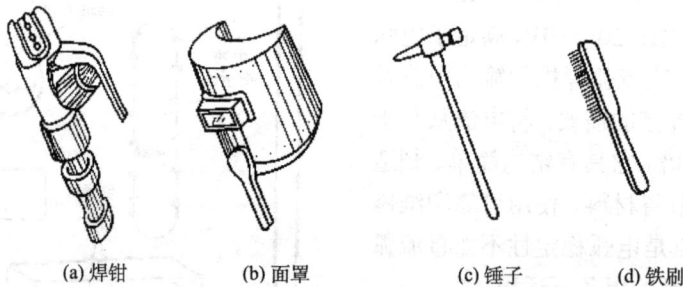

(a) 焊钳　　　　　(b) 面罩　　　　　(c) 锤子　　　　　(d) 铁刷

图 4-5　电弧焊工具

焊钳是一种夹持器，用于夹住和控制焊条，并起着从焊接电缆向焊条传导焊接电流的作用。焊钳分为各种规格，以适应各种标准焊条直径。对电焊钳的一般要求是：导电性能好，重量轻，焊条夹持稳固，换装焊条方便等。

面罩的用途是保护焊工面部不受电弧的直接辐射以及飞出的火星和飞溅物的伤害。面罩有手持式和头戴式两种，焊接时可根据实际情况选用。

焊接电缆是焊接回路的一部分，它的作用是传导电流，一般用多股紫铜软线制成，绝缘性好，必须耐磨和耐擦伤。焊接电缆可制成各种规格，焊接电缆要根据焊接所用的最大电流、焊接电路的长度等具体情况来选用。

防护服在焊接过程中往往会从电弧中飞出火花或熔滴，特别是在非平焊位置或采用非常高的焊接电流焊接时，这种飞溅就更加严重。为了避免烧伤，焊工应戴上防火手套、穿上工作服和高筒劳动鞋。

其他工具为了保证焊件的质量，在焊接前，必须将焊件表面上的油垢、锈以及一些其他杂质除掉，因此，焊工应备有钢丝刷、锤子、凿子和尖锤。

4. 焊条

在焊接过程中焊条作为电极形成电弧，并在电弧热的作用下熔化、过渡到熔池中，形成焊缝金属。因此焊条必须具备以下特点：引弧容易，稳弧性好，对熔化金属有良好的保护作用，便于形成合乎要求的焊缝。所以，它的组成不仅有作为填充金属主要来源的焊芯，而且还有作为引弧、稳弧等作用的药皮。

1）焊芯

焊条中被药皮包覆的金属芯，称为焊芯，它是组成焊缝金属的主要材料。焊芯的主要作用是导电、产生电弧和维持电弧燃烧，并作为填充金属与母材熔合成一体，组成焊缝。为了保证焊缝质量，焊芯必须由专门生产的金属丝制成，这种金属丝称为焊丝，它具有一定的直径和长度，其直径称为焊条直径，其长度即焊条长度。

焊芯通常为含碳、硫、磷较低的专用焊丝。焊丝的牌号由"焊"字汉语拼音字首"H"与一组数字及化学元素符号组成。数字与符号的意义与合金结构钢牌号中数字、符号的意义相同。表 4-1 列出了几种常用焊丝的牌号和成分。

表 4-1 几种常用焊丝的牌号和成分

牌号	$w_{Me}/\%$							用途
	C	Mn	Si	Cr	Ni	S	P	
H08A	≤0.10	0.30-0.55	≤0.03	≤0.20	≤0.30	≤0.030	≤0.030	一般焊接结构
H08E	≤0.10	0.30-0.55	≤0.03	≤0.20	≤0.30	≤0.020	≤0.020	重要焊接结构
H08MnA	≤0.10	0.80-1.10	≤0.07	≤0.20	≤0.30	≤0.030	≤0.030	埋弧焊焊丝
H10Mn2	≤0.12	1.50-1.90	≤0.07	≤0.20	≤0.30	≤0.035	≤0.035	
H08Mn2SiA	≤0.11	1.80-2.10	0.65-0.95	≤0.20	≤0.30	≤0.030	≤0.030	CO_2 焊焊丝

通过该表可看出，为保证焊缝质量，对焊芯中各金属元素用量都有严格要求，对有害杂质含量的限制尤应严格，必须保证低于被焊母材的含量。

2）药皮

药皮是指压涂在焊芯表面上的涂料层。涂料是指在焊条制造过程中由各种粉料、黏结剂等按一定比例配制的待压涂的药皮原料。焊条药皮在焊接过程中，起着极为重要的作用，它是决定焊缝金属质量的主要因素之一。药皮的主要作用是：稳弧、造气、造渣、脱氧、合金化、黏结、成型等。

焊条根据药皮中氧化物的性质分为酸性焊条和碱性焊条。所谓酸性焊条是指药皮中含有多量酸性氧化物（如 SiO_2、TiO_2 等）的焊条。E4303 焊条就是一种典型的酸性焊条。酸性焊条的特点是：电弧稳定，飞溅少，易脱渣，焊接时产生的有害气体少，但焊缝中氧化夹杂物较多，焊缝的塑性、韧性和抗裂性能较差。

所谓的碱性焊条是指药皮中含有多量碱性氧化物(如 CaO、Na_2O 等)的焊条。E5015 是一种典型的碱性焊条。碱性焊条的特点是：焊缝金属中含氢量很低，焊缝金属的力学性能和抗裂性能都比酸性焊条好，但是焊接过程中飞溅较大，焊缝表面粗糙，不易脱渣，产生较多的有毒烟尘，容易产生气孔。

一般情况下，酸性焊条的工艺性能较好，但焊缝金属的力学性能差；而碱性焊条的工艺性能稍差，但焊缝金属的力学性能较好。因此，焊接一般结构件时，常采用酸性焊条；焊接重要结构件时，常采用碱性焊条。使用酸性焊条比碱性焊条经济，在满足使用性能要求的前提下应优先选用酸性焊条。

国家标准局将焊条按化学成分划分若干大类，焊条行业统一将焊条按用途分为十类，表 4-2 列出了两种分类有关内容的对应关系。

表 4-2　两种焊条分类的对应关系

焊条按用途分类(行业标准)			焊条按成分分类(国家标准)		
类别	名称	代号	国家标准编号	名称	代号
一	结构钢焊条	J(结)	GB/T 5117—2012	碳钢焊条	
二	钼和铬钼耐热钢焊条	R(热)	GB/T 5118—2012	低合金钢焊条	E
三	低温钢焊条	W(温)			
四	不锈钢焊条	G(铬)A(奥)	GB/T 983—2012	不锈钢焊条	
五	堆焊焊条	D(堆)	GB/T 984—2001	堆焊焊条	ED
六	铸铁焊条	Z(铸)	GB/T 10044—2006	铸铁焊条	EZ
七	镍及镍合金焊条	Ni(镍)	—	—	—
八	铜及铜合金焊条	T(铜)	GB/T 3670—1995	铜及铜合金焊条	TCu
九	铝及铝合金焊条	L(铝)	GB/T 3669—2001	铝及铝合金焊条	TAl
十	特殊用途焊条	TS(特)			

5. 焊条的牌号与型号

焊条牌号：以大写拼音字母或汉字表示焊条的类别，后面跟三位数字。前两位表示焊缝金属的性能，如强度、化学成分、工作温度等；第三位数字表示焊条药皮的类型和焊接电源。焊条牌号举例如下。

J422(结 422)："J"("结")表示结构钢焊条；"42"表示熔敷金属的抗拉强度(σ_b)不低于 420MPa(43kgf/mm²)；"2"表示氧化钛钙型药皮，交流、直流电源均可使用。

Z248(铸 248)："Z"("铸")表示铸铁焊条；"2"表示熔敷金属主要化学成分的组成类型(铸铁)；"4"是牌号编号；"8"表示石墨型药皮，交流、直流电源均可使用。

焊条药皮类型及焊接电源种类，见表 4-3。

表 4-3 焊条药皮类型及焊接电源种类编号

编号	0	1	2	3	4	5	6	7	8	9
药皮类型	不规定	氧化钛型酸性	氧化钛钙型酸性	钛铁矿型酸性	氧化铁型酸性	纤维素型酸性	低氢钾型碱性	低氢钠型碱性	石墨型	盐基型
电源种类	—	交直流	交直流	交直流	交直流	交直流	交流/直流反接	直流反接	交直流	直流反接

焊条型号：国家标准代号。碳钢焊条型号见国家标准 GB/T 5117—2012，如 E4303、E5015、E5016 等，其编制方法是："E" 表示焊条，前两位数字表示熔敷金属的最小抗拉强度值（kgf/mm^2）；第三位数字表示焊条使用的焊接位置："0" "1" 均表示适用于全位置焊接，"2" 表示适用于平焊和平角焊，"4" 表示适用于向下立焊；第三、第四位数字组合表示焊接电流的种类和焊条药皮类型。

6. 焊条的选用

焊条的选用主要考虑焊缝的使用性能和施焊的工艺性能，其选用原则主要有以下几点。

（1）根据被焊金属材料的类型，选择相应焊条种类的大类。如焊接母材为普通低合金钢时，选用结构钢类型的焊条。

（2）根据被焊母材的性能，选用与其性能相同的焊条，或选用熔敷金属与母材化学成分类型相同的焊条，以保证焊缝与母材性能相同。

（3）选择焊条时还要考虑工艺方面，主要是操作方便，易获得优良的焊缝。

（4）从价格考虑，在满足性能及施工要求的前提下，尽量选用熔敷效率高、价格低的焊条，从而提高生产率，降低成本。

此外，为了保证焊缝质量，在焊接过程中，必须采取一些有效措施。

（1）焊前必须对焊件进行清理。

（2）在焊接过程中必须对熔池进行机械保护，即利用熔渣、保护气体等机械把熔池与空气隔开。

（3）在焊接过程中必须对熔池进行冶金处理，即向熔池中添加合金元素，以便改善和保证焊缝金属的化学成分和组织。

4.2.2 电弧焊焊接

1. 焊接冶金过程

电弧焊过程中，液态金属、熔渣和气体三者相互作用，是金属的再冶炼过程。但由于焊接条件的特殊性，焊接化学冶金过程又有着与一般冶炼过程不同的特点。

首先，焊接冶金温度高，相界大，反应速度快，当电弧中有空气侵入时，液态金属会发生强烈的氧化、氮化反应，还有大量金属蒸发，而空气中的水分以及工件和焊接材料中的油、锈、水在电弧高温下分解出的氢原子可溶入液态金属中，导致接头塑性和韧度降低（氢脆），以至产生裂纹。

其次，焊接熔池小，冷却快，使各种冶金反应难以达到平衡状态，焊缝中化学成分不均匀，且熔池中气体、氧化物等来不及浮出，容易形成气孔、夹渣等缺陷，甚至产生裂纹。

为了保证焊缝的质量，在电弧焊过程中通常会采取以下措施。

（1）在焊接过程中，对熔化金属进行机械保护，使之与空气隔开。保护方式有三种：气体保护、熔渣保护和气–渣联合保护。

（2）对焊接熔池进行冶金处理，主要通过在焊接材料(焊条药皮、焊丝、焊剂)中加入一定量的脱氧剂(主要是锰铁和硅铁)和一定量的合金元素，在焊接过程中排除熔池中的FeO，同时补偿合金元素的烧损。

2. 焊接接头的组织和性能

焊接接头由焊缝金属、熔合区和焊接热影响区组成。

1）焊缝金属的组织和性能

焊缝金属是由母材和焊条(丝)熔化形成的熔池冷却结晶而成的。焊缝金属在结晶时，是以熔池和母材金属的交界处的半熔化金属晶粒为晶核，沿着垂直于散热面方向反向生长为柱状晶，最后这些柱状晶在焊缝中心相接触而停止生长。由于焊缝组织是铸态组织，故晶粒粗大、成分偏析，组织不致密。但由于焊丝本身的杂质含量低及合金化作用，使焊缝化学成分优于母材，所以焊缝金属的力学性能一般不低于母材。

2）熔合区和热影响区的组织和性能

（1）熔合区。温度处于液相线与固相线之间，是焊缝金属到母材金属的过渡区域，宽度只有0.1～0.4mm。焊接时，该区内液态金属与未熔化的母材金属共存，冷却后，其组织为部分铸态组织和部分过热组织，化学成分和组织极不均匀，是焊接接头中力学性能最差的薄弱部位。如图4-6所示。

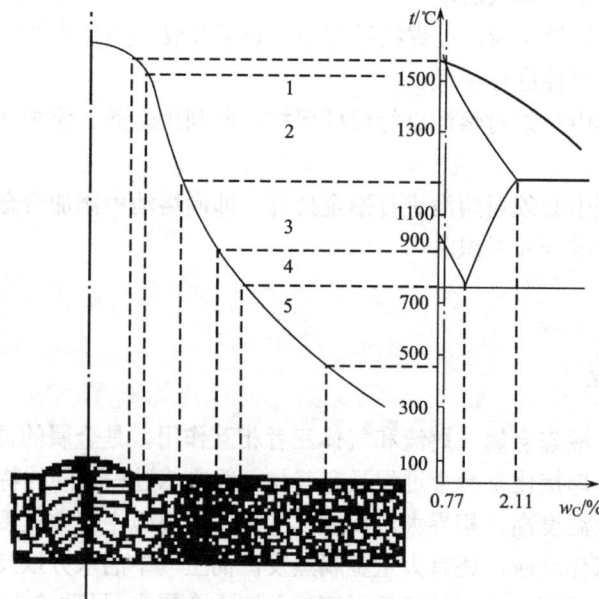

图4-6　低碳钢焊接接头温度分布与组织变化

1-熔合区；2-过热区；3-正火区；4-不完全重结晶区；5-再结晶区

（2）过热区。温度在固相线至 1100℃之间，宽度为 1~3mm。焊接时，该区域内奥氏体晶粒严重长大，冷却后得到晶粒粗大的过热组织，塑性和韧度明显下降。

（3）正火区。温度在 1100℃~Ac3，宽度为 1.2~4.0mm。焊后空冷使该区内的金属相当于进行了正火处理，故其组织为均匀而细小的铁素体和珠光体，力学性能优于母材。

（4）不完全重结晶区。也称部分正火区，加热温度在 Ac3~Ac1。焊接时，只有部分组织转变为奥氏体；冷却后获得细小的铁素体和珠光体，其余部分仍为原始组织，因此晶粒大小不均匀，力学性能也较差。

（5）再结晶区。温度在 Ac1~450℃。只有焊接前经过冷塑性变形(如冷轧、冷冲压等)的母材金属，才会在焊接过程中出现再结晶现象。该区域金属的力学性能变化不大，只是塑性有所增加。如果焊前未经冷塑性变形，则热影响区中就没有再结晶区。

一般焊接热影响区宽度越小，焊接接头的力学性能越好。影响热影响区宽度的因素有加热的最高温度、相变温度以上的停留时间等。如果焊件大小、厚度、材料、接头形式一定，焊接方法的影响也是很大的，表 4-4 将电弧焊与其他熔焊方法的热影响区作了比较。

表 4-4　焊接低碳钢时热影响区的平均尺寸　　　　　　　　（单位：mm）

焊接方法	各区平均尺寸			总宽度
	过热区	正火区	部分正火区	
手工电弧焊	2.2~3.0	1.5~2.5	2.2~3.0	5.9~8.5
埋弧焊	0.8~1.2	0.8~1.7	0.7~1.0	2.3~3.9
电渣焊	18~20	5.0~7.0	2.0~3.0	25~30
气焊	21	4.0	2.0	27
电子束焊	—	—	—	0.05~0.75

3）改善焊接接头组织和性能的措施

由于按等强度原则选择焊条，所以焊缝金属的强度一般不低于母材，其韧度也接近母材，只有塑性略有降低，而焊接接头上塑性和韧度最低的区域在熔合区和过热区，这主要是由于粗大的过热组织所造成的。又由于在这两个区域，拉应力最大，所以它们是焊接接头中最薄弱的部位，往往成为裂纹发源地。

对于低碳钢，采用细焊丝、小电流、高焊速，使热影响区的冷却速度适当，可提高接头韧度，减轻接头脆化；对于易淬硬钢，在不出现硬脆马氏体的前提下适当提高冷却速度，可以细化晶粒，有利于改善接头性能。

采用多层焊。利用后层对前层的回火作用，使前层的组织和性能得到改善。

进行焊后热处理。焊后进行退火或正火处理可以细化晶粒，改善焊接接头的力学性能。

3. 焊接应力与变形

焊接应力和变形的存在会降低结构的使用性能，引起结构形状和尺寸的改变，影响结构精度，甚至会引起焊接裂纹，造成事故，还会影响焊后机械加工的精度。减小焊接应力和变形，可以改善焊接质量，大大提高焊接结构的承载能力。

1) 焊接应力和变形产生的原因

原因：焊接过程中对焊件的不均匀加热和冷却。焊接应力和变形的形成过程如图 4-7 所示。

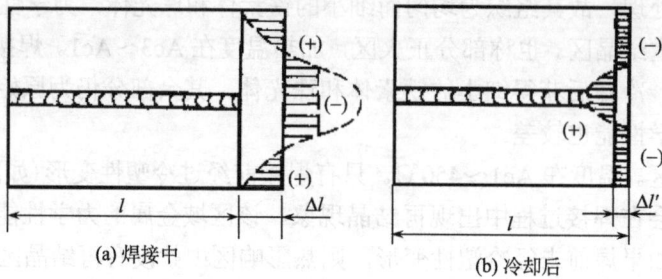

(a) 焊接中 (b) 冷却后

图 4-7 低碳钢平板对接焊时应力和变形的形成

如图 4-7(a)所示，图中虚线表示接头横截面的温度分布，也表示金属若能自由膨胀的伸长量分布。实际上接头是个整体，无法进行自由膨胀，平板只能在宽度方向上整体伸长 Δl，造成焊缝及邻近区域的伸长受到远离焊缝区域的限制而产生压应力，而远离焊缝区的部位则产生拉应力，当焊缝及邻近区域的压应力超过材料的屈服点时，便会产生压缩的塑性变形，塑性变形量为图 4-7(a)中虚线包围的空白部分。焊后冷却时，金属若能自由收缩，由于焊缝及邻近区域高温时已产生的压缩塑性变形会保留下来，不能再恢复，故会缩至图 4-7(b)中的虚线位置，两侧则恢复到焊接前的原长，但这种自由收缩同样无法实现，由于整体作用，平板的端面将共同缩短至比原始长度短 $\Delta l'$ 的位置，这样焊缝及邻近区域受拉应力作用，而其两侧受到压应力作用。

平板对焊后的应力：焊缝区产生拉应力，两侧产生压应力，平板整体缩短了 $\Delta l'$。这种室温下保留在结构中的焊接应力和变形，称为焊接残余应力和变形。

焊接应力和变形是同时存在的，当母材塑性较好且结构刚度较小时，焊接结构在焊接应力的作用下会产生较大的变形而残余应力较小。反之则变形较小而残余应力较大。

在焊接结构内部拉应力和压应力总是保持平衡的，当平衡被破坏时(如车削加工)，则结构内部的应力会重新分布，变形的情况也会发生变化，使得预想的加工精度不能实现。

焊接变形的本质是焊缝区的压缩塑性变形，而焊件因焊接接头形式、焊接位置、钢板厚度、装配焊接顺序等因素的不同，会产生各种不同形式的变形。常见焊接变形的基本形式大致上有五种，见表 4-5。

表 4-5 常见焊接变形的基本形式

变形形式	示意图	产生原因
收缩变形	纵向收缩 横向收缩	由焊接后焊缝的纵向(沿焊缝长度方向)和横向(沿焊缝宽度方向)收缩引起

续表

变形形式	示意图	产生原因
角变形		由于焊缝横截面形状上下不对称、焊缝横向收缩不均引起
弯曲变形		T形梁焊接时，焊缝布置不对称，由焊缝纵向收缩引起
扭曲变形		工字梁焊接时，由于焊接顺序和焊接方向不合理引起结构上出现扭曲
波浪变形		薄板焊接时，焊接应力使薄板局部失稳而引起

2) 预防和减小焊接应力和变形的工艺措施

(1) 焊前预热。预热的目的是减小焊件上各部分的温差，降低焊缝区的冷却速度，从而减小焊接应力和变形，预热温度一般为 400℃以下。

(2) 选择合理的焊接顺序。

① 尽量使焊缝能自由收缩，这样产生的残余应力较小。图 4-8 为一大型容器底板的焊接顺序，若先焊纵横向焊缝 3，再焊横向焊缝 1 和 2，则焊缝 1 和 2 在横向和纵向的收缩都会受到阻碍，焊接应力增大，焊缝交叉处和焊缝上都极易产生裂纹。

② 采用分散对称焊工艺，长焊缝尽可能采用分段退焊或跳焊的方法进行焊接，这样加热时间短、温度低且分布均匀，可减小焊接应力和变形，如图 4-9 和图 4-10 所示。

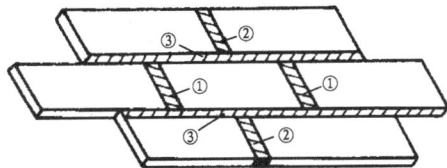

图 4-8 大型容器底板的拼焊顺序

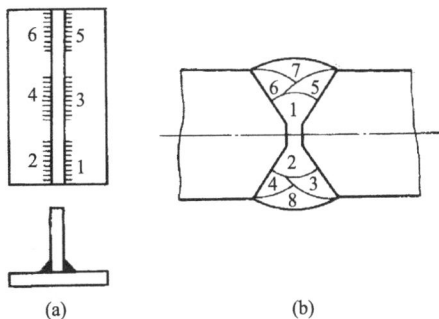

(a)　　　　　　(b)

图 4-9 分散对称的焊接顺序

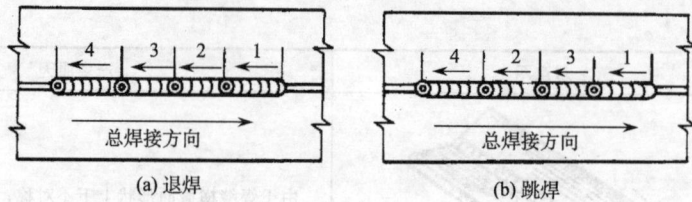

图 4-10 长焊缝的分段焊

(3) 加热减应区。铸铁补焊时，在补焊前可对铸件上的适当部位进行加热，以减少焊接时对焊接部位伸长的约束，焊后冷却时，加热部位与焊接处一起收缩，从而减小焊接应力。被加热的部位称为减应区，这种方法叫做加热减应区法，如图 4-11 所示。利用这个原理也可以焊接一些刚度比较大的焊缝。

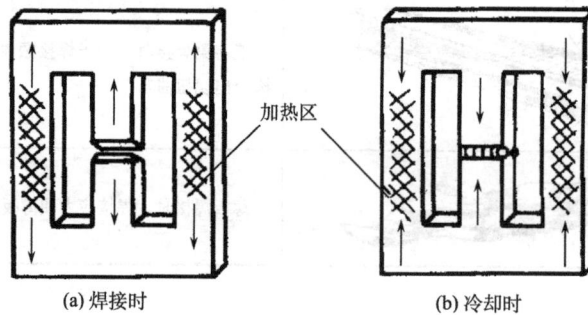

图 4-11 加热减应区法

(4) 反变形法。焊接前预测焊接变形量和变形方向，在焊前组装时将被焊工件向焊接变形相反的方向进行人为的变形，以达到抵消焊接变形的目的，如图 4-12 所示。

(5) 刚性固定法。利用夹具、胎具等强制手段，以外力固定被焊工件来减小焊接变形，如图 4-13 所示。该法能有效地减小焊接变形，但会产生较大的焊接应力，所以一般只用于塑性较好的低碳钢结构。

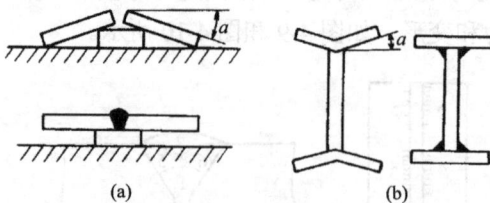

图 4-12 反变形法

图 4-13 刚性固定法

对于一些大型的或结构较为复杂的焊件，也可以先组装后焊接，即先将焊件用点焊或分段焊定位后，再进行焊接。这样可以利用焊件整体结构之间的相互约束来减小焊接变形。但这样做也会产生较大的焊接应力。

3) 消除焊接应力和矫正焊接变形的方法

(1) 消除焊接应力的方法。

① 锤击焊缝。焊后用圆头小锤对红热状态下的焊缝进行锤击，可以延展焊缝，从而使焊接应力得到一定的释放。

② 焊后热处理。焊后对焊件进行去应力退火，对于消除焊接应力具有良好效果。碳钢或低合金结构钢焊件整体加热到 580～680℃，保温一定时间后，空冷或随炉冷却，一般可消除 80%～90% 的残余应力。对于大型焊件，可采用局部高温退火来降低应力峰值。

③ 机械拉伸法。对焊件进行加载，使焊缝区产生微量塑性拉伸，可以使残余应力降低。例如，压力容器在进行水压试验时，将试验压力加到工作压力的 1.2～1.5 倍，这时焊缝区发生微量塑性变形，应力被释放。

(2) 矫正焊接变形的措施。

① 机械矫正。利用机械力产生塑性变形来矫正焊接变形，如图 4-14 所示。这种方法适用于塑性较好、厚度不大的焊件。

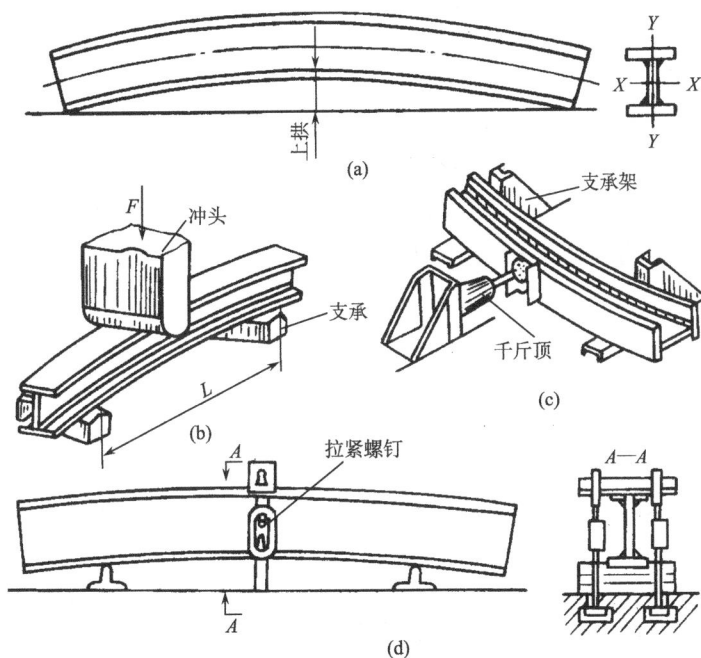

图 4-14 工字梁弯曲变形的机械矫正

② 火焰矫正。利用金属局部受热后的冷却收缩来抵消已发生的焊接变形。这种方法主要用于低碳钢和低淬硬倾向的低合金钢。火焰矫正一般采用气焊焊炬，不需专门设备，其效果主要取决于火焰加热的位置和加热温度。加热温度范围通常在 600～800℃。图 4-15 为 T 形梁上拱变形的火焰矫正方法。

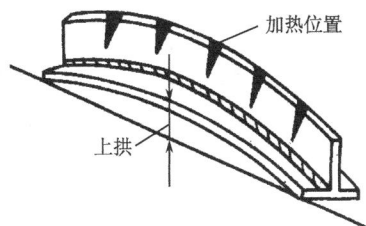

图 4-15 T 形梁变形的火焰矫正

4) 其他焊接缺陷

焊接缺陷将使焊接接头的金属性能变坏。焊接缺陷可分为外部缺陷与内部缺陷两大类。外部缺陷可用肉眼或简单测量方法检查出来；内部缺陷是用眼检查不出来的缺陷。

（1）外部缺陷。

① 焊缝外形尺寸不符合要求。表现为焊缝表面高低不平，焊波粗劣；焊道宽度不均匀，焊缝时宽时窄；焊缝的加强过高或过低；焊缝成形不良。主要原因是：焊接坡口角度不当或装配间隙不均匀；焊接电流过大过小；焊条角度不合适及运条速度不均匀等。

② 焊瘤。在焊接过程中，熔化金属流敷在未熔化的母材上，或凝固在焊缝上所形成的金属瘤称为焊瘤，也称满溢。主要原因是焊接电源波动太大，电弧过长，焊速太慢，焊件装配间隙太大，运条不当，操作不熟练等。

③ 咬边。焊接过程中在焊缝边缘产生沟槽或凹陷称为咬边，也称咬肉。主要原因是：平焊时，焊接电流过大，电弧过长或运条速度不合适；角焊时，焊条角度或电弧不当。

④ 弧坑。在焊缝末端或焊缝接头处，低于母材表面的局部凹坑称为弧坑。它不仅使该处焊缝的强度严重减弱，而且弧坑内易产生气孔、夹渣或微小裂纹。在焊接过程中，熔化金属自坡口背面流出形成穿孔的缺陷。主要原因是焊接电流过大、焊接速度过慢和焊件间隙过大。

⑤ 表面气孔。它是由于焊缝液体金属中熔解的气体在冷却和结晶时来不及析出而残留下来形成的空穴。表面气孔破坏焊缝金属的连续性，降低了结构的密封性。

⑥ 表面裂纹。它是焊接裂纹的一种，是由于焊接接头表面局部地区的结合遭受破坏而形成的。它具有尖锐的缺陷，长宽比较大，在焊件工作中会扩大，甚至可使结构突然断裂，是接头中最危险的缺陷，一般不允许存在。

（2）内部缺陷。

① 未熔合。焊道与母材之间或焊道之间未完全熔化结合的部分。主要原因是层道清渣不干净，焊接电流太小，焊条偏心，焊条摆动幅度太窄等。

② 未焊透。焊接时接头的根部未完全熔透的现象称为未焊透。主要原因是：焊接电流太小，焊接速度太快，坡口角度太小，钝边太大，间隙太小，焊条角度不当，焊件有厚的锈皮和熔渣等。

③ 夹渣。焊后残留在焊缝中的熔渣称为夹渣。主要原因是：接头边缘未清理干净，坡口太小，焊条直径太粗，焊接电流过小，焊条角度和运条方法不当，焊缝冷却速度过快熔渣来不及上浮等。图 4-16 是熔焊常见的焊接缺陷。

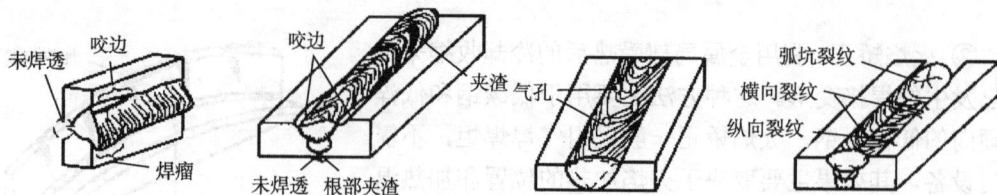

图 4-16 熔焊常见的焊接缺陷

（3）微观裂纹。在显微镜下才能观察到的裂纹称为微观裂纹。它比表面裂纹具有更大危险性，必须充分重视。

4.2.3 其他焊接方法

1. 埋弧焊

埋弧焊是通过在焊缝处堆放焊剂→焊丝送入电弧区→选定的弧长→电弧燃烧→焊机带动焊丝匀速前移(或工件匀速运动)的原理实现焊接的,如图 4-17 所示。

电弧燃烧后,工件与焊丝被熔化成较大体积(可达 $20cm^3$)的熔池。由于电弧向前移动,熔池金属被电弧气体排挤向后堆积形成焊缝。电弧周围的颗粒状焊剂被熔化成熔渣,与熔池金属产生物理化学作用。部分焊剂被蒸发,生成的气体将电弧周围的熔渣排开,形成熔渣泡。熔渣泡可使熔化的金属与空气隔离,并能防止熔滴外溅,减少电弧热能损失,阻止弧光四射。

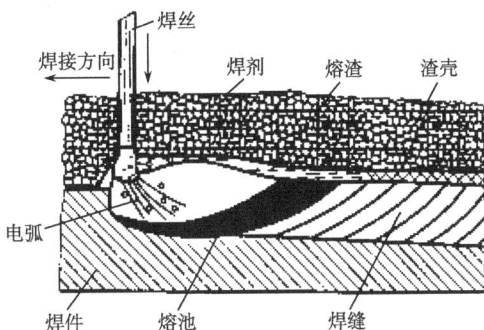

图 4-17 埋弧焊原理

埋弧焊具有以下优点。

(1) 生产效率高。焊接电流可达 1000A 以上(是焊条电弧焊的 6~8 倍),焊接速度快。生产率提高 5~10 倍(不必更换焊条头)。

(2) 焊接质量好且稳定。焊剂供给充足,电弧区保护严密。熔池保持液态时间长,冶金过程比较充分,气体及杂质易于浮出。焊接参数可自动控制调整。

(3) 节省金属材料。埋弧焊热量集中,焊件熔深较大,可以不开坡口或开小坡口,减少了焊丝的填充量,节省因开坡口而消耗掉的焊件材料。金属飞溅小,无焊条头。

(4) 改善了劳动条件。看不到弧光,烟雾也少,可自动控制。

埋弧焊的工艺如下。

(1) 工件的下料仔细,准备坡口和装配(点焊固定)。

(2) 在焊缝两侧 50~60mm,去除油污、铁锈。

(3) 工件厚度 $S<20~25mm$ 时单面焊,$S>20~25mm$ 时双面焊(或开坡口单面焊接)。

(4) 焊接前在焊缝两端焊上引弧板与引出板(保证引弧处和断弧处质量)。

(5) 为防止烧穿和保持焊剂,焊接第一条焊道时,在焊缝下面放置焊剂垫和垫板。

(6) 大直径(>250mm)筒体环焊缝时,为防止熔池金属流失,焊丝位置应逆旋转方向偏离焊件中心线一定距离,距离的大小视筒体直径与焊接速度等而定。

2. 二氧化碳(CO_2)气体保护焊

二氧化碳(CO_2)气体保护焊是利用 CO_2 作为保护气体的电弧焊。

如图 4-18 所示,焊丝经软导管后由导电嘴送出,CO_2 气体从焊炬喷嘴中以一定流量喷出。电弧

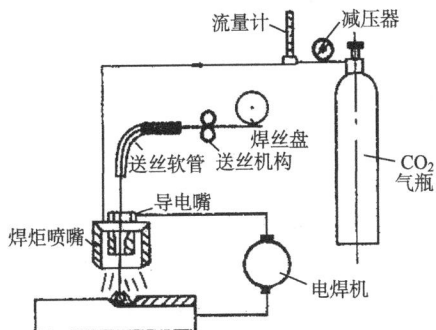

图 4-18 CO_2 气体保护焊

引燃后，焊丝端部与熔池被 CO_2 气体所包围，因此可防止空气对高温金属的侵害。

CO_2 气体保护焊具有以下优点。

(1) 成本低。仅是埋弧焊和焊条电弧焊的 40%左右。

(2) 生产率高。比焊条电弧焊提高 1~4 倍，没有渣壳，焊丝自动送入。

(3) 操作性能好。明弧焊接，方便操作，适合于各种位置的焊接。

(4) 焊接质量较好。热量集中，热影响区较小，变形和产生裂纹的倾向性小。

CO_2 气体保护焊的缺点是：CO_2 气体有氧化作用，应使用含锰、硅较高的焊丝或含有相应合金元素的合金焊丝。熔滴飞溅较为严重，焊缝外形不够光滑，容易产生气孔。

CO_2 气体保护焊广泛应用于造船、机车车辆、汽车、农业机械等领域，适合于 30mm以下厚度的低碳钢和部分低合金结构钢焊接。

3. 氩弧焊

按电极材料的不同，气体保护电弧焊可分为两大类。

第一类：非熔化极气体保护焊，通常用钨棒或钨合金棒作电极，以惰性气体(氩气或氦气)作保护气体，焊缝填充金属(即焊丝)根据情况另外添加，其中应用较广的是氩气为保护气的钨极氩弧焊。

第二类：熔化极气体保护焊，以焊丝作为电极，根据采用的保护气不同，可分为熔化极惰性气体保护焊、熔化极活性气体保护焊和 CO_2 气体保护焊。

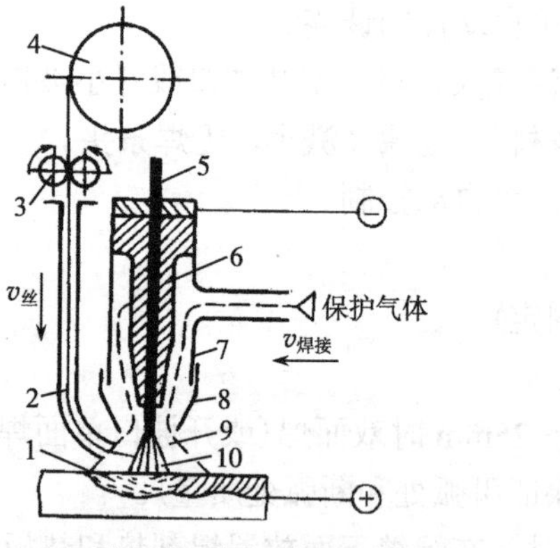

图 4-19 钨极氩弧焊示意图(自动焊)

1-熔池；2-焊丝；3-送丝滚轮；4-焊丝盘；5-钨极；

6-导电嘴；7-焊炬；8-喷嘴；9-保护气体；10-电弧

1) 非熔化极氩弧焊

高熔点的钍钨棒或铈钨棒作电极，钨的熔点高达 3410℃，焊接时钨棒基本不熔化，只是作为电极起导电作用，填充金属需另外添加。在焊接过程中，氩气通过喷嘴进入电弧区将电极、焊件、焊丝端部与空气隔绝开。钨极氩弧焊的焊接过程如图 4-19所示，其焊接方式有手工焊和自动焊两种，它们的主要区别在于电弧移动和送丝方式，前者为手工完成，后者由机械自动完成。

优点：

(1) 采用纯氩气保护，焊缝金属纯净，特别适合于非铁合金、不锈钢、钛及钛合金等材料的焊接。

(2) 焊接过程稳定，所有焊接参数都能精确控制，明弧操作，易实现机械化、自动化。

(3) 焊缝成形好，特别适合 3mm 以下的薄板焊接、全位置焊接和不用衬垫的单面焊双面成形。

缺点：钨极的载流能力有限，为了减少钨极的烧损，焊接电流不宜过大，所以钨极氩弧焊通常只适用于 0.5~6mm 的薄板。

应用：适用于易氧化的非铁合金、不锈钢、高温合金、钛及钛合金以及难熔的活性金属(钼、铌、锆)等材料的薄壁结构的焊接和钢结构的打底焊。

2）熔化极氩弧焊

采用焊丝作电极并兼作填充金属，焊丝在送丝滚轮的输送下，进入到导电嘴，与焊件之间产生电弧，并不断熔化，形成很细小的熔滴，以喷射形式进入熔池，与熔化的母材一起形成焊缝，如图 4-20 所示。熔化极氩弧焊的焊接方式有半自动焊和自动焊两种。

优点：熔化极氩弧焊均采用直流反接，提高电弧的稳定性，没有电极烧损问题，焊接电流的范围大大增加，可以焊接中厚板。

应用：熔化极氩弧焊主要用于焊接高合金钢、化学性质活泼的金属及合金，如铝及铝合金、铜及铜合金、钛、锆及其合金等。

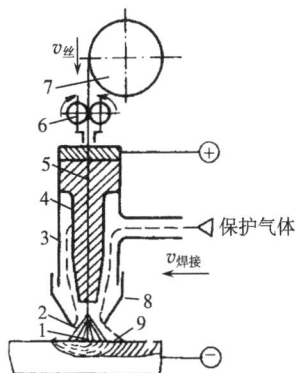

图 4-20　熔化极氩弧焊示意图（自动焊）

1-焊接电弧；2-保护气体；3-焊炬；4-导电嘴；
5-焊丝；6-送丝滚轮；7-焊丝盘；8-喷嘴；9-熔池

4. 气焊

利用可燃气体（乙炔、液化石油气等）在氧气中燃烧时所产生的热量，将母材焊接处熔化而实现连接的一种熔焊方法。以乙炔为例，其在氧气中燃烧时的火焰温度可达 3200℃。

氧乙炔火焰有以下三种。

(1) 中性焰。氧气与乙炔体积混合比为 1～1.2，乙炔充分燃烧，适合焊接碳钢和非铁合金。

(2) 碳性焰。氧气和乙炔体积混合比小于 1，乙炔过剩，适用于焊接高碳钢、铸铁和高速钢。

(3) 氧化焰。氧气与乙炔体积混合比大于 1.2，氧气过剩，适用于黄铜和青铜的钎焊。

优点：无需电源，设备简单，费用低，移动方便，通用性强，在无电源场合和野外工作时有实用价值。

缺点：气焊火焰温度低，加热速度慢，加热区域宽，焊接热影响区宽，焊接变形大，且焊接过程中，熔化金属受到的保护差，焊接质量不易保证，因而其应用已很少。

应用：主要用于薄钢板（厚度 0.5～3mm）、铜及铜合金的焊接和铸铁的补焊。

4.3　压　焊

4.3.1　电阻焊

利用电流通过焊件在其接触断面产生的电阻热，将连接处加热到塑性状态或局部熔化状态，再施加压力形成接头的焊接方法。电阻焊通常分为点焊、缝焊和对焊三种，对焊又可分为电阻对焊和闪光对焊，如图 4-21 所示。

1. 点焊

工件搭接后放在柱状电极间，通电加压，由于两工件接触面处电阻较大，通电后迅速加热并局部熔化形成熔核，熔核周围为塑性状态，然后在压力的作用下熔核结晶形成焊点。

焊接第二点时，电流会流经已焊好的焊点，这种现象称为点焊的分流现象。分流使焊接区电流减小，电阻热减少，焊件厚度越大、材料导电性越好，分流越大，对焊点质量影响越大。在实际生产中对不同厚度的各种材料焊点最小间距有一定的规定。如图 4-21（a）所示，点焊属搭接电阻焊，其接头形式如图 4-22 所示，主要用于 4mm 以下的薄板冲压壳体结构及钢筋结构的焊接，尤其是汽车和飞机制造。

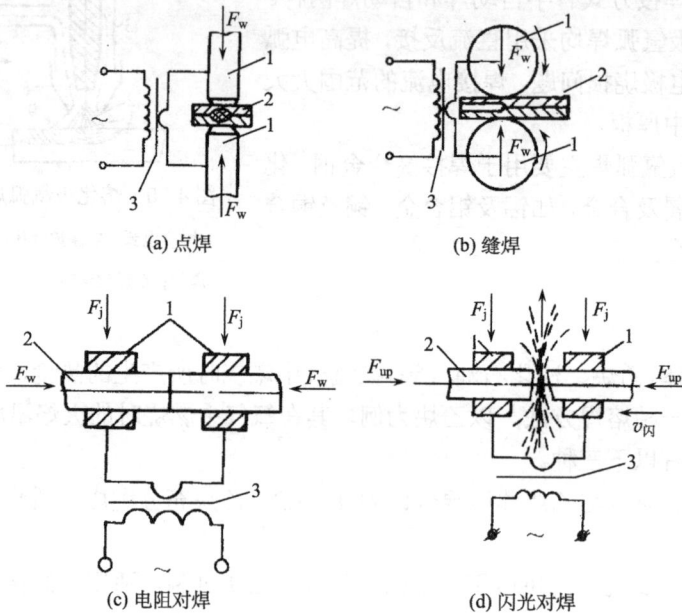

(a) 点焊　　　　　　　　(b) 缝焊

(c) 电阻对焊　　　　　　　(d) 闪光对焊

图 4-21　电阻焊示意图

1-电极；2-焊件；3-变压器

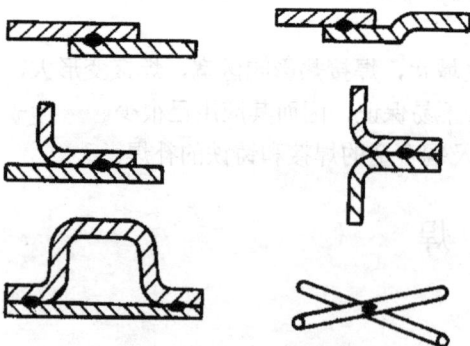

图 4-22　点焊接头形式

2. 缝焊

缝焊也属搭接电阻焊，采用滚盘作电极，边焊边滚，相邻两个焊点部分重合，形成一条密封性的连续焊缝。缝焊分流作用较大，对于材料、厚度相同的焊件，所需焊接电流一般比点焊增加 15%～40%。如图 4-21（b）所示。

应用：缝焊所需的焊接电流较大，所以只适用于 3mm 以下有气密性要求的薄板结构，如油箱、管道等。

3. 对焊

属对接电阻焊，根据焊接过程的不同，对焊可分为电阻对焊和闪光对焊。

1）电阻对焊

电极夹具上的焊件预加压力，两焊件的端面紧密接触后，通电加热，接触面升温至塑性状态，断电的同时施加顶锻力，使接触面产生一定的塑性变形而焊合在一起。如图 4-21（c）所示。

优点：电阻对焊操作简单，接头外观光滑、毛刺小。

缺点：对焊件端面加工和清理要求较高。

应用：一般仅适用于碳钢、纯铝为主的材料，断面简单、截面积小于 $250mm^2$ 和强度要求不高的杆件对接。

电阻对焊的接头形式如图 4-23 所示。

2) 闪光对焊

与电阻对焊不同，闪光对焊接通电源后，焊件在逐渐靠拢接触，由于接触表面的凹凸不平，在开始接触时为点接触，电流通过接触点产生很大的电阻热，使接触点迅速熔化，并在电磁力作用下爆破飞出，产生闪光。持续一定时间后，对焊端面达到均匀半熔化状态，在一定范围内形成塑性层，而且多次闪光将端面的氧化物清除干净，于是断电并加压顶锻，挤出熔化层，并产生大量塑性变形而使焊件焊合。如图 4-21(d) 所示。

优点：

(1) 工件端面氧化物与杂质会被闪光火花带出或随液体金属挤出，接头中夹杂少、质量高，常用于焊接重要件。

(2) 可焊接同种金属、异种金属(如铝-铜、铜-钢、铝-钢等)。

缺点：焊件烧损较多，焊后有毛刺需要清理。

应用：

(1) 可焊接大截面焊件，闪光对焊焊接单位面积焊件所需的焊机功率较电阻对焊小，从直径 0.01mm 的金属丝到直径 500mm 的管材、截面 20000mm² 的型材均可焊接。

(2) 用于杆状件对接，如刀具、管子、钢筋、钢轨、车圈等。

闪光对焊接头形式如图 4-24 所示。

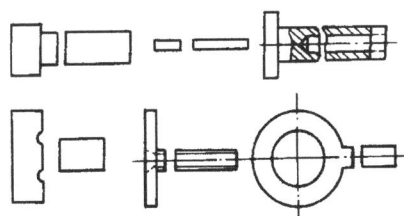

图 4-23　电阻对焊的接头形式　　　　　　　图 4-24　闪光对焊的接头形式

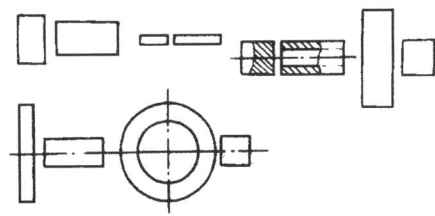

4.3.2　摩擦焊

焊件接触端面相互摩擦所产生的热，使端面达到热塑性状态，然后迅速施加顶锻力，实现焊接的一种固相压焊方法，如图 4-25 所示。

优点：

(1) 焊接质量稳定，焊件尺寸精度高，接头废品率低于电阻对焊和闪光对焊。

(2) 焊接生产率高，比闪光对焊高 5～6 倍。

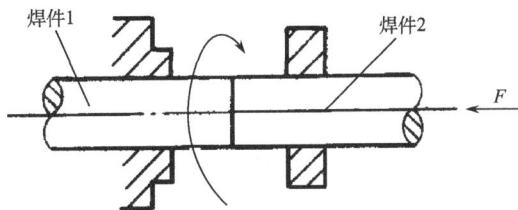

图 4-25　摩擦焊示意图

（3）适于焊接异种金属，如碳素钢、低合金钢与不锈钢、高速钢之间的连接，铜-不锈钢、铜-铝、铝-钢、钢-锆等之间的连接。

（4）加工费用低，省电，焊件无需特殊清理。

（5）易实现机械化和自动化，操作简单，焊接工作场地无火花、弧光及有害气体。

缺点：

（1）靠工件旋转实现，焊接非圆截面较困难。

（2）盘状工件及薄壁管件，由于不易夹持也很难焊接。

（3）受焊机主轴电机功率的限制，目前摩擦焊可焊接的最大截面为 20000mm^2。

（4）摩擦焊机一次性投资费用大，适于大批量生产。

应用：

（1）异种金属和异种钢产品，如电力工业中的铜-铝过渡接头，金属切削用的高速钢-结构钢刀具等。

（2）结构钢产品，如电站锅炉蛇形管、阀门、拖拉机轴瓦等。

摩擦焊的焊接接头形式如图 4-26 所示。

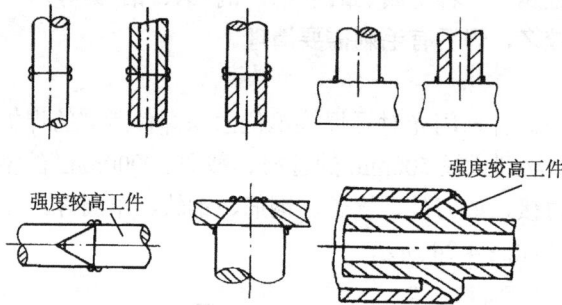

图 4-26　摩擦焊接头的形式

4.4　钎　焊

钎焊是采用比母材熔点低的金属材料作钎料，将焊件和钎料加热到高于钎料熔点，低于母材熔化温度，利用液态钎料润湿母材，填充接头间隙并与母材相互扩散实现连接焊件的方法。

优点：

（1）钎焊对母材的物理化学性能影响小，焊接应力和变形较小，可焊接性能差别较大的异种金属。

（2）能同时完成多条焊缝，接头外表美观整齐。

（3）设备简单，生产投资小。

缺点：钎焊接头的强度较低，耐热能力差。

应用：

（1）适合于焊接精密、复杂和由不同材料组成的构件。

(2) 硬质合金刀具、钻探钻头、自行车车架、换热器、导管及各类容器等。

(3) 在微波波导、电子管和电子真空器件的制造中，钎焊甚至是唯一可能的连接方法。

4.4.1 钎料和钎剂

1. 钎料

钎料是形成钎焊接头的填充金属，在很大程度上决定了钎焊接头的质量。钎料应该具有合适的熔点、良好的润湿性和填缝能力，能与母材相互扩散，还应具有一定的力学性能和物理化学性能，以满足接头的使用性能要求。

钎焊按钎料熔点的不同分为两大类：软钎焊与硬钎焊。

(1) 软钎焊。钎料熔点低于 450℃的钎焊。常用钎料是锡铅钎料，它具有良好的润湿性和导电性，广泛用于电子产品、电机电器和汽车配件。软钎焊的接头强度一般为 60～140MPa。

(2) 硬钎焊。钎料熔点高于 450℃的钎焊。常用钎料是黄铜钎料和银基钎料。用银基钎料的接头具有较高的强度、导电性和耐蚀性，钎料熔点较低、工艺性良好，但钎料价格较高，多用于要求较高的焊件，一般焊件多采用黄铜钎料。硬钎焊多用于受力较大的钢和铜合金工件，以及工具的钎焊。硬钎焊的接头强度为 200～490MPa。

2. 钎剂

钎剂能够去除母材和钎料表面的氧化物和油污杂质，保护钎料和母材接触面不被氧化，增加钎料的润湿性和毛细流动性。

钎剂的熔点应低于钎料，钎剂残渣对母材和接头的腐蚀性应较小。软钎焊常用的钎剂是松香或氯化锌溶液，硬钎焊常用的钎剂是硼砂、硼酸和碱性氟化物的混合物。

4.4.2 钎焊加热方法

(1) 火焰钎焊。用气体火焰进行加热，用于碳钢、不锈钢、硬质合金、铸铁、铜及铜合金、铝及铝合金的硬钎焊。

(2) 感应钎焊。利用交变磁场在零件中产生感应电流的电阻热加热焊件，用于具有对称形状的焊件，特别是管轴类的钎焊。

(3) 浸沾钎焊。将焊件局部或整体浸入熔融盐混合物熔液或钎料熔液中，靠这些液体介质的热量来实现钎焊过程，其特点是加热迅速、温度均匀、焊件变形小。

(4) 炉中钎焊。利用电阻炉加热焊件，电阻炉可通过抽真空或采用还原性气体或惰性气体对焊件进行保护。

除此以外，还有烙铁钎焊、电阻钎焊、扩散钎焊、红外线钎焊、反应钎焊、电子束钎焊、激光钎焊等。

4.4.3 钎焊接头

钎焊一般采用板料搭接和套管嵌接的形式，通过增加焊件之间的结合面，来弥补钎料强度的不足，保证接头的承载能力。这种接头形式还便于控制接头的间隙，适当的间隙可以使钎料在接头中均匀分布，达到最佳的钎焊效果。钎焊接头的间隙范围一般是 0.05～0.2mm。如图 4-27 所示。

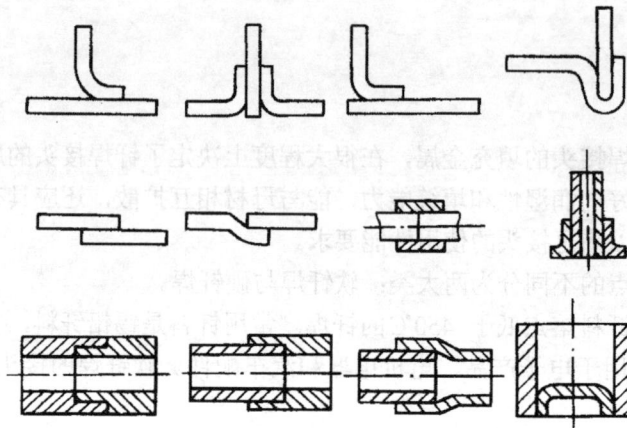

图 4-27　钎焊的接头形式

4.5　常用焊接方法的选择

常用焊接方法的选择见表 4-6。

表 4-6　常用焊接方法的选择

焊接方法	主要接头形式	焊接位置	被焊材料选择	应用选择
手工电弧焊	对接角接搭接T形接	全位置	碳钢、低合金钢、铸铁、铜及铜合金、铝及铝合金	各类中小型结构
埋弧自动焊		平焊	碳钢、合金钢	成批生产、中厚板长直焊缝和较大直径环焊缝
氩弧焊		全位置	铝、铜、镁、钛及其合金、耐热钢、不锈钢	致密、耐蚀、耐热的焊件
CO_2 气体保护焊			碳钢、低合金钢、不锈钢	
等离子弧焊	对接、搭接		耐热钢、不锈钢、铜、镍、钛及其合金	一般焊接方法难以焊接的金属和合金
气焊	对接		碳钢、低合金钢、铸铁、铜及铜合金、铝及铝合金	受力不大的薄板及铸件和损坏的机件的补焊
电渣焊	对接	立焊	碳钢、低合金钢、铸铁、不锈钢	大厚铸、锻件的焊接
点焊	搭接	全位置	碳钢、低合金钢、不锈钢、铝及铝合金	焊接薄板壳体
缝焊				焊接薄壁容器和管道
对焊	对接	平焊	各类同种金属和异种金属	杆状零件的焊接
摩擦焊				圆形截面零件的焊接
钎焊	搭接	—	碳钢、合金钢、铸铁、非铁合金	强度要求不高，其他焊接方法难以焊接的焊件

4.6　常用金属材料的焊接

4.6.1　金属材料的焊接性能

采用一定焊接方法、焊接材料、工艺参数及结构形式的条件下，获得优质焊接接头的难易程度，即其对焊接加工的适应性，成为材料的焊接性能。

焊接性能一般包括以下两个方面。

（1）接合性能。在给定的焊接工艺条件下，形成完好焊接接头的能力，特别是接头对产生裂纹的敏感性。

（2）使用性能。在给定的焊接工艺条件下，焊接接头在使用条件下安全运行的能力，包括焊接接头的力学性能和其他特殊性能（如耐高温、耐腐蚀、抗疲劳等）。

焊接性能是金属的工艺性能在焊接过程中的反映，是焊接结构设计、确定焊接方法、制订焊接工艺的重要依据。

钢是应用最广、焊接结构中最常用的金属材料，产生裂纹倾向与其化学成分有密切关系，可以根据钢的化学成分评定其焊接性的好坏。通常将影响最大的碳作为基础元素，把其他合金元素的质量分数对焊接性的影响折合成碳的相对质量分数，碳的质量分数和其他合金元素的相对质量分数之和称为碳当量，用符号 w_{CE} 表示，它是评定钢的焊接性的一个参考指标。国际焊接学会推荐的碳钢和低合金结构钢的碳当量计算公式为

$$w_{CE} = \left(w_C + \frac{w_{Mn}}{6} + \frac{w_{Cr} + w_{Mn} + w_V}{5} + \frac{w_M + w_{Cu}}{15} \right) \times 100\%$$

式中，各元素的质量分数都取其成分范围的上限。

碳当量越高，裂纹倾向越大，钢的焊接性越差。一般认为，$w_{CE}<0.4\%$ 时，钢的淬硬和冷裂倾向不大，焊接性良好；$w_{CE}=0.4\%\sim0.6\%$ 时，钢的淬硬和冷裂倾向逐渐增加，焊接性较差，焊接时需要采取一定的预热、缓冷等工艺措施，以防止产生裂纹；$w_{CE}>0.6\%$ 时，钢的淬硬和冷裂倾向严重，焊接性很差，一般不用于生产焊接结构。

碳当量公式仅用于对材料焊接性的粗略估算，在实际生产中，应通过直接试验，模拟实际情况下的结构、应力状况和施焊条件，在试件上焊接，观察试件的开裂情况，并配合必要的接头使用性能试验进行评定。

4.6.2　碳素钢和低合金结构钢的焊接

1. 碳素钢的焊接

1）低碳钢的焊接

Q235、10、15、20 等低碳钢是应用最广泛的焊接结构材料，由于其含碳量低于 0.25%，塑性很好，淬硬倾向小，不易产生裂纹，所以焊接性最好。焊接时，任何焊接方法和最普通的焊接工艺即可获得优质的焊接接头。但由于施焊条件、结构形式不同，焊接时还需注意以下问题。

（1）在低温环境下焊接厚度大、刚性大的结构时，应该进行预热，否则容易产生裂纹。

（2）重要结构焊后要进行去应力退火以消除焊接应力。

低碳钢对焊接方法几乎没有限制，应用最多的是手工电弧焊、埋弧焊、气体保护电弧焊和电阻焊。采用电弧焊时，焊接材料的选择见表 4-7。

表 4-7　低碳钢焊接材料的选择

焊接方法	焊接材料	应用情况
手工电弧焊	J421、J422、J423 等	一般结构
	J426、J427、J506、J507 等	承受动载荷、结构复杂或厚板重要结构
埋弧焊	H08 配 HJ430、H08A 配 HJ431	一般结构
	H08MnA 配 HJ431	重要结构
CO_2 气体保护焊	H08Mn2SiA	一般结构

2）中碳钢的焊接

含碳量在 0.25%～0.60%的中碳钢，有一定的淬硬倾向，焊接接头容易产生低塑性的淬硬组织和冷裂纹，焊接性较差。中碳钢的焊接结构多为锻件和铸钢件，或进行补焊。

焊接方法：手工电弧焊。

焊条选用：抗裂性好的低氢型焊条（如 J426、J427、J506、J507 等），焊缝有等强度要求时，选择相当强度级别的焊条。对于补焊或不要求等强度的接头，可选择强度级别低、塑性好的焊条，以防止裂纹的产生。焊接时，应采取焊前预热、焊后缓冷等措施以减小淬硬倾向，减小焊接应力。接头处开坡口进行多层焊，采用细焊条小电流，可以减少母材金属的熔入量，降低裂纹倾向。

3）高碳钢的焊接

高碳钢的含碳量大于 0.60%，其焊接特点与中碳钢基本相同，但淬硬和裂纹倾向更大，焊接性更差。一般这类钢不用于制造焊接结构，大多是用手工电弧焊或气焊来补焊修理一些损坏件。焊接时，应注意焊前预热和焊后缓冷。

2. 低合金结构钢的焊接

低合金结构钢按其屈服强度分为九级：300、350、400、450、500、550、600、700、800MPa。强度级别≤400MPa 的低合金结构钢，w_{CE}<0.4%，焊接性良好，其焊接工艺和焊接材料的选择与低碳钢基本相同，一般不需采取特殊的工艺措施。只有焊件较厚、结构刚度较大和环境温度较低时，才进行焊前预热，以免产生裂纹。强度级别≥450MPa 的低合金结构钢，w_{CE}>0.4%，存在淬硬和冷裂问题，其焊接性与中碳钢相当，焊接时需要采取一些工艺措施：如焊前预热（预热温度 150℃左右）可以降低冷却速度，避免出现淬硬组织；适当调节焊接工艺参数，可以控制热影响区的冷却速度，保证焊接接头获得优良性能；焊后热处理能消除残余应力，避免冷裂。

低合金结构钢含碳量较低，对硫、磷控制较严，手工电弧焊、埋弧焊、气体保护焊和电渣焊均可用于此类钢的焊接，以手工电弧焊和埋弧焊较常用；选择焊接材料时，通常从等强度原则出发，为了提高抗裂性，尽量选用碱性焊条和碱性焊剂，对于不要求焊缝和母材等强度的焊件，亦可选择强度级别略低的焊接材料，以提高塑性，避免冷裂。

4.7　焊接件的结构工艺性

结构工艺性：指在一定的生产规模条件下，如何选择零件加工和装配的最佳工艺方案，因而焊接件的结构工艺性是焊接结构设计和生产中一个比较重要的问题，是经济原则在焊接结构生产中的具体体现。

在焊接结构的生产制造中，除考虑使用性能之外，还应考虑制造时焊接工艺的特点及要求，才能保证在较高的生产率和较低的成本下，获得符合设计要求的产品质量。

焊接件的结构工艺性应考虑到各条焊缝的可焊到性、焊缝质量的保证，焊接工作量、焊接变形的控制、材料的合理应用、焊后热处理等因素，具体主要表现在焊缝的布置、焊接接头和坡口形式等几个方面。

1. 焊缝布置

焊缝位置对焊接接头的质量、焊接应力和变形以及焊接生产率等均有较大影响，因此在布置焊缝时，应考虑以下几个方面。

1) 焊缝位置应便于施焊，有利于保证焊缝质量

焊缝可分为平焊、横焊、立焊和仰焊四种形式，如图 4-28 所示。其中施焊操作最方便、焊接质量最容易保证的是平焊缝，因此在布置焊缝时应尽量使焊缝能在水平位置进行焊接。

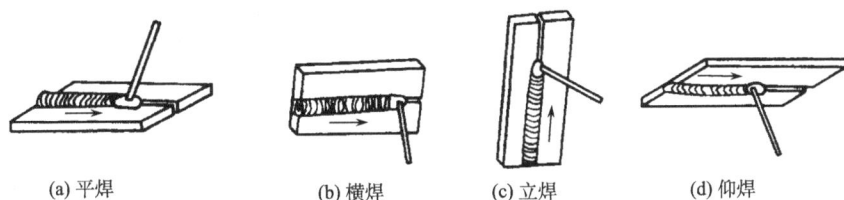

(a) 平焊　　　　　(b) 横焊　　　　　(c) 立焊　　　　　(d) 仰焊

图 4-28　焊缝的空间位置

除焊缝空间位置外，还应考虑各种焊接方法所需要的施焊操作空间。图 4-29 所示为考虑手工电弧焊施焊空间时，对焊缝的布置要求；图 4-30 所示为考虑点焊或缝焊施焊空间(电极位置)时的焊缝布置要求。

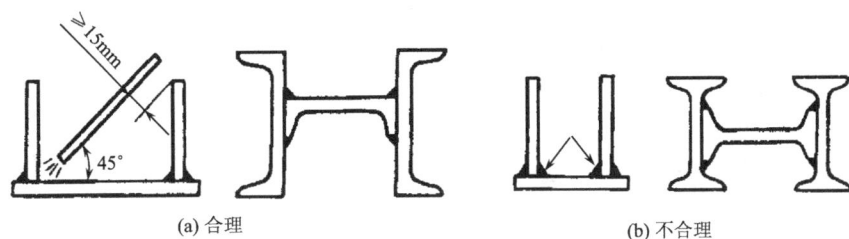

(a) 合理　　　　　　　　　　　　　　　　(b) 不合理

图 4-29　手工电弧焊对操作空间的要求

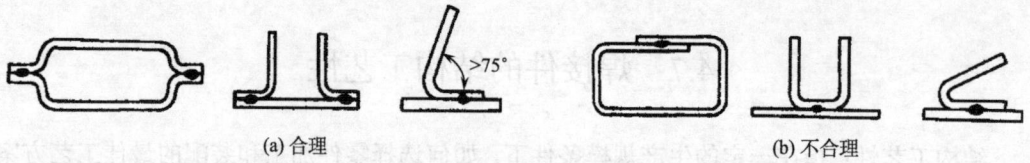

(a) 合理　　　　　　　　　　　　　　　(b) 不合理

图 4-30　电阻点焊和缝焊时的焊缝布置

另外，还应注意焊接过程中对熔化金属的保护情况。气体保护焊时，要考虑气体的保护作用，如图 4-31 所示。埋弧焊时，要考虑接头处有利于熔渣形成封闭空间，如图 4-32 所示。

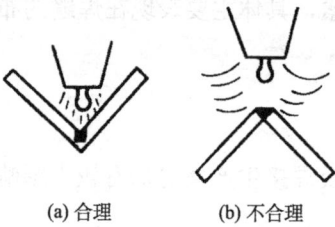

(a) 合理　　　　(b) 不合理

图 4-31　气体保护电弧焊时的焊缝布置

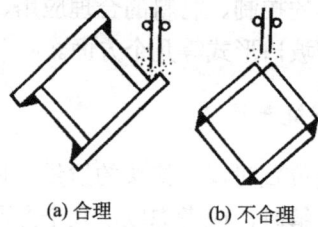

(a) 合理　　　(b) 不合理

图 4-32　埋弧焊时的焊缝布置

2) 焊缝布置应有利于减少焊接应力和变形

通过合理布置焊缝来减小焊接应力和变形主要有以下途径。

(1) 尽量减少焊缝数量，采用型材、管材、冲压件、锻件和铸钢件等作为被焊材料。这样不仅能减小焊接应力和变形，还能减少焊接材料消耗，提高生产率。如图 4-33 所示箱体构件，如采用型材或冲压件(图 4-33(b))焊接，可较板材(图 4-33(a))减少两条焊缝。

(2) 尽可能分散布置焊缝，如图 4-34 所示。焊缝集中分布容易使接头过热，材料的力学性能降低。两条焊缝的间距一般要求大于三倍或五倍的板厚。

(3) 尽可能对称分布焊缝，如图 4-35 所示。焊缝的对称布置可以使各条焊缝的焊接变形相抵消，对减小梁柱结构的焊接变形有明显的效果。

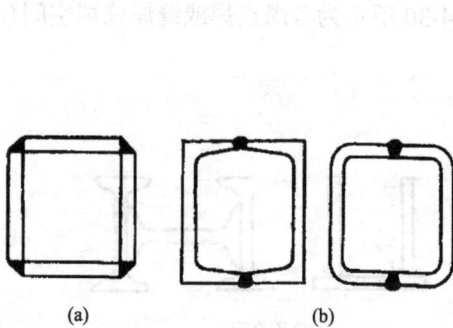

(a)　　　　　　　　(b)

图 4-33　减少焊缝数量

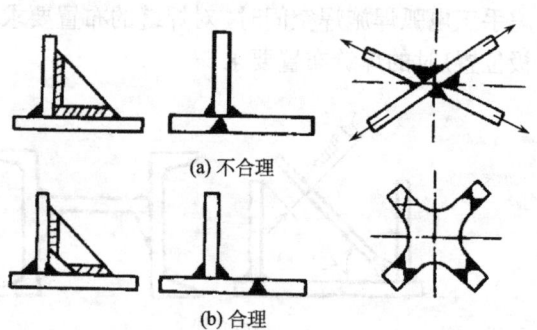

(a) 不合理

(b) 合理

图 4-34　分散布置焊缝

3) 焊缝应尽量避开最大应力和应力集中部位

如图 4-36 所示，以防止焊接应力与外加应力相互叠加，造成过大的应力而开裂。不可避免时，应附加刚性支承，以减小焊缝承受的应力。

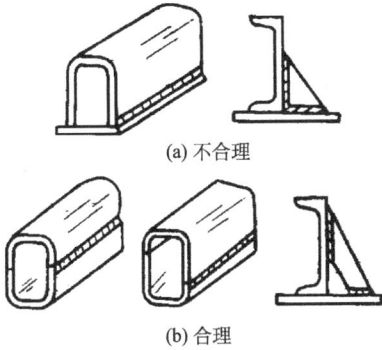

图 4-35 对称分布焊缝

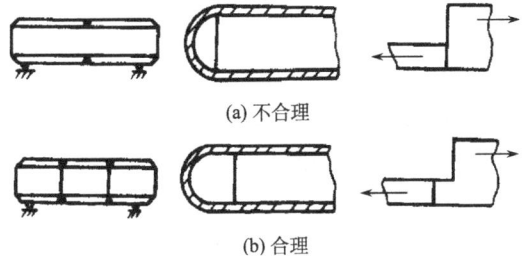

图 4-36 焊缝避开最大应力集中部位

4) 焊缝应尽量避开机械加工面

一般情况下，焊接工序应在机械加工工序之前完成，以防止焊接损坏机械加工表面。此时焊缝的布置也应尽量避开需要加工的表面，因为焊缝的机械加工性能不好，且焊接残余应力会影响加工精度。如果焊接结构上某一部位的加工精度要求较高，又必须在机械加工完成之后进行焊接工序，则应将焊缝布置在远离加工面处，以避免焊接应力和变形对已加工表面精度的影响，如图 4-37 所示。

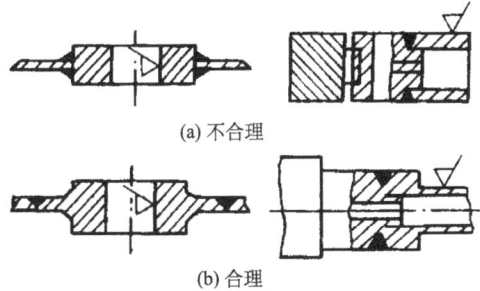

图 4-37 焊缝远离机械加工表面

2. 焊接接头形式和坡口形式的选择

1) 焊接接头形式的选择

根据 GB/T 3375—1994 规定，手工电弧焊焊接碳钢和低合金钢的基本焊接接头形式有对接接头、角接接头、搭接接头和 T 形接头四种，如图 4-38 所示。

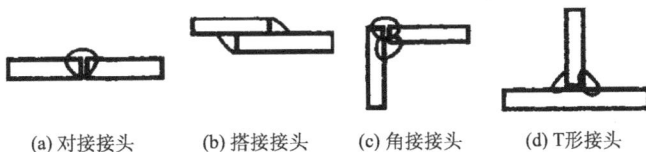

(a) 对接接头   (b) 搭接接头   (c) 角接接头   (d) T 形接头

图 4-38 四种接头形式

对接接头是焊接结构中使用最多的一种形式，接头上应力分布比较均匀，焊接质量容易保证，但对焊前准备和装配质量要求相对较高。

角接接头便于组装，能获得美观的外形，但其承载能力较差，通常只起连接作用，不能用来传递工作载荷。

搭接接头便于组装，常用于对焊前准备和装配要求简单的结构，但焊缝受剪切力作用，应力分布不均，承载能力较低，且结构重量大，不经济。

T 形接头也是一种应用非常广泛的接头形式，在船体结构中约有 70%的焊缝采用 T 形接头，在机床焊接结构中的应用也十分广泛。

在结构设计时，设计者应综合考虑结构形状、使用要求、焊件厚度、变形大小、焊接材料的消耗量、坡口加工的难易程度等因素，以确定接头形式和总体结构形式。

2）焊接坡口形式的选择

为保证厚度较大的焊件能够焊透，常将焊件接头边缘加工成一定形状的坡口。坡口除保证焊透外，还能起到调节母材金属和填充金属比例的作用，由此可以调整焊缝的性能。坡口形式的选择主要根据板厚和采用的焊接方法确定，同时兼顾焊接工作量大小、焊接材料消耗、坡口加工成本和焊接施工条件等，以提高生产率和降低成本。

根据 GB/T 985.1—2008 规定，焊条电弧焊常采用的坡口形式有不开坡口（I 形坡口）、Y 形坡口、双 Y 形坡口、U 形坡口等，如图 4-39 所示。

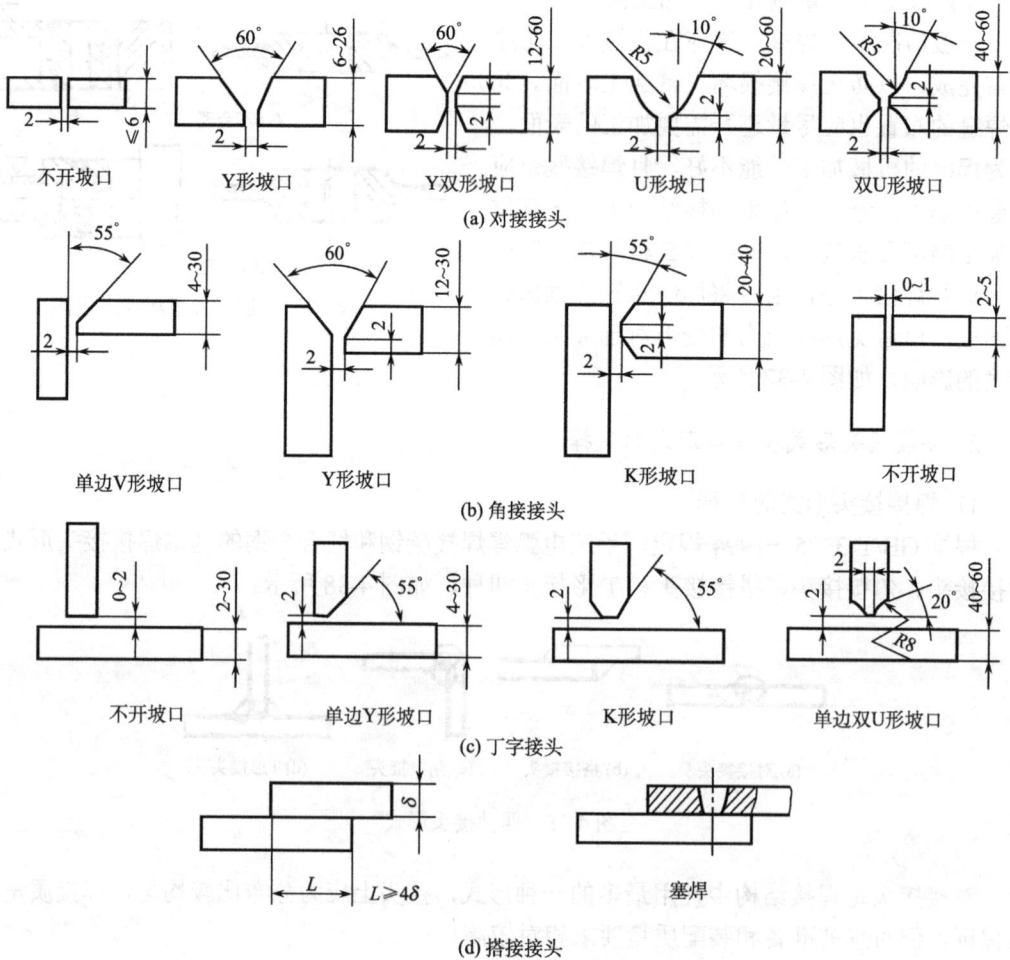

图 4-39　手弧焊接头及坡口形式

手工电弧焊板厚 6mm 以上对接时，一般要开设坡口，对于重要结构，板厚超过 3mm 就要开设坡口。厚度相同的工件常有几种坡口形式可供选择，Y 形和 U 形坡口只需一面焊，可焊到性较好，但焊后角变形大，焊条消耗量也大些。双 Y 形和双面 U 形坡口两面施焊，受热均匀，变形较小，焊条消耗量较小，在板厚相同的情况下，双 Y 形坡口比 Y 形坡口节省焊接材料 1/2 左右，但必须两面都可焊到，所以有时受到结构形状限制。U 形和双面 U 形坡口根部较宽，容易焊透，且焊条消耗量也较小，但坡口制备成本较高，一般只在重要的受动载的厚板结构中采用。

厚薄接头：如果采用两块厚度相差较大的金属材料进行焊接，则接头处会造成应力集中，而且接头两边受热不匀易产生焊不透等缺陷。国家标准中规定，对于不同厚度钢板对接的承载接头，当两板厚度差 $(\delta-\delta_1)$ 不超过表 4-8 的规定时，焊接接头的基本形式和尺寸按厚度较大的板确定，反之则应在厚板上作出单面或双面斜度，有斜度部分的长度 $L\geqslant 3(\delta-\delta_1)$，如图 4-40 所示。

表 4-8　不同厚度钢板对接时允许的厚度差

较薄板的厚度 δ_1/mm	≥2~5	≥5~9	≥9~12	≥12
允许厚度差 $(\delta-\delta_1)$/mm	1	2	3	4

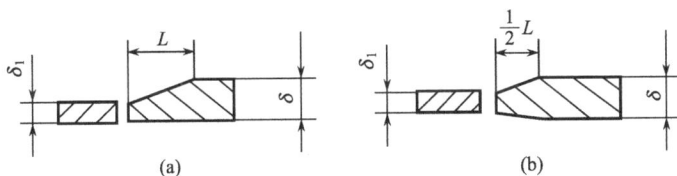

图 4-40　不同厚度钢板的对接

思　考　题

4-1　手弧焊的焊接电源有哪些？结合实习中使用的焊接电源，说明其型号和主要技术参数。

4-2　试述点焊接头的焊接循环过程。

4-3　CO_2 气体保护焊的特点是什么？列举其应用范围。

4-4　焊条电弧焊的焊接参数是什么？应如何选择焊接电流？

4-5　焊条由哪几部分组成？各部分的作用是什么？

4-6　焊接的安全技术主要有哪些？

4-7　焊接热影响区是什么？低碳钢焊接热影响区的组织和性能是什么？

4-8　焊缝布置的原则是什么？

第 5 章 切削加工基础

5.1 金属切削加工概述

金属切削加工就是用金属切削刀具把工件毛坯上多余的金属材料切除，获得图样所要求的几何形状、尺寸精度和表面质量的加工方法。

金属切削加工分为钳工和机械加工两部分。

(1) 钳工是工人手持工具进行切削加工。加工方法有多种，如锯、锉、刮、錾削、划线等。由于钳工操作灵活方便，所以在装配、修理以及在新产品研制中广泛应用。钳工劳动强度高、生产率低。为减轻劳动强度、提高生产率，钳工工作逐渐向机械化发展。

(2) 机械加工是由工人操作机床来完成零件加工的。加工方法又包含车削、铣削、刨削、钻削、磨削、镗削、拉削、插齿和滚齿等。机械加工的劳动强度低，生产率高。随着科学技术的发展，现代机械设备和仪器仪表的精度越来越高，对组成机器的主要零件的精度和粗糙度也相应地提出了更高的要求。目前除了少数零件可以采用精密铸造和精密锻造的方法直接得到外，绝大多数的零件还需要通过机械加工的方法来获得。因此，机械加工是机器制造的重要手段，作为基本的加工方法仍保持着重要的地位。

5.2 切削运动与切削用量

5.2.1 工件上的加工表面

在切削加工过程中，工件表面通常存在三个表面，如图 5-1 所示。

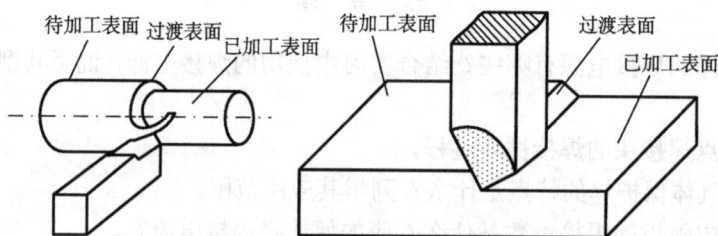

图 5-1 外圆车削和平面刨削的加工表面

(1) 待加工表面。工件上即将被切去的表面，随切削过程连续逐渐变小，直至全部切去。

(2) 过渡表面。也叫切削表面，指在工件上切削刃正在切削的表面，并在切削中不断改变，总是介于待加工表面和已加工表面之间。

(3) 已加工表面。工件上已经切去了多余金属而形成的新表面，随切削继续而扩大。

5.2.2　切削运动

金属切削加工是工件与刀具相互作用的过程,刀具要从工件上切去一部分金属,除去刀具材料需具备必需的性能外,刀具切削部分还必须具有适当的几何参数以及实现工件和刀具之间的相对运动(切削运动)。切削运动主要包括主运动和进给运动,不同表面加工时的切削运动如图 5-2 所示,图中 v 表示主运动, f 表示进给运动。

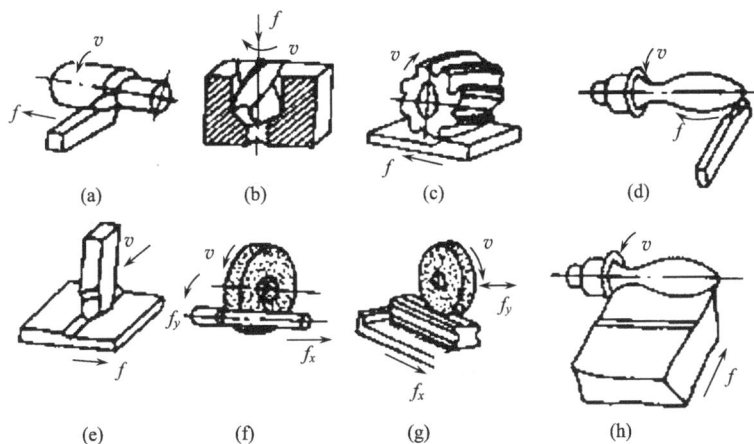

图 5-2　不同表面加工时的切削运动

(1) 主运动。使刀具和工件之间产生相对运动,促使刀具前刀面接近工件而实现切削的运动。一般情况下,主运动是切削运动中最基本的运动,也是速度最高、消耗功率最大的运动。任何切削过程必须有一个,也只有一个主运动。主运动方向为切削刃上选定点相对于工件的瞬时主运动方向。在图 5-2 中,车削时工件的旋转、钻削和铣削时刀具的旋转、牛头刨床刨削时刀具的往复运动、磨削时砂轮的回转均为主运动。

(2) 进给运动。使刀具与工件之间产生附加的相对运动,与主运动配合,即可连续地切除切屑,获得具有所需几何特性的已加工表面。在切削加工中,进给运动可以有一个或多个或没有,它的速度较低、消耗功率较小。进给运动方向为切削刃选定点相对于工件的瞬时进给运动的方向。在图 5-2 中,车削、钻削时车刀、钻头的移动,铣削、刨削时工件的移动,磨削外圆时工件的旋转、工件的轴向往复移动、砂轮周期性横向移动均为进给运动。

(3) 合成切削运动。切削时,实际的切削运动是一个合成运动。当主运动和进给运动同时进行时,由主运动和进给运动合成的运动称为合成切削运动。合成切削运动方向为切削刃选定点相对于工件的瞬时合成切削运动方向。

5.2.3　切削用量

切削用量用来衡量切削运动的大小。在一般的切削加工中,切削用量包括切削速度、进给量和背吃刀量三要素。

1. 切削速度 v_c

切削加工时，切削刃上选定点相对于工件的主运动的速度，单位为 m/s 或 m/min。

（1）若主运动为旋转运动，切削速度一般为其最大线速度，v_c 可按下式计算：

$$v_c = \frac{\pi dn}{1000}$$

式中，d 为工件或刀具的直径，mm；n 为工件或刀具的转速，r/s 或 r/min。

（2）若主运动为往复直线运动（如刨削、插削等），则常以其平均速度为切削速度。v_c 按下式计算：

$$v_c = \frac{2Ln_r}{1000}$$

式中，L 为往复运动的行程长度，mm；n_r 为主运动每秒或每分钟的往复次数，str/s 或 str/min。

2. 进给量 f

进给量是指刀具在进给运动方向上相对工件的位移量。不同的加工方法由于所用刀具和切削运动方式不同，进给量的表述和度量方法也不相同。

（1）当主运动是回转运动时，进给量指工件或刀具每回转一周，两者沿进给方向的相对位移量，单位为 mm/r。

（2）当主运动是直线运动时，进给量指刀具或工件每往复直线运动一次，两者沿进给方向的相对位移量，单位为 mm/str 或 mm/单行程。

（3）对于多齿旋转刀具（如铣刀、切齿刀），常用每齿进给量 f_z，单位为 mm/z 或 mm/齿。它与进给量 f 的关系为

$$f = zf_z$$

式中，f_z 为每齿进给量，mm/z；z 为刀具齿数；f 为每转进给量，mm/r。

进给速度 v_f：指切削刃上选定点相对工件进给运动的瞬间时速度，单位为 mm/s 或 m/min。进给速度与进给量、主轴转速以及刀具齿数之间的关系可用下式表示：

$$v_f = \frac{fn}{60} = \frac{f_z zn}{60}$$

3. 背吃刀量（切削深度）a_p

在通过切削刃上选定点并垂直于该点主运动方向的切削层尺寸平面中，垂直于进给运动方向测量的切削层尺寸（已加工表面与待加工表面间的垂直距离），称为背吃刀量，单位为 mm。车外圆时，可用下式计算：

$$a_p = \frac{d_w - d_m}{2}$$

式中，d_w 为工件待加工表面直径，mm；d_m 为工件已加工表面直径，mm；钻孔时背吃刀量 $a_p = D/2$。

5.3 切削刀具的几何结构及刀具材料

5.3.1 刀具角度

1. 车刀切削部分的组成

常见的切削刀具一般由工作部分和非工作部分两部分组成。以外圆车刀为例，车刀由刀头和刀柄组成，刀头用于切削，刀柄用于装夹，如图 5-3 所示。刀具切削部分的组成可用一句话总结："三面两刃一尖"。

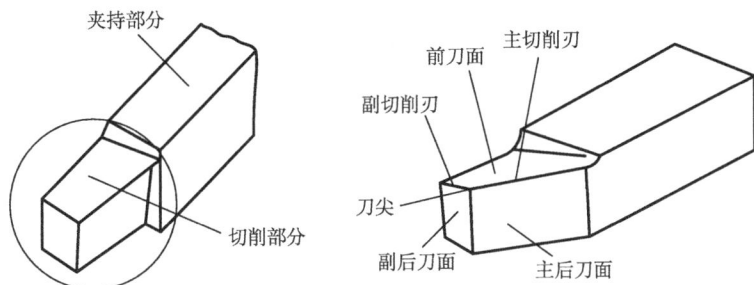

图 5-3 车刀的结构

(1) 前刀面。刀具上切屑流过的表面。

(2) 主后刀面。刀具上同前刀面相交形成主切削刃的后刀面，也是与工件上过渡表面相对的刀具表面。

(3) 副后刀面。刀具上同前刀面相交形成副切削刃的后刀面，也是与工件上已加工表面相对的刀具表面。

(4) 主切削刃。前刀面与主后刀面的交线，起始于刀具切削刃上主偏角为零的点，并至少有一段切削刃拟用来在工件上切除过渡表面的那个整段切削刃，也叫主刀刃。

(5) 副切削刃。前刀面与副后刀面的交线，切削刃上除主切削刃以外的刃，亦起始于主偏角为零的点，但它向背离主切削刃的方向延伸，协同主切削刃完成切削工作，并最终形成已加工表面，亦称为副刀刃。

(6) 刀尖。连接主切削刃和副切削刃的一段刀刃，可以是一段小的圆弧，也可以是一段直线。

2. 车刀切削部分的参考系

为了确定各刀面和各切削刃的空间位置，需要建立用于定义和规定刀具角度的各基准坐标平面的参考系。参考系可分为刀具静止参考系和刀具工作参考系。刀具静止参考系是用于定义刀具设计、制造、刃磨和测量刀具几何参数的参考系，见图 5-4。刀具工作参考系是确定刀具切削工作时的基准，用于定义刀具的工作角度。假设装刀时，刀尖恰在工件的中心线上，刀具的轴线垂直工件的轴线，刀具的静止参考系包括基面、切削平面、正交平面和假定工作平面四个平面。

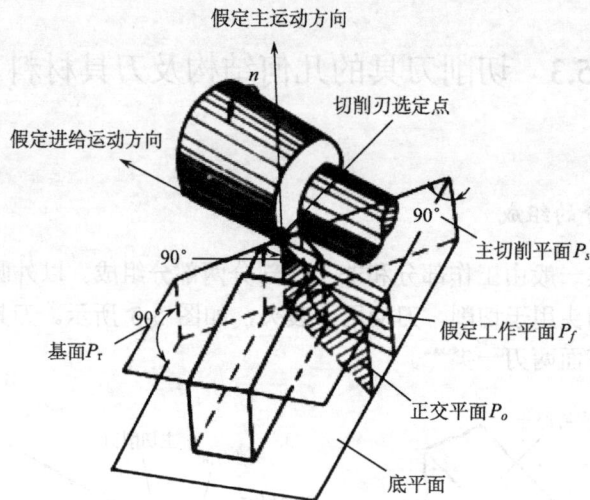

图 5-4 外圆车刀的静止参考系

刀具的静止参考系：

（1）基面。过切削刃选定点，垂直于该点假定主运动方向的平面，用 P_r 表示。

（2）切削平面。过切削刃选定点，与切削刃相切，并垂直于基面的平面，用 P_s 表示。

（3）正交平面。过切削刃选定点，并同时垂直于基面和切削平面的面，用 P_o 表示。

（4）假定工作平面。过切削刃选定点，垂直于基面并平行于假定进给运动方向的平面，用 P_f 表示。

刀具工作参考系：

（1）工作基面。通过切削刃上的选定点，垂直于合成切削运动速度方向的平面，用 P_{re} 表示。

（2）工作切削平面。通过切削刃上的选定点，与切削刃相切且垂直于工作基面的平面，用 P_{se} 表示。

（3）工作正交平面。通过切削刃上的选定点，同时垂直于工作基面、工作切削平面的平面，用 P_{oe} 表示。

3. 车刀切削部分的主要角度

刀具角度是确定刀具切削部分几何形状的重要参数。车刀的主要角度有前角、后角、主偏角、副偏角和刃倾角，如图 5-5 所示。

1）前角

在正交平面内测量的前刀面和基面间的夹角，用 γ_o 表示。

前角反映了前刀面的倾斜程度。前角越大，切削刃越锋利，切削越轻快，但增大前角会削弱刀头的强度，易导致崩刃。前角大小主要根

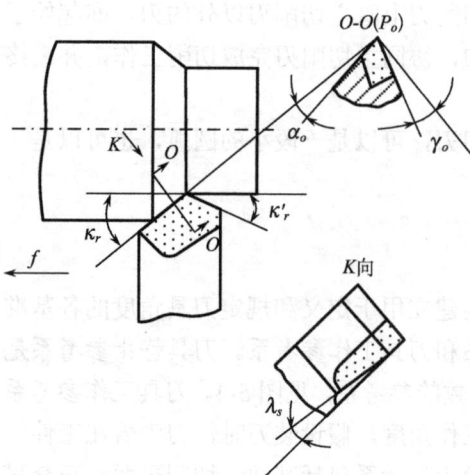

图 5-5 车刀切削部分的主要角度

据工件材料、刀具材料和加工性质选取，工件材料的硬度、强度越高，前角越大，反之取小值。根据前刀面与基面的相对位置不同，前角有正、负和零之分。前刀面在基面之下时前角为正值，前刀面在基面之上时前角为负值。前角的范围通常为 $-5°\sim+25°$。

2）后角

在正交平面内测量的主后刀面与切削平面的夹角，用 α_o 表示。

后角用以减少刀具主后刀面和工件过渡表面之间的摩擦。后角越大，摩擦越小，切削刃越锋利，但增大后角会削弱刀头的强度，散热条件变差，容易崩刃；反之，减小后角，虽然切削刃强度增加，散热条件变好，但摩擦加剧。根据加工种类和性质来选择后角的大小，粗加工或工件材料较硬时，后角选小值，反之取大值。精加工时选得大些，粗加工选小些。后角一般为正值，一般为 $6°\sim12°$。

3）主偏角

在基面内测量的主切削刃在基面上的投影与进给运动方向的夹角，用 κ_r 表示。

4）副偏角

在基面内测量的副切削刃在基面上的投影与进给运动反方向的夹角，用 κ_r' 表示。

主偏角主要影响切削层截面的形状和参数，影响切削分力的变化，并和副偏角一起影响已加工表面的粗糙度。副偏角还有减小副后刀面与已加工表面间摩擦的作用。当主、副偏角减小，已加工表面残留面积的高度减小，可减小零件加工表面粗糙度，并且刀尖强度和散热条件较好，有利于提高刀具寿命。但主偏角减小，易导致背向力增加，引起工件变形，可能会产生振动。主副偏角应根据工件的刚度及加工要求选取合理的数值。一般车刀常用的主偏角有 45°、75°、90° 等几种，车削细长轴时取主偏角等于 $75°\sim90°$ 的车刀；副偏角为 $5°\sim15°$，粗加工时取较大值。

5）刃倾角

在切削平面内测量的主切削刃与基面之间的夹角，用 λ_s 表示。

刃倾角主要影响刀头的强度和切屑的流向。刃倾角也有正、负和零之分，当刀尖是主切削刃最高点时，λ_s 为正，切屑流向待加工表面；若刀尖为主切削刃最低点时，λ_s 为负，切屑流向已加工表面；当主切削刃与基面重合时，$\lambda_s=0°$。精加工时选取正值或零度，粗加工应取负值，通常 $\lambda_s=-5°\sim+5°$。

4. 刀具的工作角度

上述车刀的标注角度，是在不考虑进给运动的影响，车刀刀尖与工件回转轴线等高，以及刀杆纵向轴线与进给方向垂直等条件下确定的。实际切削时，上述条件可能被改变，辅助平面的位置发生变化，致使刀具的实际角度不同于标注角度。刀具在切削过程中的实际切削角度，称为工作角度。

1）刀尖安装高低对工作角度的影响

刀尖安装的高低对刀具实际工作前角和后角的大小有明显的影响，如图 5-6 所示。

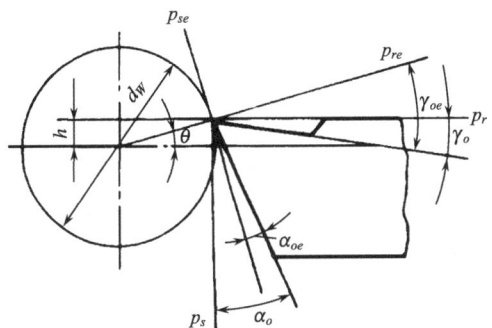

图 5-6　刀尖安装高低对工作角度的影响

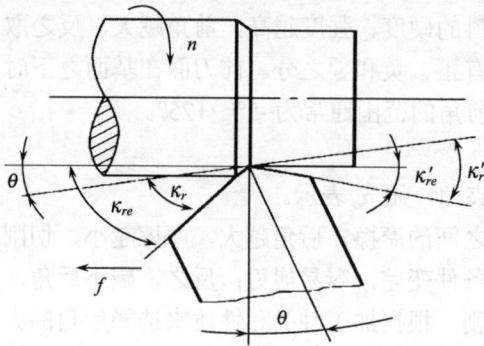

图 5-7　刀杆中心线安装偏斜对工作角度的影响

刀尖与工件回转中心等高：$\gamma_{oe} = \gamma_o$、$\alpha_{oe} = \alpha_o$；

刀尖高于工件回转中心：$\gamma_{oe} > \gamma_o$、$\alpha_{oe} < \alpha_o$；

刀尖低于工件回转中心：$\gamma_{oe} < \gamma_o$、$\alpha_{oe} > \alpha_o$。

2）刀杆中心线安装偏斜对工作角度的影响

刀具安装完成后，刀杆中心线偏斜对刀具的实际工作主、副偏角有影响，如图 5-7 所示。

刀杆中心线垂直于工件回转中心：$\kappa_{re} = \kappa_r$、$\kappa'_{re} = \kappa'_r$；

刀杆向左偏：$\kappa_{re} < \kappa_r$、$\kappa'_{re} > \kappa'_r$；

刀杆向右偏：$\kappa_{re} > \kappa_r$、$\kappa'_{re} < \kappa'_r$。

5.3.2　常用刀具材料

在切削过程中，刀具担负着切除工件上多余金属以形成已加工表面的任务。刀具的切削性能好坏，取决于刀具切削部分的材料、几何参数以及结构的合理性等。刀具材料对刀具寿命、加工生产效率、加工质量以及加工成本都有很大影响，因此必须合理选择。

1. 对刀具材料的基本要求

在切削过程中，刀头要受到高温、高压和摩擦的作用，因此刀头部分的材料必须具备下列基本性能。

（1）较高的硬度和耐磨性。硬度是刀具材料应具备的基本特性，刀具材料的硬度必须高于工件材料，刀具材料常温硬度一般要求大于 60HRC。耐磨性是材料抵抗磨损的能力。一般来说，刀具材料的硬度越高，耐磨性就越好。组织中硬质点的硬度越高，数量越多，颗粒越小，分布越均匀，则耐磨性越高。但刀具材料的耐磨性实际上不仅取决于它的硬度，而且也和它的化学成分、强度、显微组织及摩擦区的温度有关。

（2）足够的强度和韧性。刀具材料必须具备足够的强度和韧性以承受切削负荷、振动和冲击。

（3）较高的耐热性。耐热性是衡量刀具材料切削性能的主要标志，又称为红硬性或热硬性。它是指刀具材料在高温下保持硬度、耐磨性、强度和韧性的性能。刀具材料的高温硬度越高，则刀具的切削性能越好，允许的切削速度也越高。

（4）良好的物理化学特性。刀具材料应具备良好的导热性、大的热容量以及优良的热冲击性能。刀具材料还应具有在高温下抗氧化的能力以及良好的抗黏结和抗扩散能力。

（5）较好的工艺性。为便于刀具制造，要求刀具材料具有良好的工艺性能，如热处理性能、锻造性能、高温塑性变形性能、切削加工性能、磨削加工性能等。

（6）较好的经济性。经济性是刀具材料的重要指标之一，在选用时要考虑经济效果。有的刀具（如超硬材料刀具）虽然单件成本很贵，但因其使用寿命很长，分摊到每个零件的成本不一定很高。

2. 常用刀具材料

常用刀具材料主要包括：碳素工具钢、合金工具钢、高速钢、硬质合金、金刚石、立方氮化硼、陶瓷以及涂层刀具等。

1）碳素工具钢

碳素工具钢属于特殊质量非合金钢，牌号是用"碳"或"T"字后附数字表示，数字表示钢中平均含碳量的千分之几，若为高级优质碳素工具钢，则在钢号最后附以"A"字。碳素工具钢刃磨性能良好，价格低廉，淬火后硬度可达 61～64HRC。但是耐热性低，当切削温度达到 200℃时即丧失原来的硬度，热处理时易变形，产生裂纹。

用途：在工具生产中用量较大，主要用来制造形状简单的低速手动工具，如锉刀、钢锯条、丝锥等。常用牌号有 T7、T7A、T8、T8A、…、T13、T13A 等。

2）合金工具钢

合金工具钢是在碳素钢的基础上加入少量的 W(1.2%～1.6%)、Cr(0.4%～1.7%)等合金元素。合金工具钢的耐磨性好，耐热性 250～300℃，热处理性好，淬火不易变形。多用于制造形状复杂的低速手动工具。如铰刀、板牙等。常用牌号有 9SiCr、CrWMn 等。

3）高速钢

高速钢是一种加入较多钨、钼、铬、钒等合金元素的高合金钢。高速钢热处理后硬度可达 62～66HRC，抗弯强度约 3.3GPa，有较高的热稳定性、耐磨性、耐热性，当切削温度在 500～650℃时仍能进行切削。高速钢热处理变形小、锻造和磨削性能好，特别适合于制造结构和刃型复杂的刀具，如成形车刀、铣刀、钻头、切齿刀、螺纹刀具和拉刀等。

高速钢按用途可分为通用高速钢和高性能高速钢。通用型高速钢含碳量为 0.7%～0.9%，合金元素主要成分有 W、Mo、Gr、V 等，主要牌号有 W18Cr4V、W6Mo5Cr4V2（简称 M2 钢）。高性能高速钢是指在通用型高速钢中增加碳、钒、钴或铝等合金元素，使其常温硬度可达 67～70HRC，耐磨性与热稳定性进一步提高。目前高性能高速钢主要品种包括高碳系高速钢、高钒系高速钢、钴高速钢和铝高速钢四种。高碳系高速钢具有较高的含碳量，因而具有更高的硬度和耐磨性以及较好的热硬性，但高碳系高速钢的抗弯强度和冲击韧性都比较差。高钒系高速钢含钒量达 3%～4%，耐磨性大大提高，但是可磨性较差。钴高速钢硬度、耐磨性、热硬性及可磨性都很好，可制成复杂刀具，国际上在常规尺度刀具上用得较普遍。铝高速钢主要添加铝、硅和铌元素，热硬性好，热处理后的硬度能够达到 65HRC 以上，铝高速钢的抗氧化性能、塑性和刃磨性能较差，且容易脱碳。典型牌号有 9W6Mo5Cr4V2、W6Mo5Cr4V3、W2Mo9Cr4VCo8(M42)、W6Mo5Cr4V2Al(501)等。

4）硬质合金

硬质合金是由高硬度和高熔点的金属碳化物(碳化钨 WC、碳化钛 TiC、碳化钽 TaC、碳化铌 NbC 等)和金属黏结剂(Co、Mo、Ni 等)用粉末冶金工艺烧结制成的。硬质合金刀具常温硬度为 89～93HRA，化学稳定性好，热稳定性好，耐磨性好，耐热性达 800～1000℃。硬质合金刀具允许的切削速度比高速钢刀具高 5～10 倍，切削钢时，切削速度可达 220m/min。大多数车刀、端铣刀等均由硬质合金制造。

硬质合金分类如下。

(1) 钨钴类硬质合金。K 类硬质合金，代号为 YG，由 WC 和 Co 组成。合金中含钴量越高，韧性越好，适合于粗加工，反之用于精加工。我国生产的常用牌号有 YG3X、YG6X、YG6、YG8 等，含 Co 量分别为 3%、6%、6%、8%。YG 类硬质合金有较好的韧性、磨削性、导热性。硬度为 89～91.5HRA，抗弯强度为 1.1～1.5GPa 比 YT 类高。适合于加工产生崩碎切屑及有冲击载荷的脆性金属材料，如铸铁、有色金属及非金属材料，低速时也可加工钛合金等耐热钢。

（2）钨钛钴类硬质合金。P 类硬质合金，代号为 YT，以 WC 为基体，添加 TiC，用 Co 作黏结剂烧结而成。常用牌号有 YT5、YT14、YT15 及 YT30，TiC 含量分别为 5%、14%、15%和 30%，相应的钴含量为 10%、8%、6%及 4%。这类合金的硬度为 89.5～92.5HRA，抗弯强度为 0.9～1.4GPa。随着合金成分中 TiC 含量的提高和 Co 含量的降低，硬度和耐磨性提高，抗弯强度则降低。YT 类硬质合金的突出优点是耐热性好。主要用于加工钢料，不宜加工不锈钢和钛合金，适合于精加工。

（3）钨钛钽（铌）类硬质合金。M 类硬质合金，代号为 YW，在 YT 类硬质合金中加入 TaC 或 NbC，这样可提高抗弯强度、疲劳强度、冲击韧性、抗氧化能力、耐磨性和高温硬度等。它既可以加工脆性材料，又可以加工塑性材料，主要用于加工耐热钢、高锰钢、不锈钢等难加工材料。

硬质合金中含钴量增多（WC、TiC 含量减少）时，其抗弯强度和冲击韧度增高（硬度及耐热性降低），适合于粗加工。含钴量减少（WC、TiC 含量增加）时，其硬度、耐磨性及耐热性增加（强度及韧性降低），适合于作精加工用。

5）金刚石

金刚石是碳的同素异形体，在高温、高压下由石墨转化而成，是目前人工制造出的最坚硬物质。由于硬度极高，其显微硬度达到 10000HV，耐磨性好，切削刃口锋利，刃部表面摩擦系数较小，不易产生黏结或积屑瘤。金刚石的稳定性差，切削温度超过 700～800℃时就会完全失去其硬度；同时还强度低，脆性大，对振动敏感，只宜微量切削，与铁有强烈的化学亲和力，不能用于加工钢材。金刚石可用于加工硬质合金、陶瓷等硬度达 65～70HRC 的材料；也可用于加工高硬度的非金属材料，如玻璃等；还可加工有色金属，如铝硅合金材料以及复合难加工材料的精加工或超精加工。

6）立方氮化硼

立方氮化硼（CBN）是一种人工合成的新型刀具材料，它由六方氮化硼在高温、高压下加入催化剂转化而成。立方氮化硼有很高的硬度（其显微硬度为 8000～9000HV）及耐磨性，热稳定性好，化学惰性大，与铁系金属在 1300℃时不易起化学反应，导热性好，摩擦系数低。可用于高温合金、冷硬铸铁、淬硬钢等难加工材料的加工。

7）陶瓷

以氧化铝或以氮化硅为基体再添加少量金属，在高温下烧结而成的一种刀具材料。陶瓷的硬度高，耐磨性、耐高温性能好，有良好的化学稳定性和抗氧化性，与金属的亲和力小，抗黏结和抗扩散能力强。但是，陶瓷的脆性大、抗弯强度低，冲击韧性差，易崩刃，所以使用范围受到限制。可用于钢、铸铁类零件的车削、铣削加工。

8）涂层刀具材料

在韧牲较好的刀具基体上，一般采用化学气相沉积法（CVD 法）或物理气相沉积法（PVD 法）涂覆一层耐磨性好的难熔金属化合物，既能提高刀具材料的耐磨性，又不降低其韧性。常用的涂层材料有 TiC、TiN、Al_2O_3 及其复合材料等，涂层厚度随刀具材料不同而异。涂层刀具一般具有较高的硬度和耐磨性以及良好的化学稳定性和抗氧化性能，切削时能有效降低切削温度，减小摩擦及刀具磨损。

5.4　金属切削过程

金属切削过程就是刀具从工件表面切除多余金属，从切屑形成开始到加工表面形成为止的完整过程，简单地说就是切屑形成的过程。本节以切屑形成机理为基础，研究金属切削加工过程中的各种现象，如切削力、切削热、切削温度和刀具磨损等金属切削的基本规律，对保证加工质量、提高生产率、降低生产成本和促进切削加工技术的发展，有着十分重要的意义。

5.4.1　切屑形成过程及切屑种类

1. 切屑形成过程

切削过程中，金属切削层的变形大致可划分为三个变形区，如图 5-8 所示。

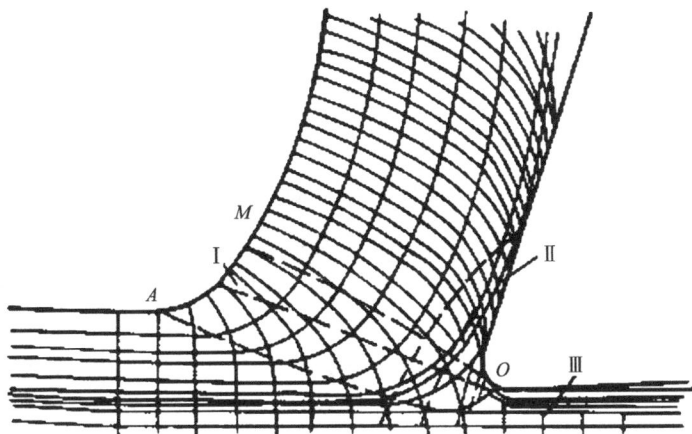

图 5-8　切屑的形成过程

第 I 变形区：即剪切变形区，OA 与 OM 线之间的整个区域称第一变形区。从 OA 线开始发生塑性变形到 OM 线晶粒的剪切滑移基本完成，金属剪切滑移，成为切屑。金属切削过程的塑性变形主要集中于此区域。变形的主要特征是沿滑移线的剪切变形以及加工硬化。

第 II 变形区：靠近前刀面处，当切屑沿前面流出时，由于受到前面挤压和摩擦作用，在前面摩擦阻力的作用下，靠近前面的切屑底层金属再次产生剪切变形，使切屑底层薄的一层金属流动滞缓。流动滞缓的一层金属称为滞流层，这一区域又称为第 II 变形区。此变形区的变形是造成前刀面磨损和产生积屑瘤的主要原因。

第 III 变形区：工件已加工表面受到钝圆弧切削刃、后刀面的挤压和后面的摩擦，使已加工表面内产生严重变形，已加工表面与后面的接触区称为第 III 变形区。此区变形是造成已加工面纤维化、加工硬化和残余应力的主要原因。

切削塑性金属时，当刀具切入工件上所要切除的金属层时，被切层受到挤压而产生弹性变形。随着刀具继续切入，金属内部的应力应变加大，当应力达到材料的屈服极限时，产生塑性变形，金属层就由弹性变形发展到塑性变形阶段，刀具继续前进，应力进而达到材料的断裂强度，金属材料被挤裂，并沿着刀具的前刀面流出而成为切屑。所以切屑的形成过程为：弹变—塑变—挤裂—切离。

2. 切屑的类型

由于工件材料的性能、刀具角度和切削用量等条件不同，故切屑形成过程不同，切屑的形态也各不一样。一般分为四类，如图 5-9 所示。

(a) 带状切屑　　　　(b) 节状切屑　　　　(c) 崩碎切屑

图 5-9　金属切屑的类型

（1）带状切屑。切屑顶面呈毛茸状，底面光滑，这类切屑没有明显的裂纹。用较大的刀具前角、较高的切削速度和较小的进给量加工塑性好的钢材时多获得这类切屑。带状切屑的变形小，力和热均小，切削平稳，加工表面光洁，但切屑会连绵不断地缠在工件上，易于伤人及损坏已加工表面。因此要采取断屑措施，例如，刀具前刀面上磨卷屑槽或加上挡板等。

（2）节状切屑。在切屑顶面上有明显的挤裂纹，但没有到底。用较小的前角、较低的切削速度和较大的进给量粗加工中等硬度的钢材时，常得到这类切屑。节状切屑的变形很大，切削力也较大，且有波动，因此工件表面粗糙度较差。

（3）崩碎切屑。在加工铸铁、青铜等脆性材料时，由于切屑是在被切层受挤压产生弹性变形以后，突然崩碎而形成的，切屑是不规则的碎片，因而在切削过程中容易产生振动。切削力和切削热都集中在主切削刃和刀尖附近，刀尖容易磨损，并容易产生振动，影响表面质量。

切屑的形状可以随切削条件的不同而改变。在生产中，常根据具体情况采取不同的措施来得到需要的切屑，以保证切削加工的顺利进行。例如，加大前角、提高切削速度或减小进给量，可将节状切屑转变成带状切屑，使加工表面较为光洁。

5.4.2　积屑瘤

1. 积屑瘤的定义及形成

在一定范围的切削速度下切削塑性材料时，常常发现在刀具前刀面靠近切削刃的部位黏附着一小块很硬的金属，这就是积屑瘤，如图 5-10 所示。

切屑对前刀面接触处的摩擦，使前刀面十分洁净。切屑与刀具间的剧烈摩擦，使切屑底面金属流速变慢形成一层滞留层。在适当温度和压力下，当前刀面的外摩擦阻力大于切屑内部分子结合力时，会产生黏结现象，部分滞流层金属就黏附滞流在前刀面上形成积屑瘤。积屑瘤形成以后不断长大，达到一定高度又会破裂，而被切屑带走或嵌附在已加工表面上，上述过程是反复进行的。

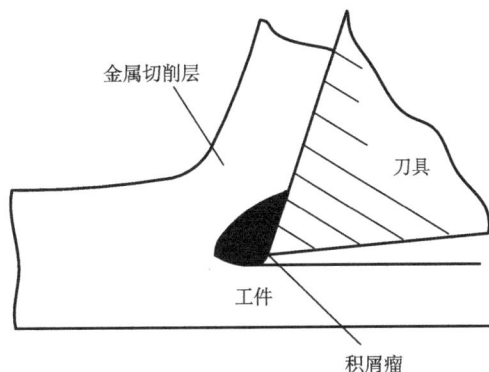

图 5-10　积屑瘤的形成

2. 积屑瘤对切削加工的影响

(1) 刀具耐用度降低。从在刀具上的黏附来看，积屑瘤能代替刀具切削刃进行切削，积屑瘤应该对刀具有保护作用，减少了刀具磨损。但积屑瘤的黏附是不稳定的，它会周期性地从刀具上脱落。当它脱落时，可能使刀具表面金属剥落，从而使刀具磨损加大。对于硬质合金刀具这一点表现尤为明显。

(2) 增大前角。刀具前角是指前面与基面之间的夹角，由于积屑瘤的黏附，刀具前角增大了一个角度，如果把切屑瘤看成是刀具的一部分，无疑实际刀具前角增大。刀具前角增大可减小切削力，对切削过程有积极的作用。而且，切削瘤的高度越大，实际刀具前角也越大，切削更容易。

(3) 使表面粗糙度增大。积屑瘤本身有一个变化过程，积屑瘤的底部一般比较稳定，而它的顶部极不稳定，经常会破裂，然后再形成。破裂的一部分随切屑排除，另一部分黏附在工件已加工表面上，使加工表面变得非常粗糙。

(4) 积屑瘤产生的过程使切削力不稳定。积屑瘤从产生到成长脱落的周期变化，使积屑瘤不能形成稳定的切削刃，刀具前角和背吃刀量总在变化，从而引起切削状态不稳定，使总切削力忽大忽小，引起切削振动。

上述分析说明积屑瘤具有毒瘤和良性瘤的两面性，粗加工时可利用，精加工要避免。

3. 积屑瘤的控制

影响积屑瘤的主要因素有工件材料的性能、切削速度、冷却润滑条件等。

(1) 工件材料。当工件材料的硬度低、塑性大时，切削过程中的金属变形大，切屑与前刀面间的摩擦系数和接触区长度比较大。在这种条件下，易产生积屑瘤。当工件塑性小、硬度较高时，积屑瘤产生的可能性和积屑瘤的高度也减小，如淬火钢。切削脆性材料时产生积屑瘤的可能更小。

(2) 切削速度。切削速度主要是通过切削温度和摩擦系数来影响积屑瘤的。当刀具没有负倒棱时，在极低的切削速度条件下，不产生积屑瘤。以中碳钢为例，切削速度 $v_c<2\text{m/min}$ 时，不产生积屑瘤；当 $v_c>2\sim30\text{m/min}$ 时，积屑瘤从生产到生长到最大；当切削速度 $v_c>120\text{m/min}$，由于切削温度很高（800℃以上），切屑底层的滑移抗力和摩擦系数显著降低，积屑瘤也将消灭。切削温度为 300℃ 左右时，切屑与刀具间的摩擦系数最大，积屑瘤达到最高高度，随着切削温度提高，积屑瘤的高度逐渐减小。

（3）使用切削液。冷却液的加入可以改善前刀面和切屑之间的摩擦条件，一般可消除积屑瘤的出现，润滑性能好的冷却液效果更好。

5.4.3　切削力和切削功率

1. 切削力的来源

切削过程中，为了克服切削层的变形和摩擦，作用在刀具上和工件上的力称为切削力。切削力对切削机理的研究，对计算功率消耗，对刀具、机床、夹具的设计，对制订合理的切削用量、优化刀具几何参数都具有非常重要的意义。切削力来源于三个方面。

（1）克服工件材料对弹性变形的抗力。

（2）克服工件材料对塑性变形的抗力。

（3）克服切屑对刀具前刀面的摩擦力和刀具后刀面对过渡表面和已加工表面之间的摩擦力。

2. 切削合力及分解

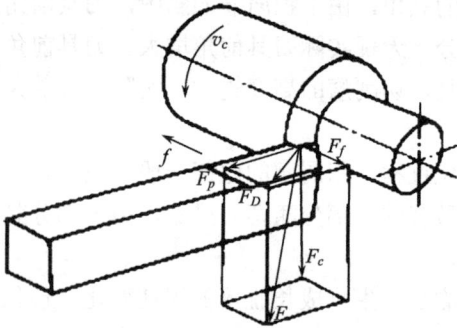

图 5-11　切削外圆时力的分解

上述各力的总和形成作用在刀具上的合力 F。为了便于研究和测量，常把切削力 F 分解成互相垂直的三个分力，图 5-11 所示为车削外圆时作用在刀具上的切削力的分解。

（1）切削力 F_c。总切削力在主运动方向上的分力，占总切削力的 80%～90%，是计算机床动力、主传动系统零件和刀具强度及刚度的主要依据。

（2）进给力 F_f。总切削力在进给方向上的分力，是设计和校验进给机构所必需的数据，也是计算车刀进给功率所必需的力。

（3）背向力 F_p。也称为切深抗力或背吃刀抗力，总切削力在垂直于工作平面方向上的分力，处于基面内并与工件轴线垂直。背向力使工件产生弯曲变形并可能引起振动，作用在工件上的背向力具有将工件顶弯的趋势，特别是在加工细长轴时更为严重。当机床刀具系统刚性不足时，容易产生振动，影响工件的加工精度。因此应当设法减小或消除其影响。例如，车削细长轴时，常采用 90°的车刀，就是为了减小背向力。

这三个切削分力与总切削力有如下关系：

$$F = \sqrt{F_c^2 + F_f^2 + F_p^2}$$

3. 切削力的估算

切削力的大小是由很多因素决定的，如工件材料、切削用量、刀具角度、切削液和刀具材料等。一般情况下，工件材料和切削用量影响最大。

切削力的大小可用经验公式来计算。经验公式是建立在实验基础上的，并综合了影响切削力的各个因素。在金属切削中广泛应用指数公式计算切削力：

$$F_c = c_{F_c} a_p^{x_{F_c}} f^{y_{F_c}} v^{n_{F_c}} k_{F_c}$$

$$F_f = c_{F_f} a_p^{x_{F_f}} f^{y_{F_f}} v^{n_{F_f}} k_{F_f}$$

$$F_p = c_{F_p} a_p^{x_{F_p}} f^{y_{F_p}} v^{n_{F_p}} k_{F_p}$$

式中，c_{F_c}、c_{F_f}、c_{F_p} 为决定于被加工金属和切削条件的系数。x_{F_c}、y_{F_c}、n_{F_c}、x_{F_f}、y_{F_f}、n_{F_f}、x_{F_p}、y_{F_p}、n_{F_p} 为三个分力公式中背吃刀量 a_p、进给量 f 和切削速度 v 的指数。k_{F_c}、k_{F_f}、k_{F_p} 分别为三个分力公式中，当实际加工条件与求得经验公式时的条件不符时，各种因素对切削力的修正系数的积。系数和指数可查切削用量手册，手册中的数值是在特定的几何参数(几何角度的刀具圆弧半径等)下针对不同的加工材料、刀具材料和加工形式，由大量的实验结果处理而来的。

4. 切削功率

切削功率是指消耗在切削过程中的功率，用 P_m 表示，应是三个分力消耗功率的总和，可用下式计算切削功率：

$$P_m = \left(F_c v_c + \frac{F_f n f}{1000} \right) \times 10^3 \approx F_c v_c \times 10^3$$

式中，P_m 为切削功率，kW；F_c 为切削力，N；F_f 为切削力，N；v_c 为切削速度，m/min；n 为工件转速，r/s；f 为进给量，mm/r。

按上式求得切削功率后，如要计算机床电机的功率以便选择机床电机，可采用下式来计算：

$$P_E \geqslant \frac{P_m}{\eta_m}$$

式中，η_m 为机床的传动效率，一般取值 0.75~0.85，大值适合新机床。

5.4.4　切削热和切削温度

切削过程中所消耗的切削功，除了 1%~2% 用以形成新表面和以晶格扭曲形式形成潜能外，有 98%~99%转换为热能，这些热称为切削热。切削热是切削过程中的一个重要的物理现象，大量的切削热使得切削温度升高，直接影响刀具的磨损和工件材料的性能、工件的加工精度和已加工表面质量等。

1. 切削热的来源和传出途径

(1) 切削热的来源。切削热来源于三个变形区：切削层的变形、切屑与前刀面的摩擦，以及工件与刀具后刀面的摩擦所产生的热，如图 5-12

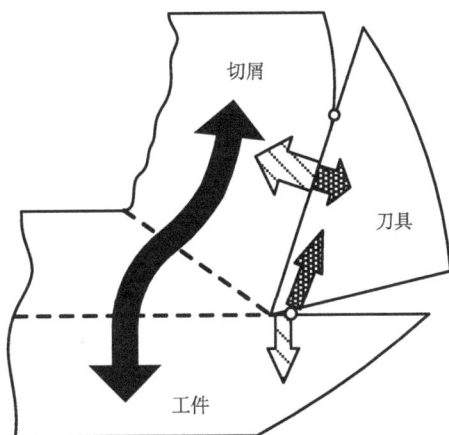

图 5-12　切削热的来源

所示，其中切削层变形所产生的热量是切削热的主要来源。

（2）影响切削热的因素。对于塑性材料的切削，材料的塑性越大，变形和摩擦越大，产生的切削热越多。切削脆性材料时，后刀面上摩擦产生的热量在切削热中所占比重增大。切削用量三要素对切削热的影响，背吃刀量最大，切削速度次之，进给量最小。

（3）切削热的传出途径。切削热产生以后，由切屑、工件、刀具及周围的介质（如空气）传出。各部分传出的比例取决于工件材料、刀具材料及刀具几何形状等。用高速钢刀具车外圆时切削热传出去的比例是：切屑传出去的热为 50%～86%，工件传出去的热为 10%～40%，刀具传出去的热为 3%～9%，周围介质传出去的热约为 1%。

传入切屑及介质中的热越多，对加工越有利。传入工件中的热，使工件温度升高，导致工件膨胀，引起工件变形，影响加工精度，同时也降低了表面加工质量。传给刀具的热虽不多，但由于刀具切削部分体积很小，因此刀具的温度可达到很高（高速切削时可高达1000℃以上）。温度升高以后，会加速刀具的磨损。

2. 切削温度及其影响因素

切削温度是切屑、工件和刀具接触面上的平均温度，一般指前刀面与切屑接触区域的平均温度。

切削温度取决于切削热的产生及传散情况，切削热产生的多但传散快，切削温度不高，切削热产生的少但传散慢，切削温度不低。影响切削温度的因素主要包括：切削用量、工件和刀具材料、刀具几何参数、刀具磨损和切削液等。

（1）切削用量。切削速度、进给量和背吃刀量增加，都会使加工时产生的切削热增多，从而导致切削温度上升。其中，切削速度对切削温度的影响最显著，进给量次之，背吃刀量最小。因此，为了有效地控制切削温度以提高刀具寿命，在机床允许的条件下，选比较大的进给量和背吃刀量比选大的切削速度更有利。

（2）工件材料。工件材料的硬度强度越高，切削抗力越大，产生的切削热越多，则切削温度越高。导热性好的工件材料，切屑和工件传出的切削热多，切削温度低。

（3）刀具几何参数。增大前角 γ_o，单位切削力下降，产生的切削热减少，切削温度降低，但前角过大会导致刀具的散热条件变差，反而导致切削温度增加；减小主偏角 κ_r，切削刃参与切削的长度增加，切削热的传热条件好，切削温度降低。

（4）刀具磨损和切削液。刀具的磨损越大，切削温度越高。使用切削热对降低切削温度、减少刀具磨损和提高已加工表面质量有明显的效果。

5.4.5　刀具磨损和刀具耐用度

切削金属时，刀具一方面切下切屑，另一方面刀具本身也要发生损坏，刀具损坏到一定程度，就要换刀或更换新的刀刃才能进行正常切削。刀具损坏的形式主要有磨损和破损两类，前者是连续的逐渐磨损，后者包括脆性破损（如崩刃、碎断、剥落、裂纹破损等）和塑性破损两种。

1. 刀具磨损的形式

刀具正常磨损时，按其发生部位不同可分为三种形式，即前刀面磨损、后刀面磨损、前后刀面同时磨损，如图 5-13 所示。VB 代表后刀面磨损尺寸。

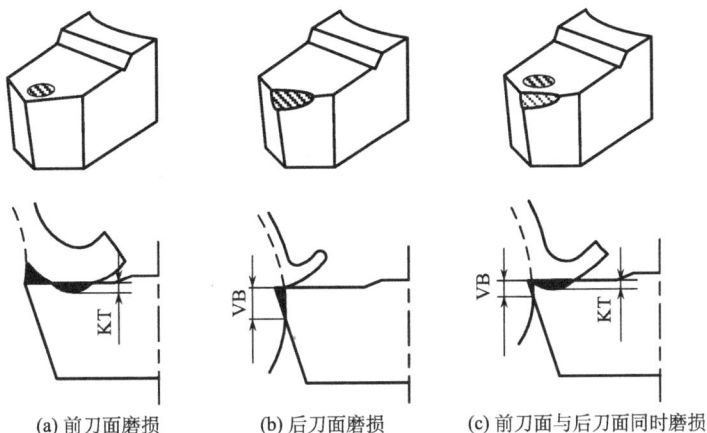

(a) 前刀面磨损　　　　(b) 后刀面磨损　　　　(c) 前刀面与后刀面同时磨损

图 5-13　刀具的磨损形式

（1）前刀面磨损。以较高的切削速度和较大的切削厚度切削塑性材料时，由于切屑与前刀面完全是新鲜表面相接触和摩擦，化学活性很高，反应很强烈，接触面又有很高的压力和温度，接触面积中有 80%以上是实际接触，空气或切削液渗入比较困难，因此在前刀面上形成"月牙洼"状的磨损，故也称月牙洼磨损。月牙洼磨损值以其最大深度 KT 表示。

（2）后刀面磨损。以较小的切削厚度切削塑性材料和切削铸铁时，磨损主要发生在后刀面上，在后刀面上形成磨损带，磨损带往往不均匀，平均磨损宽度以 VB 表示。

（3）前后刀面同时磨损。也称为边界磨损，切削钢料时，常在主切削刃靠近工件外皮以及副切削刃靠近刀尖处的后刀面上，磨出较深的沟纹，此两处分别是在主、副切削刃与工件待加工或已加工表面接触的地方。加工铸、锻件等外皮粗糙的工件，也容易发生边界磨损。

2. 刀具的磨损过程

刀具正常磨损过程的典型磨损曲线如图 5-14 所示。

刀具的磨损过程可分为以下三个阶段。

（1）初期磨损阶段（OA 段）。这一阶段的磨损较快，因为新刃磨的刀具后刀面存在着粗糙不平之处以及显微裂纹、氧化或脱碳等缺陷，而且切削刃较锋利，后刀面与加工表面接触面积较小，压应力较大，所以磨损较快。一般初期磨损量为 0.05～0.1mm，其大小与刀具刃磨质量直接相关。

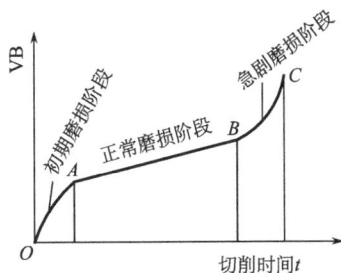

图 5-14　刀具的磨损过程

（2）正常磨损阶段（AB 段）。这个阶段的磨损比较缓慢均匀，后刀面磨损量随切削时间延长而近似地成比例增加，正常切削时，这阶段时间较长。

（3）急剧磨损阶段（BC 段）。这个阶段，刀具的磨损速度非常快。当磨损带宽度增加到一定限度后，加工表面粗糙度增大，切削力与切削温度迅速升高，磨损速度增加很快，以至刀具损坏而失去切削能力。生产中为合理使用刀具，保证加工质量，应当避免达到这个磨损阶段，在这个阶段到来之前就要及时换刀或更换新刀刃。

3. 刀具的磨钝标准

刀具磨损到一定限度就不能继续使用，这个磨损限度称为磨钝标准。

在评定刀具材料切削性能和实验研究时，都以刀具表面的磨损量作为衡量刀具的磨钝标准。因为一般刀具的后刀面都发生磨损，而且测量也比较方便。因此，国际标准 ISO 统一规定以 1/2 背吃刀量处后刀面磨损带宽度 VB 作为刀具的磨钝标准。自动化生产中的精加工刀具常以工件径向上刀具磨损量 NB 作为衡量刀具的磨钝标准，称为刀具径向磨损量。

由于加工条件不同，所定的磨钝标准也有变化。精加工的磨钝标准取小值，而粗加工则取较大值。磨钝标准的具体数值可参考有关手册，一般为 0.3～0.6mm。

在生产实际中，经常卸下刀具来测量磨损量会影响生产的正常进行，因而不能直接以磨损量的大小，而是根据切削中发生的一些现象来判断刀具是否已经磨钝。例如，粗加工时，观察加工表面是否出现亮带、切屑的颜色和形状的变化，以及是否出现振动和不正常的声音等；精加工可观察加工表面粗糙度以及测量加工零件的形状与尺寸精度等，发现异常现象，就要及时换刀。

4. 刀具的耐用度

刀具的磨损限度，通常用后刀面的磨损程度作标准。但是生产中不可能经常用测量后刀面磨损的方法来判断刀具是否已经达到容许的磨损极限，而是按刀具进行切削的时间来判断的。

刀具耐用度是指刀具从刃磨后开始切削，一直到磨损量达到刀具的磨钝标准所经过的总的切削时间，用 $T(\min)$ 表示。粗加工时，多以切削时间(min)表示刀具的耐用度；精加工时，常以走刀次数或加工零件个数表示刀具的耐用度。

影响刀具耐用度的因素主要包括：切削用量、刀具几何参数、工件材料、刀具材料等。

1) 切削用量的影响

切削速度是影响刀具耐用度的最主要因素。切削时，提高切削速度，耐用度降低，增加进给量和背吃刀量，刀具耐用度也要减小。切削用量与 T 的一般关系为

$$T = \frac{C_T}{v^x f^y a_p^z}$$

式中，C_T 为耐用度系数，与刀具、工件材料和切削条件有关；x、y、z 为指数，分别表示各切削用量对刀具耐用度影响的程度。

如用 YT5 硬质合金车刀切削 $\sigma_b = 0.637$GPa 的碳钢时，切削用量($f > 0.70$mm/r)与刀具耐用度的关系为

$$T = \frac{C_T}{v^5 f^{2.25} a_p^{0.75}}$$

可以看出：切削速度对刀具耐用度影响最大，进给量次之，背吃刀量最小。应注意，上述关系式是在一定条件下通过实验求出的，若切削条件改变，各种因素对刀具耐用度 T

影响就不同，各指数系数就相应的发生变化。另外，上述刀具磨损寿命与切削用量之间的关系是以刀具的平均寿命为依据建立的，是不完全符合实际情况的。

2）刀具几何参数的影响

刀具的前角增大，切削温度降低，刀具耐用度提高，但前角过大，刀具强度降低，散热差，刀具耐用度反而降低。因此，刀具的前角存在一个最佳值，主偏角、副偏角减小时，刀具耐用度提高。增大刀尖圆弧半径，可提高刀具耐用度。

3）工件材料

工件材料的强度、硬度、韧性越高，刀具耐用度越低。

5.4.6　切削液的选用

为了降低切削温度、减少摩擦，从而减少刀具的磨损、提高生产率和表面加工质量，生产中常常使用金属切削加工液(简称切削液)。切削液是一种用在金属切削、磨加工过程中，用来冷却和润滑刀具和加工件的工业用液体。

1. 切削液的作用

切削液一般由基础成分和添加剂组成。添加剂是一些化学物质，它的添加对于改善切削液的性能有重要作用。添加剂主要分为油性添加剂、极压添加剂、表面活性添加剂及其他类型添加剂。切削液具备良好的冷却性能、润滑性能、清洗功能、防锈性能、防腐功能、易稀释等特点，并且具备无毒、无味、对人体无侵蚀、对设备不腐蚀、对环境不污染等特点。

(1) 冷却作用。切削液的冷却作用是通过它和因切削而发热的刀具、切屑和工件间的对流和汽化作用，把切削热从刀具和工件处带走，从而有效地降低切削温度，减少工件和刀具的热变形，保持刀具硬度，提高加工精度和刀具耐用度。切削液的冷却性能和其导热系数、比热、汽化热以及黏度有关。

(2) 润滑作用。切削液渗透到刀具与切屑、工件表面之间形成润滑膜，它具有物理吸附和化学吸附作用，可以减小前刀面与切屑、后刀面与已加工表面间的摩擦，从而减小切削力、摩擦和功率消耗，降低刀具与工件坯料摩擦部位的表面温度和刀具磨损，改善工件材料的切削加工性能。

(3) 清洗作用。在金属切削过程中，要求切削液有良好的清洗作用，以除去生成切屑、磨屑以及铁粉、油污和砂粒，防止机床和工件、刀具的沾污，使刀具或砂轮的切削刃口保持锋利，不致影响切削效果。对于切削液，黏度越低，清洗能力越强。

(4) 防锈作用。在金属切削过程中，工件要与环境介质及切削液组分分解或氧化变质而产生的油泥等腐蚀性介质接触而腐蚀，与切削液接触的机床部件表面也会因此而腐蚀。此外，在工件加工后或工序之间流转过程中暂时存放时，也要求切削液有一定的防锈能力，防止环境介质及残存切削液中的油泥等腐蚀性物质对金属产生侵蚀。

除了以上作用外，切削液应具备良好的稳定性，在贮存和使用中不产生沉淀或分层、析油、析皂和老化等现象；对细菌和霉菌有一定抵抗能力，不易长霉及生物降解而导致发臭、变质；不损坏涂漆零件，对人体无危害，无刺激性气味；在使用过程中无烟、雾或少烟雾；便于回收，低污染，排放的废液处理简便，经处理后能达到国家规定的工业污水排放标准等。

2. 切削液的分类

切削液可分为油基和水基切削液两大类。

(1) 油基切削液。主要有切削油和极压切削油(混合油)两种。

①切削油。有各种矿物油(如机械油、轻柴油、煤油等)、动植物油(如豆油、猪油等)。主要起润滑作用,用于普通精车,螺纹加工等。

②极压切削油。在矿物油中加入油性、极压添加剂配制的混合油。主要起高温润滑作用,用途广泛。

(2) 水基切削液。可分为乳化液、半合成切削液和全合成切削液。乳化液、半合成以及全合成的分类通常取决于产品中基础油的类别,乳化液是仅以矿物油作为基础油的水溶性切削液,稀释液在外观上呈乳白色;半合成切削液是既含有矿物油又含有化学合成基础油的水溶性切削液,稀释液通常呈半透明状,也有一些产品偏乳白色;全合成切削液则是仅使用化学合成基础油(即不含矿物油)的水溶性切削液,稀释液通常完全透明如水或略带某种颜色。

另外还有离子型切削液。电是水溶性切削液中的一种新型切削液,其母液是由阴离子型、非离子型表面活性剂和无机盐配制而成的。它在水溶液中能离解成各种强度的离子。切削时,由于强烈摩擦所产生的静电荷,可由这些离子反应迅速消除,降低切削温度,提高刀具耐用度。

3. 切削液的选择

切削液应根据工件材料、刀具材料、加工方法和加工要求等具体情况选用,否则不能得到应有的效果。

1) 根据刀具材料

高速钢刀具:耐热性较差,一般应加切削液,粗加工时加水基切削液;精加工时加油基切削液。使用高速钢刀具进行低速和中速切削时,建议采用油基切削液或乳化液。在高速切削时,由于发热量大,以采用水基切削液为宜。若使用油基切削液会产生较多油雾,污染环境,而且容易造成工件烧伤、加工质量下降、刀具磨损增大。

硬质合金刀具:一般不用切削液,在选用切削液时,要考虑硬质合金对骤热的敏感性,尽可能使刀具均匀受热,否则会导致崩刃。必要时可采用低浓度的乳化液或水溶液,但必须连续充分注入,以免冷热不均而产生裂纹。

2) 根据工件材料

切削钢等塑性金属,要加切削液;切削铸铁等脆性材料一般不用切削液,因加工铸铁产生崩碎切屑,使用切削液后对机床清理不利;高强度钢和高温合金等难加工材料选极压切削油或极压乳化液以满足对冷却润滑的更高要求;加工铜铝及其合金时,不能选用含硫的切削液,因硫会腐蚀铜铝。

3) 根据加工方法和加工要求

粗加工时,主要要求冷却,一般选用冷却作用较好的切削液,如低浓度的乳化液等;精加工时,主要要求提高零件表面质量和减小刀具磨损,一般选用润滑作用较好的切削液,如高浓度的乳化液或油基切削液等。

5.5 工件材料的切削加工性能

1. 切削加工性的定义

工件材料的切削加工性是指在一定的切削条件下，工件材料切削加工的难易程度。当被切削工件难加工时，切削加工性差(低)；反之，切削加工性好(高)。切削加工性是一个相对的概念，如低碳钢，从切削力和切削功率方面来衡量，则加工性好；如果从已加工表面粗糙度方面来衡量，则加工性不好。粗加工时，要求刀具的磨损慢和加工生产率高；而在精加工时，则要求工件有高的加工精度和较小的表面粗糙度。显然，这两种情况下所指的切削加工难易程度是不相同的。

2. 衡量切削加工性的指标

切削加工性既然是相对的，那么衡量切削加工性的指标就不是唯一的。一般把切削加工性的衡量指标归纳为以下几个方面。

(1) 以刀具耐用度衡量切削加工性。以刀具耐用度来衡量切削加工性，是比较通用的，其中包括：保证相同的刀具耐用度的前提下，考察切削这种工件材料所允许的切削速度的高低；在保证相同的切削条件下，看切削这种工件材料时刀具耐用度数值的大小；在相同的切削条件下，看保证切削这种工件材料时达到刀具磨钝标准时所切除的金属体积。

最常用的衡量切削加工性的指标是 v_T，它的含义是：当刀具耐用度为 T(min 或 s)时，切削该种工件材料所允许的切削速度值。v_T 越高，则工件材料的切削加工性越好。一般情况下可取 $T=60$min；对于一些难切削材料，可取 $T=30$min 或 $T=15$min；对于机夹可转位刀具，T 可以取得更小一些。如果取 $T=60$min，则 v_T 可写作 v_{60}。

(2) 以加工质量衡量切削加工性。凡容易获得好的表面质量的材料，其切削加工性较好；反之较差。常用于零件的精加工。如表面粗糙度、已加工表面变质层的深度、残余应力和硬化程度来衡量其切削加工性等。

(3) 以单位切削力衡量切削加工性。在相同的切削条件下，凡切削力较小的材料，其切削加工性较好；反之较差。在机床动力不足或机床—夹具—刀具—工件系统刚性不足时，常用这种衡量指标。

(4) 以断屑性能衡量切削加工性。凡切屑容易控制或易于折断的材料，其切削加工性较好；反之较差。在对工件材料断屑性能要求很高的机床应采用这种衡量指标。如自动机床、组合机床及自动线上进行切削加工。

(5) 以相对加工性衡量切削加工性。所谓相对加工性是以 45 钢(170~229HB，σ_b =0.637GPa)的 v_{60} 作为基准，记作 v_{o60}，其他材料 v_{60} 与 v_{o60} 的比值记作 K_r

$$K_r = v_{60}/v_{o60}$$

$K_r > 1$，说明该材料的加工性比 45 号钢好；$K_r < 1$，说明该材料的加工性比 45 号钢差。

3. 改善材料切削加工性的主要途径

影响工件材料切削加工性的因素很多，主要包括工件材料的物理力学性能、化学成分、金相组织以及工件的加工条件等。直接影响材料切削加工性的主要因素是其力学性能和物理性能。若材料的强度和硬度高，则切削力大，切削温度高，刀具磨损快，切削加工性较差。若材料的塑性高，则不易获得好的表面质量，断屑困难，切削加工性较差。若材料的导热性差，切削热不易散失，切削温度高，其切削加工性也不好。

（1）调整化学成分。可以通过适当调整材料的化学成分来改善其切削加工性。例如，在钢中适当加入某些元素，如硫、铅等得到易切钢，从而改善其切削加工性。

（2）材料进行合适的热处理。通过适当的热处理，可以改变材料的显微组织和力学性能，从而达到改善其切削加工性的目的。例如，高碳钢进行球化退火可以降低硬度，对低碳钢进行正火可以降低塑性，对白口铸铁进行退火，变成灰口铸铁，都能够改善切削加工性。

（3）其他。改变材料的力学性能，还可以用其他辅助性的加工，如低碳钢经过冷拔可降低其塑性，也能改善材料的切削加工性。

5.6　零件加工质量和生产率的概念

生产任何一种机械产品，都要求在保证加工质量的前提下，做到高效率低消耗，产品的质量是第一位的，没有质量，高效率低成本就失去了意义。产品质量是指用户对产品的满意程度，包括：产品的设计质量、产品的制造质量和服务。设计质量要反映所设计的产品与用户的期望之间的符合程度，设计质量是质量的重要组成部分。制造质量指产品的制造与设计的符合程度（包括零件的制造质量和产品的装配质量）。服务主要包括售前的服务、售后的培训、维修、安装等。

评价不同方案的技术经济效果时，首先应确定评价依据和标准，也就是要利用一系列的技术经济指标。某方案的技术经济效果可用下式概括描述：

$$E = \frac{V}{C}$$

式中，E 为技术经济效果；V 为输出的使用价值，也称效益；C 为输入的劳动耗费。V 一定时，C 最小或 C 一定 V 最小，其经济效果最好。

衡量某一方案的技术经济效果的经济指标很多。下面简要介绍切削加工的几个主要技术经济指标，即产品质量、生产率和经济性。

1. 产品质量

产品的制造质量主要与零件制造质量、产品的装配质量有关，零件的制造质量是保证产品质量的基础。零件经切削加工后的加工质量，包括加工精度和表面质量。

1）加工精度

加工精度是指零件加工以后，其尺寸、形状、相互位置等实际数值与理论数值相符合的程度，符合的程度越高，加工精度就越高。加工精度又分为尺寸精度、形状精度和位置精度，分别用尺寸公差、形状公差和位置公差来表示。

（1）尺寸精度。指表面本身的尺寸精度和表面间的尺寸精度。

国家标准 GB/T 1800.2—2009 规定，标准公差分成 20 个精度等级，即 IT01、IT0 和 IT1～IT18，IT 表示标准公差。数字越大，精度等级越低。IT01～IT13 用于配合尺寸，其余用于非配合尺寸。

(2) 形状精度。指零件表面与理想表面之间在形状上接近的程度，如平面的平面度、圆柱面的圆柱度、圆度等。

(3) 位置精度。指表面、轴线或对称面之间的实际位置与理想位置接近的程度，如两平面之间的平行度或垂直度，两圆柱面之间的同轴度等。

一般零件只规定尺寸公差。对要求较高的零件，除了规定尺寸公差，还规定其所需要的形状公差和位置公差。

2) 表面质量

已加工表面的表面质量是指工件经过切削加工后的表面粗糙度、表面层加工硬化的程度和表层残余应力的性质及大小。

(1) 表面粗糙度。已加工表面轮廓的高低不平程度，用轮廓的平均算术偏差 Ra 表示。表面粗糙度有 14 个等级，分别以符号 $Ra50$、$Ra25$、…、$Ra0.008$ 等表示。其中 $Ra50$ 最大，即表面最粗糙；$Ra0.008$ 最低，即表面最光洁。

(2) 已加工表面的加工硬化。机械加工时，工件表面层金属受到切削力的作用产生强烈的塑性变形，使晶格扭曲，晶粒间产生剪切滑移，晶粒被拉长、纤维化甚至碎化，从而使表面层的强度和硬度增加，这种现象称为加工硬化，又称冷作硬化或强化。切削加工所造成的加工硬化，常常伴随着表面裂纹，因而降低了零件的疲劳强度和耐磨性。另一方面，硬化层的存在加速了后续加工中刀具的磨损。

(3) 残余应力。机械加工中工件表面层组织发生变化时，在表面层及其与基体材料的交界处会产生互相平衡的弹性力。这种应力即表面层的残余应力。残余应力主要是在表面层金属和基体金属之间发生不均匀体积变化引起的。经切削加工后的表面，由于切削时力和热的作用，在一定深度的表层金属里，常常存在着残余应力和裂纹。这会影响零件表面质量和使用性能。

一般的零件主要规定其表面粗糙度的数值范围，对于重要的零件除限制表面粗糙度外，还要控制表面加工硬化的程度和深度，以及表层残余应力的性质及大小。

2. 生产率

切削加工中常以单位时间内生产的零件数量来表示生产率，即

$$R_0 = \frac{1}{t_w}$$

式中，R_0 为生产率；t_w 为生产一个零件所需的总时间。

在机床上加工一个零件，所用的总时间包括三个部分，即

$$t_w = t_m + t_c + t_o$$

式中，t_m 为基本工艺时间，也称为机动时间，亦即加工一个零件所需的总切削时间；t_c 为辅助时间，除切削时间之外，与加工直接有关的时间，是为了维持切削加工所消耗到各种辅助操作上的时间，如调整机床、装卸及空移刀具、装卸工件和检验测量等时间；t_o 为其他时间，与加工没有直接关系的时间，如清扫切屑、工间休息等时间。

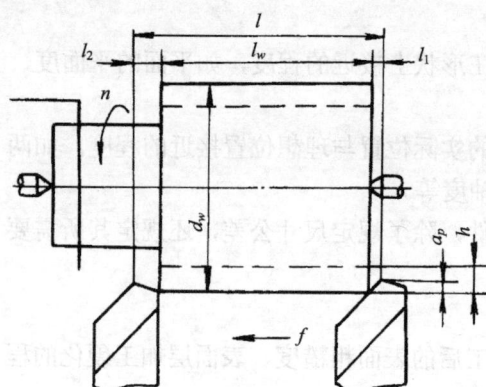

图 5-15　车削外圆时基本工艺时间的计算

$$R_0 = \frac{1}{t_m + t_c + t_o}$$

因此，提高切削加工生产率，实际上就是减少零件加工的基本工艺时间、辅助时间和其他时间。

使用先进的工夹量具，采用先进的机床设备及自动化控制系统，可以大大缩短辅助时间。改进车间管理，安排好生产调度，改善劳动条件，可以减少其他时间的损耗。

缩短基本工艺时间，则与切削用量有着密切的关系。以车外圆为例，如图 5-15 所示。

基本工艺时间可用下式计算：

$$t_m = \frac{lh}{nfa_p} = \frac{\pi d_w lh}{1000 v_c f a_p}$$

式中，l 为车刀行程长度，包括工件长度 l_w、切入长度 l_1 和切出长度 l_2，mm；d_w 为工件待加工表面直径，mm；h 为外圆面加工余量之半，mm；v_c 为切削速度，m/s；f 为进给量，mm/r；a_p 为背吃刀量，mm；n 为工件转速，r/s；

由上式可知，基本工艺时间越短，生产率越高。降低基本工艺时间的办法就是提高切削用量，而且提高其中的任何一个参数，都有同样的效果。

综合上述分析，提高生产率的主要途径如下。

（1）采用先进的毛坯制造工艺和方法，减小加工余量。

（2）合理地选择切削用量，粗加工时可采用强力切削（f 和 a_p 较大），精加工可采用较高的切削速度。

（3）采用先进的和自动化程度较高的工、夹、量具。

（4）采用先进的机床设备及自动化控制系统，例如，在大批大量生产中采用自动机床，多品种、小批量生产中采用数控机床、加工中心等。

（5）采用提高刀具耐用度的措施以减少刃磨、换刀等时间。

3. 经济性

在制订切削加工方案时，应使产品在保证其使用要求的前提下制造成本最低。

若将毛坯成本除外，每个零件的加工费用可用下式计算：

$$C_w = t_w M + \frac{t_m}{T} C_t = (t_m + t_c + t_o) M + \frac{t_m}{T} C_t$$

式中，C_w 为每个零件切削加工的费用；M 为单位时间内分担的全厂开支；T 为刀具耐用度；C_t 为刀具刃磨一次的费用。

由上式可知，零件切削加工的成本，包括工时成本和刀具成本两部分，并且受基本工艺时间、辅助时间、其他时间及刀具耐用度的影响。若要降低零件切削加工的成本，除节约全厂的开支、降低刀具成本外，还要设法减少 t_m、t_c 和 t_o，并保证一定的刀具耐用度 T。

切削加工最优的技术经济效果，是指在可能的条件下，以最低的成本高效率地加工出质量合格的零件。

思 考 题

5-1　主运动和进给运动各有何特点？

5-2　切削过程中工件上形成的表面包括哪些？

5-3　切削用量三要素的概念、符号及度量单位分别是什么？

5-4　前角、后角的功用分别是什么？选择合理前角、后角的依据有哪些？

5-5　一般情况下，刀具切削部分的材料应具有哪些基本性能？

5-6　切削力的分解与切削运动相联系，有何实用意义？

5-7　切削力可分解成哪几个分力？各分力有何实用意义？

5-8　切削热是怎么产生和传出的？主要受哪些因素影响？

5-9　实际生产中可从哪些方面判断刀具已经磨损？

5-10　什么是刀具的耐用度？影响刀具耐用度的因素有哪些？

5-11　切削加工中常用的切削液有哪几类？它在切削中的主要作用是什么？

5-12　工件切削加工性的含义是什么？为什么说它是相对的？

5-13　常用衡量切削加工性的指标有哪些？各用于什么场合？

5-14　已加工表面质量的主要评定标志有哪些？

第6章 车削加工

6.1 车削加工概述

6.1.1 车削加工定义及加工范围

车削加工是机械加工中是主要、最常见的一种加工方法，无论是在单件小批生产，还是在成批或大量生产，以及在机械维护修理方面，车削加工都占有重要的地位。车削加工是指在车床上利用工件的旋转和刀具的移动来改变毛坯形状和尺寸，从工件表面切除多余材料，使其成为符合一定形状、尺寸和表面质量要求的零件的一种切削加工方法。车削加工中工件的旋转运动为主运动，刀具相对工件的移动为进给运动。

车削加工的应用范围非常广泛，通用性很强，主要是用来加工零件上的回转表面，如内外圆柱面、内外圆锥面、内外螺纹面、回转沟槽、回转成型面等，还可以加工端面、孔以及滚花等，见图6-1。除了非常硬的材料，车削加工基本上可以加工各种钢材、铸铁和有色金属等金属材料，以及木材、塑料、橡胶、尼龙、石墨等非金属材料，加工材料的硬度一般在30HRC以下。车削加工可分为粗车、半精车、精车，一般粗车所能达到的尺寸公差等级为IT11～IT12，表面粗糙度 Ra 为 12.5～25μm；半精车为IT9～IT10，Ra 为 3.2～6.3μm；精车为IT7～IT8，Ra 为 0.8～1.6μm（精车有色金属可达 0.4～0.8μm）。

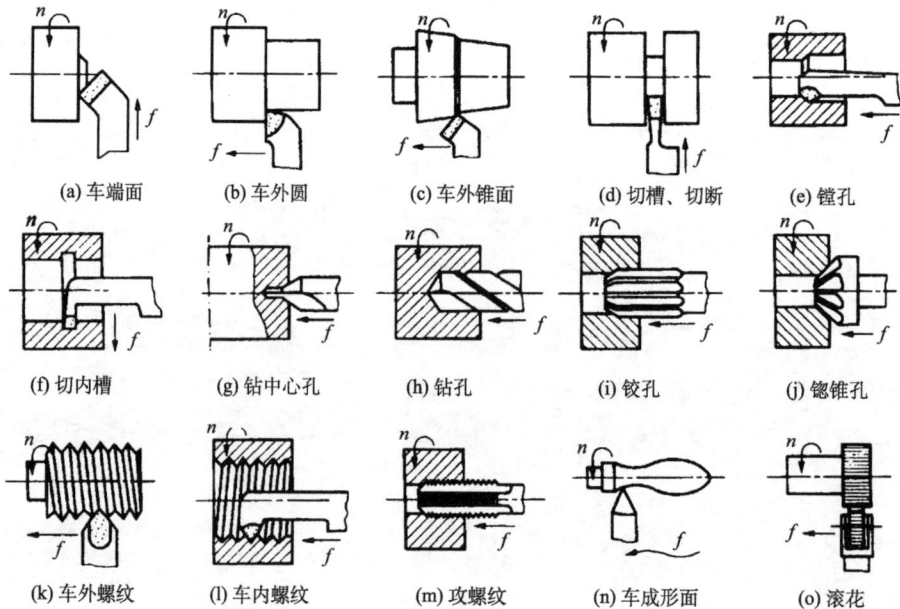

(a) 车端面 (b) 车外圆 (c) 车外锥面 (d) 切槽、切断 (e) 镗孔

(f) 切内槽 (g) 钻中心孔 (h) 钻孔 (i) 铰孔 (j) 锪锥孔

(k) 车外螺纹 (l) 车内螺纹 (m) 攻螺纹 (n) 车成形面 (o) 滚花

图6-1 车削加工范围

6.1.2 车削加工的特点

(1) 各加工表面之间的位置精度高。在车削加工时，工件各回转表面具有同一个回转轴线，并且绕轴线做旋转运动，有利于保证各加工表面间同轴度的要求。

(2) 切削过程比较平稳。在车床上进行连续车削时，刀具的几何形状、进给量和背吃刀量一定时，切削面积基本不变，切削力基本上不发生变化，因此切削过程比较平稳。

(3) 刀具形状简单，制造、刃磨方便。车刀是一种比较简单的刀具，可以根据工件的实际加工要求，选择合理的刀具角度，它的制造、刃磨和安装都非常方便。

(4) 生产效率高。车削加工时，由于主运动是连续的旋转运动，可以避免冲击力和惯性力的影响，能够允许采用较大的切削用量进行高速切削或强力切削，因而具有较高的生产率。

(5) 适于有色金属零件的精加工。对于一些有色金属零件的精加工，如果采用磨削方法，由于有色金属材料本身的塑性好、硬度低，则砂轮容易被磨屑堵塞，使加工表面的质量降低。而如果以很少的背吃刀量和进给量以及很高的切削速度进行精细车削，零件的表面粗糙度 Ra 甚至可达 $0.1 \sim 0.4 \mu m$。

6.2 车　床

车床是金属切削机床中数量最多的一种，在工厂的机械加工车间中，在各类机床中，车床一般约占机床总数的 50%。车床种类繁多，主要有卧式车床、立式车床、转塔车床、自动及半自动车床、数控车床等。其中，卧式车床的应用最广泛，其使用数量约占车床总数的 60%。

6.2.1 普通卧式车床

1. 机床型号

按 GB/T 15375—2008《金属切削机床　型号编制方法》规定，机床型号由一组汉语拼音字母和阿拉伯数字按一定规律组合而成，用来表示机床的类型、特征、主参数等。以型号 C6132A 为例，各部分的含义如下：

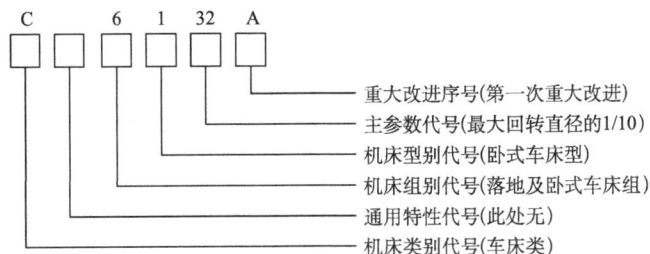

C　　6　1　32　A

重大改进序号(第一次重大改进)
主参数代号(最大回转直径的1/10)
机床型别代号(卧式车床型)
机床组别代号(落地及卧式车床组)
通用特性代号(此处无)
机床类别代号(车床类)

2. 卧式车床的组成

卧式车床的种类很多，下面主要介绍常用的 C6132 普通卧式车床。

C6132 普通卧式车床的主要组成部分有床身、主轴箱和变速箱、进给箱、溜板箱、光杠和丝杠、刀架和尾座，见图 6-2。

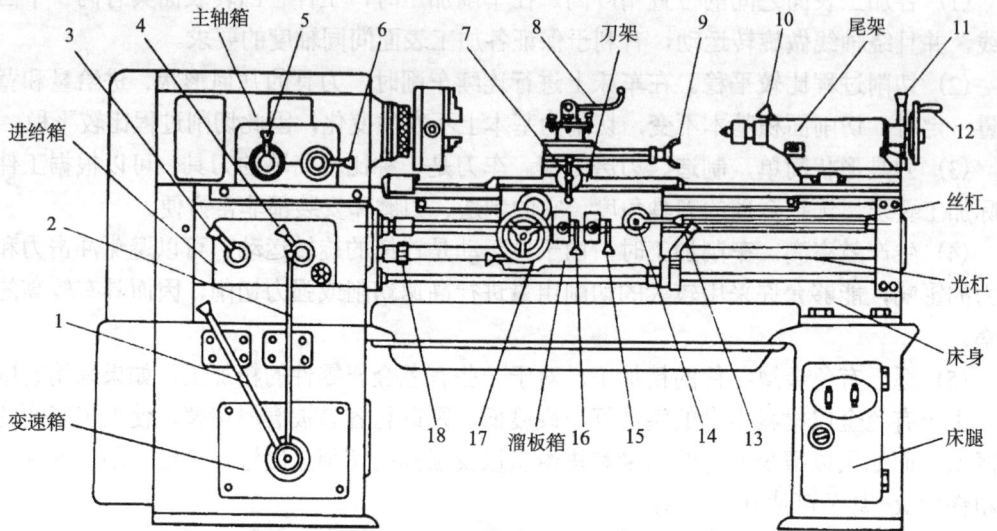

图 6-2　C6132 型卧式车床

1、2、6-主轴变速手柄；3、4-进给运动变速手柄；5-刀架左右移动的换向手柄；7-刀架横向手动手柄；8-方刀架锁紧手柄；

9-小拖板手柄；10-尾座套筒锁紧手柄；11-尾座锁紧手柄；12-尾座套筒移动手柄；13-主轴启闭和变向手柄；

14-对开螺母开合手柄；15-刀架本身自动手柄；16-刀架纵向自动手柄；17-刀架纵向手动手轮；18-光杠、丝杠更换离合器

（1）床身。床身是车床的基础零件，用以支承和安装各主要部件并保证各部件之间有正确的相对位置。床身的上面有内、外两组平行的导轨。外侧的导轨用于刀架大托板的运动导向和定位，内侧的导轨用于尾座的运动导向和定位。床身的左右两端分别支撑在左右床腿上，左床腿内安放变速箱和电动机，右床腿内安放电器箱。

（2）变速箱。变速箱内装有主轴的变速齿轮，电动机的运动通过变速箱可变化成六种不同的转速输出，并传递到主轴箱。变速箱远离车床主轴，这样的传动方式称为分离传动，其目的是减小齿轮传动产生的振动和热量对主轴的不利影响，保证切削加工质量。

（3）主轴箱。主轴箱又称床头箱，安装在床身的左上端，箱内装有一根空心主轴及部分变速机构，变速箱传来的 6 种转速通过变速机构变为主轴的 12 种不同的转速。空心主轴的孔中可以放入棒料，主轴右端（前端）的外锥面用来装夹卡盘和拨盘等附件，内锥面用来装顶尖。主轴通过另一些齿轮还将运动传入进给箱。

（4）进给箱。进给箱用来改变进给量，固定在主轴箱下部的床身侧面，内部装有进给运动的变速齿轮。主轴的运动通过齿轮传入进给箱，经过变速机构带动光杠或丝杠以不同的转速转动，最终通过溜板箱带动刀具实现直线的进给运动。

（5）光杠、丝杠。光杠和丝杠将进给箱的运动传给溜板箱。光杠用于自动走刀车削除螺纹以外的表面，丝杠只用于车削螺纹。

（6）溜板箱。溜板箱用来使光杠和丝杠的转动改变为刀架的自动进给运动，固定在刀架下部，与刀架大托板连在一起，它将光杠传来的旋转运动变为车刀的纵向或横向的直线

移动，还可将丝杠传来的旋转运动通过开合螺母直接变为车刀的纵向移动，用以车削螺纹。溜板箱中设有互锁机构，使光杠和丝杠不能同时使用。

（7）刀架。刀架（图 6-3）用来装夹刀具，它可带动刀具做纵向、横向或斜向进给运动。为此，刀架做成多层结构，从下往上分别是大拖板、中拖板、转盘、小拖板和方刀架。

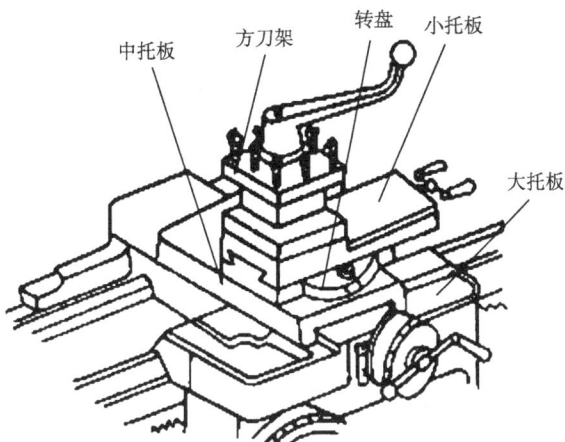

图 6-3　刀架的组成

大托板：与溜板箱连接，可带动车刀沿床身导轨做纵向移动。

中托板：可带动车刀沿大托板上的导轨做横向移动。

转盘：与中托板连接，用螺栓紧固。松开螺母，转盘可在水平面内扳转任意角度。

小托板：可沿转盘上的导轨做短距离移动。当转盘扳转一定角度后，小托板即可带动车刀做相应的进给运动。

方刀架：固定在小托板上，用来安装车刀，最多可同时装 4 把。松开锁紧手柄即可转位，把所需要的车刀更换到工作位置。

（8）尾座。尾座的结构见图 6-4，安装在床身的内侧导轨上，可沿导轨移至所需的位置。尾座由底座、尾座体、套筒等部分组成。套筒装在尾座体上，套筒的前端有莫氏锥孔，用于安装顶尖支承轴类工件或安装钻头、铰刀、钻夹头。套筒的后端有螺母与一轴向固定的丝杠相连接，摇动尾座上的手轮使丝杠旋转，可带动套筒前伸或后退。当套筒退至终点位

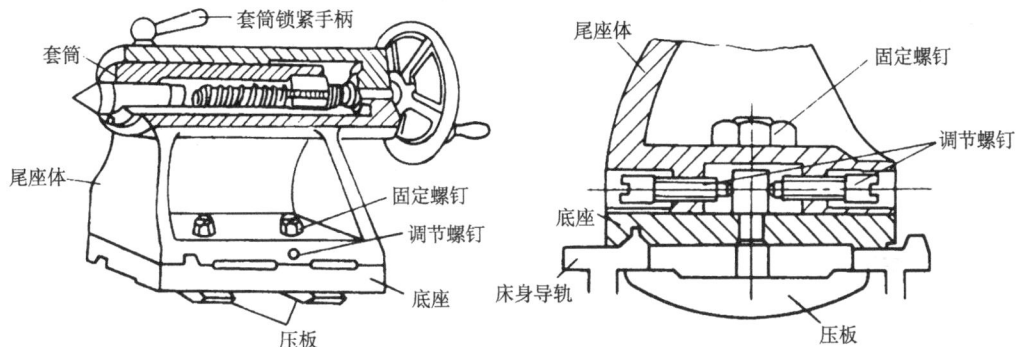

图 6-4　尾座

置时，可将装在套筒锥孔中的刀具或顶尖顶出。移动尾座及其套筒前均需松开各自的锁紧手柄，移到合适位置后再锁紧。松开尾座体与底座的固定螺钉，用调节螺钉调整尾座体的横向位置，可以使尾座顶尖中心与主轴顶尖中心对正，也可以使它们偏离一定距离，用来车削小锥度长锥面。

3. 卧式车床的传动系统

C6132 普通卧式车床的传动系统见图 6-5。该传动系统包括主运动传动链和进给运动传动链两部分。

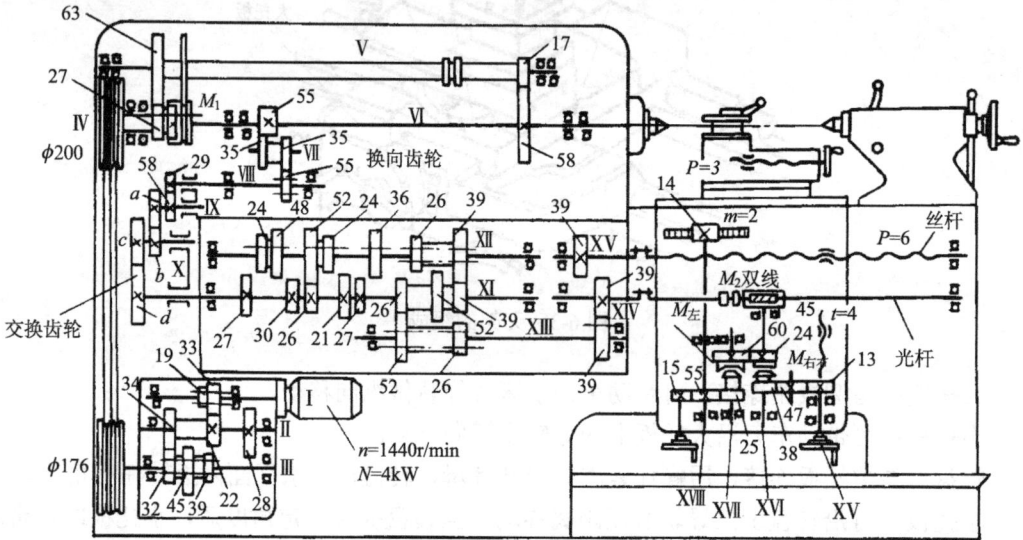

图 6-5　C6132 车床的传动系统图

（1）主运动传动链。车床上的主运动是指主轴带动工件所做的旋转运动。主运动传动链是指从电动机到主轴之间的传动系统。主轴有 12 种转速，最高转速是 1980r/min，最低转速为 43r/min。此外，主轴还有 12 种与正转相应的反向转速。

（2）进给运动传动链。进给运动传动链是指从主轴到刀架之间的传动链。对于给定的一组配换齿轮，传入进给箱的转速可变换成 20 种不同的输出转速。当用光杠传动时，可获20 种进给量，其范围是：纵向进给量在 0.06～3.349mm/r；横向进给量在 0.04～2.25mm/r。如切换为丝杠传动，可实现车螺纹的进给运动。此外，调节正反走刀手柄还可以获得相同的反向进给量。

（3）车床的传动路线。车床的传动路线指从电机到机床主轴或刀架之间的运动传递的路线，电动机的旋转运动通过皮带轮、齿轮、丝杠螺母或齿轮齿条等传至机床的主轴或刀架，如图 6-6 所示。

6.2.2　其他车床简介

1. 立式车床

立式车床的外形如图 6-7 所示。立式车床结构的主要特点是它的主轴处于垂直位置，

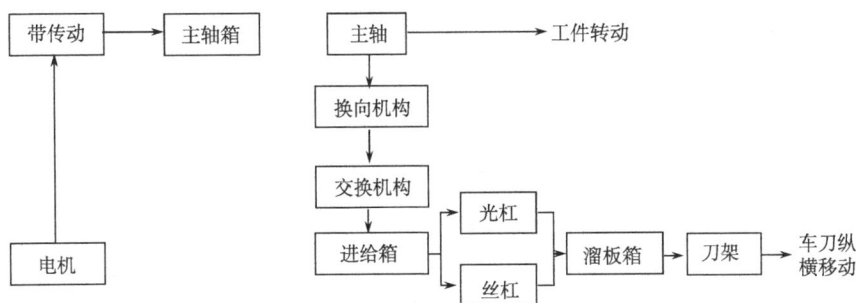

图 6-6 车床传动示意图

装夹工件用的工作台绕垂直轴线旋转，故称为立式车床。立式车床的加工精度可达到 IT8～IT9，表面粗糙度 Ra 可达 1.6～3.2μm。

立式车床属于大中型机械设备，按其结构形式可分为单柱式和双柱式两种。由于立式车床主轴轴线为垂直布局，工作台平台处于水平位置，对于笨重工件的夹装和找正都比较方便，这种布局减轻了主轴及轴承的荷载，工件和工作台的重量比较均匀地分布在导轨和推力轴承上，刚性好，切削平稳，且能够快速换刀，有利于保持机床的精度和提高其生产效率。

立式车床用于加工径向尺寸大而轴向尺寸相对较小，形状复杂的大型和重型工件。如各种盘、轮和套类工件的端面、圆柱面、圆锥面、圆柱孔、圆锥孔等，亦可借助附加装置进行螺纹、球面、仿形车削，以及实现铣削和磨削等加工。

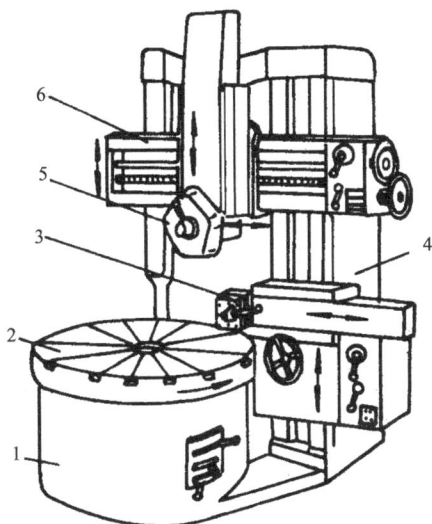

图 6-7 立式车床

1-底座；2-工作台；3-侧刀架；4-立柱；
5-垂直刀架；6-横梁；7-顶梁

2. 转塔车床

转塔车床是美国的菲奇于 1845 年发明的，可以说是卧式车床的一种变异，由床身、主轴箱、进给箱、方刀架等组成，其结构上的不同之处是没有尾座和丝杠，卧式车床的尾座由能装多把刀的转塔刀架代替，如图 6-8 所示。转塔刀架的轴线大多垂直于机床主轴，可沿床身导轨做纵向进给。转塔刀架可以转位，过去大多呈六角形，可以同时装夹六把（组）刀具，既能加工孔，又能加工外圆和螺纹。刀具按零件加工顺序装夹在转塔刀架上，切削一次后，转塔刀架退回并转 60°，更换另一把刀具进行切削，故能在工件的一次装夹中完成较复杂型面的加工。四方刀架上亦可以装夹刀具进行切削。一般大、中型转塔车床是滑鞍式的，转塔溜板直接在床身上移动。小型转塔车床常是滑板式的，在转塔溜板与床身之间还有一层滑板，转塔溜板只在滑板上做纵向移动，工作时滑板固定在床身上，只有当工件长度改变时才移动滑板的位置，机床另有前后刀架，可做纵、横向进给。

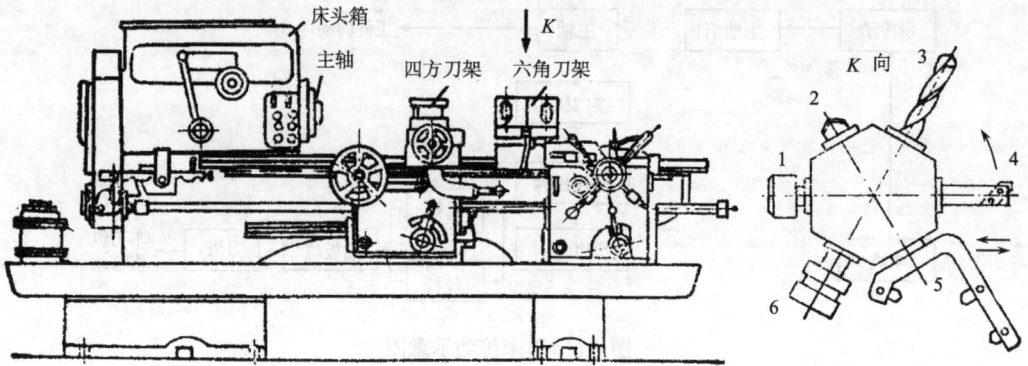

图 6-8　转塔车床

转塔车床多为自动和半自动车床。自动和半自动机床在机床调整好以后都能自动进行加工，它们的区别在于机床上装卸工件是否由人工进行，不需人工进行装卸工件的机床称为自动机床，否则称为半自动机床。转塔车床主要用在成批生产中加工轴销、螺纹套管以及其他形状复杂的工件，生产率高。

6.3　车削加工基本工艺

6.3.1　车刀及工件的安装

在切削加工中，直接完成切削工作的是车刀，加工前必须将其正确地安装在刀架上。当然，加工前还要将工件安装在车床上。金属切削加工中，车刀是一种简单的单刃刀具，由刀头和刀杆两部分组成。刀头是车刀的切削部分，它由"三面、两刃和一刀尖"所组成。刀杆是车刀的夹持部分，用来将车刀夹持在刀架上。

1. 车刀的分类

由于工件材料、生产批量、加工精度以及机床类型、工艺方案的不同，车刀的种类也异常繁多、车刀可以分为整体式车刀(如高速工具钢刀具)、焊接式车刀(硬质合金车刀)与机械夹固式车刀(有重磨和不重磨两种)。

　　1) 按用途分类

根据工件加工表面以及用途不同，车刀有多种类型，如图 6-9 所示。常用车刀按其用途可分为 90° 外圆车刀(图 6-9(a))、45° 弯头外圆车刀(图 6-9(b))、切断刀(图 6-9(c))、内孔车刀(图 6-9(d))、成形车刀(图 6-9(e))、螺纹车刀(图 6-9(f))、硬质合金不重磨车刀(图 6-9(g))等。

　　2) 按结构形式分类

车刀可以分为整体式车刀、焊接式车刀、机械夹固式车刀和可转位式车刀。

整体式车刀是在刀体上做出切削刃，如高速工具钢刀具用整体高速钢制造，刃口可磨得较锋利，适用于小型车床或加工有色金属。

焊接式车刀就是在碳钢刀杆上按刀具几何角度的要求开出刀槽，用焊料将刀片焊接在刀槽内。焊接式车刀结构紧凑，使用灵活，适用于各类车刀特别是小刀具。

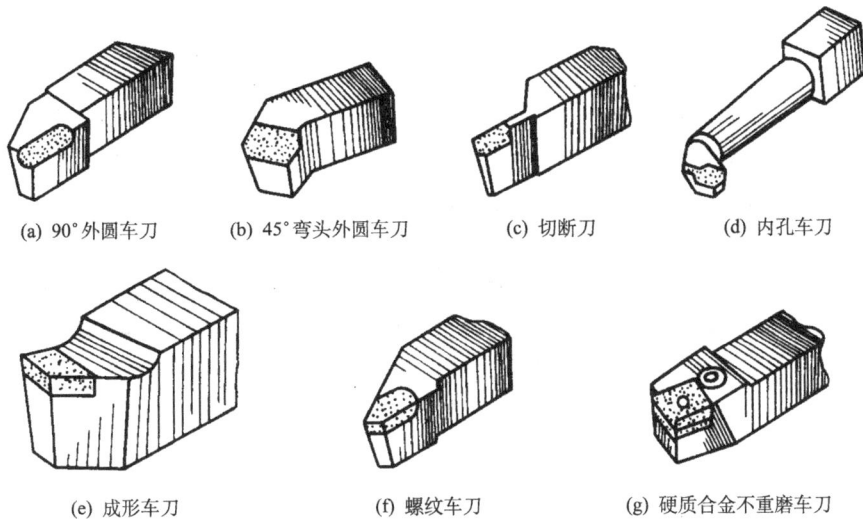

(a) 90°外圆车刀　(b) 45°弯头外圆车刀　(c) 切断刀　(d) 内孔车刀

(e) 成形车刀　(f) 螺纹车刀　(g) 硬质合金不重磨车刀

图 6-9　常用车刀

　　机械夹固式车刀又有两种，一种是把刀片夹固在刀体上，另一种是把钎焊好的刀头夹固在刀体上。机械夹固式方法避免了焊接产生的应力、裂纹等缺陷，刀杆利用率高，刀片可集中刃磨获得所需参数，使用灵活方便。硬质合金刀具一般制成焊接结构或机械夹固结构，而陶瓷刀具一般都采用机械夹固结构。

　　可转位式车刀是将可转位的刀片用机械方法夹持在刀杆上形成的。刀片具有供切削时选用的几何参数(不需磨)和三个以上供转位用的切削刃。当一个切削刃磨损后，松开夹紧机构，将刀片转位到另一切削刃后再夹紧，即可进行切削，当所有切削刃磨损后，则可取下再代之以新的同类刀片。可转位式车刀生产率高，断屑稳定，可使用涂层刀片，适用于大中型车床加工外圆、端面、镗孔，特别适用于自动线、数控机床等。

2. 车刀的安装

　　(1) 车刀的刀尖应与车床主轴轴线等高。车刀安装在方刀架上，刀尖要与车床主轴中心等高，车刀装得太高，前角变大，后刀面与工件加剧摩擦；装得太低，前角变小，切削时工件会被抬起，易把车刀折断。生产中常用尾架顶尖的高度来校正刀尖的高度。

　　(2) 垫刀片要放平整，并与刀架前端对齐；垫片数不宜太多，一般为 1～2 片。

　　(3) 刀尖在方刀架上伸出长度要合适。一般刀头伸出长度应小于刀杆厚度的两倍。车刀刀头不宜伸出太长，否则刀具刚性下降，切削时容易产生振动，影响工件加工精度和表面粗糙度。

　　(4) 车刀刀柄应与车床轴线垂直，否则将改变主偏角和副偏角的大小。

　　(5) 安装完毕后车刀与方刀架都要锁紧。夹持车刀的紧固螺栓至少要拧紧两个，拧紧后扳手必须及时取下，以防发生安全事故。

　　车刀安装好后应检查车刀在工件的加工极限位置时是否会产生干涉或碰撞。车刀的安装参见图 6-10。

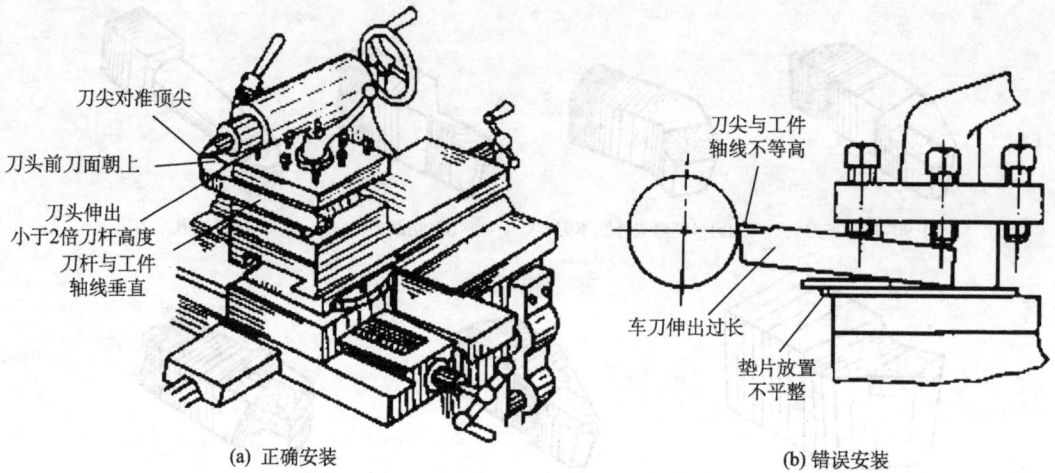

刀尖对准顶尖

刀头前刀面朝上

刀头伸出
小于2倍刀杆高度
刀杆与工件
轴线垂直

刀尖与工件
轴线不等高

车刀伸出过长

垫片放置
不平整

(a) 正确安装　　　　　　　　　　　　　　　　(b) 错误安装

图 6-10　车刀的安装

3. 工件的安装

由于工件的大小、形状和加工的表面不同，安装方法也不同。工件安装的主要要求是工件的位置准确、装夹牢固，以保证加工质量和提高生产效率。在卧式车床上常用以下附件来安装工件。

1）三爪自定心卡盘

三爪自定心卡盘是在车床上最常用的附件，利用均布在卡盘体上的三个活动卡爪的径向移动，实现工件夹紧和定位。三爪卡盘由卡盘体、活动卡爪和卡爪驱动机构组成。三爪卡盘上三个卡爪导向部分的下面，有螺纹与碟形伞齿轮背面的平面螺纹相啮合，当用扳手通过四方孔转动小伞齿轮时，碟形齿轮转动，背面的平面螺纹同时带动三个卡爪向中心靠近或退出，用以夹紧不同直径的工件，用在三个卡爪上换上三个反爪，用来安装直径较大的工件，其外形与结构见图6-11。三爪自定心卡盘能自动定心，因此工件装夹方便，但定心精度不高。用三爪卡盘加工工件的精度受到卡盘制造精度和使用后磨损情况的影响，工件上同轴度要求较高的表面，应尽可能在一次装夹中车出。三爪自定心卡盘适合装夹轴、套、盘类或六角形零件。

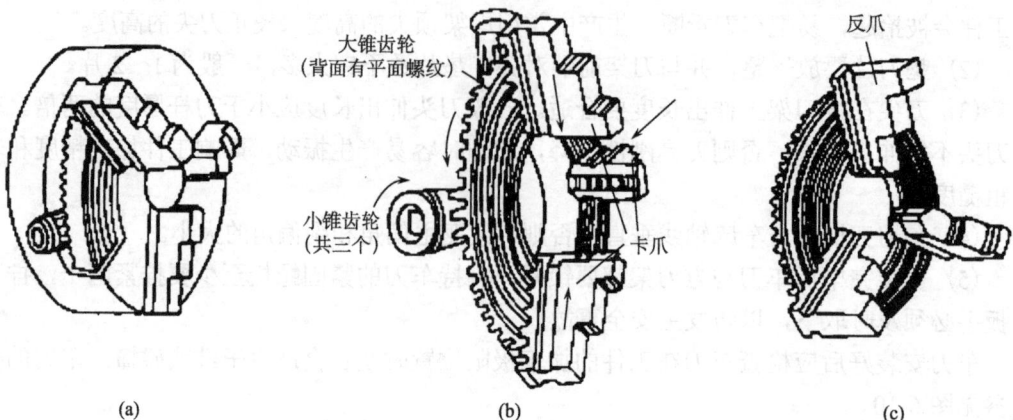

大锥齿轮
（背面有平面螺纹）

小锥齿轮
（共三个）

卡爪

反爪

(a)　　　　　　　　　　　(b)　　　　　　　　　　　(c)

图 6-11　三爪自定心卡盘

2) 四爪单动卡盘

四爪单动卡盘由一个盘体、四个丝杠、一副卡爪组成，工作时是用四个丝杠分别带动四爪，每个卡爪背面有半瓣内螺纹，故每个卡爪都可单独运动，因此常见的四爪单动卡盘没有自动定心的作用。四爪单动卡盘的外形见图 6-12(a)。四爪单动卡盘的夹紧力大，常用来夹持尺寸较大的圆形工件，也可以通过调整四爪位置，装夹各种矩形、椭圆形或不规则形状的工件。用四爪单动卡盘安装工件时，必须进行找正，见图 6-12(b)、图 6-12(c)。

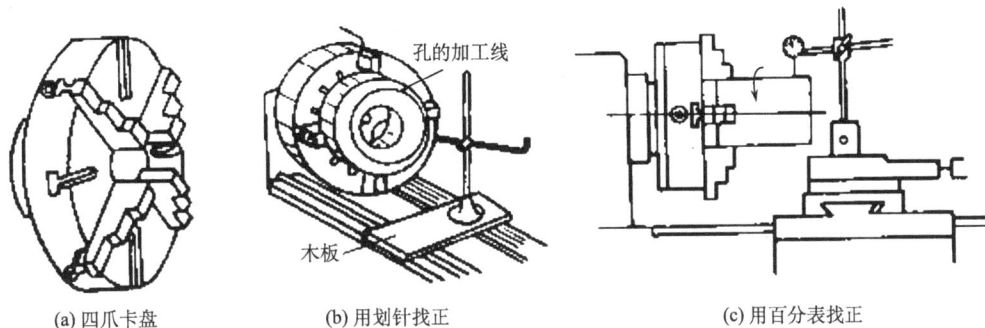

(a) 四爪卡盘　　　　　　(b) 用划针找正　　　　　　(c) 用百分表找正

图 6-12　四爪单动卡盘及其找正

3) 顶尖

在车床上加工较长轴类零件时，为了保证加工表面的位置精度，通常采用工件两端的中心孔作为统一的定位基准，用两顶尖来装夹工件，把轴安装在前后两个顶尖上(图 6-13)。顶尖包括死顶尖和活顶尖两种类型，前顶尖一般是固定死顶尖，安装在主轴锥孔内和主轴一起旋转，后顶尖一般是回转活顶尖，装在后座的套筒内。前后顶尖是不能带动工件转动的，必须通过拨盘和卡箍才能带动工件旋转。拨盘后端有内螺纹与主轴连接，拨盘带动卡箍转动，卡箍夹紧工件并带动工件转动。生产中有时用普通钢料夹在三爪自定心卡盘中车成 60° 圆锥体作前顶尖，用三爪自定心卡盘代替拨盘。

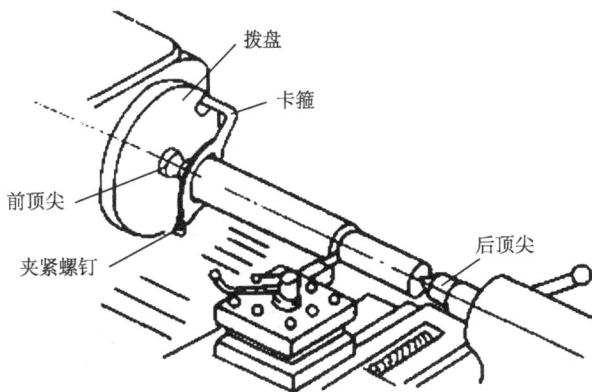

图 6-13　用顶尖安装工件

为了加大粗车时的切削用量或对于无需调头车削也无磨削工序的轴类工件，也可采用一端夹、另一端顶的装夹方式(即一端用卡盘装夹，另一端用尾座顶尖顶住)，如图 6-14 所

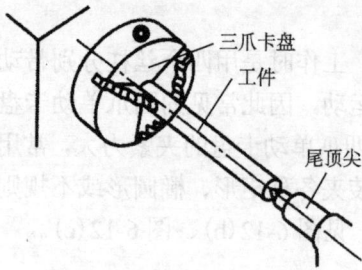

图 6-14　一夹一顶装夹方式

示。如果用卡盘装夹一端，加上后顶尖，可避免由于工件一端悬伸过长产生的弹性变形和振动而导致工件产生的形状误差，但工件在卡盘内夹持的部分不能太长，否则会产生过定位。这种装夹方式往往用于精度不高的轴类零件或用于零件的粗加工中。

用顶尖安装工件前，要先车平工件的端面，并在端面上用中心钻钻出中心孔。中心孔是轴类工件在顶尖上安装的定位基准，其形状有 A、B 两种类型，见图 6-15。A 型中心孔的 60°锥孔与顶尖的 60°锥面相配合。里端的小孔用以保证锥孔与顶尖的 60°锥面配合贴切，并可储存少量润滑油。B 型中心孔的外端多一个 120°锥面，用以保证 60°锥孔的外缘不被破坏，另外也便于在顶尖上精车轴的端面。顶尖是利用尾部的锥面与主轴或尾座套筒的锥孔配合而装紧的，因此，安装顶尖时必须擦净顶尖和锥孔，然后用力推紧，否则装不牢或装不正。顶尖装牢后必须检查前后两个顶尖的轴线是否重合，若不重合，必须将尾座体作横向调节，使之符合要求。

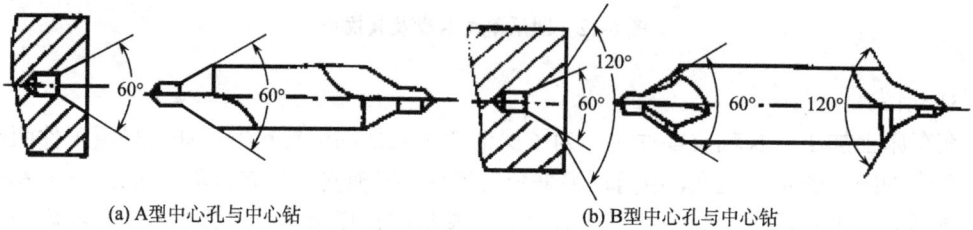

(a) A型中心孔与中心钻　　　　　　　　　　(b) B型中心孔与中心钻

图 6-15　中心孔与中心钻

4）中心架和跟刀架

中心架和跟刀架是切削加工的辅助支承。加工细长轴时，为了防止工件被车刀顶弯或防止工件振动，需要用中心架或跟刀架增加工件的刚性，减少工件的变形，如图 6-16 所示。

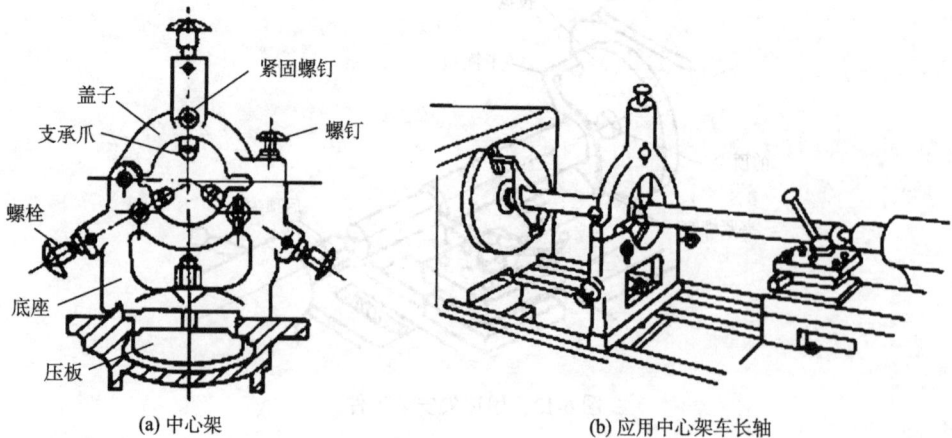

(a) 中心架　　　　　　　　　　(b) 应用中心架车长轴

图 6-16　中心架及其应用

中心架由压板、螺栓固定在车床导轨上，三个爪支承于预先加工的外圆面上，均匀轻微接触。中心架一般多用于阶梯轴、长轴车端面、打中心孔及加工内孔等。跟刀架(图 6-17)多用于加工细长的光轴和长丝杠等工件，使用时固定在大托板上，并随大托板一起做纵向移动。使用跟刀架和中心架时，工件被支承部分应是加工过的外圆表面，并要加润滑油，工件的转速不能很高，以防止工件与支承爪之间摩擦过热而烧坏或磨损支承爪。

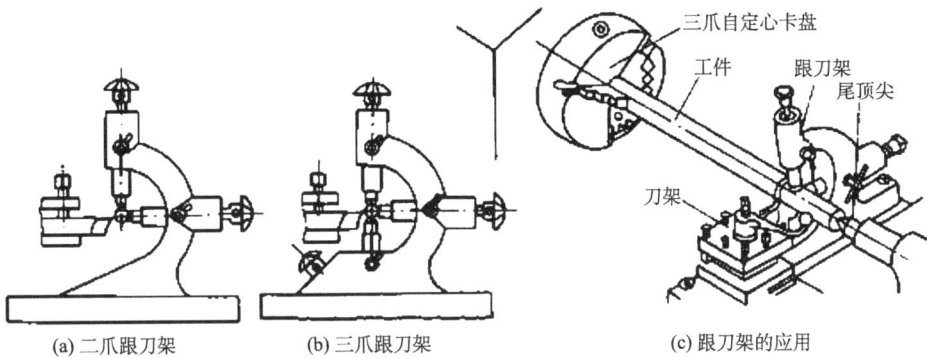

| (a) 二爪跟刀架 | (b) 三爪跟刀架 | (c) 跟刀架的应用 |

图 6-17　跟刀架及其应用

5) 心轴

盘、套类零件的外圆面对内孔常有同轴度的要求，端面对内孔常有垂直度的要求。若这些表面在三爪自定心卡盘的一次装夹中不能与孔一起加工出来，则可先对孔进行精加工(IT7～IT9)，再以孔定位将工件装到心轴上加工其他有关表面，以保证上述要求。心轴在车床上的装夹方法与轴类零件的装夹相同。心轴的种类很多，可根据工件的形状、尺寸、精度要求以及加工数量的不同选择不同结构的心轴。最常用的心轴是圆柱心轴和锥度心轴。当工件的长度比孔径小时，常用圆柱心轴(图 6-18)装夹工件，工件左端紧靠心轴轴肩，右端由螺母和垫圈压紧，夹紧力较大。孔与心轴之间的配合间隙应尽可能小，以避免因对中性较差而影响加工精度。当工件长度大于孔径时，常用锥度心轴(图 6-19)装夹工件。锥度心轴的锥度为 $1:1000 \sim 1:5000$。因锥度很小，故锥度心轴对中性好，拆卸方便。但由于它是靠心轴锥面与工件孔壁压紧后的摩擦来承受切削力的，故背吃刀量不宜太大，主要用

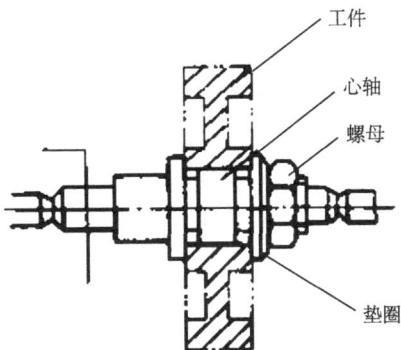

图 6-18　圆柱心轴

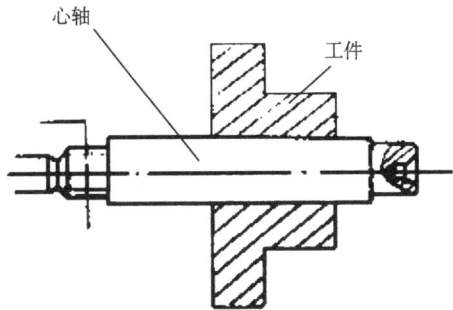

图 6-19　锥度心轴

于盘、套类工件精车外圆和端面。可胀心轴(图 6-20)利用一个可胀锥套，其内部为一锥孔，另一个与其相配的反向锥度心轴在里面，保持轴向不动，推动可胀锥套就可以在径向上胀大，实现工件的撑紧。可胀心轴装卸方便，自动对中，摩擦力大，能承受较大的切削力，但可胀锥套加工困难。

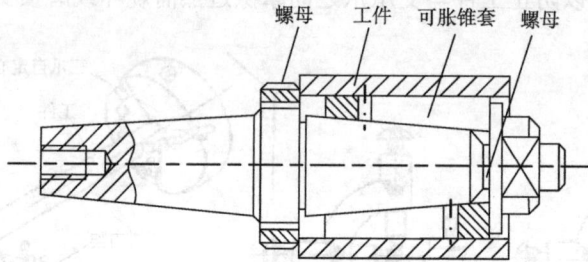

图 6-20　可胀心轴

6.3.2　车削加工

1. 车外圆

将工件车成圆柱形外表面的加工称为车外圆，它是最常见、最基本的车削加工工艺。常见的外圆车削见图 6-21。

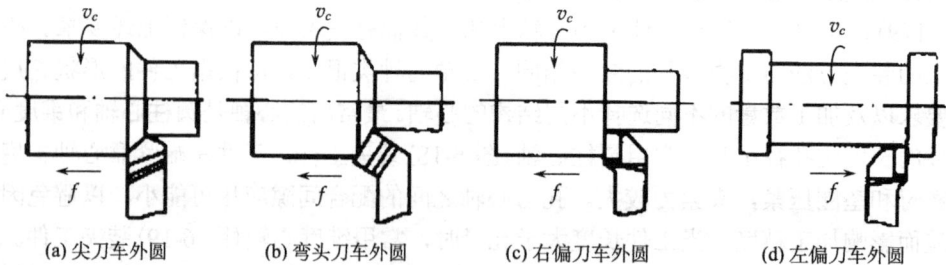

(a) 尖刀车外圆　　(b) 弯头刀车外圆　　(c) 右偏刀车外圆　　(d) 左偏刀车外圆

图 6-21　车外圆

常用的外圆车刀主要有尖刀、45°弯头刀、右偏刀、左偏刀。尖刀主要用于粗车外圆和车削没有台阶或台阶不大的外圆，见图 6-21(a)；45°弯头刀车外圆见图 6-21(b)，还可车端面、倒角和带 45° 斜面的外圆；右偏刀主要用来车削带直角台阶的外圆，见图 6-21(c)，由于右偏刀切削时产生的背向力小，常用于车细长轴；左偏刀车外圆主要用于需要从左向右进刀、车削右边有直角台阶的外圆以及右偏刀无法车削的外圆，见图 6-21(d)。

为保证车削外圆时的径向尺寸，应正确使用刻度盘手柄，采用试切法调整加工尺寸。

1) 刻度盘手柄的使用

要准确地获得车削外圆的尺寸，必须正确掌握好车削加工的背吃刀量 a_p，车外圆的背吃刀量是通过调节中托板横向进给丝杠获得的。横向进刀手柄连着刻度盘转一周，丝杠也转一周，带动螺母及中托板和刀架沿横向移动一个丝杠导程。由此可知，中托板进刀手柄刻度盘每转一格，刀架沿横向的移动距离 S =丝杠导程/刻度盘总格数。对于 C6132 车床，此值为 0.02mm/格。所以，车外圆时当刻度盘顺时针转一格，横向进刀 0.02mm。工件的直径减小 0.04mm，这样就可以按背吃刀量 α_p 决定进刀格数。车外圆，如果进刀超过了应有的刻度，或试切后发现车出的尺寸太小而须将车刀退回，由于丝杠与螺母之间有间隙，刻度盘不能直接退回到所要的刻度线，应按图 6-22 所示的方法进行纠正。

(a) 要求手柄转至30，　　　　(b) 错误：直接退至30　　　　(c) 正确：反转约一圈
　　但摇过头成40　　　　　　　　　　　　　　　　　　　　后，再正转至30

图 6-22　手柄摇过后的纠正方法

2）试切法调整加工尺寸

装夹工件后，要根据工件的加工余量决定进给的次数和每次进给的背吃刀量。因为刻度盘和横向进给丝杠都有误差，所以在半精车或精车时往往不能满足进刀精度要求。为了准确地确定背吃刀量，保证加工的尺寸精度，只靠刻度盘进刀是不行的，这就需要采用试切的方法。试切的方法与步骤见图 6-23。如果按照背吃刀量 α_{p1} 试切后的尺寸合格，就按 α_{p1} 车出整个外圆面。如果尺寸还大，要重新调整背吃刀量为 α_{p2} 进行试切，直至尺寸合格。

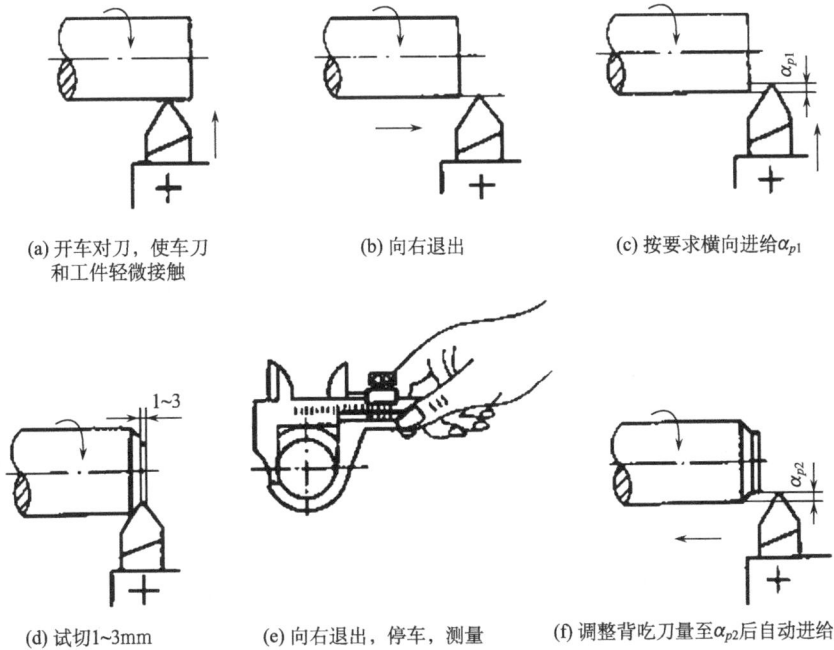

(a) 开车对刀，使车刀　　　　(b) 向右退出　　　　　　(c) 按要求横向进给α_{p1}
　　和工件轻微接触

(d) 试切1~3mm　　　　(e) 向右退出，停车，测量　　　(f) 调整背吃刀量至α_{p2}后自动进给

图 6-23　车外圆试切法

2. 车端面

轴、套、盘类工件的端面常用来做轴向定位、测量的基准，车削加工时，一般都先将端面车出。车端面也是车削加工中一种基本的工序。端面的车削加工见图 6-24。

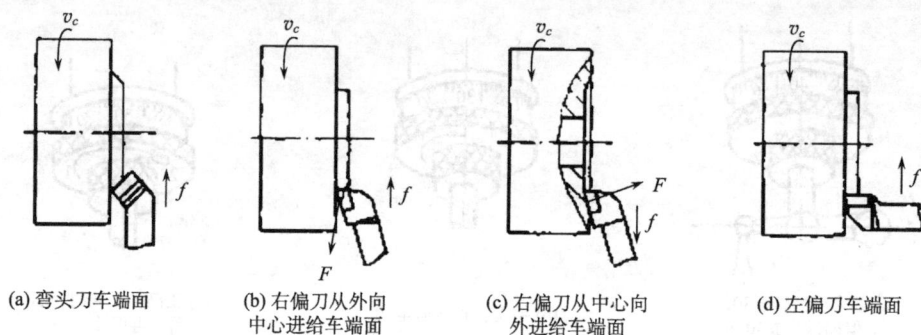

| (a) 弯头刀车端面 | (b) 右偏刀从外向中心进给车端面 | (c) 右偏刀从中心向外进给车端面 | (d) 左偏刀车端面 |

图 6-24　车端面

图 6-24(a)是用 45° 弯头刀车端面，可采用较大背吃刀量，切削顺利，表面光洁，大小平面均可车削，并能倒角与车外圆，应用较多；图 6-24(b)是用 90°右偏刀从外向中心进给车端面，用副切削刃进行切削，切削不顺利容易产生凹面，适宜车削尺寸较小的端面或一般的台阶面；图 6-24(c)是用 90°右偏刀从中心向外进给车端面，用主切削刃切削，切削顺利，适于精车平面和车削中心带孔的端面或一般的台阶端面；图 6-24(d)是用左偏刀车端面，刀头强度较好，切削轻快顺利，适宜车削有台阶的端面和较大端面，尤其是铸、锻件的大端面。

车端面时应注意以下几点。

(1) 车刀的刀尖应对准工件的回转中心，否则会在端面中心留下凸台。

(2) 工件中心处的线速度较低，为获得整个端面上较好的表面质量，车端面的转速比车外圆的转速要高一些。

(3) 直径较大的端面车削时应将大托板锁紧在床身上，以防由大托板让刀引起的端面外凸或内凹。此时用小托板调整背吃刀量。

(4) 精度要求高的端面，亦应分粗、精加工。

3. 车台阶

台阶面是由一定长度的圆柱面和端面的组合，很多轴、套、盘类工件都有台阶面。台阶的高、低由相邻两段圆柱体的直径所决定。台阶小于 5mm 的低台阶，加工时用正装的 90°偏刀在车外圆时车出，见图 6-25(a)；高度大于 5mm 的高台阶，用主偏角大于 90°的右偏刀在车外圆时，分层、多次横向走刀车出，装刀时应使主切削刃与工件轴线的夹角大于 90°，见图 6-25(b)。

在单件生产时，通过钢直尺测量、用刀尖划线来控制台阶的长度；成批生产时，用样板测量台阶的长度，见图 6-26。准确长度可用游标卡尺或深度尺测量，进刀长度可用大托板刻度盘或小托板刻度盘控制。如果大批量生产或台阶较多，可用行程挡块通过控制进给长度来实现台阶长度的控制，见图 6-27。

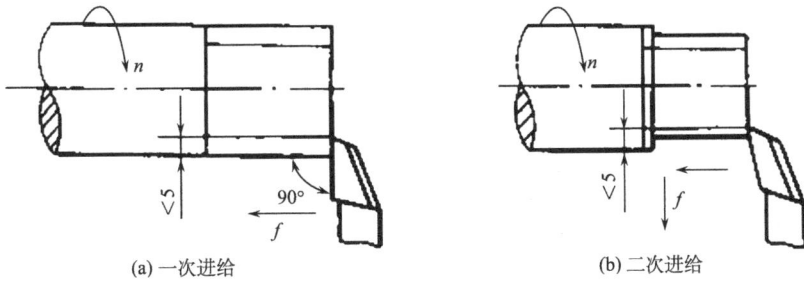

(a) 一次进给

(b) 二次进给

图 6-25 车台阶

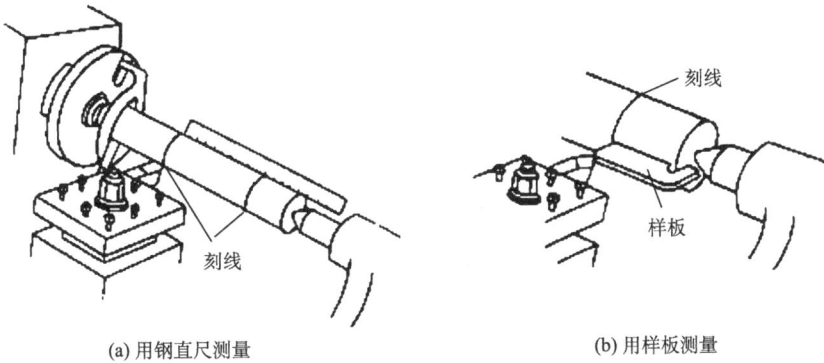

刻线

(a) 用钢直尺测量

刻线

样板

(b) 用样板测量

图 6-26 台阶长度的测量

4. 车锥面

将工件车成锥体的方法称为车锥面。锥体可直接用角度表示，如 30°、45°、60°等；亦可用锥度表示，如 1：5、1：10、1：20 等。特殊用途锥体根据需要专门制订，如 7：24、莫氏锥度等。内外锥面具有配合紧密、拆卸方便、多次拆卸后仍保持准确对中的特点，广泛用于要求对中准确、能传递一定扭矩和经常拆卸的配合件上。车锥面的方法有小托板转位法、尾架偏移法、靠模法和宽刀法四种。

1) 小托板转位法

松开小托板和转盘之间的紧固螺钉，使小托板转过半锥角 α，如图 6-28 所示。将螺钉紧固后，转动小托板手柄，沿斜向进给，便可车出锥面。这种方法的优点是调整方便，操作简单，可以加工任意圆锥斜角的内外圆锥面。对精度要求较高的圆锥面，还可以利用专门量具来校准小托板转过的角度，因此这种方法应用比较普遍。缺点是加工锥体的长度受到小托板行程的限制，不能太长，而且一般机床不能自动进给，表面粗糙度 Ra 为 3.2～12.5μm。这种方法主要用于单件、小批生产，精度较低和长度较短的内外锥面。

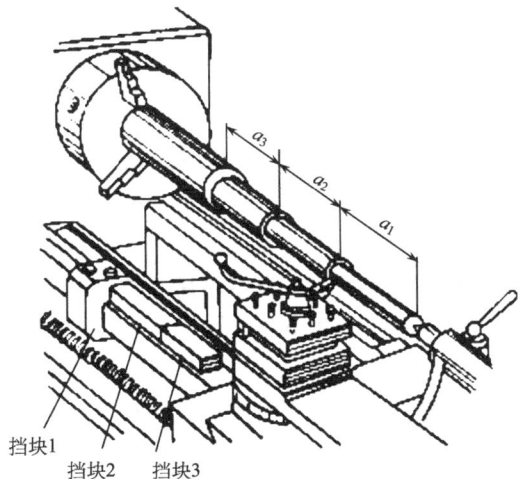

挡块1 挡块2 挡块3

图 6-27 挡块定位车台阶

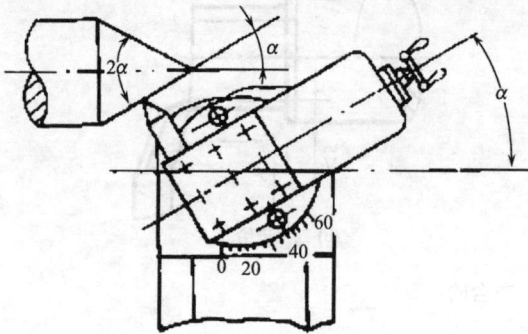

图 6-28　小刀架转位法

2）偏移尾座法

将尾座带动顶尖横向偏移一小段距离 S，使得安装在两顶尖间的工件回转轴线与主轴轴线呈工件圆锥半锥角 α，这样车刀做纵向进给就形成了锥角为 2α 的圆锥面，如图 6-29 所示。这种方法的优点是，可以自动进给，表面粗糙度 Ra 为 1.6～6.3μm，可以车出较长的锥体；缺点是尾座的偏移量不能太大，车削的圆锥斜角较小（$\alpha <$ 8°），也不能车锥孔，顶尖与中心孔接触不均匀，磨损也不均匀。

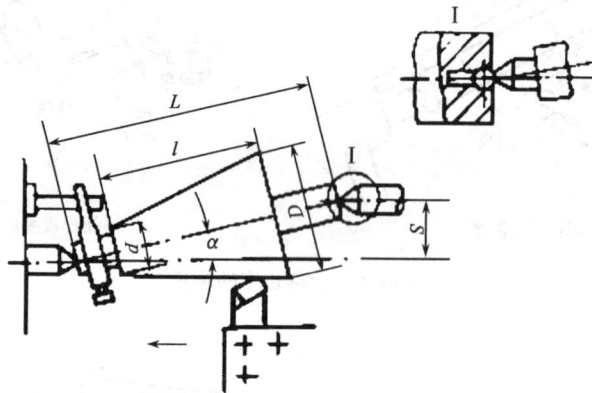

图 6-29　偏移尾架法

尾座的偏移量：　　　　　$S = L\sin\alpha$

当 α 很小时：　　　　　$S = L\sin\alpha \approx L\tan\alpha = L(D-d)/2l$

3）靠模法

在大批量生产中，经常用靠模法车削圆锥面，如图 6-30 所示。

靠模装置的底座固定在床身的后面，底座上装有锥度靠模板。松开紧固螺钉，靠模板可以绕定位销钉旋转，与工件的轴线呈一定的斜角。靠模上的滑块可以沿靠模滑动，而滑块通过连接板与中托板连接在一起。中托板上的丝杠与螺母脱开，其手柄不再调节刀架横向位置，而是将小托板转过 90°，用小托板上的丝杠调节刀具横向位置以调整所需的背吃刀量。

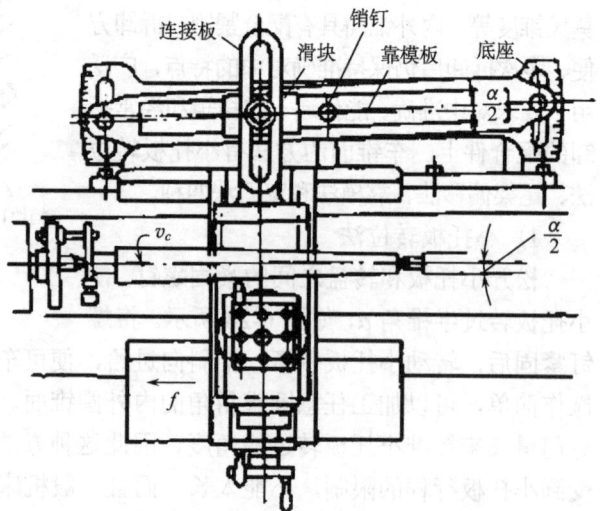

图 6-30　靠模法

如果工件的锥角为 α，则需将靠模调节成 $\alpha/2$ 的斜角。当大托板做纵向自动进给时，滑块就沿着靠模滑动，从而使车刀的运动平行于靠模板，车出所需的圆锥面。

靠模法加工进给平稳，工件的表面质量好，生产效率高，可以加工 $\alpha<12°$ 的长圆锥面。主要用于成批和大量生产中较长的内外锥面的车削。

4) 宽刀法

宽刀法就是利用主切削刃横向进给直接车出圆锥面(图 6-31)。此时，切削刃的长度要大于圆锥母线长度，切削刃与工件回转中心线成半锥角 α。这种加工方法方便、迅速，能加工任意角度的内、外圆锥，表面粗糙度 Ra 可达 1.6μm。车床上倒角实际就是宽刀法车圆锥。此种方法加工的圆锥面很短(<20mm)，要求切削加工系统要有较高的刚性，适用于批量生产。

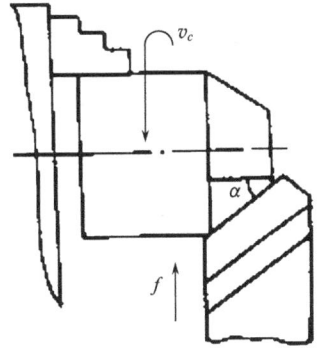

图 6-31 宽刀法

5. 车螺纹

将工件表面车削成螺纹的方法叫车螺纹。螺纹种类很多，按用途分为连接螺纹和传动螺纹；按牙型分为三角螺纹、梯形螺纹和矩形螺纹等(图 6-32)；按标准分为米制螺纹和英制螺纹。三角螺纹牙型角为 60°，其主要规格参数是大径(公称直径)、螺距(或导程)；英制三角螺纹的牙型角为 55°，用每英寸牙数作为主要规格。各种螺纹都有左旋、右旋、单线、多线之分，其中以米制三角螺纹应用最广，称为普通螺纹。

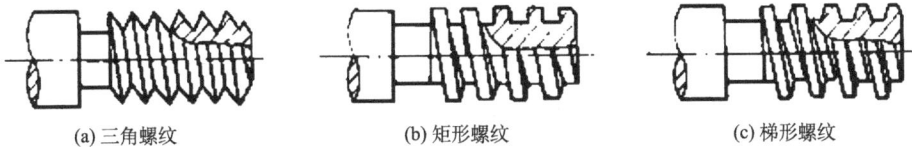

(a) 三角螺纹　　　(b) 矩形螺纹　　　(c) 梯形螺纹

图 6-32 三种螺纹的牙型

1) 螺纹车刀及其安装

螺纹牙型角 α 要靠螺纹车刀切削部分的正确形状来保证，因此三角形螺纹车刀的刀尖角应等于牙型角 α，精车时螺纹车刀的前角 $\gamma_0=0°$，以保证牙型角正确，否则将产生形状误差。粗车螺纹或螺纹要求不高时，其前角 γ_0 取 5°~20°。车削普通螺纹的螺纹车刀见图 6-33。刀具安装时，要保证刀尖与工件轴线等高，刀尖中分角线与工件轴线垂直，以保证车出螺纹的牙型半角都等于 $\alpha/2$。车螺纹时，可用角度样板对刀(图 6-34)。

2) 车螺纹时车床的调整

螺纹的直径可以通过调整横向进刀获得，螺距则需要由严格的纵向进给保证。车螺纹时，工件每转一转，刀具应准确地纵向移动一个螺距或导程(单线螺纹为螺距，多线螺纹为导程)。为了保证上述关系，车螺纹时应使用丝杠传动。此外，丝杠的传动精度较高，且传动链比较简单，可减小进给传动误差和传动积累误差。图 6-35 为车螺纹时的进给传动链。

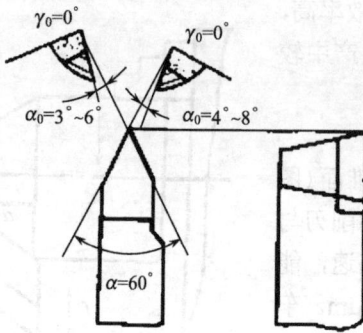

图 6-33　螺纹车刀的角度

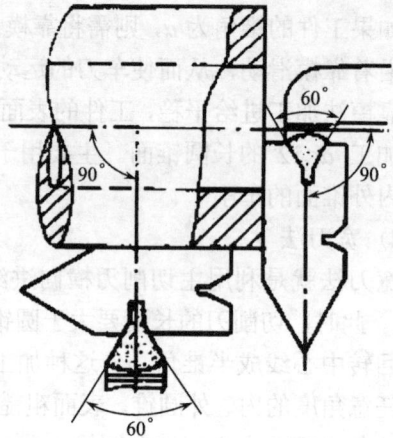

图 6-34　螺纹车刀的对刀方法

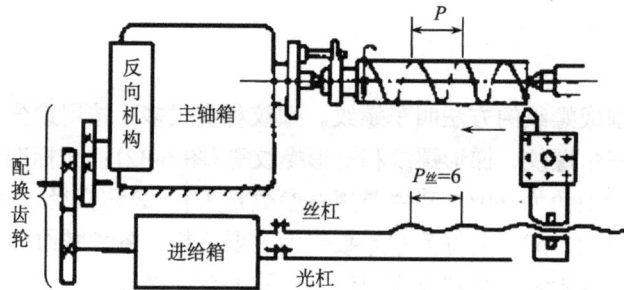

图 6-35　车螺纹传动链简图

标准螺纹的螺距可根据车床进给箱标牌所给出的参数，通过调整进给箱手柄获得。对于特殊的螺距有时需更换配换齿轮才能获得。与车外圆相比，车螺纹时的进给量特别大，主轴的转速应选择得低些，以保证进给终了时，有充分的时间退刀停车，否则可能会造成刀架或托板与主轴箱相撞。刀架各移动部分的间隙应尽量小，以减少由于间隙窜动所引起的螺距误差，提高螺纹的表面质量。

3）车螺纹的操作方法

车螺纹的方法见图 6-36（车内外螺纹基本相同，只是装刀与退刀方向相反）。图 6-36（a）为对刀，记下刻度盘读数，车刀向右退离工件；图 6-36（b）为开车试切，合上开合螺母，进刀车螺纹至退刀槽，退刀、停车；图 6-36（c）为退刀检查，倒车使车刀退至起点后停车，检查螺距是否正确；图 6-36（d）为调整切深，开始车削至退刀槽停车；图 6-36（e）为退刀，倒车使车刀退至起点；图 6-36（f）为再次调整背吃刀量，继续切削，直至螺纹车完。

车螺纹时，每次的背吃刀量要小，总的背吃刀量可根据计算的螺纹工作牙高（工作牙高 =0.54×螺距 P），由刻度盘来控制，并用螺纹量规进行检验。

4）普通螺纹的测量

在生产车间里，普通螺纹通常用螺纹量规测量。螺纹量规分环规（测外螺纹）、塞规（测内螺纹）两种，并且各有成对使用的通规和止规，见图 6-37。量规的通规能拧进同时止规拧不进的螺纹即为合格螺纹。

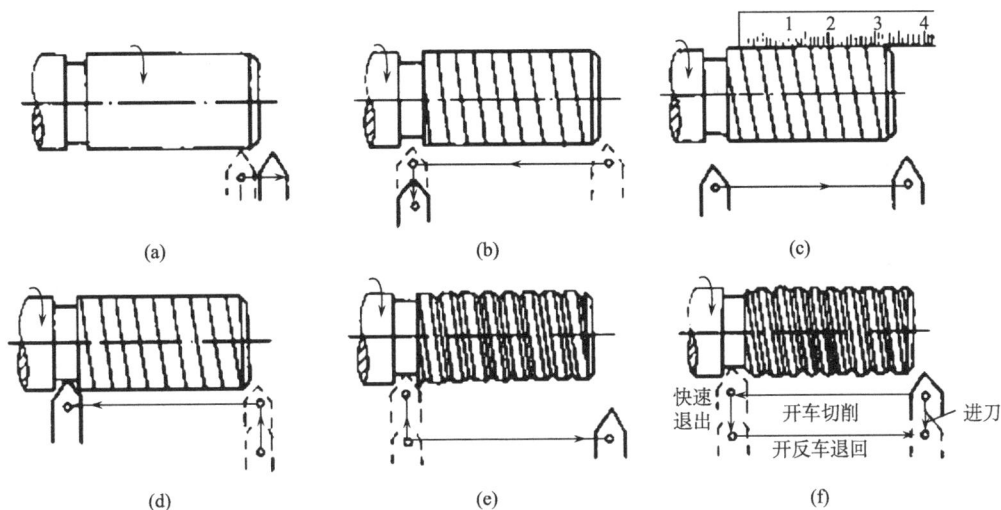

|(a)|(b)|(c)|
|(d)|(e)|(f)|

图 6-36 车削螺纹的操作方法

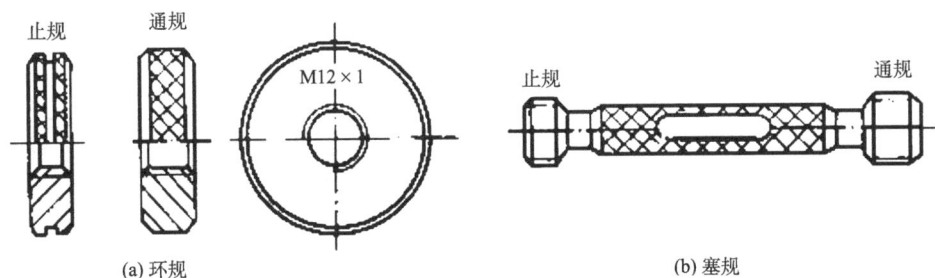

(a) 环规   (b) 塞规

图 6-37 螺纹量规

6. 车成形面

以一条曲线为母线绕一固定轴线旋转而成的表面称为回转成形面。成形面的车削主要包括双手控制法、靠模法和成形刀法三种。

1）双手控制法

车成形面时，通常采用双手同时摇动小拖板手柄和中拖板手柄，通过双手协调的动作，尽量使刀尖切削的轨迹与所需成形面的轮廓曲线相符，以加工出所需零件，如图 6-38 所示。这种方法的特点是灵活、方便、简单易行，不需要其他辅助工具，但由于手动进给，加工精度不高，劳动强度大，生产率低，需要工人有较高的操作技能。一般常用于加工数量较少、精度要求不高的场合。

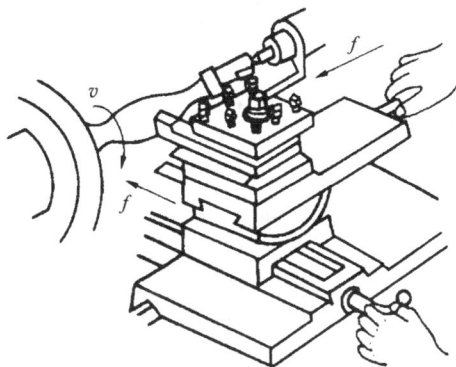

图 6-38 用双手控制法车成形面

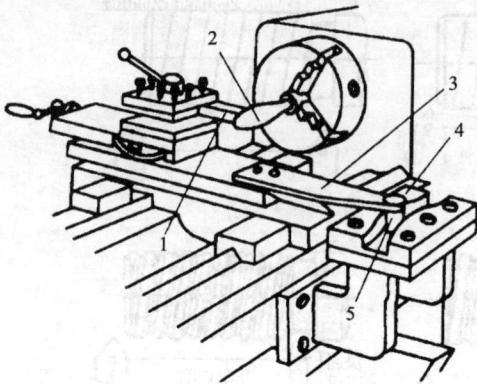

图 6-39　用靠模法车成形面

3）成形刀法

成形刀法是用切削刃形状与零件成形面轮廓一致的成形车刀来车成形面，如图 6-40 所示。加工时，车刀只需横向进给即可加工出成形表面。这种方法生产效率高，操作方便，能获得准确的表面形状，但成形刀具制造、刃磨困难，且车刀和工件接触线较长，切削力大，容易引起振动，因此，切削用量要小，机床、工件和刀具应有足够的刚性。成形刀法只适用于批量较大、刚性好、长度短且形状简单的成形面。

2）靠模法

靠模法用靠模装置车削成形面，如图 6-39 所示。靠模装置固定在床身外侧的适当位置，靠模上有一形状与工件母线相同的曲线沟槽，连接板一端固定在中托板上，另一端与曲线沟槽中的滚柱连接。当床鞍纵向移动时，滚子则在曲线沟槽内移动，从而带动车刀也随着做曲线进给运动，即可车出成形面。这种方法操作简单，生产率较高，但需要制造专用靠模，故只适用于成批或大量生产中长度较大、形状较简单的成形面。

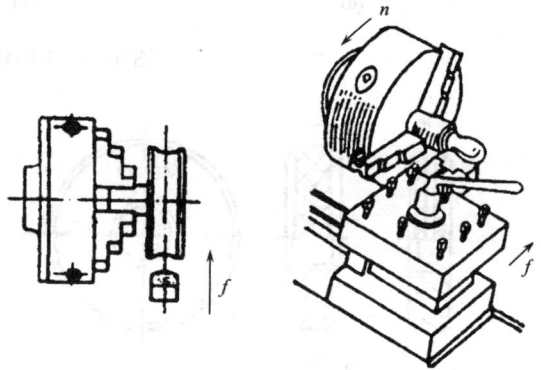

图 6-40　用成形刀法车成形面

7. 车槽与切断

回转体工件表面经常存在一些沟槽，如退刀槽、砂轮越程槽等，在工件上车削沟槽的方法称为车槽。车削宽度小于 5mm 的窄槽时（图 6-41），主切削刃的宽度等于槽宽，在横向进刀中将槽一次车出。车削宽度大于 5mm 的宽槽时，先沿纵向分段粗车，再精车出槽深及槽宽。

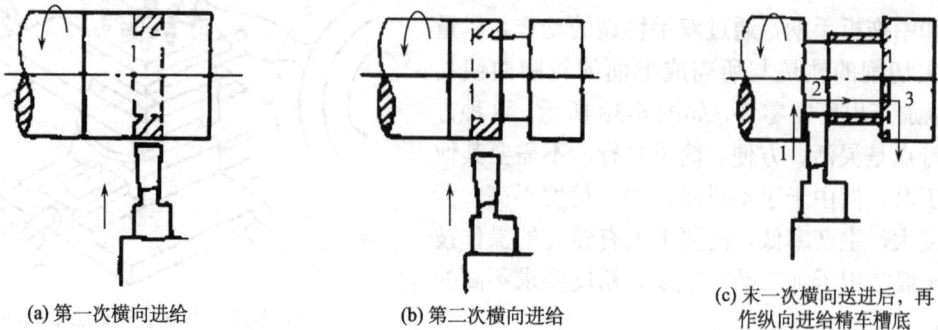

(a) 第一次横向进给　　　　　(b) 第二次横向进给　　　　(c) 末一次横向送进后，再作纵向进给精车槽底

图 6-41　车宽槽

切断是将工件从夹持端部分离下来，一般在卡盘上进行 (图 6-42)。切断刀形状与切槽刀相似，但因刀头窄而长，很容易折断。切断时应注意：切断时刀尖必须与工件等高，否则切断处会留有凸台，也容易损坏刀具 (图 6-43)；切断处应靠近卡盘，以增加工件刚度，减小切削时的振动；切断刀伸出不宜过长，以增强刀具刚度；减小刀架各滑动部分的间隙，提高刀架刚度，减少切削过程中的变形与振动；切断时切削速度要低，采用缓慢均匀的手动进给，以防进给量太大造成刀具折断。

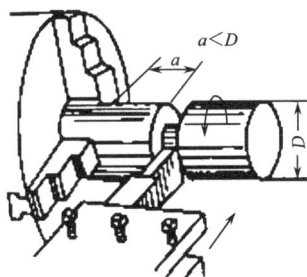

图 6-42 在三爪自定心卡盘上切断

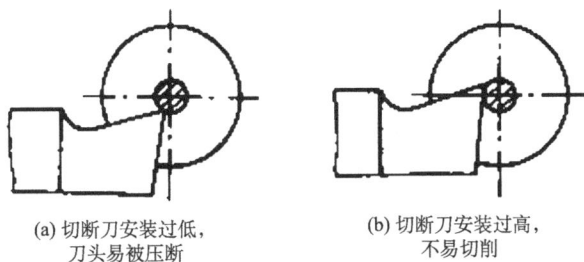

(a) 切断刀安装过低，刀头易被压断　　　(b) 切断刀安装过高，不易切削

图 6-43 切断刀刀尖应与工件中心等高

8. 钻孔与车孔

车床上最常用的内孔加工为钻孔、扩孔、铰孔和车孔。

1）钻 (扩、铰) 孔

在实体材料上加工孔时，可先用钻头钻孔，然后再进行扩孔和铰孔，扩孔和铰孔与钻孔相似。在车床上加工直径小而精度高的孔时，"钻→扩→铰"是典型工艺路线，钻头和铰刀装在尾架的套筒内由手动进给，车床上钻孔如图 6-44 所示。

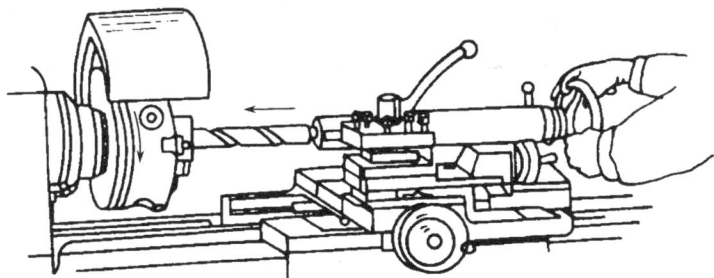

图 6-44 在车床上钻孔

车床钻孔的步骤如下。

(1) 车平端面。便于钻头定心，防止钻偏。

(2) 预钻中心孔。必要时在工件中心用中心钻钻出中心孔。

(3) 装夹钻头。选择与所钻孔直径对应的钻头，钻头工作部分长度略长于孔深。如果是直柄钻头，则用钻夹头装夹后插入尾座套筒。锥柄钻头用过渡锥套或直接插入尾座套筒。

（4）调整尾座纵向位置。松开尾座锁紧装置，移动尾座直至钻头接近工件，将尾座锁紧在床身上。此时要考虑加工时套筒伸出不要太长，以保证尾座的刚性。

（5）开车钻孔。钻孔是半封闭式切削，散热困难，钻头容易过热，所以切削速度不宜过高，通常取 $v_c=0.3\sim0.6m/s$。钻削初始阶段进给要慢一些，然后以正常进给量进给，钻孔结束后，先退出钻头，然后停车。对于钻通孔，快要钻通时应减缓进给速度，以防钻头折断。钻盲孔时，可利用尾座套筒上的刻度控制深度，亦可在钻头上做深度标记来控制孔深，孔的深度可以用深度尺测量。

（6）钻孔时，尤其是深孔钻削，应经常将钻头退出，便于排屑和冷却钻头。钻削钢件时，应加注切削液。

2）车孔

车孔是利用内孔车刀对工件上已钻出、铸出或锻出的孔做进一步加工，主要用来加工较大直径的孔。在车床上车孔的方法如图 6-45 所示。由于车孔加工是在工件内部进行的，操作者不易观察到加工状况，所以操作比较困难。车孔时，工件旋转作为主运动，车刀做进给运动。车通孔的车孔刀主偏角 K_r 为 $45°\sim75°$，车不通孔或台阶孔的车孔刀主偏角 K_r 应大于 $90°$。车孔可以纠正原来孔轴线的偏斜，提高孔的位置精度。车盲孔或台阶孔时，当车刀纵向进给至末端，从外向中心做横向进给加工内端面，以保证内端面和孔轴线垂直。车孔时尺寸的保证与外圆车削基本一样，也是采用试切法，边测量边加工。孔径的测量通常使用游标卡尺，精度要求高时可用内径千分尺或内径百分表测量。在大批量生产时，孔径可以用量规来进行检验。车孔深度的控制与车台阶及车床上钻孔相似。孔的深度可以用游标卡尺或深度游标卡尺进行测量。车孔可以粗加工、半精加工和精加工，车孔的尺寸精度可达 IT7～IT8，表面粗糙度 R_a 为 $0.8\sim1.6\mu m$。

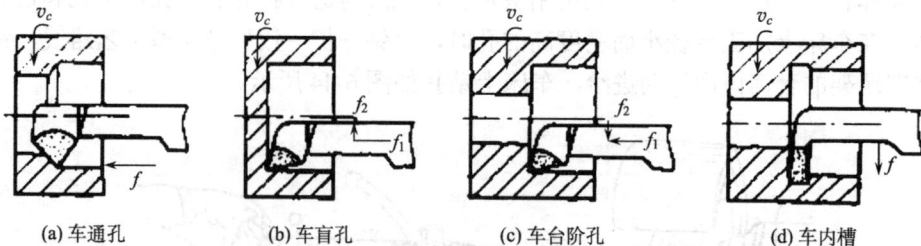

| (a) 车通孔 | (b) 车盲孔 | (c) 车台阶孔 | (d) 车内槽 |

图 6-45　车孔

车孔时应注意下列事项。

（1）车孔时，车刀刀杆应尽可能粗一些，但在车盲孔时，车刀刀尖到刀杆背面的距离必须小于孔的半径，否则孔底中心部位无法车平。

（2）装夹车刀时，刀尖应略高于工件回转中心，以减少加工中的颤振和扎刀现象，也可以减少车刀下部碰到孔壁的可能性。

（3）车刀伸出刀架的长度应尽量短些，以增加车刀杆的刚性，减少振动，但伸出长度不应小于车孔深度。

（4）车孔时因刀杆相对较细，刀头散热条件差，排屑不畅，易产生振动和让刀，所以选用的切削用量要比车外圆小些，其调整方法与车外圆基本相同。

（5）开动机床车孔前使车刀在孔内手动试走一遍，确认无运动干涉后再开车切削。

车床上车孔主要是针对回转体工件上的孔。对非回转体上的孔可以利用四爪单动卡盘或花盘装夹在车床上加工，但更多的是在钻床和镗床上进行加工。

9. 滚花

出于美观和增加摩擦的考虑，某些工具和零件需要在手持部分滚出各种不同的花纹，可在车床上用滚花刀挤压工件，使其产生塑性变形而成型。滚花花纹有直纹和网纹两种，是用特制的滚花刀挤压工件表面，使其产生塑性变形而形成凸凹不平但均匀一致的花纹，如图6-46所示。滚花时，滚花刀表面要与工件表面均匀接触，且滚花刀的中心应与工件轴线等高。滚花刀接触工件开始吃刀时，必须用较大挤压力，待吃到一定深度后再进行自动进给。为避免辗坏滚花刀和乱纹，滚花部位要靠近卡盘，工件转速要低，要充分润滑。

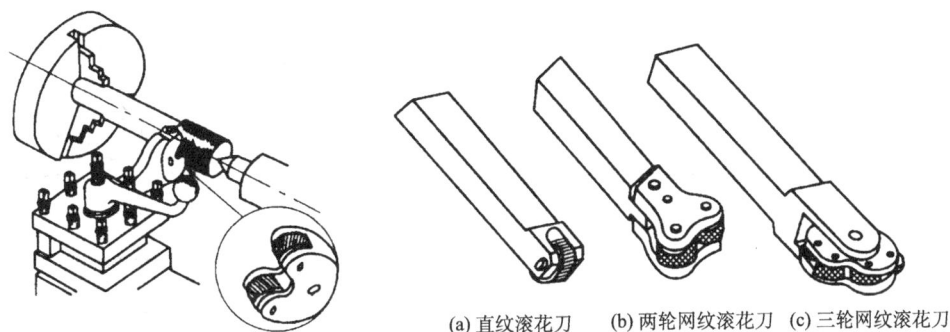

(a) 直纹滚花刀   (b) 两轮网纹滚花刀   (c) 三轮网纹滚花刀

图6-46　滚花及滚花刀

思 考 题

6-1　车床由哪些主要组成部分？各有什么用处？

6-2　刀架由哪几部分组成？各有什么用处？

6-3　卧式车床可完成哪些表面加工？车削时工件和刀具需做哪些运动？

6-4　车刀装夹时应注意什么？

6-5　车床上安装工件有哪些方法？

6-6　三爪自定心卡盘装夹工件有何特点？

6-7　车圆锥体有哪几种方法？

6-8　在车细长轴时，工件为什么易产生腰鼓形误差？试提出解决问题的措施。

6-9　为什么车削时一般先要车端面？为什么钻孔前也要车端面？

6-10　螺纹车刀和外圆车刀有何区别？应如何安装？为什么？

6-11　车削螺纹时，螺纹牙型的精度取决于哪些因素？

第 7 章 刨削、铣削、磨削加工

7.1 刨削加工基础

1. 概述

在刨床上用刨刀对工件进行切削加工的方法称为刨削，主要用来加工水平面、垂直面、台阶、斜面和各种沟槽等。刨削的加工范围见图 7-1。刨削类机床主要包括牛头刨床、龙门刨床、插床、拉床等。

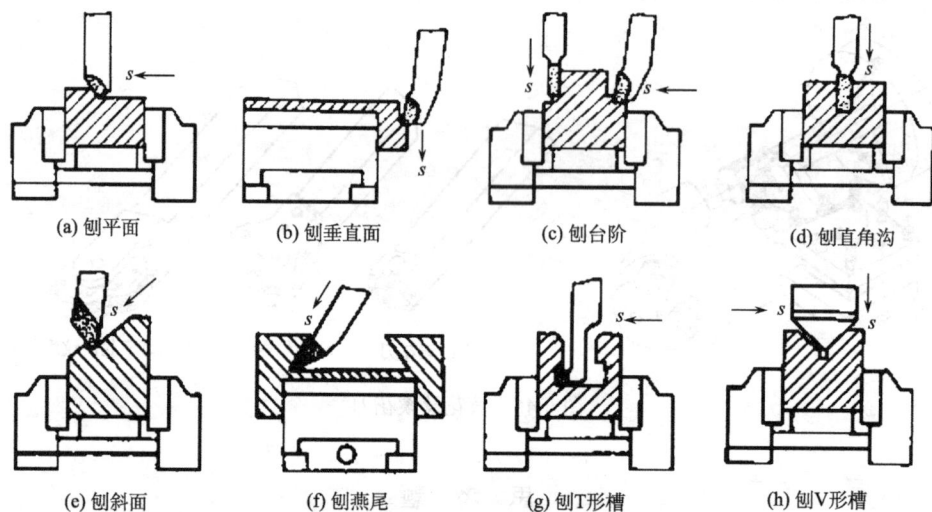

| (a) 刨平面 | (b) 刨垂直面 | (c) 刨台阶 | (d) 刨直角沟 |
| (e) 刨斜面 | (f) 刨燕尾 | (g) 刨T形槽 | (h) 刨V形槽 |

图 7-1　刨削的加工范围

由于刨刀在切入和切出时会产生冲击和振动，限制了切削速度的提高，加之刨刀在返程时不切削，因而刨削的生产率较低。但牛头刨床结构简单，调整方便，加工成本低，其刨刀结构简单，刃磨、安装方便，故刨削通用性好，在单件生产、加工狭长平面和修配工作中得到了广泛的应用。刨削用量有以下三个。

1）刨削速度 v_c

刨削速度 v_c 是刨刀或工件在刨削时的平均速度，定义为

$$v_c = 2Ln_r / 1000$$

式中，L 为刀具往复行程长度，mm；n_r 为刀具每分钟往复次数。

2）进给量 f

刨削进给量 f 是刨刀每往复一次工件所移动的距离。

3）刨削深度 a_p

刨削深度 a_p 是工件已加工表面和待加工表面之间的垂直距离。

2. 牛头刨床

1) 概述

牛头刨床是刨削类机床中应用较广泛的一种，适于刨削长度不超过 1000mm 的中、小型工件，其尺寸加工精度一般为 IT8～IT9，最高可达 IT6，表面粗糙度 Ra 一般为 1.6～3.2μm，刨削时不需要切削液。图 7-2 为 B6065 牛头刨床的外观结构。

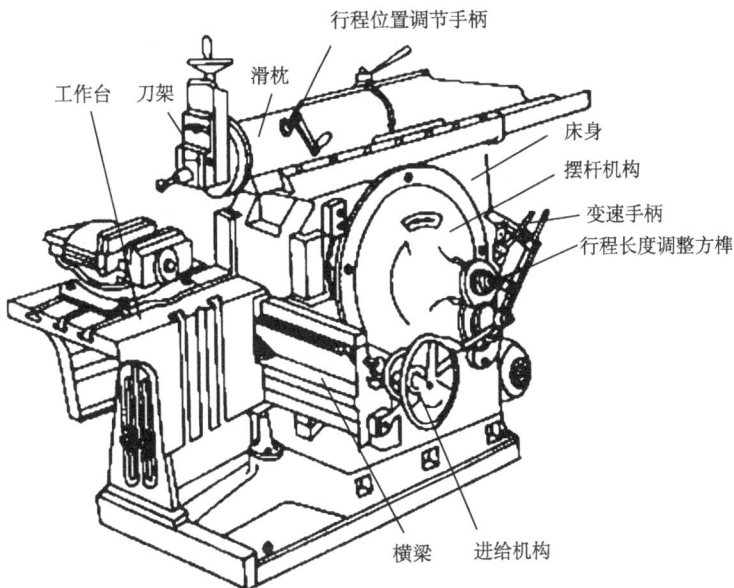

图 7-2　B6065 型牛头刨床

牛头刨床刨削的主运动为刨刀的往复直线运动，进给运动为刨刀每次退回后，工件的间歇、横向的水平移动(图 7-3)。图 7-4 为 B6065 牛头刨床的主传动系统。

2) 牛头刨床的组成

牛头刨床一般由床身、刀架、滑枕、工作台等几部分组成。

(1) 床身。床身用以支承和连接刨床上各个部件。顶面的水平导轨用以支承滑枕做往复直线运动，前侧面的垂直导轨用于工作台的升降。床身的内部装有传动机构。

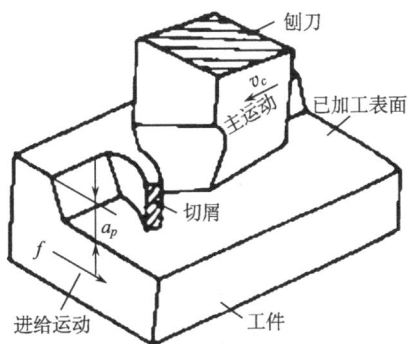

图 7-3　牛头刨床的刨削运动及刨削用量

(2) 刀架。刀架的作用是夹持刨刀。刀架由转盘、溜板、刀座、抬刀板和刀夹等组成，转动刀架的手柄，滑板即可沿转盘上的导轨带动刨刀上下移动，松开转盘上的螺母，将转盘转过一定的角度，可使刀架斜向进给以刨削斜面，溜板上装有可偏转的刀座(又叫刀盒)，可使抬刀板绕刀座的轴向上抬起，以便在返回行程时，刀架内的刨刀上抬，减小刀具与工件间的摩擦。

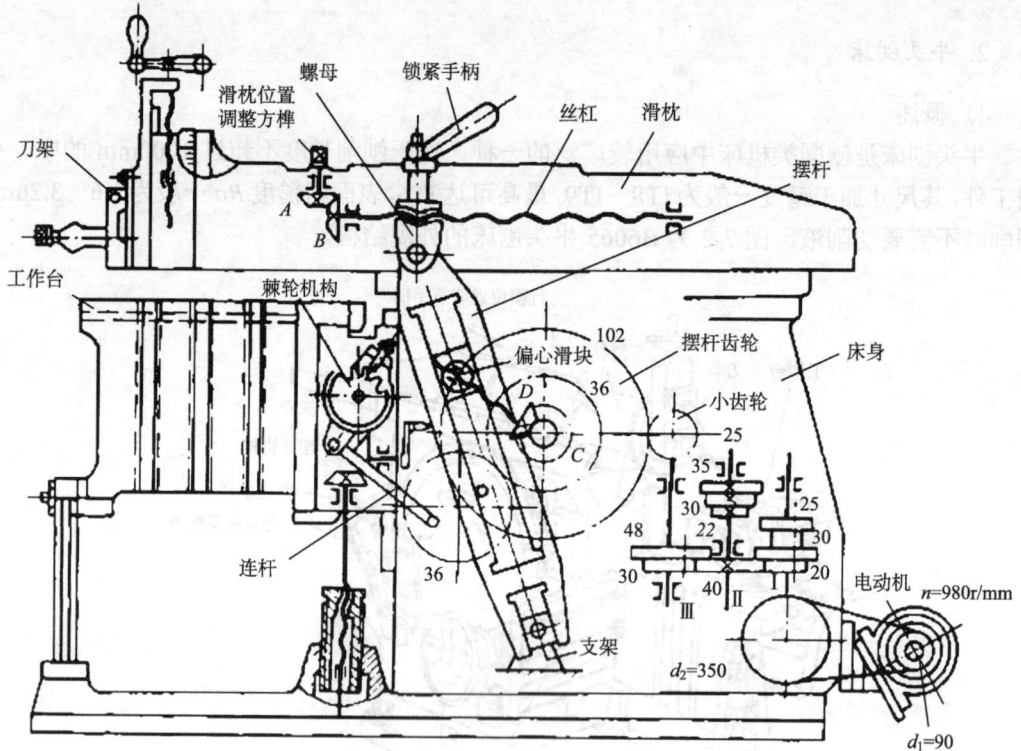

图 7-4　B6065 型牛头刨床的主传动系统

（3）滑枕。其前端装有刀架，用来带动刨刀做往复直线运动。滑枕的往复运动的快慢、行程的长度和位置，均可根据加工需要调整。滑枕是由床身内部的一套摆杆机构带动的。摆杆上端与滑枕内的螺母相连，下端与支架相连。偏心滑块与摆杆齿轮相连，嵌在摆杆的滑槽内，可沿滑槽运动。当摆杆齿轮由与其啮合的小齿轮带动转动时，偏心滑块则带动摆杆绕支架中心左右摆动，从而带动滑枕做往复直线运动。

（4）工作台。工作台上开有多条 T 形槽以便安装工件和夹具，工作台可随横梁一起作上下调整，并可沿横梁做水平进给运动。

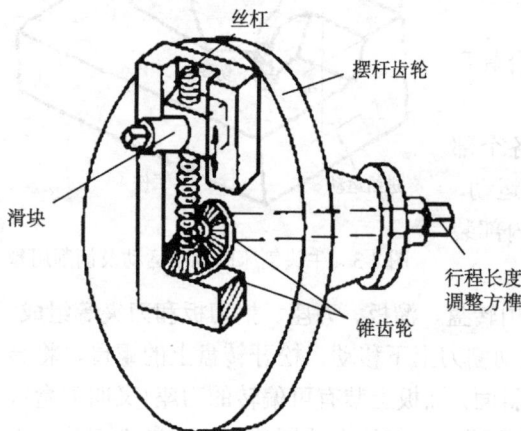

图 7-5　偏心滑块的调节

3）牛头刨床的调整

（1）主运动的调整。

滑枕每分钟往复次数的调整（图 7-4）：将变速手柄置于不同位置，即可改变变速箱中轴 I 和轴 II 上滑动齿轮的位置，可使滑枕获得 12.5～73str/min 之间 6 种不同的往复行程数。

滑枕起始位置的调整（图 7-4）：先松开滑枕上的锁紧手柄，用方孔摇把转动滑枕上的调整方榫，通过滑枕内的锥齿轮使丝杠转动，带动滑枕向前或向后移动，改变起始位置，调好后扳紧锁紧手柄即可。

滑枕行程长度的调整（图 7-5）：松开行

程长度调整方榫上的螺母，转动方榫，通过一对锥齿轮相互啮合运动使丝杠转动，带动滑块向摆杆齿轮中心内外移动，使摆杆摆动角度减小或增大，调整滑枕行程长度。

（2）进给运动的调整。

横向进给量的调整（图 7-6）：齿轮 1 与摆杆齿轮连为一体。当摆杆齿轮旋转时，通过齿轮 2 带动连杆及棘轮架摆动，通过棘爪拨动齿数为 36 的棘轮，并带动棘轮丝杠转动，从而使带有螺母的工作台获得水平方向的间歇运动。若丝杠螺距 $P=12mm$，则棘轮每拨动一个齿，工作台移动 $12/36=0.33mm$。因此调整棘爪每次拨动棘轮的齿数，就可调整横向进给量的大小。改变棘轮罩的位置，棘爪可分别将棘轮拨过 1～10 个齿，从而使工作台获得 0.33～3.3mm 的横向进给量。操作时，拉动离合器操纵手柄开动机床，顺时针转动进给量调整手柄观察工作台手动处的刻度盘间歇转动的情况，直到每次往复行程间歇移动的刻度值为所需的进给量。顺时针转动时，进给量增大；反之，则减小。

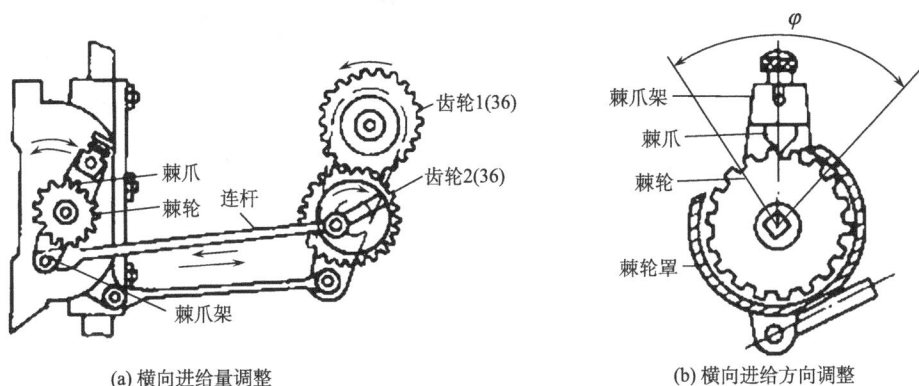

(a) 横向进给量调整　　　　　　　　　　(b) 横向进给方向调整

图 7-6　进给机构

横向进给方向的调整（图 7-6）：将棘爪用手提起转动 180°，放回原来的棘轮齿槽中，则棘爪拨动棘轮的方向相反，进给运动方向也相反。

3. 龙门刨床

龙门刨床因有一个龙门式的框架而得名，见图 7-7。

龙门刨床工作台的往复运动为主运动，刀架移动为进给运动。横梁上的刀架，可在横梁导轨上做横向进给运动，以刨削工件的水平面，立柱上的侧刀架可沿立柱导轨做垂直进给运动，以刨削垂直面。刀架亦可偏转一定角度以刨削斜面。横梁可沿立柱导轨上下升降，以调整刀具和工件的相对位置。

龙门刨床主要用于加工大型零件上的平面或沟槽，或同时加工多个中型零件，尤其适宜狭长平面的加工。如果在刚性好、精度高的机床上，正确地装夹工件，用宽刃刨刀进行大进给量精刨平面，可以得到平面度不大于 0.02/1000mm、表面粗糙度 Ra 为 0.8～1.6μm 的平面，并且生产率也较高，还可以保证一定的位置精度。

4. 刨刀及其安装

刨刀的种类很多，常用的刨刀及其应用见图 7-8。其中，平面刨刀用来刨平面，偏刀用来刨垂直面或斜面，角度偏刀用来刨燕尾槽，弯刀用来刨 T 形槽及侧面槽，切刀用来刨沟槽或切断工件。此外还有成形刀，用来刨特殊形状的表面。

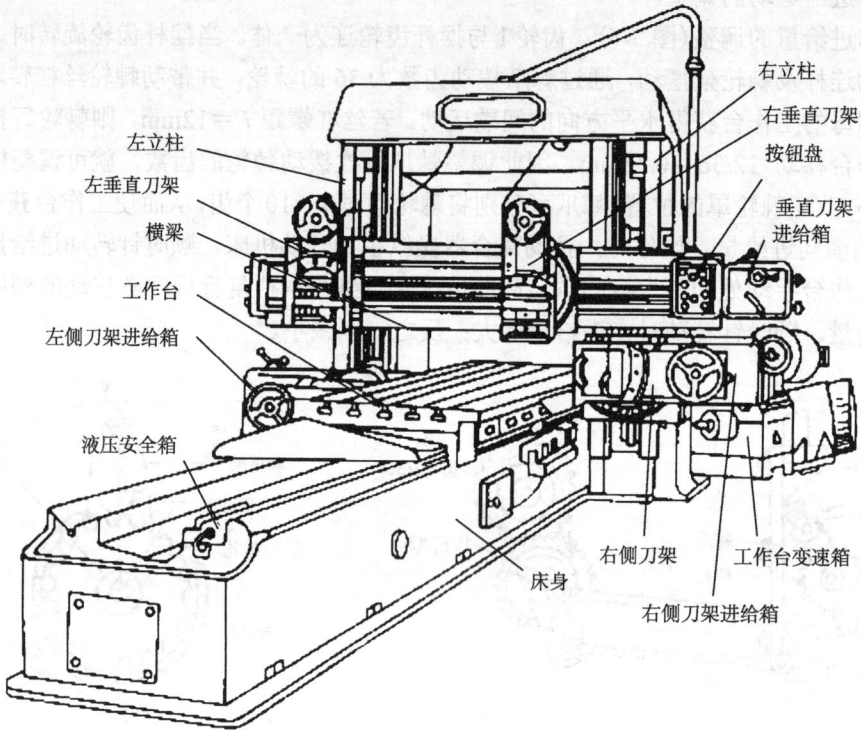

图 7-7　B1020A 龙门刨床

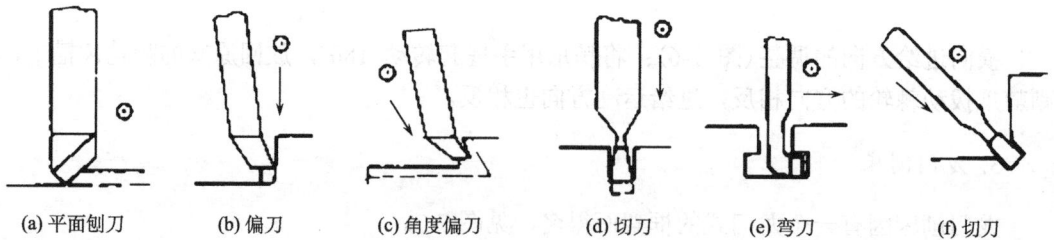

(a) 平面刨刀　　　(b) 偏刀　　　(c) 角度偏刀　　　(d) 切刀　　　(e) 弯刀　　　(f) 切刀

图 7-8　常用刨刀及应用

　　刨刀的结构、几何形状与车刀相似，但由于刨削过程有冲击力，刨刀易损坏，所以刨刀截面通常比车刀大 1.25～1.5 倍。切削量大的刨刀往往做成弯头(图 7-9(a))，在遇到较大切削力时，刀杆弯曲变形可绕 O 点抬离工件，不致损坏刀尖及已加工表面。而直头刨刀受力变形后易扎入工件，所以直头刨刀多用于切削量较小的加工(图 7-9(b))。

　　在牛头刨床上安装刨刀的方法参见图 7-10。将转盘对准零线，以便准确控制吃刀深度。刀架下端应与转盘底侧基本相对，以增加刀架的刚度。直刨刀的伸出长度一般为刀杆厚度的 1.5～2 倍。夹紧刨刀时应使刀尖离开工件表面，防止碰坏刀具和擦伤工件表面。装刀和卸刀时，必须一手扶刀，一手用扳手夹紧或松开。

(a) 弯头刨刀　　　　　　　　(b) 直头刨刀

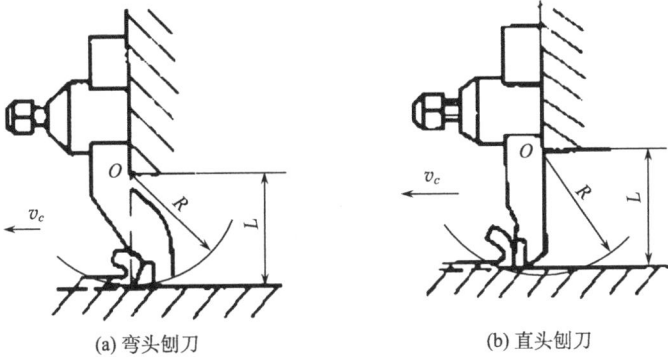

图 7-9　弯头刨刀和直头刨刀

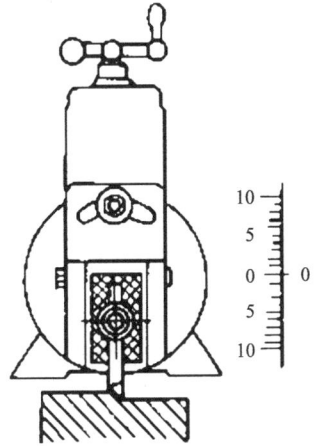

图 7-10　刨刀的安装

5. 工件的装夹

1) 用平口钳装夹

平口钳是一种通用夹具，用于装夹小型工件。使用时先将钳口找正并固定在工作台上。装夹时，工件加工表面应高于钳口，否则必须把工件垫高(图 7-11)。加工前，先将工件夹在平口钳上，用划针或凭眼力直接找正工件位置，然后夹紧(图 7-12)。

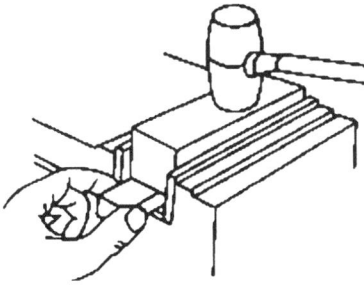

图 7-11　在平口钳中装夹工件

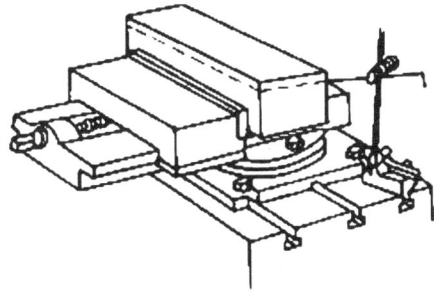

图 7-12　找正工件装夹位置

2) 在工作台上装夹

在工作台上装夹工件时，可根据工件的外形尺寸采用不同的装夹工具。图 7-13 示出了在工作台上装夹工件的几种方法。图 7-13(a)用压板和压紧螺栓装夹工件；图 7-13(b)用撑板装夹工件；图 7-13(c)用 V 形块装夹圆形工件；图 7-13(d)将工件装在角铁上，用 C 形铁装夹工件。根据工件的不同装夹精度要求，有时需用划针、百分表找正工件或先划好加工线再进行找正。

3) 用专用夹具装夹

专用夹具是根据工件某一工序的具体要求而设计的，它可以迅速准确地对工件进行装夹，主要用于批量生产。对于单件小批量生产，在刨床上还经常使用组合夹具装夹工件。

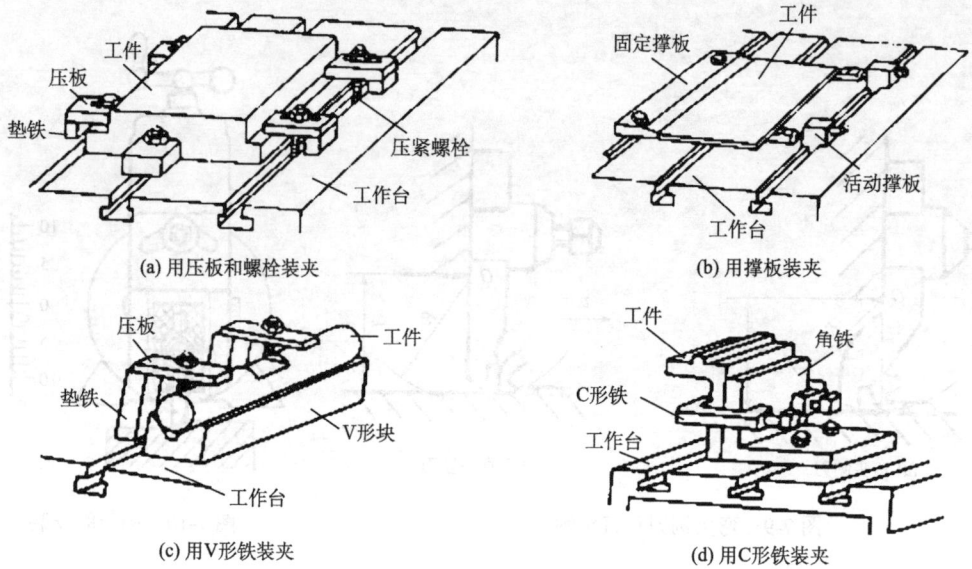

(a) 用压板和螺栓装夹

(b) 用撑板装夹

(c) 用V形铁装夹

(d) 用C形铁装夹

图 7-13　在工作台上装夹工件

6. 刨削加工基本工艺

1) 刨水平面

刨水平面时，刀架和刀座均处于中间位置上。刨平面可按下列顺序进行。

（1）根据工件加工表面形状选择和装夹刨刀。

（2）根据工件的大小和形状确定工件装夹方法，并夹紧工件。刨削时，小工件可以装夹在平口钳上，大工件则直接固定在工作台上。在平口钳上装夹毛坯时，必须按较平的表面或划线来校正；对已加工过底面的工件，则可按底面来校正。当工件直接装夹在工作台上时，可用压板来固定，此时应分几次逐渐拧紧各个螺母，以免夹紧时工件变形。为了使工件不致在刨削时被推动，需在工件前端加挡块。压板的用法如图 7-14 所示。

(a) 合理

(b) 不合理

图 7-14　压板的正确用法

（3）调整刨刀的行程长度和起始位置及往复次数。首先改变偏心滑块的偏心距，调整滑枕行程长度使之略长于工件加工平面的长度。再松开滑枕上的锁紧手柄，摇转丝杠，移动滑枕，调节刨刀的起始位置，以适应工件的加工位置。然后扳动变速箱手柄，设置滑枕每分钟往复次数。

（4）调整进给量。拨动挡环，可调节进给量。在牛头刨床上加工工件的切削用量一般为：切削速度 0.2～0.5m/s，进给量 0.33～1mm/str，背吃刀量 0.5～2mm。当工件表面质量要求较高(Ra＝3.2～6.3μm)时，粗刨后还要进行精刨。精刨的进给量和背吃刀量应比粗刨更小，切削速度可高些。为使工件已加工表面光整，在刨刀返回时，可用手掀起刀座上的抬刀板，使刀尖不与工件接触。加工时，先用手动进给，试切出 0.5～1mm 宽度。然后停车测量尺寸，并利用刀架刻度盘调整切削深度。当工件的加工余量较大，不能一次切去时，可分几次切削。

2）刨垂直面和斜面

刨垂直面的方法如图 7-15 所示。装夹工件时，应用角尺或按划线校正，以保证加工面与工作台面垂直，并与刨削方向平行。此外，工件的待加工面应伸出工作台面或对准 T 形槽。应采用偏刨刀，刀架转盘的刻线对准零线，以便刨刀能沿垂直方向移动。刀座上端偏离工件一个合适的角度(一般 10°～15°)，以便返回行程时减少刨刀与工件的摩擦，避免划伤已加工表面。

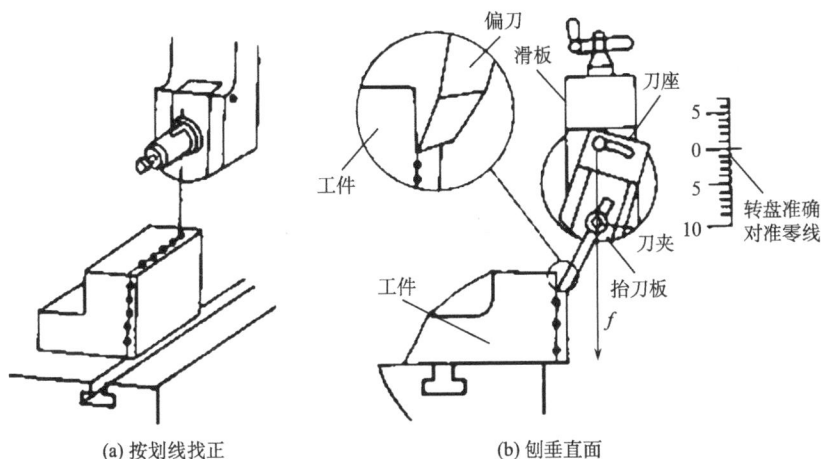

(a) 按划线找正   (b) 刨垂直面

图 7-15 刨垂直面

刨斜面最常用的方法是"正夹斜刨"，即通过倾斜刀架进行刨削(图 7-16)。刀架转盘板转的角度应等于工件斜面与铅垂线之间的夹角，从而使滑板的手动进给方向与斜面平行。其他工艺过程与刨水平面相同。在牛头刨床上刨斜面只能手动进给。

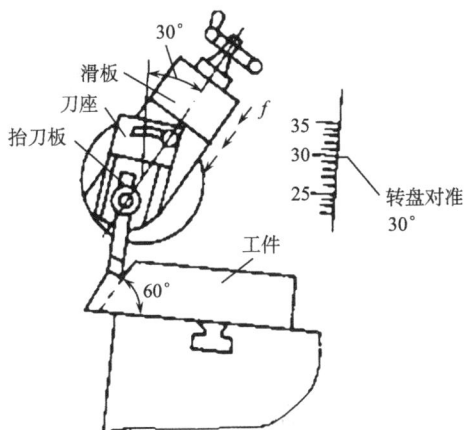

图 7-16 刨斜面

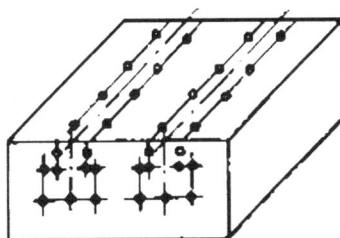

图 7-17 划 T 形槽加工线

3) 刨 T 形槽

先划出 T 形槽的加工线（图 7-17），然后按图 7-18 所示步骤进行刨削。

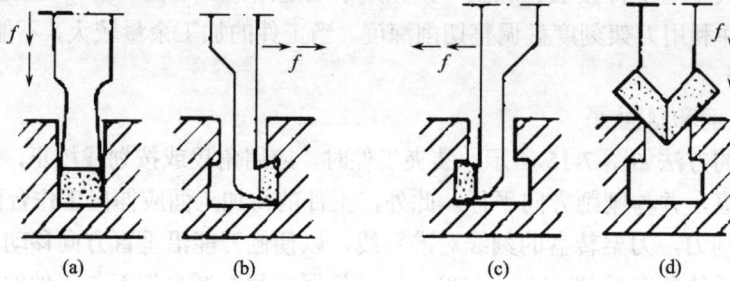

图 7-18　刨 T 形槽

4) 刨燕尾槽、V 形槽

燕尾槽、V 形槽的刨削方法是刨直槽和刨内、外斜面的综合，但需要左、右偏刀。刨燕尾槽的步骤见图 7-19。

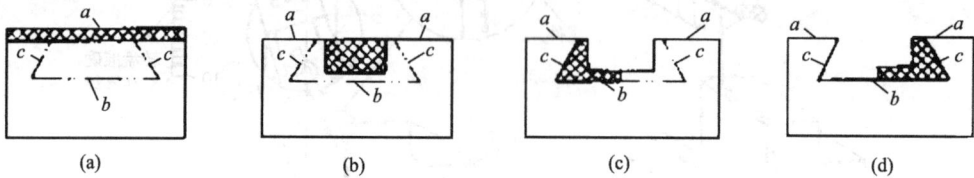

图 7-19　刨燕尾槽

5) 刨矩形工件

矩形工件（如平行垫铁）要求相对两面互相平行，相邻两面相互垂直。这类工件一般可以锉削，也可以刨削。但工件要用平口钳装夹。无论是锉削还是刨削，精加工 1～4 个面的步骤要按照"1→2→4→3"的顺序进行（图 7-20）。

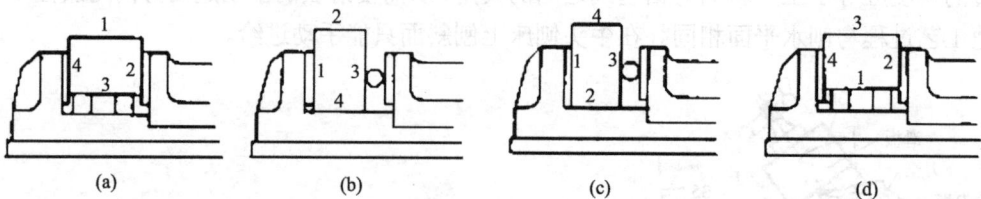

图 7-20　刨矩形工件

7.2　铣削加工基础

1. 概述

在铣床上，利用刀具的旋转运动和工件的连续移动来进行切削加工工件的一种机械加工方法称为铣削。铣削是一种高生产率的加工方法，在成批大量生产中，除加工狭长的平面以外，铣削几乎完全代替刨削，成为平面、沟槽和成形表面加工的主要方法。铣削加工范围如图 7-21 所示。铣削时由于是旋转的多刃刀具，属断续切削，因此刀具散热条件好，有利于提高切削速度及生产效率。但铣削时由于铣刀刀刃不断地切入与切出，使切削力不断变化，因而易产生冲击和振动。铣削加工的尺寸公差等级一般可达 IT7～IT9，表面粗糙度 Ra 一般为 1.6～6.3μm。

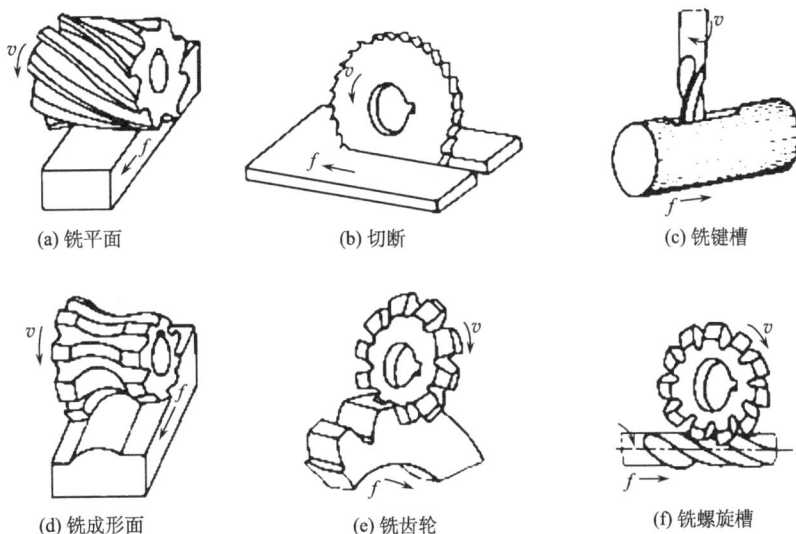

(a) 铣平面 (b) 切断 (c) 铣键槽

(d) 铣成形面 (e) 铣齿轮 (f) 铣螺旋槽

图 7-21　铣削的加工范围

铣削时，主运动是铣刀的转动，工件做缓慢的直线移动为进给运动(图 7-22)。

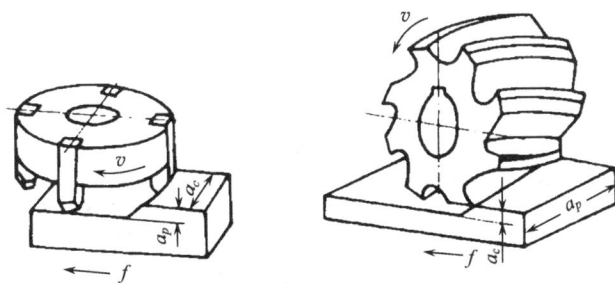

图 7-22　铣削运动及铣削用量

铣削时的铣削用量包括铣削速度 v_c、进给量 f、背吃刀量 a_p 和侧吃刀量 a_c 四个要素。

1) 铣削速度 v_c

铣削速度即铣刀最大直径处的线速度(m/min)。

$$v_c = \pi dn / 1000$$

式中，d 为铣刀直径，mm；n 为铣刀转速，r/min。

2) 进给量 f

铣削时工件在进给运动方向上相对刀具的移动量即为铣削时的进给量。由于铣刀为多刃刀具，因此铣削的进给量有以下三种具体表示方法。

（1）每齿进给量 f_z。铣刀每转过一个刀齿，工件相对于铣刀的位移量（mm/z）。

（2）每转进给量 f。铣刀每转过一转，工件相对铣刀的位移量（mm/r）。

（3）每分钟进给量 v_f。又称进给速度，即每分钟内工件相对铣刀的位移量（mm/min）。

若 z 为铣刀的齿数，则以上三者关系为

$$v_f = f \times n = f_z \times z$$

一般铣床标盘上所示出的进给量指的是每分钟进给量 v_f。

3）背吃刀量 a_p

平行于铣刀轴线测量的切削层尺寸（mm）。

4）侧吃刀量 a_c

垂直于铣刀轴线测量的切削层尺寸（mm）。

2. 铣床

在现代机器制造中，铣床占金属切削机床的 25% 左右。铣床的种类很多，最常用的是卧式万能升降台铣床（简称万能铣床）、立式升降台铣床（简称立式铣床）、数控铣床等，其中万能铣床最常用。

1）万能铣床

X6132 型卧式万能铣床外观结构如图 7-23 所示。它由床身、横梁、主轴、升降台、工作台组成。

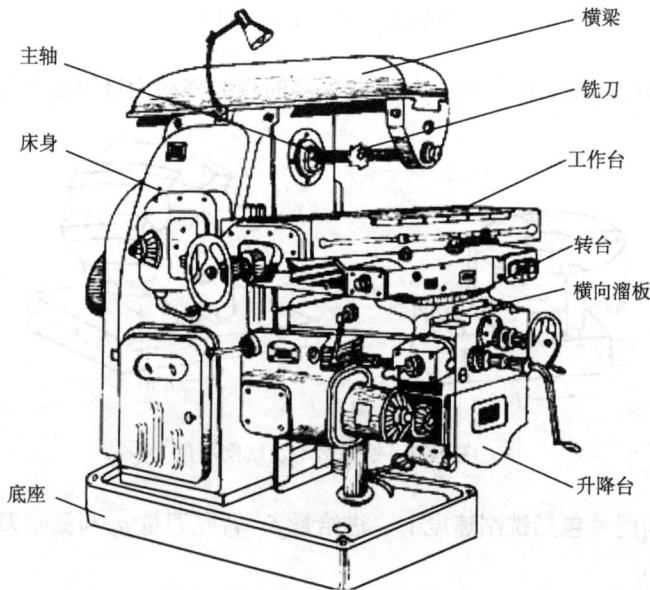

图 7-23　X6132 卧式万能铣床

（1）床身。用于支承和固定铣床各部件。床身顶面有供横梁移动的水平导轨，前立面有燕尾形的垂直导轨，供升降台上下移动。床身内装有主轴、主轴变速箱、电器设备等部件和润滑油。

（2）横梁。装有支架，用以支承刀杆的一端。横梁在床身上的位置可根据刀杆的长度调整。

（3）主轴。是空心轴，前端有 7:24 的锥孔，可与铣刀刀杆的锥柄相配合并带动铣刀旋转。主轴的转动是由电动机经主轴变速箱传来的，通过调节手柄可使主轴获得各种不同的转速。

（4）升降台。用以带动工作台、转台、横溜板沿床身垂直导轨做上下移动，以调整工作台面与铣刀沿高度方向上的相对位置。升降台内部安装有进给电动机及变速机构。

（5）工作台。用以安装工件和夹具。工作台可沿纵、横两个方向运动。工作台的下部有一根传动丝杠，通过它带动工件做纵向进给运动。工作台的下面有转台，能使纵向工作台在水平面内旋转一个角度，可以斜向移动，铣削螺旋槽。工作台还可以在升降台上做横向运动。

2）立式铣床

立式铣床与卧式铣床的主要区别是主轴与工作台面相垂直。有时根据加工的需要，可以将主铣头（包括主轴）偏转一定角度，以便加工斜面。图 7-24 为 X5032 立式升降台铣床。

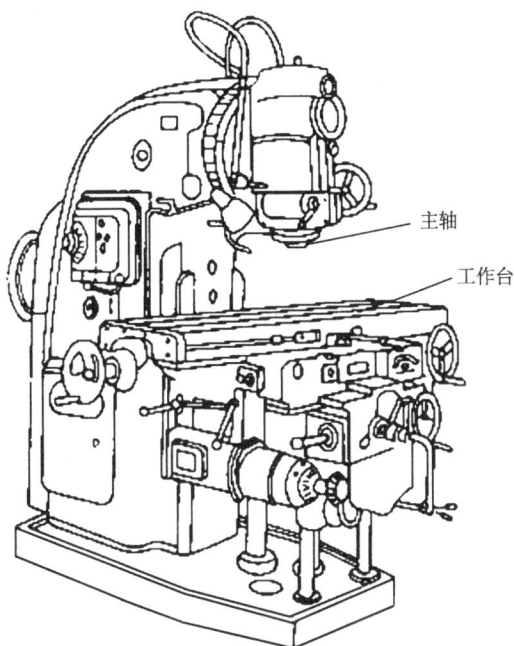

图 7-24　X5032 立式升降台铣床

立式铣床由于操作时观察、检查和调整铣刀位置等都比较方便，又便于装夹硬质合金面铣刀进行高速铣削，生产率较高，故应用较广泛。

3）数控铣床

数控铣床是综合应用电子技术、计算机、自动控制、精密测量等新技术而出现的精密、自动化的新型机床。它适用于各种批量的生产，加工表面形状复杂、精度要求高的零件。

3. 铣床附件

1）万能铣头

铣头装在卧式铣床上，不仅能完成各种立铣工作，而且还可以根据铣削的需要，将铣头主轴板转成任意角度。其底座用四个螺栓固定在铣床垂直导轨上，如图 7-25（a）所示。铣床主轴将运动传递到铣头主轴，因此铣头主轴的转速级数与铣床的转速级数相同。铣头的壳体可绕主轴轴线偏转任意角度（图 7-25（b）），铣头主轴的壳体还能在铣头的壳体上偏转任意角度（图 7-25（c））。因此，铣头主轴就能在空间偏转成所需的任意角度，这样就扩大了铣床的加工范围。

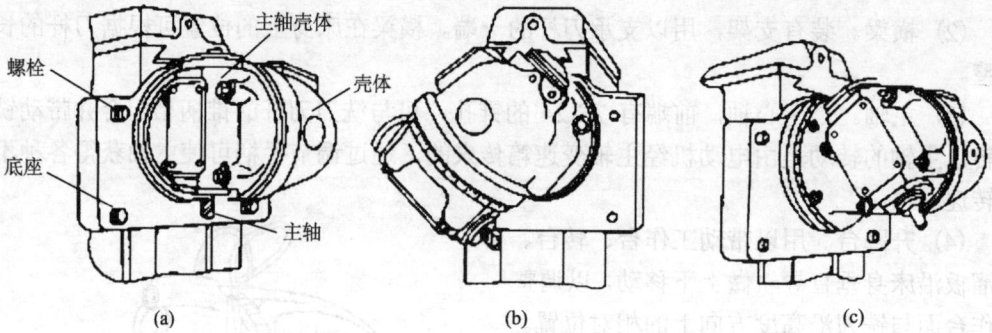

图 7-25　万能铣头

2) 回转工作台

回转工作台又称转盘或圆工作台。它分为手动和机动进给两种，主要功用是大工件的分度及铣削带圆弧曲线的外表面和圆弧沟槽的工件。手动回转工作台如图 7-26 所示。它的内部有一套蜗杆、蜗轮，摇动手轮，通过螺旋轴就能直接带动与转台连接的蜗轮传动。转台周围有 0～360°刻度，可用来观察和确定转台位置。拧紧固定螺钉，转台就固定不动。转台中央有一基准孔，利用它可方便地确定工件的回转中心。铣圆弧槽时(图 7-27)，工件安装在回转工作台上绕铣刀旋转，用手均匀缓慢地摇动回转工作台，从而在工件上铣出圆弧槽来。

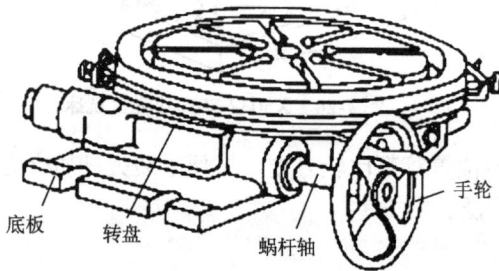

图 7-26　回转工作台

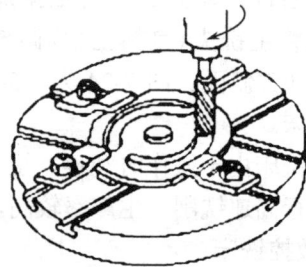

图 7-27　在回转工作台上铣圆弧槽

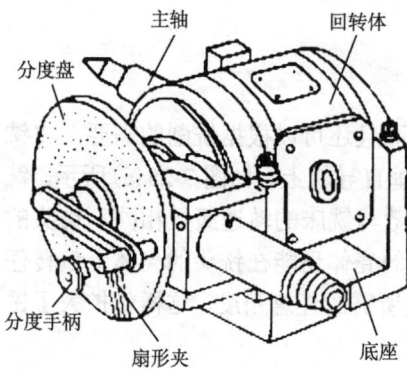

图 7-28　万能分度头

3) 万能分度头

在铣削加工中常会遇到铣四方、六方、齿轮、花键和刻线等工作，分度头就是一种能对工件在圆周、水平、垂直、倾斜方向上进行等分或不等分分度的铣床附件。分度头有许多类型，最常用的是万能分度头，见图 7-28。

万能分度头由底座、回转体、主轴和分度盘等组成。工作时，它的底座用螺钉紧固在工作台上，并利用导向键与工作台中间一条 T 形槽相配合，使分度头主轴轴线平行于工作台纵向进给。分度头的前端锥孔内可安放顶尖，用来支承工件。主轴外部有一短定位锥体与卡盘的法兰盘锥孔相连接，以便用卡盘来装夹工件。分度头的侧面有分度盘和分度手柄。分度时摇动分度手柄，通过蜗杆、蜗轮带动分度头主轴旋转进行分度。

图 7-29 所示为分度头的传动系统图。分度头蜗杆、蜗轮的传动比为 1：40，即手柄通过一对齿轮(传动比为 1：1)带动蜗杆转动一圈，蜗轮只带动主轴转过 1/40 圈。若工件在整个圆周上的等分数目 z 为已知，则每转过一个等分，主轴需转过 1/z 圈。这时手柄所需的转数 $n=40/z$。

例如，铣削 $z=9$ 的齿轮时，$n=40/9$ 圈，即每铣一齿，手柄需要转过 40/9 圈。分度手柄的准确转数借助分度盘来确定。分度盘(图 7-30)正反两面有许多孔数不同的孔圈。例如，国产 F11250 型分度盘，其各圈孔数如下：

第一块：正面，24、25、28、30、34、37；反面，38、39、41、42、43。

第二块：正面，46、47、49、52、53、54；反面，57、58、59、62、66。

当 $n=40/9=4+4/9$ 圈时，先将分度盘固定，再将分度手柄的定位销调整到孔数为 9 的倍数的孔圈上。例如，当定位在孔数为 54 圈上时，手柄转过 4 圈后，再沿孔数为 54 的孔圈转过 24 个孔距即可(24/54=4/9)。

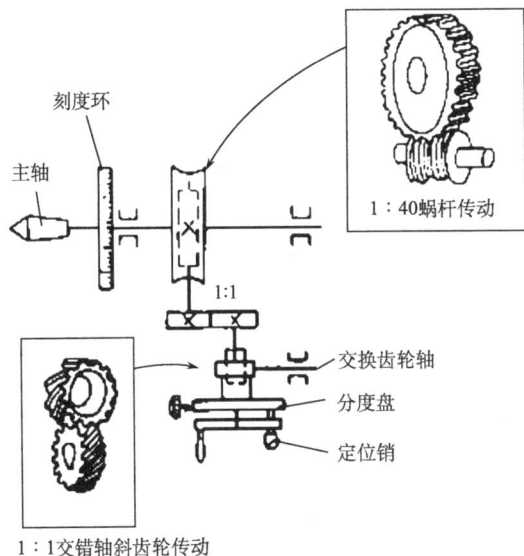

图 7-29　万能分度头的传动系统

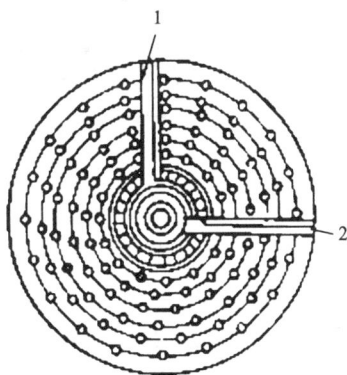

图 7-30　分度盘

4. 铣刀及其装夹

铣刀的种类很多，可用来加工各种平面、沟槽、斜面和成形面。常用铣刀见图 7-31。根据铣刀的结构不同，又分为带柄铣刀和带孔铣刀。带柄铣刀多用于立式铣床。各类铣刀在铣床上的装夹方法如下。

1) 圆盘铣刀等带孔铣刀的装夹

在卧式铣床上都使用刀杆安装带孔的铣刀，如图 7-32 所示。刀杆的一端为锥体，装入机床的锥孔中，并用拉杆螺栓穿过机床主轴将刀杆拉紧。主轴的动力通过锥面前端的链带动刀杆旋转。铣刀装在刀杆上应尽量靠近主轴前端，以减少刀杆的变形。拧紧刀杆的压紧螺母时，必须先装支架，以防刀杆受力弯曲。

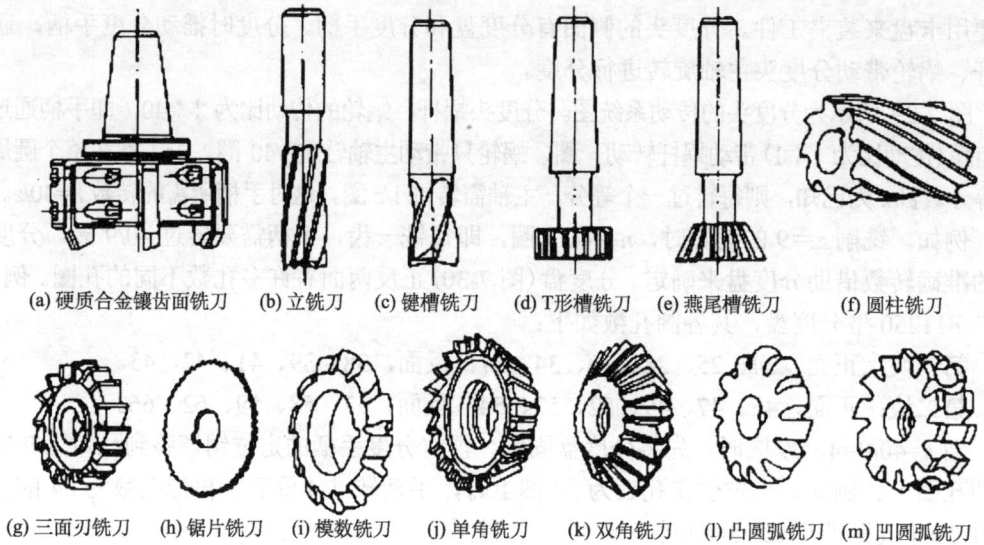

(a) 硬质合金镶齿面铣刀　(b) 立铣刀　(c) 键槽铣刀　(d) T形槽铣刀　(e) 燕尾槽铣刀　(f) 圆柱铣刀

(g) 三面刃铣刀　(h) 锯片铣刀　(i) 模数铣刀　(j) 单角铣刀　(k) 双角铣刀　(l) 凸圆弧铣刀　(m) 凹圆弧铣刀

图 7-31　铣刀

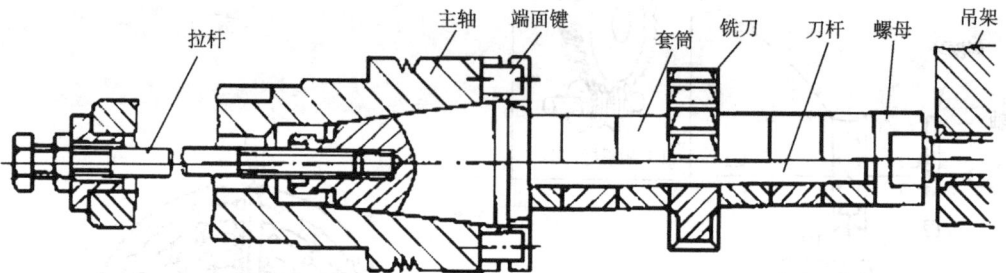

图 7-32　带孔铣刀的装夹

2）立铣刀等带柄铣刀的装夹

对于直径为 $\phi10\sim\phi50mm$ 的锥体立铣刀，可借助过渡套筒装入机床主轴中，然后用拉杆把铣刀及过渡套筒一起拉紧在主轴锥孔内，如图 7-33（a）所示。对于直径为 $\phi3\sim\phi10mm$ 的铣刀，可使用弹簧夹装夹（图 7-33（b））。铣刀的锥柄插入弹簧套的孔中，用螺母压紧弹簧套，使弹簧套的外锥面受压而孔径缩小，即可将铣刀抱紧（弹簧套上有三个开口，故受力能缩小）。

3）面铣刀的装夹

面铣刀一般中间带有圆孔，先将铣刀装在如图 7-34 所示的短刀轴上，再将刀轴装入机床主轴并用拉杆拉紧。

5. 工件的装夹

1）用附件装夹

（1）用平口虎钳装夹工件，见图 7-35（a）。

（2）用压板螺栓装夹工件，见图 7-35（b）。

（3）用分度头装夹工件，见图 7-35（c）、图 7-35（d）。分度头多用于装夹需分度的工件。既可用分度头卡盘（或顶尖）夹轴类零件，也可以只用分度头卡盘直接装夹工件。

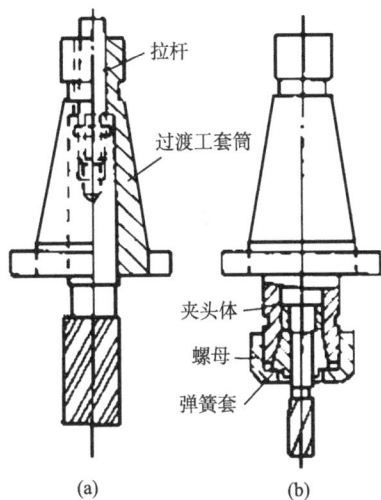

图 7-33　带柄铣刀的装夹

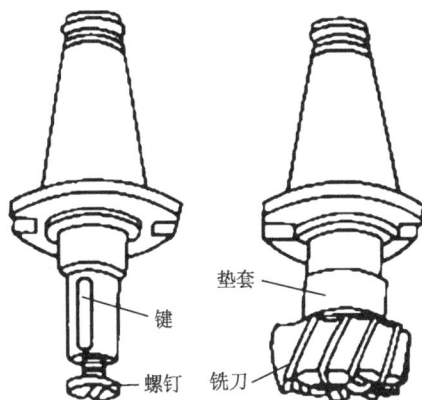

图 7-34　面铣刀的装夹

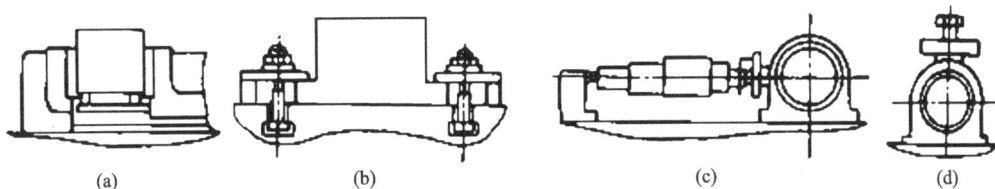

图 7-35　用铣床附件装夹工件

（4）用回转工作台装夹带有圆弧形状加工表面的工件。

2）用专用夹具或组合夹具装夹

为了保证零件加工质量，常用各种专用夹具或组合夹具等装夹工件。专用夹具是根据工件的几何形状及加工方式特别设计的工艺装备，组合夹具是由一套预先装备好的各种不同形状、不同规格尺寸的标准元件所组成的，可以根据工件形状和工序要求，装配成各种夹具。

6. 铣削加工基本工艺

1）铣水平面及垂直面

可以在卧式铣床上用圆柱铣刀铣水平面（图 7-36（a）），也可以在立式铣床上用端铣刀铣水平面（图 7-36（b））。垂直面的铣削可以在卧式铣床上用端铣刀实现（图 7-36（c））。

在卧式铣床上用圆柱铣刀铣水平面的加工步骤如下。

（1）装夹铣刀。铣刀是装夹在刀杆上的。刀杆用拉杆螺钉与主轴连接。装刀前应将刀杆、铣刀及垫圈擦干净，以免装夹不正。

（2）装夹工件。铣平面时，工件可夹在平口钳上，也可用压板直接装夹在工作台上，工件装夹方法与刨水平面相似。

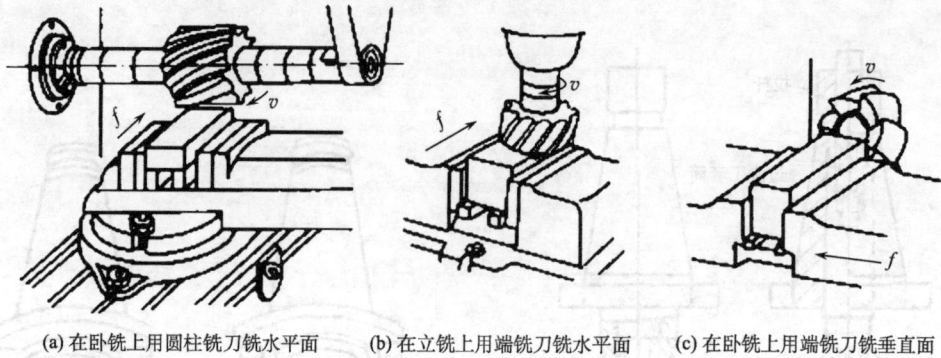

(a) 在卧铣上用圆柱铣刀铣水平面　　(b) 在立铣上用端铣刀铣水平面　　(c) 在卧铣上用端铣刀铣垂直面

图 7-36　铣水平面及垂直面

（3）调整机床。根据所选定的切削用量，调整主轴转速和工作台的进给量。

（4）铣削。铣平面的操作步骤如图 7-37 所示。铣平面时，应注意铣刀是否磨钝，进给量是否均匀。铣钢料时应加切削液。

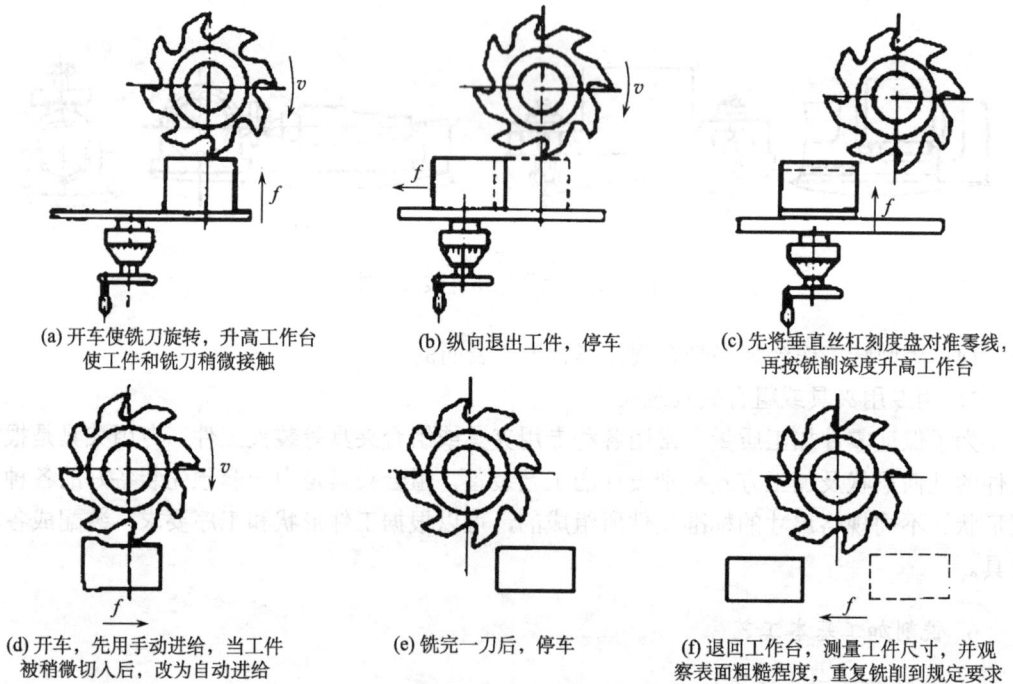

(a) 开车使铣刀旋转，升高工作台　　(b) 纵向退出工件，停车　　(c) 先将垂直丝杠刻度盘对准零线，
使工件和铣刀稍微接触　　　　　　　　　　　　　　　　　　再按铣削深度升高工作台

(d) 开车，先用手动进给，当工件　　(e) 铣完一刀后，停车　　(f) 退回工作台，测量工件尺寸，并观
被稍微切入后，改为自动进给　　　　　　　　　　　　　　察表面粗糙程度，重复铣削到规定要求

图 7-37　铣平面的操作步骤

2）铣台阶面

台阶面可用三面刃铣刀在立式铣床上铣削，也可用大直径的立铣刀在立式铣床上铣削。在成批生产中，可用组合铣刀在卧铣上同时铣削几个台阶面。图 7-38 示出了上述几种铣台阶面的工艺方法。

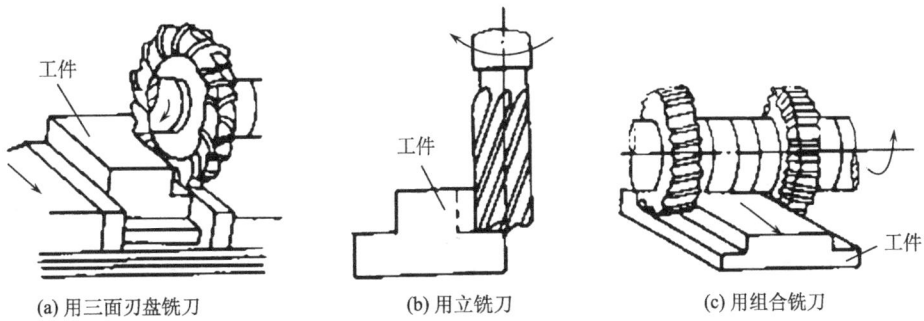

(a) 用三面刃盘铣刀　　　　　　(b) 用立铣刀　　　　　　(c) 用组合铣刀

图 7-38　铣台阶面

3) 铣斜面

铣斜面的方法主要有三种。一是用分度头带动工件转一定角度用铣水平面的方法铣斜面，如图 7-39(a) 所示。二是在装有立铣头的卧式铣床上或在立式铣床上转动立铣头，把主轴倾斜一定的角度，工作台横向进给实现斜面的加工，见图 7-39(b)。三是用角度铣刀铣小斜面，在用角度相符的角度铣刀时，可用角度铣刀直接铣削斜面，见图 7-39(c)。

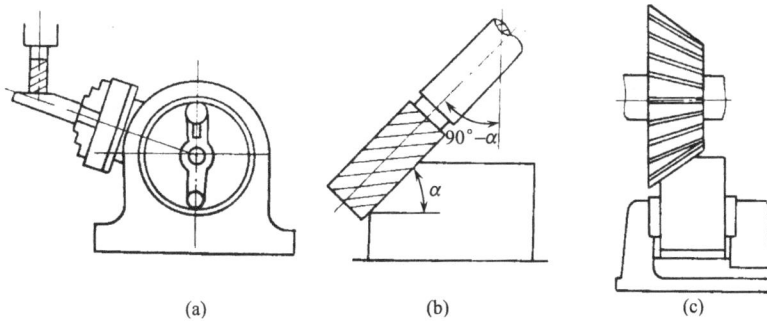

(a)　　　　　　(b)　　　　　　(c)

图 7-39　铣斜面

4) 铣沟槽

在铣床上可以铣削各种沟槽，轴上的键槽通常是在铣床上加工的。

图 7-40(a) 是用三面刃铣刀在卧式铣床上加工开口式键槽，工件可用平口钳或分度头进行装夹。由于三面刃铣刀参加铣削的刃数多、刚性好、散热好，其生产率比用键槽铣刀高。封闭式键槽一般用键槽铣刀在立式铣床上铣削，见图 7-40(b)。键槽铣刀的端部有两个刀刃，可以直接向下进刀，但进给量要小一些。

直槽一般用三面刃盘铣刀在卧式铣床上加工，也可用立铣刀在立式铣床上加工(图7-41)。铣 T 形槽和燕尾槽时，一般先开出直槽，再在立式铣床上用专用的 T 形槽铣刀和燕尾槽铣刀进一步加工成形，如图 7-42、图 7-43 所示。

5) 铣圆弧槽

铣圆弧槽要在回转工作台上进行(图 7-27)，将工件用压板螺栓直接装在圆形工作台上或用三爪卡盘装在回转工作台上。装夹时，工件上圆弧槽的中心必须与回转工作台的中心重合。摇动回转工作台手轮带动工件做圆周进给运动，即可铣出圆弧槽。

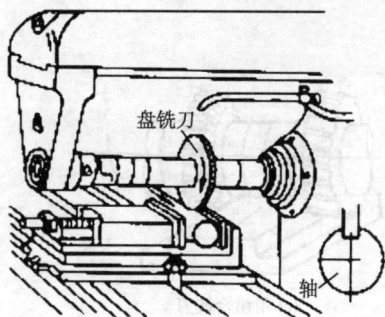

(a) 铣开口键槽

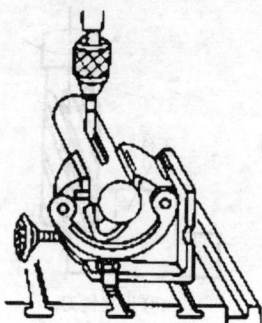

(b) 铣封闭键槽

图 7-40　铣键槽

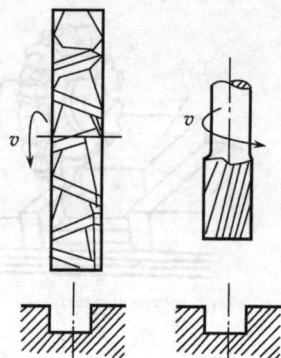

图 7-41　铣直槽

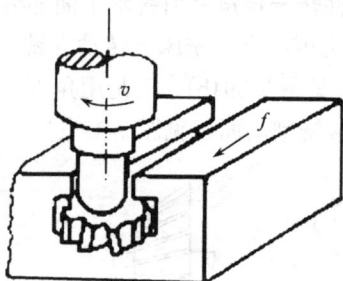

图 7-42　铣 T 形槽

图 7-43　铣燕尾槽

6) 铣成形面、曲面

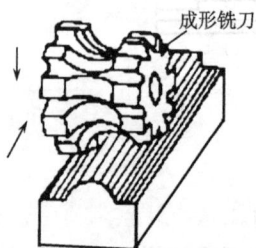

图 7-44　铣成形面

成形面一般在卧式铣床上用成形铣刀来加工,如图 7-44 所示。成形铣刀的形状应与加工面相吻合。

曲面一般在立式铣床上加工,其方法有以下两种。

(1) 按划线铣曲面。对于要求不高的曲面,可按工件上划出的线迹,移动工作台进行加工,见图 7-45。

(2) 用靠模铣曲面。在成批及大量生产中,可以采用靠模铣曲面。图 7-46 所示为圆形工作台上用靠模铣曲面。铣削时,立铣刀上面的圆柱部分始终与靠模接触,从而加工出与靠模一致的曲面。

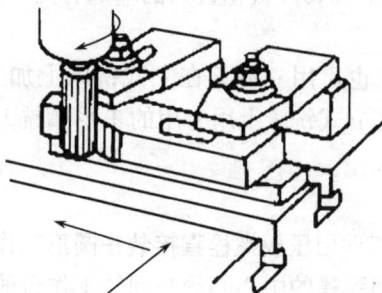

图 7-45　按划线铣曲面

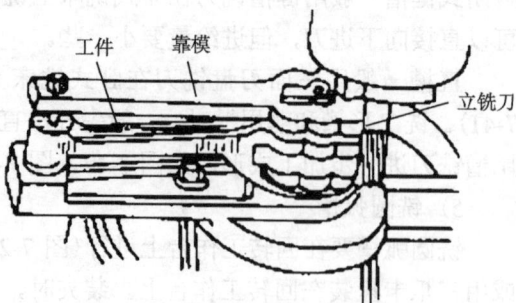

图 7-46　用靠模铣曲面

7.3　磨削加工基础

1. 概述

磨削是在磨床上用磨具对工件进行切削加工的方法，是机器零件的精密加工方法。磨削时可采用砂轮、砂带、油石等作为磨具，最常用的磨具是用磨料和黏结剂做成的砂轮。磨削可达到很高的加工精度(IT5～IT7 级)和较好的表面粗糙度($Ra<0.8\mu m$)。磨削既能加工一般金属材料，也能加工难以切削的各种硬材料，如淬火钢等。

磨削加工的应用范围很广，它能完成外圆、内孔、平面以及齿轮、螺纹等成形表面的精加工，也可以刃磨各种切削刀具。磨削速度很高(一般砂轮的磨削速度为 2000～3000m/min，目前的高速磨削砂轮线速度可达 60～250m/s)，导致磨削时的温度也很高，因此磨削时一般都使用切削液。与常见的车、铣、刨等切削方法相比，磨削具有多刃、微刃切削、加工精度高的特点。随着科学技术的发展，产品精度不断提高，磨削加工的比重也日趋增长，磨床在机床总数中已占 20%左右。

2. 磨削运动

磨外圆时(图 7-47(a))，砂轮的快速旋转运动为主运动，工件缓慢的转动为圆周进给运动，纵向往复移动为纵向进给运动。每次纵向行程完毕，砂轮做横向切深移动。砂轮圆周的线速度为切削速度 v，一般为 25～30 m / s；工件转动的速度为圆周进给量 v_w；工件每转一转沿轴向移动的距离为纵向进给量 f_x；工作台每双行程内砂轮相对于工件横向移动的距离为横向进给量 f_y。

磨平面时(图 7-47(b))，砂轮的高速旋转运动为主运动 v，工作台(连同工件)做纵向进给 f_x 和砂轮做横向进给 f_y，切削深度是靠砂轮架上下调整移动来实现的。

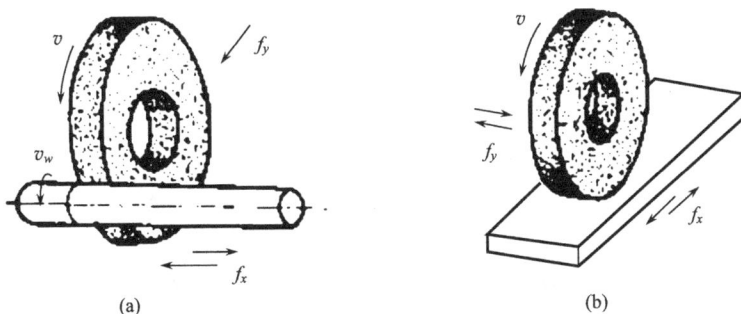

(a)　　　　　　　　　　　　　　　　　　　(b)

图 7-47　磨削运动

3. 磨床

磨床按用途不同可分为外圆磨床、内圆磨床、平面磨床、无心磨床、工具磨床、螺纹磨床、齿轮磨床及其他专用磨床等。最常用的是外圆磨床与平面磨床。

1) 万能外圆磨床

图 7-48 所示为 M1432A 型万能外圆磨床，它由以下几个主要部分组成。

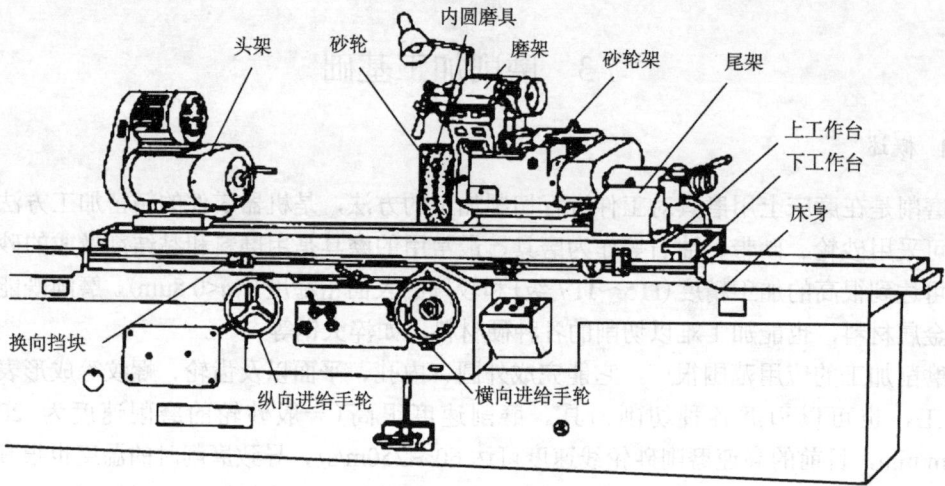

图 7-48　M1432A 万能外圆磨床

（1）床身。床身用来安装磨床的各个主要部件，上部装有工作台和砂轮架，内部装有液压传动装置及传动操纵机构。

（2）工作台。磨削时工作台由液压传动带动沿床身上面的纵向导轨做往复直线运动。万能外圆磨床的工作台面还能扳转一个很小的角度，以便磨削圆锥面。

（3）砂轮架。砂轮架主轴端部装砂轮，由单独电机驱动，砂轮架可沿床身上部的横向导轨移动，以完成横向进给。

（4）头架、尾座。它们安装在工作台的 T 形槽上。头架主轴由单独电机驱动，通过带传动及变速机构，使工件获得不同转速。尾座上装有顶尖，用以支承长工件。

（5）内圆磨头。内圆磨头的主轴可安装内圆磨削砂轮，并由单独电机驱动，完成内圆面的磨削。

2）平面磨床

如图 7-49 所示，平面磨床工作台有圆形和矩形之分，主轴有水平位置和竖直位置两种，常用的是卧轴矩台平面磨床。平面磨床的工作台上装有电磁吸盘或其他夹具用以装夹工件。

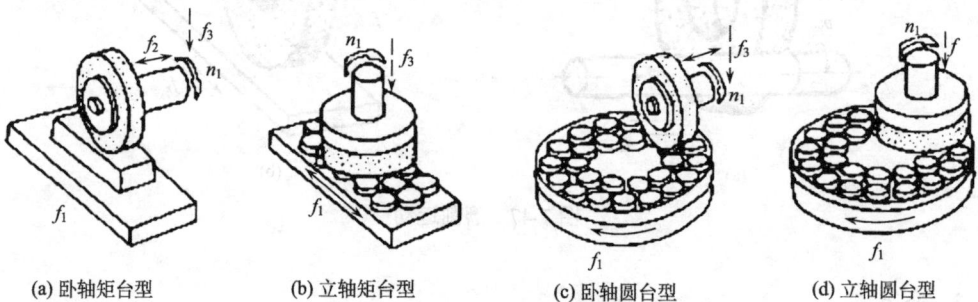

(a) 卧轴矩台型　　(b) 立轴矩台型　　(c) 卧轴圆台型　　(d) 立轴圆台型

图 7-49　平面磨床的类型

3）其他磨床

内圆磨床的磨削运动与外圆磨床相同，主要用于磨削圆柱孔、圆锥孔和端面等。

无心外圆磨床的结构完全不同于一般的外圆磨床，磨削时工件不需要夹持，而是放在砂轮与导轮之间，由托板支承；工件轴线略高于导轮轴线，以减小工件的圆度误差；工件由橡胶结合剂制成的导轮驱动做低速旋转，并由高速旋转着的砂轮进行磨削。无心外圆磨削的生产率高，主要用于成批及大量生产中磨削细长轴和无中心孔的短轴等，一般无心外圆磨削可达到的尺寸精度为 IT5～IT6，表面粗糙度 Ra 为 0.2～0.8μm。

4. 砂轮

1）砂轮的组成

砂轮(图 7-50)是磨削的主要工
具，它是由许多细小而且极硬的磨粒用结合剂黏结而成的疏松多孔物体，这些锋利的磨粒就像铣刀的刀刃一样，在砂轮的高速旋转下切入工件表面，切下粉末状切屑，所以磨削的实质是一种多刀多刃的超高速切削过程。

2）砂轮的特性

砂轮的特性取决于磨料、粒度、结合剂、硬度、组织、形状及尺寸。

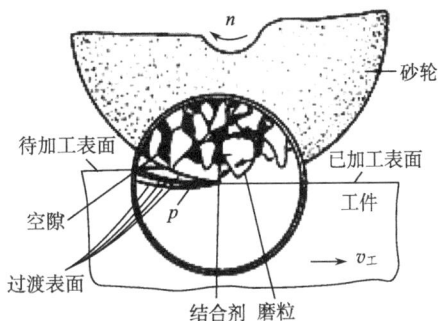

图 7-50　砂轮的组成

磨料是制造砂轮的主要原料，直接担负切削工作。它必须具有高的硬度以及良好的耐热性，并具有一定的韧性。

粒度表示磨料颗粒大小的程度，粒度越大颗粒越小。粗颗粒用于粗加工，细颗粒用于精加工。磨软材料时，为防止砂轮堵塞，用粗颗粒；磨削硬、脆材料时，用细颗粒。

结合剂的作用是将磨粒黏结在一起，使之成为具有一定形状和强度的砂轮。

砂轮的硬度是指砂轮上的磨粒在磨削力的作用下，从砂轮表面脱落的难易程度。磨粒难脱落，表明砂轮的硬度高，反之则砂轮的硬度低。工件材料越硬，磨削时砂轮硬度应选得越软；工件材料越软，砂轮硬度应选得越硬。砂轮硬度用字母 G、H、J、K、I、M、N、P、Q、R、S、T 等表示，其硬度按字母顺序递增，常用的砂轮硬度在 K～R 之间。

砂轮的组织表示砂轮结构的松紧程度。它是指磨粒、结合剂和气孔三者所占体积的比例。砂轮组织分为紧密、中等和疏松三大类，砂轮的组织号数是以磨料在磨具中所占的百分比来确定的，共 16 级(0～15)。常用的是 5、6 级，级数越大，砂轮越疏松。

3）砂轮的形状

为了适应磨削各种形状和尺寸的工件，砂轮可以做成各种不同形状和尺寸，主要有平形、筒形、碗形、薄形等形状，如图 7-51 所示。

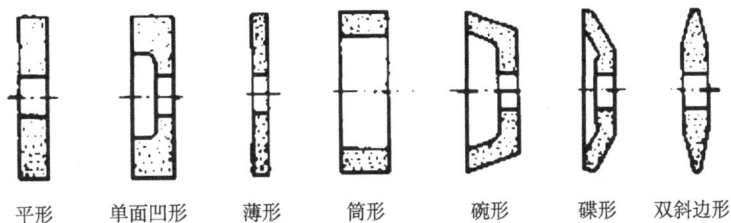

平形　　单面凹形　　薄形　　筒形　　碗形　　碟形　　双斜边形

图 7-51　砂轮的形状

　　4）砂轮的特性代号示例

　1—　　400 × 50 × 203 — WA 60 K 5 — V — 35m/s
　形状　外径　厚度　内径　磨料 粒度 硬度 组织号 结合剂 允许的切削速度

　　5）砂轮的平衡、安装及修正

　　砂轮在高速下工作，安装前必须经过外观检查，或通过敲击响声来判断是否有裂纹，以防高速旋转时破裂。

　　为使砂轮平稳工作，一般直径大于 $\phi125mm$ 时都要进行平衡试验，使砂轮的重心与其旋转轴线重合。砂轮的安装方法见图 7-52。

　　砂轮工作一段时间后，磨粒逐渐变钝，砂轮工作表面空隙被堵塞，砂轮的正确几何形状被破坏。这时必须对砂轮进行修整，如图 7-53 所示。

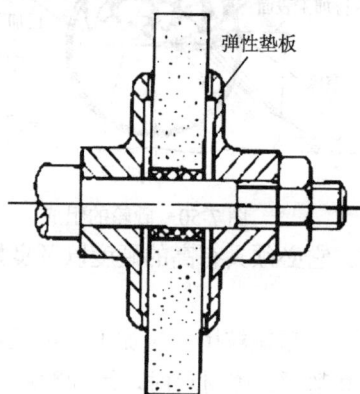

图 7-52　砂轮的安装　　　　　　　图 7-53　砂轮的修整

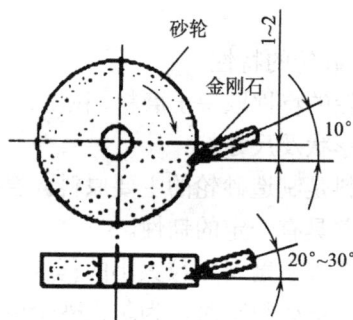

5. 切削液

　　磨削区域内温度很高，可使磨削区域材料变软，产生烧伤等现象，因此应正确选用切削液对磨削区进行充分冷却。切削液的另一个作用是将磨屑和脱落的磨粒冲走，以免划伤工件表面或堵塞砂轮。此外，切削液还具有润滑作用。

　　磨削常用的切削液主要有两种。一种是苏打水，它具有良好的冷却性、防腐性及洗涤性，而且对人体无害，成本低廉，是磨削应用最广的切削液。另一种是乳化液，它具有良好的润滑性能。

　　切削液应以一定的压力喷射到砂轮与工件接触的地方。

6. 磨削加工基本工艺

　　1）外圆磨削

　　磨削外圆时，最常见的安装方法是用两顶尖把工件支承起来，或者将工件装夹在卡盘上。磨床上使用的顶尖都不随工件转动，这样可以减少安装误差，提高加工精度。顶尖安装适用于有中心孔的轴类零件(图 7-54)。无中心孔的圆柱形零件多采用三爪自定心卡盘装夹，不对称或形状不规则的工件则采用四爪单动卡盘或花盘装夹，空心工件常安装在心轴上。

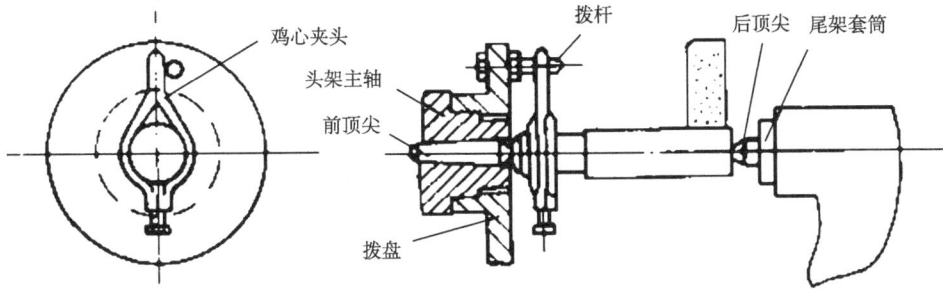

图 7-54　在顶尖上安装带中心孔的零件

图 7-55 示出了磨削时的各种运动。

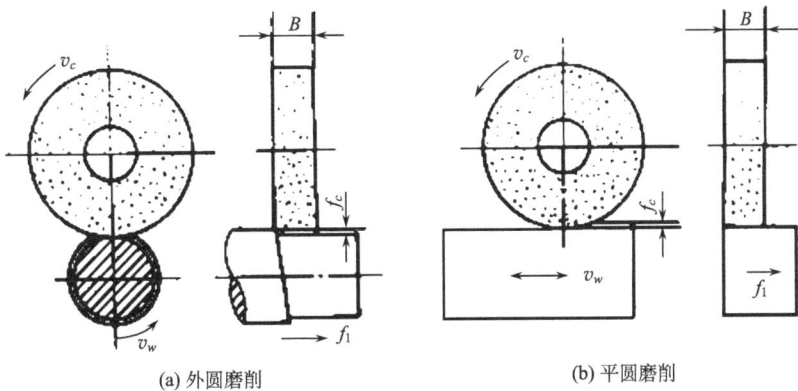

(a) 外圆磨削　　　　　　　　　　　　　(b) 平圆磨削

图 7-55　磨削运动

（1）主运动。主运动即砂轮的高速旋转运动。其圆周线速度 v_c 为

$$v_c = \pi dn / 1000 \times 60$$

式中，d 为砂轮直径，mm；n 为砂轮转速，r/min。一般外圆磨削时，v_c＝30～35m/s。

（2）圆周进给运动。圆周进给运动指的是工件绕本身轴线的旋转运动。工件圆周速度 v_w 一般为 13～26m/s。粗磨时 v_w 取大值，精磨时 v_w 取小值。

（3）纵向进给运动。纵向进给运动指的是工件沿本身的轴线所做的往复运动。工件每转一转，工件相对于砂轮的轴向移动距离称为纵向进给量 f_1。一般 f_1＝0.2B～0.8B（B 为砂轮宽度），粗磨时取大值，精磨时取小值。

（4）横向进给运动。横向进给运动指的是砂轮径向切入工件的运动。它在行程中一般是不进给的，而是在行程终了时周期地进给。横向进给量 f_c（磨削深度，mm）是指工作台每单行程或每双行程工件相对砂轮横向移动的距离。一般 f_c＝0.05～0.5mm。

在外圆磨床上磨外圆时有纵磨法和横磨法两种方法，其中以纵磨法用得最多。

（1）纵磨法。如图 7-56 所示，磨削时工件转动（圆周进给），并与工作台一起做直线往复运动（纵向进给），当每一纵向行程或往复行程终了时，砂轮做横向进给。每次磨削深度很小，当工件加工到接近最终尺寸（留有 0.005～0.01mm），无横向进给地纵向磨削几次至火花消失。纵磨法的特点是具有万能性，可用同一砂轮磨削长度不同的各种工件，且加工质量好，但磨削效率低，目前生产中应用较广，特别是在单件、小批量生产中以及精磨时均采用这种方法。

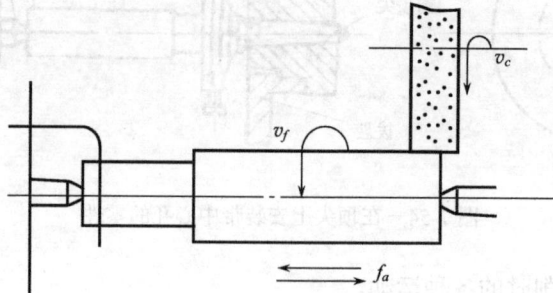

图 7-56　纵磨法

（2）横磨法。横磨法（图 7-57）又称为径向磨削法或切入磨削法。磨削时工件无纵向进给运动，而砂轮以很慢的速度连续地或断续地向工件做横向进给运动，直至把磨削余量全部磨掉。横磨法的特点是生产率高，但精度较低，表面粗糙度值较大。在大批量生产中，特别是对于一些短外圆表面及两侧有台阶的轴颈，多采用这种磨法。

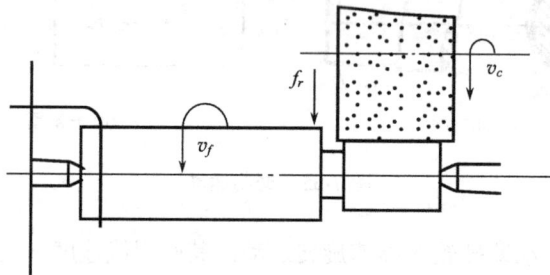

图 7-57　横磨法

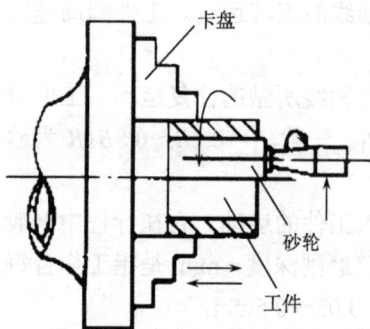

图 7-58　内圆磨削

2）内圆磨削

内圆磨削时，工件大多数是以外圆或端面作为定位基准装夹在卡盘上进行磨削，如图 7-58 所示。磨内圆锥面时，只需将卡盘主轴（床头）偏转一个圆锥角即可。

与外圆磨削不同，内圆磨削时，由于砂轮直径受到工件孔径的限制而一般较小，故砂轮磨损较快，需经常修整和更换。内圆磨削使用的砂轮要比外圆磨削使用的砂轮应软些，这是因为内圆磨削时砂轮和工件接触的面积较大。另外，砂轮轴直径比较细，悬伸长度较大，刚性很差，故磨削深度不能太大，这就限制了生产率。

内圆磨削的方法和外圆磨削基本相同，有纵磨法和横磨法，其中前者应用得较广泛。

3）平面磨削

各种零件上位置不同的平面，如相互平行、相互垂直以及倾斜一定角度的平面，都可以用磨削进行精加工。磨平面一般使用平面磨床。

根据磨削时砂轮的工件表面不同，磨削方式有周磨法和端磨法两种。

(1) 周磨法。周磨法指的是用砂轮圆周面磨削工件，如图 7-49(a)、图 7-49(c) 所示。周磨时砂轮与工件接触面积小，排屑及冷却性好，工件发热量少，因此适宜磨削易翘曲变形的薄片零件，能获得较好的加工精度及表面质量，但磨削效率较低。

(2) 端磨法。端磨法指的是用砂轮端面磨削工件，如图 7-49(b)、图 7-49(d) 所示。端磨时由于砂轮轴伸出较短，而且主要受轴向力，所以刚性较好，能采用较大的磨削用量。此外，砂轮与工件接触面积大，因而磨削效率高。但发热量大，不易排屑和冷却，故加工质量较周磨差。

平面磨床上工件的装夹，需要根据工件的形状、尺寸和材料等因素来决定。凡是由钢、铸铁等磁性材料制成且具有两个平行平面的工件，一般都用电磁吸盘直接装夹。电磁吸盘体内装有线圈，通入直流电产生磁力，吸牢工件。对于非磁性材料(铜、铝、不锈钢等)或形状复杂的工件，应在电磁吸盘上安放一精密虎钳或简易夹具来装卡；也可以直接在普通工作台上采用虎钳或简易夹具来安装。

4) 磨外圆锥面

磨外圆锥面与磨外圆柱面的主要区别是工件和砂轮的相对位置不同。磨外圆锥面时，工件轴线相对于砂轮轴线偏斜一圆锥斜角。常用转动上工作台或转动头架的方法磨外圆锥面，如图 7-59 所示。

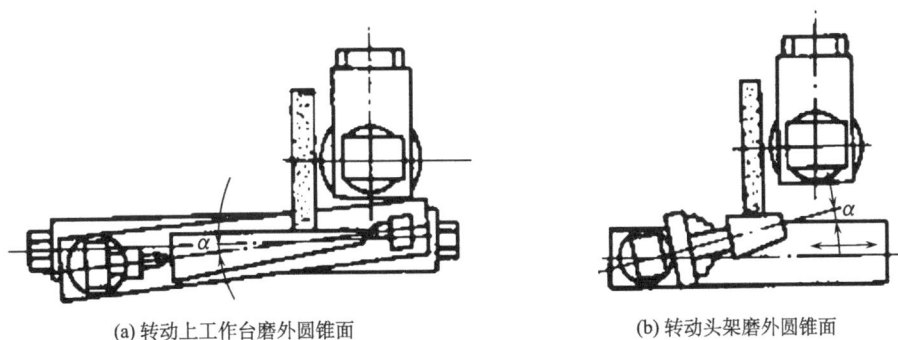

(a) 转动上工作台磨外圆锥面　　　　　　　　(b) 转动头架磨外圆锥面

图 7-59　磨外圆锥面

思　考　题

7-1　刨削时，滑枕的往复运动如何实现？刨刀每分钟往复的次数、行程长度和起始位置如何调整？

7-2　试述分度头的工作原理。若工件需作 25 等分时应如何分度？

7-3　铣削能加工哪些表面？试述铣平面的步骤。

7-4　磨外圆和平面时，砂轮和工件需做哪些运动？

7-5　磨削为什么能加工很硬的材料？

7-6　磨削为什么既能粗加工，又能精加工？

7-7　磨削外圆时，工件和砂轮需做哪些运动？

7-8　磨削时需要大量切削液的目的是什么？

7-9　磨硬材料应选用什么样的磨料，磨软材料应选用什么样的磨料？

7-10　磨削用量有哪些？在磨不同表面时，砂轮的转速是否应改变？为什么？

7-11　平面磨削常用的方法有哪几种，各有何特点，如何选用？

7-12　平面磨削时，工件常由什么固定？

7-13　用于钢料工件精磨和高速钢刀具刃磨的合适磨料是哪种？

7-14　砂轮的硬度指的是什么？

7-15　磨外圆常见的质量问题有哪些？分析其产生的原因。

7-16　磨削内圆和磨削外圆相比较有哪些特点，为什么？

7-17　铣削的主运动和进给运动各是什么？

7-18　铣床的主要附件有哪几种？其主要作用是什么？

7-19　铣床主要有哪几类？卧铣和立铣的主要区别是什么？

7-20　在轴上铣封闭式和敞开式键槽可选用什么铣床和刀具？

7-21　分度头的转动体在水平轴线内可转动多少度？

7-22　逆铣和顺铣相比，其突出优点是什么？

7-23　铣刀的几何角度与车刀的几何角度有什么不同？

7-24　在铣床上为什么要开车对刀？为什么必须停车变速？

第8章 钳工加工

钳工是工人手持工具对工件进行加工的方法。钳工工作劳动强度较大，生产率低，但由于工具简单、操作灵活方便，还可以完成机械加工所不能完成的某些工作，因此是切削加工不可缺少的一个组成部分，在机械制造和修配中仍占有重要地位。钳工加工的基本操作有划线、錾削、锯削、锉削、钻孔、攻螺纹、套螺纹、刮削、机械装配和设备修理等。

钳工操作主要在钳工工作台和台虎钳上进行，如图 8-1 所示。钳工工作台是用硬质木材制成的，桌面一般用包着一层铁皮，坚实平稳。台虎钳(图 8-2)固定在工作台上，用来夹持工件。台虎钳的大小以钳口的长度表示，常用的有 100 mm、125mm 和 150 mm 三种规格。淬硬的钳口表面有斜形齿纹，以便工件夹紧后不易产生滑动。若夹持精密工件，钳口要垫上软铁或铜皮，以免损伤工件表面。

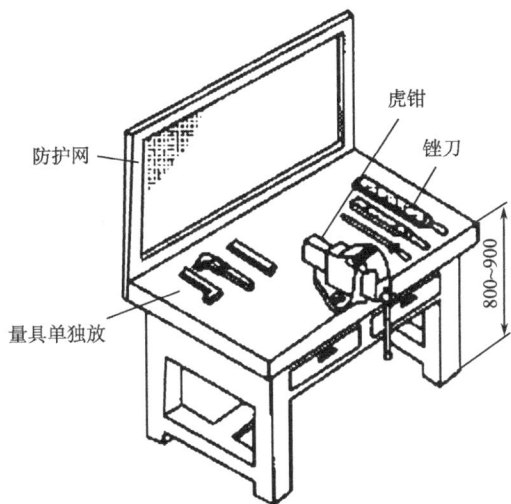

图 8-1　钳工工作台　　　　　　　　　图 8-2　钳工台虎钳

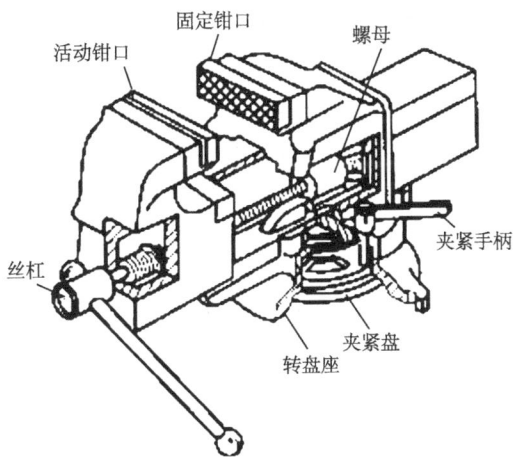

8.1　划　　线

划线是在毛坯或半成品上，根据图纸要求划出线条定出加工界线的操作，可分为平面划线和立体划线，如图 8-3 所示。划线的作用是检查毛坯尺寸和形状，合理分配加工余量，划出加工界线作为加工依据。由于划线误差大，故零件的尺寸精度需靠加工过程中的测量来控制。

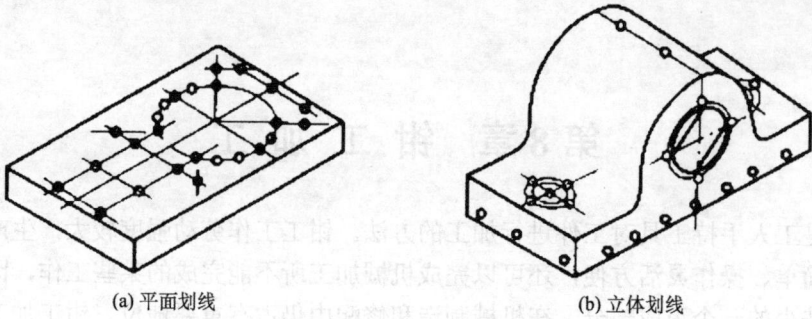

(a) 平面划线　　　　　　　　　　(b) 立体划线

图 8-3　平面划线和立体划线

1. 常用划线工具

1）平板

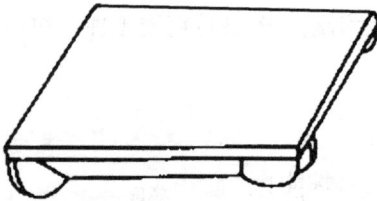

图 8-4　划线平板

平板是用以检验或进行划线的平面基准器具，如图 8-4 所示。平板安放要平稳牢固，并保持水平。平板有铸铁平板、花岗岩平板两种。平板的各处应均匀使用，以避免局部磨凹。使用时还要注意保持清洁，防止受到撞击，不允许在平板上锤击工件，要擦油防锈，并用木板护盖。

2）划针及划线盘

划针用工具钢或弹簧钢丝制成，并经淬硬。为了使针头更锐利耐磨，可在端部焊上硬质合金并磨尖。划线时，划针要依靠钢尺等导向工具移动，并向外侧倾斜 15°～20°，向划线方向倾斜 45°～75°，如图 8-5 所示。

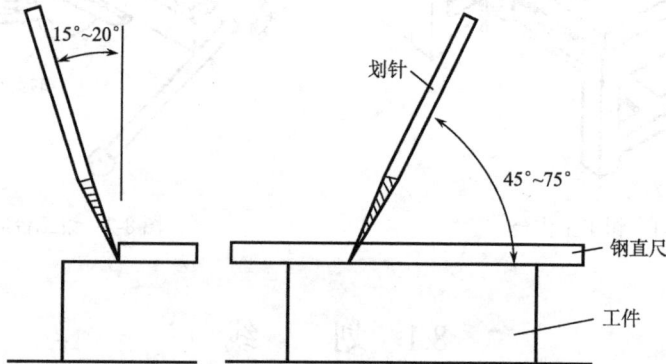

图 8-5　划针及使用

划线盘是带有划针的可调划线工具，如图 8-6 所示，用作立体画线和校正工件位置。有普通划线盘和可微调划线盘两种型式。

3）划规和划卡

划规是圆规式划线工具，常用工具钢制成，两脚尖淬硬磨利。有时为了耐磨，脚尖焊有硬质合金。划规用于划圆、量取尺寸和等分线段。划卡又称单脚规，主要用于确定轴及孔的中心位置，也可用于划平行线。图 8-7 所示为划规、划卡以及它们的使用方法。

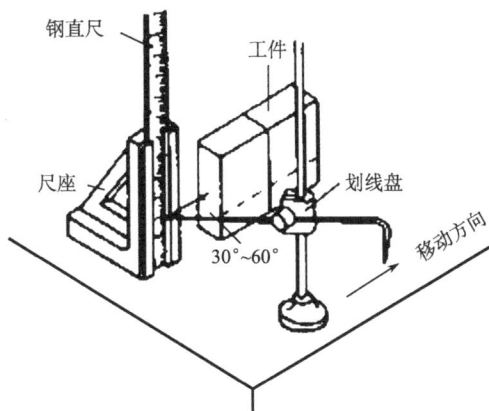

图 8-6 划线盘及使用

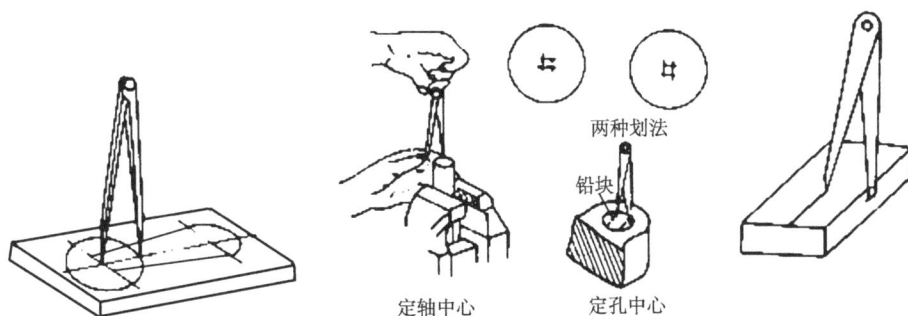

图 8-7 划规、划卡及其使用方法

4）千斤顶与 V 形铁（块）

千斤顶与 V 形铁都是用于支承工件的。工件的平面用千斤顶支承，圆柱面则用 V 形铁支承，如图 8-8、图 8-9 所示。使用千斤顶通常是三个一组。由于它能支承很重的工件，而且又可以调节工件位置高低，所以在划线工作中应用很广。

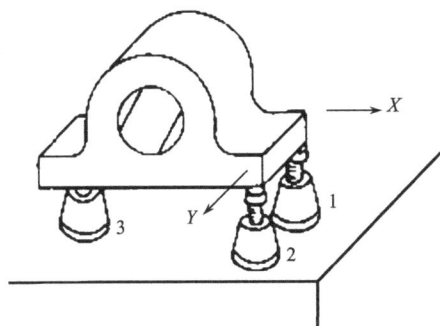

图 8-8 用千斤顶支承工件

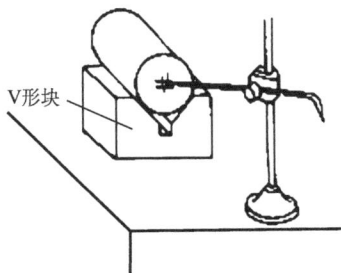

图 8-9 用 V 形铁支承工件

5）样冲

为了避免划出的线条在加工过程中被擦掉，要在划好的刻线上用样冲打出小而均匀的样冲眼（图 8-10）。钻孔前的圆心也要打样冲眼，以便钻头对准和切入。对于重要的孔，圆周与其中心线相交处也要打样冲眼，以保证孔心准确。

样冲眼的间距和深浅，可根据刻线的长短和工件表面的粗糙程度决定。一般粗糙的毛坯，样冲眼的间距可以密些、深些；直线上应稀些，曲线上密些；薄工件和薄板上的样冲眼要浅些。软材料和精加工过的表面不能打样冲眼。

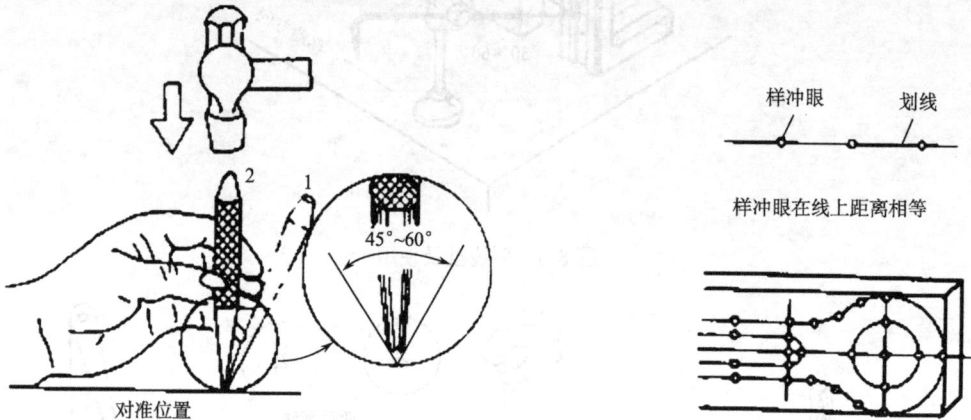

图 8-10　样冲与样冲眼

2. 划线基准

在工件上划线时，为了避免度量和划线的错误，应确定一条或几条线（或面）作为依据，划其余的尺寸线都从这些线（或面）开始。作为依据的线或面就称为划线基准。通常它们和图纸上标注的尺寸基准是一致的。

划线操作方法如下。

（1）划线前准备。为了使工件表面上划出的线条正确、清晰，划线前工件表面必须清理干净。如锻件表面的氧化皮、铸件表面的黏砂都要去掉；半成品要去掉毛刺，并洗净油污。有孔的工件划圆时，还要用木块或铅块塞孔，以便找出圆心。划线表面上要涂色，锻、铸件一般是涂石灰水；小件可涂粉笔；半成品则涂蓝油或硫酸铜溶液。涂色要均匀。

（2）划线。划线分平面划线和立体划线两种。平面划线是在工件的一个表面划线。立体划线是在工件的几个表面上划线。划线时应注意工件支承平稳；同一平面上的线条应在一次支承中划全，避免再次调节支承补划，否则容易产生误差。

8.2　锯　　削

1. 锯削工具

锯削是用手锯切断材料或在工件上切槽的操作。手锯由手锯弓和锯条组成。锯削加工的精度较低，大多数情况下需要对工件做进一步加工。

1）手锯弓

手锯弓有固定式和可调式两种形式。固定式锯弓只能安装一种长度规格的锯条。可调式锯弓的弓架分成两段，如图 8-11 所示。前段可沿后段的套内移动，可安装几种长度规格的锯条。可调式锯弓使用方便，应用较广。

2）锯条

锯条一般用碳素工具钢制成。为了减少锯条切削时两侧面的摩擦，避免夹紧在锯缝中，锯齿应有规律地向左右两面倾斜，形成交错式两边排列。

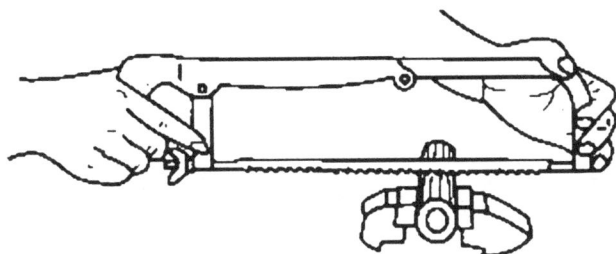

图 8-11 手锯

常用的锯条长约 300 mm、宽约 12mm、厚约 0.8mm。锯条的齿距按 25mm 长度内所含齿数的多少分为粗齿(14～16 齿)、中齿(18～22 齿)和细齿(24～32 齿)三种。粗齿锯条用于锯铜、铝等软金属及厚的工件，细齿锯条用于锯硬材料工件、薄板和管子等，中齿锯条用于锯普通钢材、铸铁以及中等厚度的工件。

2. 基本操作方法

1）锯条的安装

安装时，锯条的锯齿齿尖向前，松紧程度要适当，一般以两个手指的力旋紧为止。锯条安装后要检查，不能有歪斜和扭曲。

2）手锯握法

右手握锯柄，左手轻扶弓架前端，如图 8-12 所示。

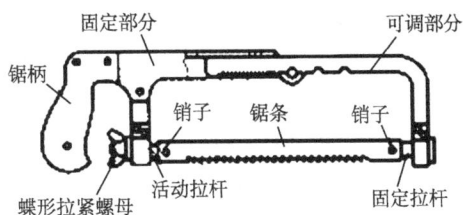

图 8-12 手锯的握法

3）锯削方法

锯削时要掌握好起锯、锯削压力、速度和往复长度。起锯时，锯条应与工件表面倾斜成 10°～15°的起锯角 α，如图 8-13 所示。若起锯角过大，锯齿容易崩碎；起锯角太小，锯齿不易切入。为了防止锯条的滑动，可用左手拇指指甲靠稳锯条，引导锯条切入。锯削时，锯弓作往复直线运动，右手推进，左手前进时加压，用力要均匀。返回时锯条从加工面上轻轻滑过，往复速度不宜太快。锯削开始和结束时，压力和速度都应减小。锯硬材料时，压力应大些，速度慢些。锯软材料时，压力可以小些，速度加快些。为了提高锯条的使用寿命，锯削钢料时可加些乳化液、机油等切削液。锯条应全长工作，以免中间部分迅速磨钝。锯缝如歪斜，不可强扭，应将工件翻过 90°重新起锯。锯削的工件应夹牢。用虎钳夹持工件时，锯缝尽量靠近钳口并与钳口垂直。较小的工件既要夹牢又要防止变形。

4）锯削操作示例

(1) 锯扁钢。应从宽面下锯，这样锯缝浅，容易整齐。

(2) 锯圆管。不可从上到下一次锯断，应当在管壁锯透时，将圆管向着推锯的方向转过一个角度，锯条仍从原锯缝锯下去，不断转动，直到锯断。

（3）锯深缝。应将锯条转 90° 安装，锯弓放平推锯。

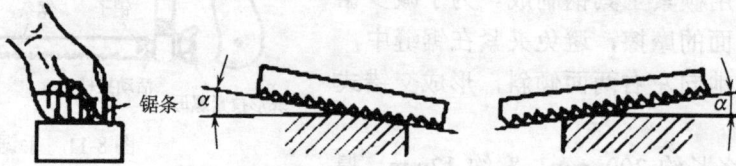

图 8-13　起锯方法

8.3　锉　削

锉削是用锉刀对工件表面进行切削加工的操作，是钳工的主要操作之一，常安排在机械加工、錾削或锯削之后，在机器与部件装配时用于修整工件。

锉削加工的精度可达 0.01mm，表面粗糙度 Ra 可达 $0.8 \sim 1.6 \mu m$。锉削的工作范围有锉平面、曲面、内外圆弧以及其他复杂表面等。锉刀的构造和种类如图 8-14 所示。

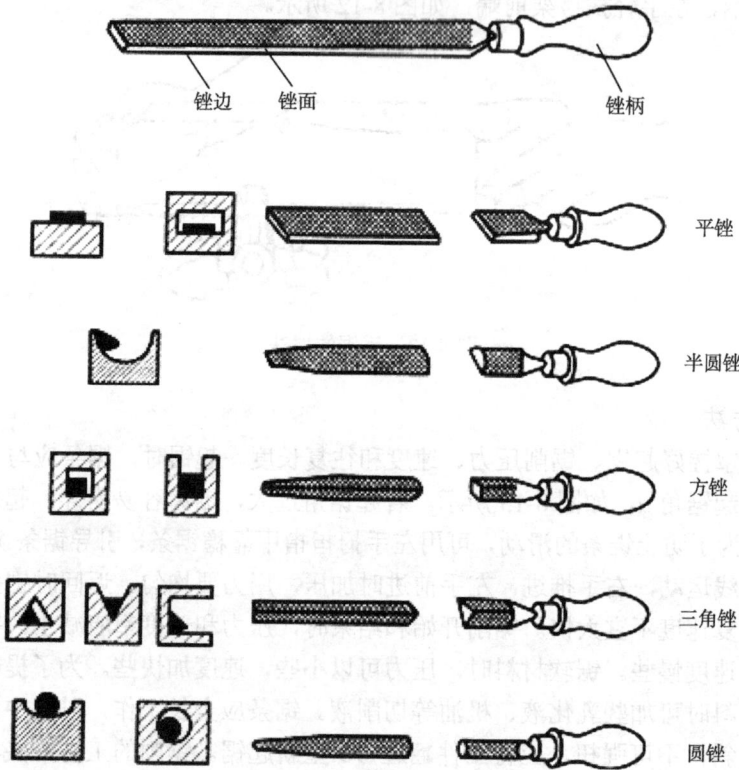

锉边　锉面　　　　　　　　　　　锉柄

平锉

半圆锉

方锉

三角锉

圆锉

图 8-14　锉刀的构造和种类

1. 锉刀的结构

锉刀的齿纹是交叉排列的，形成许多小齿，便于断屑和排屑，也能使锉削时省力。锉刀的规格以工作部分的长度表示，有 100、150、200、250、300、350、400mm 等七种。

2. 锉刀的种类和选用

锉刀的分类方法很多，按每 10mm 长的锉面上齿数多少分为粗齿锉(6～14 齿)、中齿锉(9～19 齿)、细齿锉(14～23 齿)和油光锉(21～45 齿)。

按用途不同分为普通锉刀和整形锉刀两类。普通锉刀具有长方形、正方形、圆形、半圆形以及三角形等各种形状截面。整形锉刀尺寸很小，形状更多，通常是 10 把一组。

锉刀的选择包括选取锉刀的粗、细齿和锉刀的形状。选样锉刀的粗、细齿，取决于工件材料的性能、加工余量的大小和加工精度的高低。一般粗齿锉刀用于加工软金属、加工余量大(0.5～1mm)、精度低和表面粗糙度值大的工件(精度 0.25～0.5mm，$Ra=50$～12.5μm)；中齿锉刀用于粗锉之后的加工，加工余量中等(0.2～0.5mm)、精度中等和表面粗糙度值中等的工件(精度 0.04～0.2mm，$Ra=6.3$～3.2μm)；细齿锉刀用于加工硬材料，加工余量小(0.05～0.2mm)、精度较高(0.01mm)和表面粗糙度值小($Ra<1.6$μm)的工件。油光锉用于精加工，加工精度为 0.01mm，表面粗糙度 Ra 可小于 0.8μm。

3. 基本操作方法

1）锉刀握法

锉削时，一般是右手握锉柄，左手压锉。根据锉刀的大小和使用场合的不同，有不同的握姿，如图 8-15 所示。

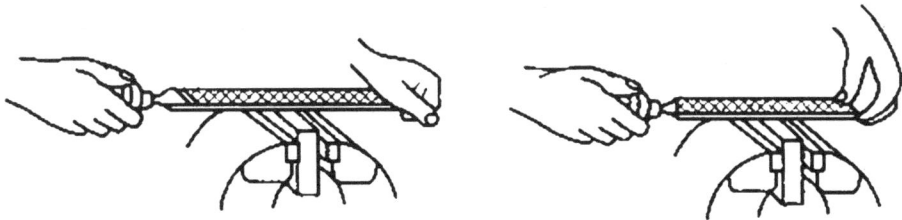

图 8-15　大型锉刀和中型锉刀的握姿

2）锉削力的运用

锉刀推进时应保持在水平面内。两手施力应随锉刀相对于工件位置的变化而变化，使两手压力对工件中心产生相同的力矩。返回时不加压力，以减少齿面磨损，如图 8-16 所示。若锉削时两手施力不变，则开始阶段刀柄会下偏，而锉削终了时前端又会下垂，结果将锉成两端低、中间凸起的鼓形表面。

3）平面锉削方法

平面锉削是锉削中最基本的一种，常用顺向锉、交叉锉和推锉三种操作方法，如图 8-17 所示。顺向锉是锉刀始终沿其长度方向锉削，一般用于最后的锉平或锉光。交叉锉是先沿一个方向锉一层，然后再转 90°锉平。交叉锉切削效率较高，锉刀也容易掌握，若工件余量较多，先用交叉锉法较好。推锉法的锉刀运动方向与其长度方向相垂直。当工件表面已锉平，余量很小时，为了使工件具有较小的表面粗糙度和修正尺寸，用推锉法较好。推锉法尤其适用于较窄表面的加工。

工件锉平后，可用各种量具检查尺寸和形状精度。

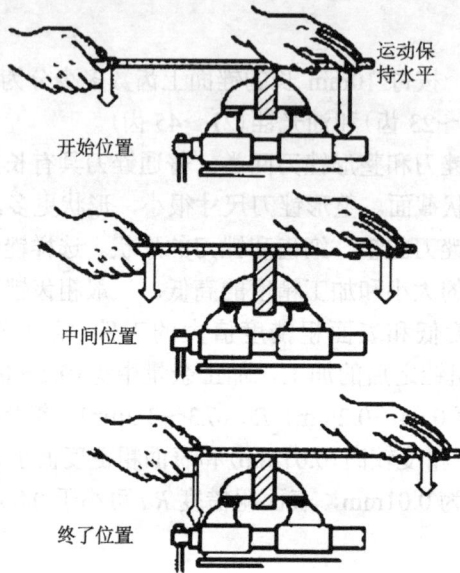

图 8-16　锉削时的施力变化

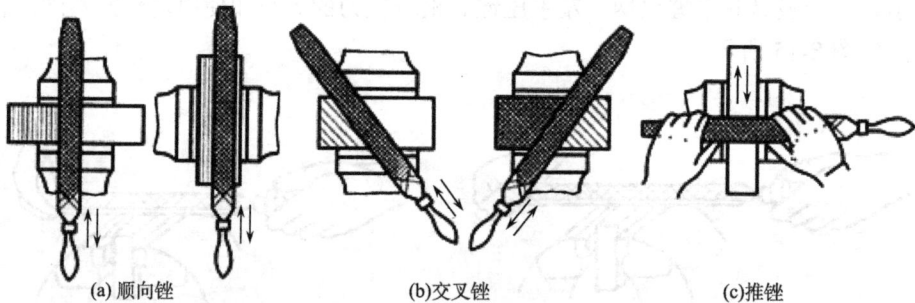

(a) 顺向锉　　　　　(b)交叉锉　　　　　(c)推锉

图 8-17　平面锉削方法

8.4　钻孔、扩孔和铰孔

1. 钻孔

钻孔是用钻头在工件上加工出孔的操作。钳工的钻孔多用于装配和修理，也是攻螺纹前的准备工作。钻孔的精度较低(IT12～IT13)，表面粗糙度值也较大(Ra>12.5μm)，对于精度要求较高的孔，钻孔后还需要扩孔和铰孔。

钻孔一般在台式钻床或立式钻床上进行。当工件笨重且精度要求又不高，或者钻孔部位受到限制时，也常使用手电钻钻孔。钻孔时，钻头一面旋转做主运动，一面沿轴线方向移动做进给运动，如图 8-18 所示。

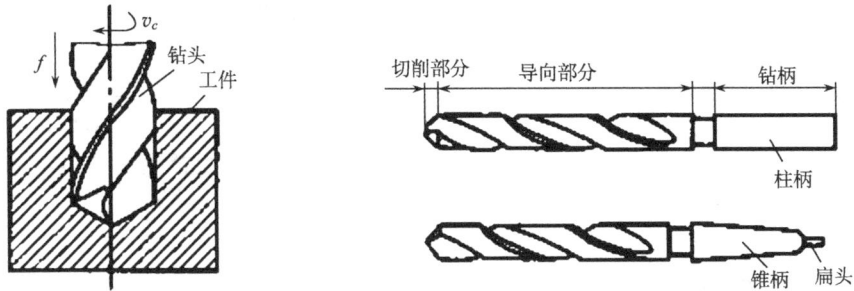

图 8-18　钻孔过程及麻花钻

1）麻花钻

麻花钻是钻孔的主要工具，它由刀柄和刀体所组成。刀柄是被夹持并传递扭矩的部分。直径小于 12mm 的为直柄，大于 12mm 的为锥柄。

刀体包括导向部分和切削部分。导向部分的作用是引导并保持钻削方向。它有对称的两条螺旋槽，作为输送切削液和排屑的通道。螺旋槽的外缘有较窄的螺旋棱带。切削时，棱带与工件孔壁相接触，以保持钻孔方向不致偏斜，同时又能减小钻头与工件孔壁的摩擦。切削部分的两条切削刃担负着切削工作，其夹角为 118°。为了保证孔的加工精度，两切削刃的长度及其与轴线的夹角应相等。

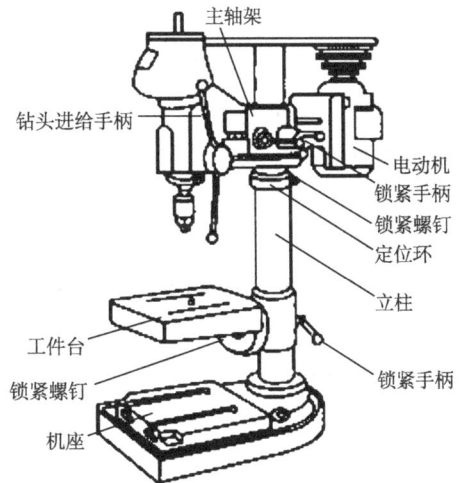

图 8-19　台式钻床

2）台式钻床和立式钻床

台式钻床（图 8-19）是钻小孔的主要设备，加工工件孔径一般小于 ϕ12mm。立式钻床（图 8-20）适用于中型工件的孔加工，钻孔直径小于 ϕ50mm。大型工件的孔加工可在摇臂钻床（图 8-21）或镗床上进行。

台式钻床由主轴架、立柱和底座等部分组成。主轴架前端装主轴，后端安装电动机。主轴和电动机之间用 V 形带传动。主轴是钻床的主要部件。主轴下端有锥孔，用以安装钻夹头。主轴的转速可以通过改变 V 形胶带在带轮上的位置来调节。扳转进给手柄，能使主轴向下移动，实现进给运动。立柱用以支持主轴架。松开锁紧螺母，可根据工件孔的高低位置，调整主轴的上下位置。底座用以支承钻床所有部件，也是装夹工件的工作台。

3）基本操作方法

（1）钻孔前，要在工件上划线定心，在孔的位置上划出孔径圆和检查圆，并在孔径圆上和圆心处冲出样冲孔。

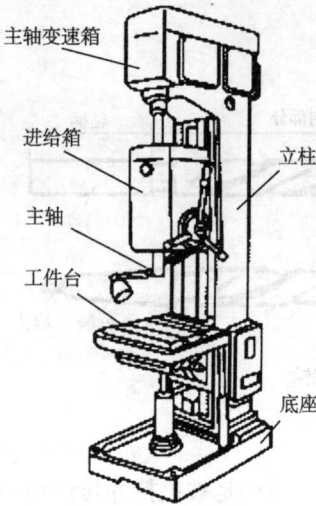

图 8-20 立式钻床

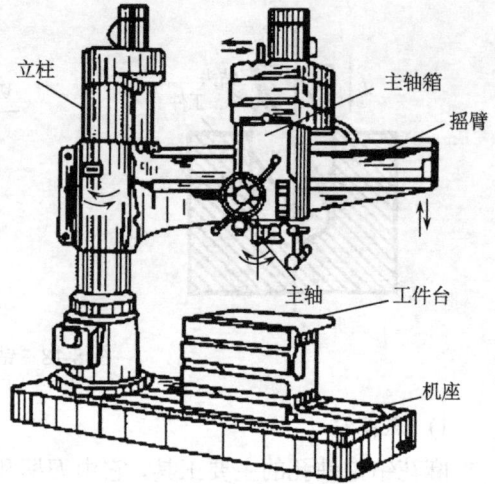

图 8-21 摇臂钻床

根据工件孔径大小和精度要求选择合适的钻头。检查钻头两切削刃是否锋利和对称，若不合要求应认真修磨。装夹钻头时，先轻轻夹住，开车检查是否偏摆，若有摆动，立即停车，纠正后再夹紧。

根据工件的大小，选择合适的装夹方法。一般可用手虎钳、平口钳和台虎钳装夹工件。在圆柱面上钻孔应放在 V 形铁上进行。较大的工件可用压板与螺栓直接装夹在工作台上。

调整钻床主轴位置，选定主轴转速。钻大孔时，转速应低些，以免钻头很快磨钝。钻小孔时，转速应高些，但进给要慢些，以免钻头折断。钻硬材料时转速应低些，反之应高些。

(2) 钻孔时，先对准样冲眼试钻一浅坑，若有偏位，可用样冲重新冲孔纠正，也可用錾子錾出几条槽来加以校正。钻孔进给速度要均匀，快要钻通时，进给量要减小。钻韧性材料需加切削液。

钻深孔时，钻头需经常退出，以利于排屑和冷却。

钻削孔径大于 $\phi30$ mm 的大孔时，应分两次钻孔。先钻 0.4～0.6 孔径的小孔，第二次再钻到所需要的尺寸。精度要求高的孔，要留出加工余量，以便精加工。

(3) 在成批大量生产中，为了提高孔的加工精度和生产率，广泛地采用钻模钻孔。用钻模钻孔时，加工精度可达 IT11，表面粗糙度 Ra 可小于 6.3μm。

(4) 注意钻削加工时零件的结构工艺性。孔的位置应尽量避免用加长钻头；避免在曲面和斜面上钻孔；钻削盲孔或阶梯形孔时，孔底的尺寸、形状应与钻头相符。

2. 扩孔和铰孔

图 8-22 扩孔钻

扩孔是用扩孔钻扩大已加工出的孔的操作。扩孔钻(图 8-22)的结构与麻花钻相似，但切削刃较多(3～4 个)，切削部分的顶端是平的，螺旋槽较浅，钻体粗大刚性好，切削时不易变形，因而可在一定程度上修正孔的轴线偏斜。经扩孔后，工件孔的精度可提高到 IT10，表面粗糙度 Ra 可小于 3.2μm。扩孔可作为孔加工的最后工序，也可作为铰孔前的准备工序。

铰孔是用铰刀进行孔的精加工的操作。铰刀有机用铰刀和手用铰刀两种。机用铰刀多为锥柄，可装在钻床、车床或镗床上铰孔，工作部分较短，如图 8-23(a) 所示。手用铰刀(图 8-23(b)) 为直柄，工作部分较长。铰刀的工作部分由切削部分和校准部分组成。切削部分呈锥形，担负着切削工作。校准部分起校准孔径和修光孔壁的作用。铰刀有 6～12 个切削刃，因此每个切削刃的负荷较轻。

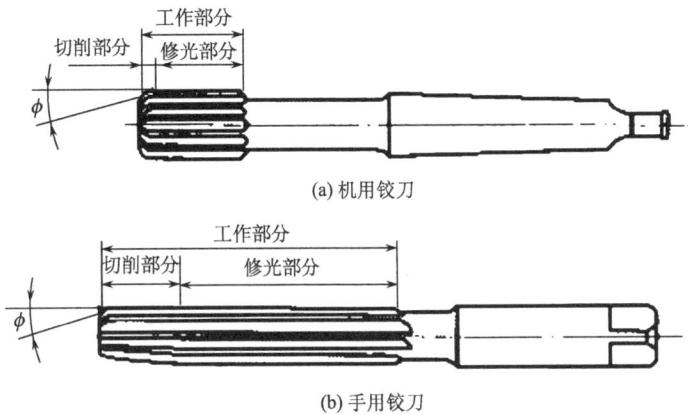

(a) 机用铰刀

(b) 手用铰刀

图 8-23　铰刀

铰孔时选用的切削速度较低、进给量较小，一般都要使用切削液。

铰孔精度可达 IT7～IT8，表面粗糙度 Ra 小于 0.4～0.8μm。精铰加工余量为 0.05～0.25mm，因此铰孔前工件应经过钻孔、扩孔或镗孔等加工。

8.5　攻螺纹和套螺纹

攻螺纹是用丝锥加工内螺纹的操作(图 8-24)，套螺纹是用板牙加工外螺纹的操作(图 8-25)。攻螺纹和套螺纹一般用于加工三角形紧固螺纹。

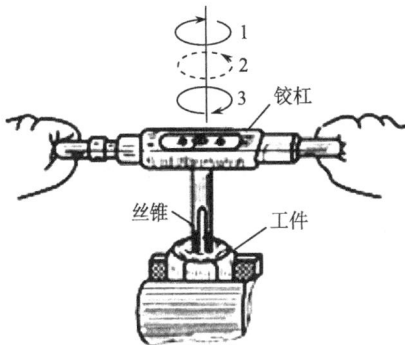

图 8-24　攻螺纹

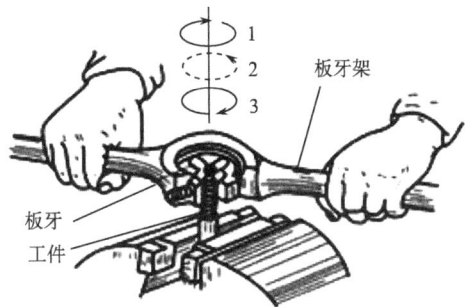

图 8-25　套螺纹

1. 丝锥和铰杠

丝锥的工作部分是一段开槽的外螺纹，由切削部分和校准部分所组成。柄端有方头，用以套铰杠传递扭矩。

切削部分磨成圆锥形，切削负荷被分配在几个刀齿上。校准部分具有完整的齿形，用以校准和修光切出的螺纹并引导丝锥沿轴向运动。丝锥有 3～4 条容屑槽，便于容屑和排屑。

手用丝锥一般由两支组成一套，分为头锥和二锥。两支丝锥的外径、中径和内径是相等的，只是切削部分的长短和锥角不同。头锥的切削部分长些，锥角小些，约有 6 个不完整的齿以便起切。二锥的切削部分短些，锥角也大些，不完整齿约为 2 个。切不通螺纹时，两支丝锥顺次使用。

铰杠是扳转丝锥的工具，常用的是可调节铰杠。转动手柄或调节螺钉即可调节方孔大小，以便夹持各种不同尺寸的丝锥方头。铰杠的规格要与丝锥大小相适应。小丝锥不宜用大铰杠，否则丝锥容易折断。

2. 攻螺纹操作

攻螺纹前必须钻孔。由于丝锥工作时除了切削金属，还有挤压的作用，因此钻孔孔径应稍大于螺纹内径。钻孔用的钻头直径可按下列公式计算选取：

螺纹螺距 $P \leqslant 1.5\text{mm}$ 时：钻头直径 $d_0 =$ 螺纹外径 $D - P$；

螺纹螺距 $P > 1.5\text{mm}$ 时：钻头直径 $d_0 =$ 螺纹外径 $D - (1.04 \sim 1.06)P$。

在盲孔内攻螺纹时，由于丝锥不能切到底，所以钻孔深度要稍大于螺纹长度，增加的长度约为 0.7 的螺纹外径。

攻螺纹前，要用较大的钻头倒角，以便丝锥切入，防止孔口产生毛边或崩裂。攻丝时，将丝锥头部垂直放入孔内，左手握住手柄，右手握住铰杠中间，并用食指和中指夹住丝锥，适当加些压力，并沿顺时针转动，待切入工件 1～2 圈后，再用目测或直尺校准丝锥是否垂直，然后继续转动，直至切削部分全部切入后，就可用两手平稳地转动铰杠，不加压力旋到底。为了避免切屑过长而缠住丝锥，每转 1～3/2 转后要轻轻倒转 1/4 转，以便断屑和排屑。在盲孔内攻螺纹时，要注意及时排屑。

在钢料上攻螺纹时，要加浓乳化液或机油。在铸铁件上攻螺纹时，一般不加切削液，但若螺纹表面粗糙度 Ra 要求较小时，可加些煤油。

3. 板牙和板牙架

板牙的形状和螺母相似，只是在靠近螺纹外径处钻了 3～4 个排屑孔，并形成了切削刃和前角 γ_0。拧紧板牙架上的调节螺钉，可使板牙螺纹孔作微量缩小，以补偿磨损的尺寸。

板牙安装在板牙架的圆孔内，四周有固定和调整螺钉，为了减少板牙架的数目，一定直径范围内的板牙外径是相等的。

4. 套螺纹方法

套螺纹和攻螺纹的切削过程一样，工件材料受到挤压而凸出，因此圆杆的直径应比螺纹外径小些，一般减小 0.2～0.4mm，可按下式计算：

圆杆直径 d_0 ＝螺纹外径 d － 0.13 螺距 P

套螺纹前圆杆端头要有 15°～20°的倒角。倒角要超过螺纹全深，即圆杆小端直径要小于螺纹内径，以便对准中心进入切削。

套螺纹时，板牙端面应与圆杆轴线垂直。开始转动板牙架要稍加压力，当板牙已切入圆杆后，就不必再施加压力，只需均匀旋转。为了断屑也需要常倒转。钢件材料套螺纹要加切削液，以提高工件螺孔质量和板牙寿命。

8.6 刮 削

刮削是用刮刀在工件已加工表面刮去一层很薄的金属层的操作。刮削是钳工的一种精密加工方法。刮削后的表面，其表面粗糙度 Ra 可达 0.4～0.8μm，并有良好的平面度。零件上相配合的滑动表面，为了增加接触面，减小摩擦和磨损，延长零件的使用寿命，常需要经过刮削的加工。此外，刮削还能使零件表面美观。

刮削时，每次的切削层很薄，生产率低，劳动强度大，所以加工余量不能大，例如，对于面积在 500 mm×100 mm 以下的平面，加工余量为 0.1mm。

1. 平面刮削

平面刮削是用平面刮刀刮平面的操作，分为粗刮、细刮和精刮。

工件表面粗糙、有锈斑或余量较大时应进行粗刮。粗刮用长刮刀，施较大的压力，刮削行程较长。刮去的金属多。粗刮刮刀的运动方向与工件表面原加工的刀痕方向约成 45°角，各次交叉进行，直至刀痕全部刮除。然后再进行研点检查。

研点检查法是刮削平面的精度检查方法，先在工件刮削表面均匀地涂上一层很薄的红丹油，然后与校准工具(如平板)相配研。工件表面上的高点经配研后，会磨去红丹油而显出亮点(即贴合点)。

细刮和精刮是用短刮刀进行短行程和施小压力的刮削。它是将粗刮后的贴合点逐个刮去，并经过反复多次刮削，使贴合点的数目逐步增多，直到满足要求。刮削面的精度是用 25mm×25mm 面积内均匀分布的点子数目来表示的。粗刮后，一般为 4～5 贴合点；精刮后，一般固定接触面为 6～10 点，一般滑动平面为 10～16 点；精密的平板和滑动轴承为 16～25 点。

2. 曲面刮削

曲面刮刀常用于刮削内曲面，如滑动轴承的轴承孔等。曲面刮削后需用标准心轴进行研点检查。

8.7 装 配

1. 概述

装配是将合格的零件按照规定的技术要求装成部件或机器的过程，是制成机器的最后阶段。装配质量的优劣对机器的性能和使用寿命有很大的影响。

装配过程可分为组件装配、部件装配和总装配。组件装配是将零件连接和固定成为组件的过程；部件装配是将零件和组件连接与组合成为独立机构(部件)的过程；总装配就是将零件、组件和部件连接成整台机器的操作过程。

2. 典型零件的装配

1) 紧固零件的装配

紧固零件连接有螺纹连接、键连接和铆接等。

螺纹连接是机器中常用的可拆卸连接。用于连接的螺栓、螺母各贴合表面要求平整光洁，螺母的端面与螺栓轴线相垂直。旋拧螺母或螺栓的松紧程度要适中。在旋紧四个以上成组螺母时，应按一定顺序拧紧，每个螺母拧紧到 1/3 的松紧程度以后，再按原拧紧顺序拧紧一遍，最后依次全部拧紧，这样每个螺栓受力比较均匀，不致使个别螺栓过载。

键连接也属于可拆连接，多用于轴套类零件的传动中。装平键时，先去毛刺，选配键，洗净加油，再将键轻轻地敲入轴的键槽内并与底面接触。然后试装轮毂，若轮毂上的键槽与键配合过紧，可修键槽，但侧面不能有松动。键的顶面与轮毂孔内键槽槽底应留有间隙。

铆接是不可拆连接，多用于板件连接。先在被连接的铆合件上钻孔，孔口要倒角。然后将铆钉插入孔内，放在顶模上用镦紧工具冲紧铆合件，再用手锤把铆钉杆伸出部分逐个镦粗，并初步锤击成形，最后用罩模修整铆合头。

2) 滑动轴承的装配

滑动轴承分为整体式(轴套)和对开式(轴瓦)两种结构。装配前轴承孔和轴颈的棱边都应去毛刺，洗净加油。装轴套时，根据轴套的尺寸和工作位置用手锤或压力机压入轴承座内。装轴瓦时，应在轴瓦的对开面垫上木块，然后用手锤轻轻敲打，使它的外表面与轴承座或轴承盖紧密贴合。

3) 滚动轴承的装配

滚动轴承一般用手锤或压力机压装，但因配合结构不同而有不同的装配方法。为了使套圈上受到均匀的压力，常应用不同结构的心轴。当轴承内圈与轴配合的过盈量较大时，可将轴承放在 80~100℃ 的机油中加热，然后再套入轴中。热套法装配质量较好，应用很广。

思 考 题

8-1 划线的作用是什么？常用的划线工具有哪些？

8-2 试分析锯削时锯齿崩断和锯条折断的原因。

8-3 锉平面时产生凸面的原因是什么？如何克服？

8-4 用大小不同的钻头钻孔时，钻头的转速和进给量有何不同？为什么？

8-5 试述钻孔、扩孔和铰孔的区别。

8-6 钻孔时会产生哪些缺陷？为什么？

8-7 攻螺纹时，怎样才能使螺纹孔垂直和光滑？

8-8 试比较套螺纹和车螺纹的区别。

第9章 数控加工技术

9.1 数控加工基础知识

9.1.1 概述

数控(Numerical Control)是数字控制的简称,是用数字代码或程序指令等信息对机械运动的轨迹、速度等参数进行控制(简称 NC)。

数控加工是由控制系统发出指令使刀具做符合要求的各种运动,以数字和字母形式表示工件的形状、尺寸,并按加工工艺要求进行加工。泛指在数控机床上加工零件的工艺过程。

数控机床(Numerical Control Machine Tools)是用数字代码或程序指令等信息按照给定的加工程序、运动速度及加工轨迹控制刀具进行自动加工的机床。

早期的数控系统是由简单的硬件电路构成的,随着计算机技术的快速发展,并且逐渐向机械加工领域的渗透,硬件电路逐步代替为计算机数控系统,简称 CNC。

1. 数控机床的产生与发展

最早提出数控机床概念的是美国的 Parsons。1948 年,美国空军委托 Parsons 公司研制直升机螺旋桨叶片轮廓检验用样板的加工设备,由于其曲面外形复杂、结构多样且精度要求高,常规设备加工困难,于是提出采用脉冲数字控制的概念。1949 年,与麻省理工学院伺服机构研究室开始共同研究以脉冲方式对机床各轴进行运动控制。于 1952 年研制成功第一台三坐标数控机床,取名为 Numerical Control。数控机床综合运用了电子计算机、新型机械结构、伺服控制单元、精密检测装置及信息通信技术,可用于复杂曲面零件的加工。随着技术的不断进步,美国的 Kenaey&Treckre 公司成功研制了带有刀库与换刀装置的机床,同时还配有回转工作台,即加工中心(Machining Center)。加工中心可以在工件一次装夹后,进行多个平面的铣削、钻孔、锪孔、攻丝及镗孔等多种加工工艺,不仅提高了加工效率,减轻了劳动强度,而且精度也获得了极大的提高。

2. 数控机床的分类

数控机床的种类很多,而且分类的方式也各不相同。一般按照以下几种分类方式。

(1) 按照加工工艺方法分类。可分为数控车床、数控铣床、数控钻床、数控磨床、数控镗铣床、数控电火花加工机床、数控线切割机床、数控齿轮加工机床及数控冲床等。

(2) 按照伺服控制方式分类。

①开环控制机床。这种机床不带位置检测反馈装置,主要以步进电机作为驱动元件,通过数控装置将运算指令脉冲发给步进电机,使其转过一定的步距角,从而驱动机械装置移动或转动。该种控制方式机床精度低,适用于加工精度要求不高的场合。

②半闭环控制机床。这种机床是在电机端部或者丝杠的端部安装有检测元件，一般以感应同步器和光电编码器为主，将检测到的转角反馈给数控系统，该种控制方式的反馈点是在机械传动环节的中间部位，因此其精度不如闭环控制机床，但是安装调试方便，应用较广。

③闭环控制机床。这种机床是在机床的移动部件上安装有检测元件，一般以光栅尺为主，将检测到的位移反馈给数控系统，该种控制方式的反馈点是在机械传动环节的末端，因此其精度很高，但是由于机械系统的摩擦特性、刚度及间隙等，指示其安装与调试性能比较困难。

（3）按照运动方式分类。

①点位控制系统。这种方式仅仅是刀具从一个位置到另一个位置，在移动过程中，刀具不进行切削，适用于数控钻床、数控测量机及数控冲床等。

②直线控制系统。这种方式是刀具沿平行于一个坐标轴方向运动，即控制刀具在移动过程中进行直线切削，适用于数控车床、数控铣床等。

③轮廓控制系统。这种方式是刀具沿着工件外轮廓运动，即对两个或两个以上的坐标轴同时进行连续控制，适用于数控车床、数控铣床及加工中心等。

（4）按照坐标轴数分类。按照数控机床可同时控制的运动坐标轴的数目可分为两轴、两轴半、三轴、四轴及五轴等。

3. 数控机床的特点

（1）加工精度高、质量稳定。加工精度在 0.005～0.01mm。其加工操作过程是由机床自动完成的，避免了人为操作误差，增强了批量加工零件尺寸的一致性，且不受零件外形复杂程度的影响。

（2）适用于复杂零件的加工。机床各轴的运动是按照设定的程序，通过向伺服电机发送规律的脉冲进行控制的，而这些程序完全可以由 CAD/CAM 等软件来生成，从而可以控制数控机床完成普通机床难以完成或根本无法加工的复杂零件的加工。

（3）自动化程度高、生产效率高。数控机床的加工过程完全是在计算机控制下进行的，其进刀、退刀、变速等加工过程悉数由程序来控制，另外，加工中心还可以做到自动换刀，同时还能配以多工位转台及检测等其他辅助操作，从而有效地提高生产效率。

（4）高柔性制造。加工工件改变时，只需改变数控程序，无需变更复杂硬件系统，可节省大量生产辅助时间，可组成具有高柔性的自动化制造系统（Flexible Manufacture System，FMS）。

（5）易于实现计算机集群控制。由于数控系统自身就带有微处理器 CPU 及相应接口，易于与计算机辅助设计系统进行连接，可以建立各机床之间及与上位计算机的联系，易于实现集群控制。

（6）维修费用高。由于数控机床本身高度集成了电子计算机、伺服控制单元、新型机械结构、液压及气动等多种技术于一身，属典型的高端机电一体化产品，技术含量极高，对维修人员的技术要求很高。

9.1.2　机床坐标系及工件坐标系介绍

在数控编程时，为了描述机床各轴的运动，简化程序编制的方法及保证记录数据的互换性，数控机床的坐标系和运动方向均已标准化，国际标准化组织 ISO 和我国都已拟定了标准。坐标系主要有机床坐标系和工件坐标系。

1. 机床坐标系

机床坐标系是数控机床固有的坐标系，又称为机械坐标系，用来确定工件坐标系的基础坐标系。以机床原点为坐标系原点，同时遵循右手笛卡儿直角坐标系建立的 X 轴、Y 轴、Z 轴。笛卡儿坐标系确定原则为：拇指指向 X 轴、食指指向 Y 轴、中指指向 Z 轴，围绕 X、Y、Z 轴分别旋转的轴称为 A、B、C 轴。这个原点在机床出厂时就已经被确定下来，是由厂家确定的，是固定点，一般选在机床运动方向的最远端。

1）坐标确定注意事项

（1）标准坐标系遵循右手笛卡儿坐标系，见图 9-1。

（2）假定工件静止，刀具相对于工件运动。

（3）规定在每个轴上，刀具远离工件的方向为该轴正方向。

（4）坐标轴确定顺序为先确定 Z 轴，再确定 X 轴，最后通过笛卡儿坐标系确定 Y 轴。

2）坐标轴确定原则

（1）Z 轴确定。Z 轴由传递主切削运动的主轴决定，平行于主轴方向的运动称为 Z 轴，且刀具远离工件的方向为 Z 轴正方向。如果机床上有多个主轴，则选择垂直于工件装夹平面的主轴方向为 Z 轴，如果没有主轴或主轴能够摆动，则规定垂直于工件装夹平面的轴为 Z 轴。

（2）X 轴确定。X 轴一般处于水平面上，平行于工件装夹平面并且垂直于 Z 轴，主要分两种情况：一是工件回转，X 轴处于工件径向方向，如车床（图 9-2）。二是刀具回转，而刀具回转又有两种情况。①当 Z 轴垂直时，由主轴向立柱方向看去，X 轴正方向指向右方，如立式铣床（图 9-3）。②当 Z 轴水平时，由主轴向工件看去，X 轴正向指向右方，如卧式铣床（图 9-4）。

（3）Y 轴确定。通过右手直角笛卡儿坐标系确定 Y 轴。

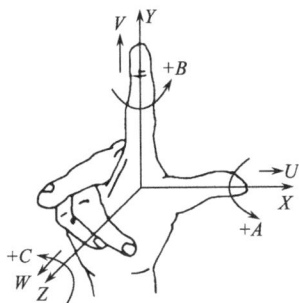

图 9-1　右手笛卡儿坐标系　　　　　　　　图 9-2　车床坐标系

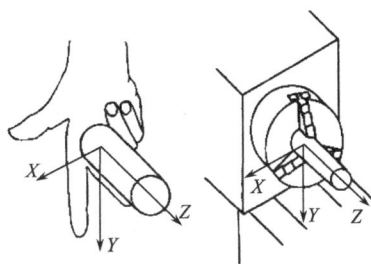

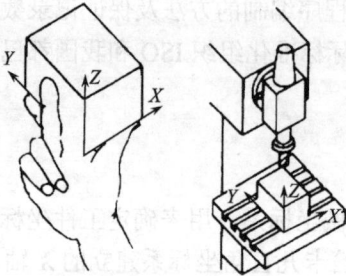

图 9-3　立式铣床坐标系　　　　　　　　图 9-4　卧式铣床坐标系

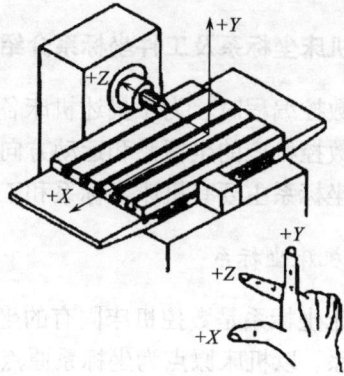

（4）旋转轴确定。分别围绕 X、Y、Z 三个轴旋转的轴为 A、B、C 轴，采用右手螺旋定则确定。

2. 工件坐标系

工件坐标系是用来确定刀具与工件之间位置关系及工件几何形状的坐标系，它是由编程人员在编制程序时根据工件外形特点确定的坐标系，所以又称为编程坐标系。工件坐标系坐标轴的确定与机床坐标系坐标轴的方向是一致的。

工件坐标系确定原则：

（1）坐标系原点与设计基准重合。

（2）尽量选在尺寸精度高且粗糙度低的表面。

（3）尽量选在工件的对称中心上（如车床选在工件的右端面中心位置、铣床选在工件切入的某一个角或工件中心位置）。

（4）要便于测量与检测。

9.1.3　数控系统硬件组成

数控系统就像计算机一样，既有硬件部分又有软件部分，硬件系统是软件的载体，设置合理的硬件会充分发挥软件的作用，数控系统的硬件的组成部分主要包括计算机数字控制装置（CNC）、可编程控制器（PLC）、进给驱动单元、主轴驱动单元、执行元件等。CNC 设备是数控系统的核心，包括 EPROM 电路板、显示器、键盘及软件等。负责程序及参数的输入、算数与逻辑运算及存储等功能。目前使用较多的 CNC 装置主要有：日本 FANUC 公司的 FANUC 系统、德国西门子公司的 SIEMENS 系统、国产武汉华中数控有限公司的华中数控系统及广州数控系统。PLC 在数控系统中主要负责逻辑运算，实现机床各种复杂动作的控制。

9.1.4　数控加工程序格式与组成

1. 数控程序格式

每种数控系统都具有自身特点及编程要求的程序格式，不同的机床，程序格式也不同，

因此，编程人员必须严格按照机床说明书规定的格式进行编程。如下面 FANUC 数控系统
程序实例：

```
O0001;
N01 G40 G80;
N02 T0101;
N03 M03 S800;
N04 G00 X12 Z2;
N05 G01 Z-5 F0.1;
N06 X15;
N07 Z-15;
N08 X20;
N09 G00 X100 Z100;
N10 M05;
N11 M30;
```

由上面程序可以看出，数控程序是由一些字母及数字组成的，程序的每一行称为一个
程序段，每一个程序段由若干程序字组成，每一个程序字又由一个地址和数字组成，每一
个程序段末尾有一个结束符号——分号。

程序字是控制系统的具体指令，是由表示地址的英文字母和数字组合而成的。FANUC
数控系统常用的功能指令字主要如下。

（1）程序段号字（N）。用来标记程序段的编号。用地址 N 和数字来表示，如 N001。

（2）准备功能字（G）。使数控机床进行某种操作的指令，用地址 G 和两位数字组成，
如 G01。从 G00～G99，共 100 种。

（3）尺寸字（X、Y、Z 等）。用以确定加工路线及加工坐标位置。用尺寸字与有符号数
字组成，如 X50、Y-10 等。尺寸字主要有以下三种。

① 轴坐标位置。X、Y、Z、U、V、W、A、B、C 等。

② 圆弧半径。R。

③ 圆心相对于起点。I、J、K。

（4）刀具功能字（T）。用于指定加工刀具。由地址字 T 与数字组成。如 T01，表示第一
号刀具。对于数控车床，地址字 T 后面有四位数字，前两位表示刀具号，后两位表示刀具
补偿号。如 T0101，01 表示 1 号刀具，01 表示 1 号刀具补偿号。

（5）主轴转速功能字（S）。用来控制主轴转速。由地址 S 与数字组成。如 S1000，表示
主轴转速为 1000r/min。

（6）进给功能字（F）。表示刀具加工运动时的进给速度。由地址 F 与数字构成。如 F50，
表示进给速度为 50mm/min。

（7）辅助功能字（M）。表示机床一些辅助动作指令，由地址 M 与数字组成，从 M00～
M99 共 100 种。常用的辅助功能字有：M00，程序停止；M01，选择性停止；M02，程序
结束；M03，主轴正转；M04，主轴反转；M05，主轴停止等。

2. 数控加工程序组成

一个完整的 FANUC 数控加工程序可分成六个组成部分，见表 9-1。

表 9-1　程序结构组成

程序组成名称	程序示例	程序组成说明
程序名称 →	O0001;	程序名称由大写字母O加四位数字组成
初始化 →	N01 G40G80;	主要是清除刀具补偿及固定循环等，避免引入错误刀具补偿
加工条件设置 →	N02 T0101; N03 M03S800;	主要是选择加工刀具和设置主轴转速及转向
走刀路径 →	N04 G00X12Z2; N05 G01Z-5F0.1; N06 X15; N07 Z-15; N08 X20; N09 G00X100Z100;	设置刀具加工路径
初始化 →	N10 G40G80;	取消程序中使用的刀具补偿及固定循环等
程序结束 →	N11 M05; N12 M30;	停止主轴转动及程序结束

9.1.5　数控程序的数学处理

编制的程序是根据加工零件的图样，按照确定的加工路线和零件加工误差计算出数控机床所需输入的数据。主要是计算加工零件轮廓或刀具中心轨迹中相邻几何要素的交点、切点、起点、终点、圆心或圆弧半径等的坐标值。将这些需要进行数值计算的点称为基点与节点。

1. 基点

基点是构成加工零件轮廓几何要素曲线的交点或切点。基点计算一般较简单，主要是根据零件图样所给定的几何尺寸，运用数学计算知识直接计算出基点的坐标数值(图 9-5)。

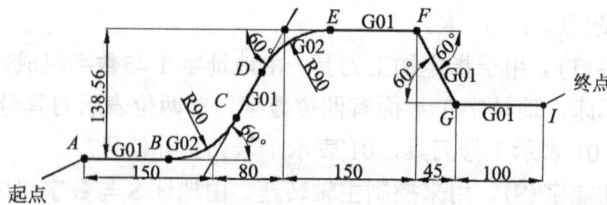

图 9-5　坐标轨迹图

图 9-5 中为刀具中心由起点 A 运动到终点 I 的走刀轨迹，通过数学计算可求出各基点的坐标值(相对于 A 点的增量坐标值)，分别为：$A(0, 0)$；$B(98.04, 0)$；$C(175.98, 45)$；$D(204.02, 93.56)$；$E(281.96, 138.56)$；$F(380, 138.56)$；$G(425, 60.62)$；$I(525, 60.62)$。

基点坐标确定好后，编程人员可以根据数控系统具有的功能指令和格式代码，编写加工程序。

2. 节点

非圆曲线(如阿基米德曲线、双曲线、渐开线等复杂曲线)轮廓通过圆弧或直线拟合时的交点或切点。

数控系统一般只具有直线插补与圆弧插补，与形状复杂的零件的组成几何元素(如阿基米德曲线、双曲线、渐开线等复杂曲线)不一致，就需要用复杂的数值计算了。在满足精度要求的条件下，利用直线段或圆弧来逼近非圆曲线或拟合，从而获得需要的零件轮廓。这些复杂的数值逼近算法主要由计算机辅助计算来完成。常用的直线及圆弧逼近数值计算方法主要有以下几种。

(1) 等间距直线逼近。这种算法比较简单，如图 9-6 所示。已知曲线方程 $y=f(x)$，根据精度要求给定的 Δx，求出 x_i，再将 x_i 代入曲线方程 $y=f(x)$，求出对应的 y_i，则 (x_i, y_i) 为每条线段的端点坐标值，Δx 分得越细，精度越高，加工出的工件轮廓就越逼近 $f(x)$。

(2) 等节距直线逼近。这种方法是所有逼近线段的长度均相等，如图 9-7 所示。这种方法取决于各段处的曲率半径误差 δ_{max}，δ_{max} 越小逼近的效果越好，精度越高。

(3) 等误差逼近。这种方法以使所有逼近线段的误差 δ 值相等为条件，如图 9-8 所示。

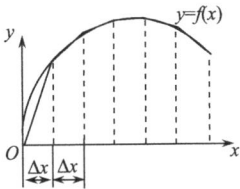

图 9-6　等间距直线逼近　　　　图 9-7　等节距直线逼近　　　　图 9-8　等误差逼近

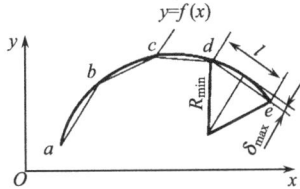

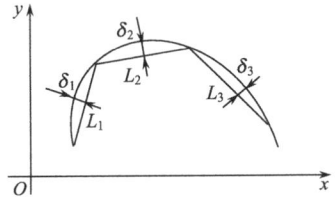

9.2　数控车床

数控车床是一种高精度、高效率的自动化机床，配有多工位刀塔，主要用于回转类零件的加工，加工工艺涉及圆柱、圆锥、圆弧、槽、螺纹、蜗杆等工件的车削，具有直线插补、圆弧插补的补偿功能。

9.2.1　数控车床结构

数控车床主要由机械本体、数控装置、伺服驱动系统及辅助装置等组成。

1. 机械本体

机械本体是机床的基础结构，主要由床身、主轴、X 轴与 Z 轴进给机构、车刀架、尾座、夹盘、安全防护及其他辅助装置组成(图 9-9)。

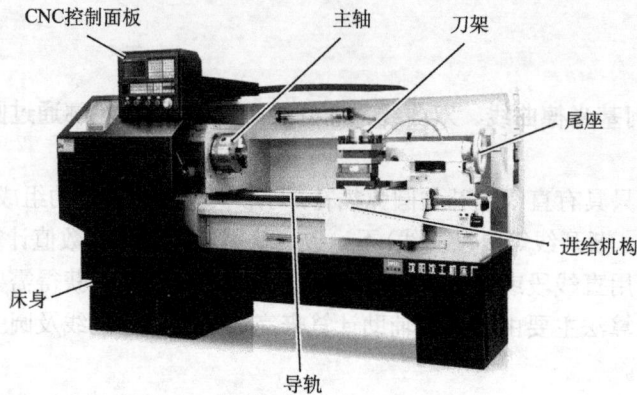

图 9-9　数控车床结构图

1）床身

床身是机床的基础部件，主要起支撑作用，目前数控车床的床身主要有两种形式：水平床身与倾斜床身。水平床身结构机床的刀架一般在靠近操作者一侧，称为前置刀架（图9-10）；斜床身结构机床的刀架一般在远离操作者一侧，称为后置刀架（图9-11）。水平式床身工艺性好，易于加工制造。斜床身主要是为了克服重力，有更好的稳定性来提高机床的精度。另外，倾斜式床身有效地利用了空间，便于集中排屑，易于实现自动排屑。

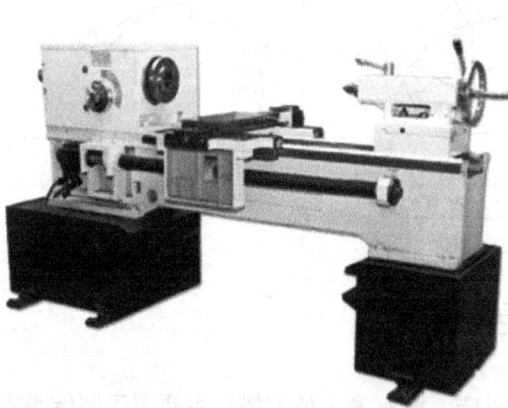

图 9-10　平床身结构形式

图 9-11　斜床身结构形式

2）主轴

主轴是机床主运动的输出机构，主要用于带动工件高速旋转。要求速度在一定范围内可调，并且要有足够的驱动功率，主轴的运动精度和结构刚度决定着加工质量和切削效率，所以还要有足够的刚性和抗振性。

数控车床主轴传动系统一般采用变频电机、直流或交流伺服电机驱动，实现无级调速，并通过皮带将运动传动给主轴。通常在主轴箱内增设两对变速齿轮使主轴分为高速与低速两种转速范围（图9-12）。

随着高新技术的发展，主轴的结构形式逐渐由齿轮传动逐步发展为电主轴、主轴单元等多种形式。

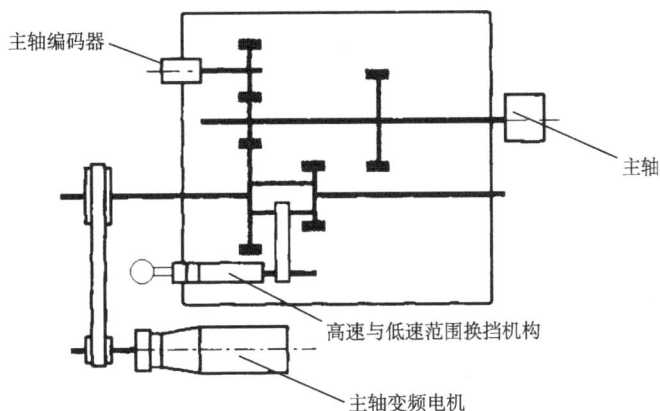

图 9-12　主轴传动结构简图

3）X 与 Z 轴进给机构

数控车床的进给系统主要是由直流伺服或交流伺服电动机驱动的，通过齿形带与滚珠丝杠螺母副将运动传递给刀架，实现 X 轴与 Z 轴的进给切削运动(图 9-13)。滚珠丝杠螺母副传动具有传动重效率高、定位精度和复定位精度高、使用寿命长及刚度高等特点，而齿形带传动能够缓冲吸振且传动平稳。

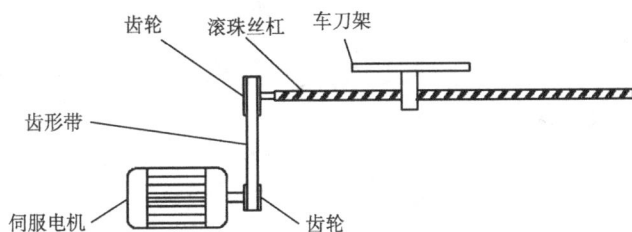

图 9-13　进给机构传动简图

4）车刀架

刀架用于夹持切削用的刀具，其结构直接影响机床的切削性能和切削效率，刀架的结构具有多种形式，根据数控车床的功能，刀架可以安装的刀具数量一般有 4 把、8 把、12 把或 16 把(图 9-14 和图 9-15)。

图 9-14　四工位车刀架

图 9-15　八工位车刀架

5) 尾座

尾座用于辅助加工重型件和较长轴类件，尾座的形式有手动、气动、液压等。

6) 夹盘

夹盘安装在主轴上，用于夹持工件，有三爪定心夹盘及四爪定心夹盘，驱动形式有手动、电动、气动和液压等形式。

2. 数控装置

数控装置是数控机床的中枢，主要由存储器、控制器、译码器、CRT 显示器、程序和参数的输入及输出设备组成。CK6149e 数控车床采用的是 FANUC 0i Mate TC 系列数控装置（图 9-16），FANUC 数控系统使用非常普遍，该系统在设计中大量采用模块化结构，这种结构易于拆装，各个控制板高度集成，使可靠性有很大提高，便于维修、更换。

图 9-16　FANUC 0i Mate TC 系列数控装置

3. 伺服驱动系统

伺服驱动系统是将数控装置发出的脉冲信号转换为机床移动部件的运动信息，驱动工作台进行精确定位，并按规定的路径进行运动，从而加工出符合设计要求的零件。在数控机床的伺服系统中，常用的伺服驱动元件有步进电机、电液脉冲马达、直流伺服电机和交流伺服电机等。CK6140e 数控车床采用的是 FANUC 伺服驱动系统（图 9-17）。驱动元件采用的是 FANUC 交流伺服电机（图 9-18）。

图 9-17　FANUC 伺服驱动系统

图 9-18　FANUC 伺服电机

4. 辅助装置

数控车床的辅助装置主要是机床的一些配套部件，包括润滑系统、液压与气压装置、冷却系统及排屑系统等。

5. 数控车床面板

CK6149e 数控车床采用的是 FANUC 0i Mate TC 系列数控装置，其操作面板可两部分：一部分是数控系统操作面板，另一部分是机床操作面板（图 9-19）。

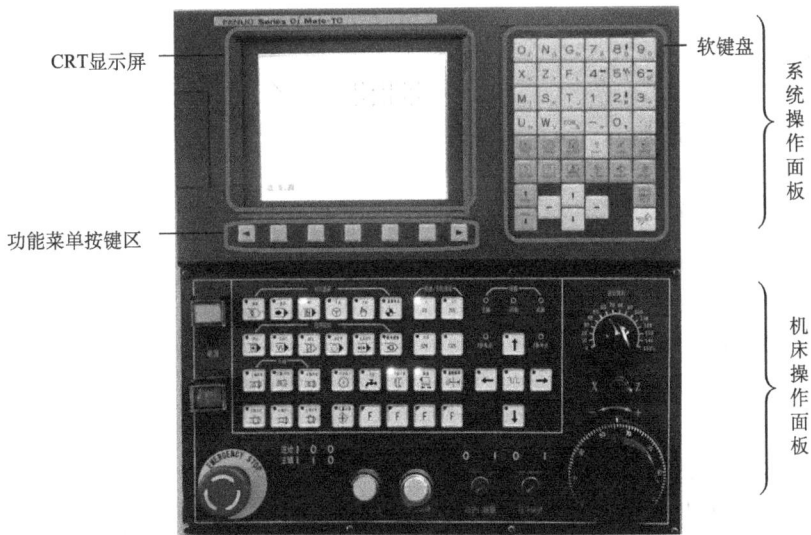

CRT显示屏

软键盘

系统操作面板

功能菜单按键区

机床操作面板

图 9-19　CK6149e 数控车床操作面板

数控系统操作面板主要有三个区域：CRT 显示屏、软键盘和功能菜单按键。机床操作面板种类很多，操作按钮、旋钮及按键的布局因各厂家设计要求也不尽相同，但操作面板上的各种按钮、旋钮及按键的基本功能与使用方法基本相同。

9.2.2　数控车床刀具

由于数控车床加工精度高、效率高及加工质量好，所以对刀具的要求非常高，因此，在选择数控车床刀具时，应考虑如下几个方面。

（1）耐用度高。数控车床不论在粗加工还是精加工工艺中，其刀具都应比普通机床加工所用的刀具具有较高的耐用度，减少更换刀具的次数，保证数控车床的加工效率及质量。

（2）精度高。要适应数控车床的加工精度，保证自动换刀的要求，刀具必须具有较高的精度。

（3）可靠度高。数控车床在加工工件时，是在自动运行状态下进行的，要保证刀具不会在加工过程中出现损伤或缺陷，从而影响加工顺利进行。

（4）良好的断屑能力。数控车床加工过程中，不允许像普通车床那样可以人为处理缠绕在工件上的切屑，必须具有良好的断屑能力，防止切屑刮伤加工表面和影响机床安全运行。

数控车床刀具种类很多，具有多种分类方法。下面介绍几种常用分类方法。

1. 按刀具结构分类

（1）整体式。

（2）机夹式。机夹式又分为可转位刀具和不可转位刀具。目前，数控车床刀具已普遍使用具有硬质合金涂层刀片的机夹式可转位刀具，主要由车刀体、刀片及压紧装置组成。

2. 按车削工艺与刀具结构分类

（1）外圆左偏粗车刀；

（2）外圆右偏粗车刀；

（3）外圆左偏精车刀；

（4）外圆右偏精车刀；

（5）内孔左偏粗车刀；

（6）内孔右偏粗车刀；

（7）内孔左偏精车刀；

（8）内孔右偏精车刀；

（9）45°端面车刀；

（10）外圆车槽刀；

（11）内孔车槽刀；

（12）外圆螺纹刀；

（13）内孔螺纹刀。

车刀结构见图9-20。

3. 按切削部位材质分类

（1）高速钢刀；

（2）硬质合金刀；

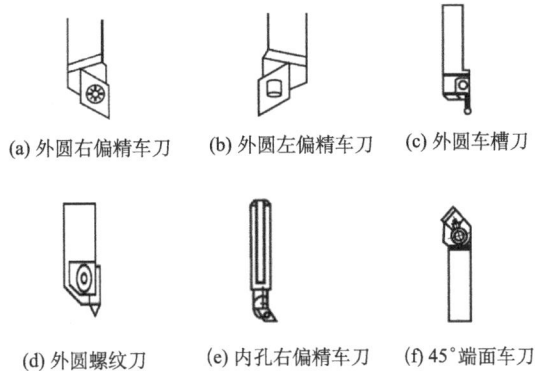

(a) 外圆右偏精车刀　　(b) 外圆左偏精车刀　　(c) 外圆车槽刀

(d) 外圆螺纹刀　　　(e) 内孔右偏精车刀　　(f) 45°端面车刀

图 9-20　车刀结构

（3）陶瓷刀；

（4）立方碳化硼刀；

（5）金刚石刀；

（6）涂层刀。

常用数控车刀图片（图 9-21）如下。

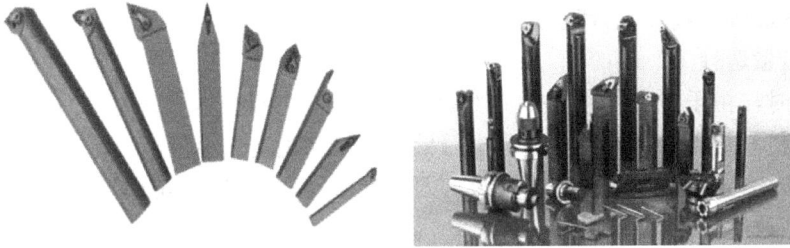

图 9-21　常用数控车刀

9.2.3　数控车床加工工艺一（快速定位 G00 与直线插补 G01）

1. 图样分析

加工零件如图 9-22 所示（毛坯为 $\phi20mm \times 80mm$）。

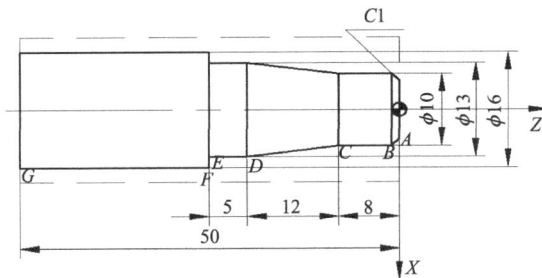

图 9-22　带锥度的轴类零件

　　由图可知，该零件由三段外圆（直径分别为：$\phi16mm$、$\phi15mm$、$\phi10mm$）、一段锥度、一段倒角组成。其尺寸分布趋势为：从右至左依次增大。

　　选择右侧端面中心作为编程原点，建立编程坐标系 XOZ，如图 9-22 所示。则图中零件外形轮廓各基点位置坐标分别为：$A(8，0)$，$B(10，-1)$，$C(10，-8)$，$D(13，-20)$，$E(13，-25)$，$F(16，-25)$，$G(16，-50)$。

2. 加工工艺分析

　　该零件采用数控车床进行加工，利用三爪夹盘进行夹紧定位，分别采用粗车刀与精车刀对三段外圆、锥度及倒角进行粗、精加工。端面与切断可采用手动进行切除。

　　切削用量的选取直接影响切削性能与机床性能，在选择切削用量时，应在保证加工质量与高生产效率的前提下，综合考虑工件材料、尺寸大小、机床性能与刀具寿命等因素，合理选择切削用量。

　　1）背吃刀量的选择

　　粗加工时，在满足机床功率、刀具寿命要求及精加工余量足够要求下，应尽量一次切除全部粗加工余量，如果加工余量过大，要分多次走刀切除余量。

　　精加工余量较少，一般一次可以切除，有时表面粗糙度要求较高，还要分两次切除。

　　对于普通中等功率的机床，粗加工的背吃刀量可达到 8～10mm，半精加工的背吃刀量一般在 0.5～2mm，精加工背吃刀量在 0.1～0.5mm。

　　2）进给量选择

　　粗加工时，由于对工件表面加工质量没有要求，主要根据机床驱动力、刀具强度与刚度、刀具材料与结构、工件尺寸及背吃刀量等因素来确定进给量。

　　精加工时，要按照表面粗糙度要求、刀具硬度及工件材料等因素确定进给量。

　　3）切削速度选择

　　切削速度要根据加工件表面质量要求、选定的进给量、背吃刀量及刀具使用寿命来确定。

　　粗加工时，由于吃刀量较大，切削性能较差，不宜选用较高的切削速度。

　　精加工时，吃刀量较小，切削性能较好，选用的切削速度要高。

　　切削速度确定后，主轴转速可根据刀具或工件直径大小按照下面公式进行计算：

$$n=1000v/(\pi d)$$

　　在实践中，切削用量的选取也要结合生产实践经验利用相关手册进行查表来综合确定。

　　对于图中所示直径为 $\phi20mm$ 的毛坯件，综合上面分析，考虑将所有余量进行分层切削，则背吃刀量分配为：在进行粗加工时选择 1.5mm，精加工余量预留 0.5mm，如图 9-23 所示。

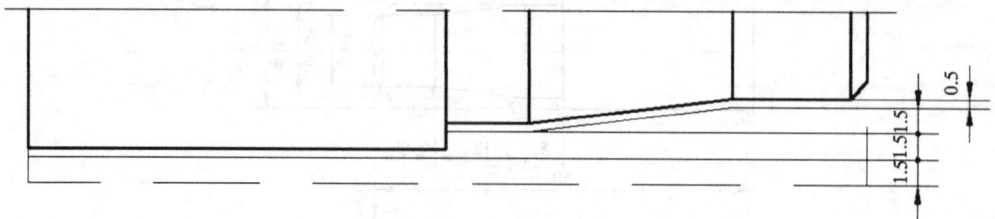

图 9-23　背吃刀量分配图

制订的加工工艺表如表 9-2 所示。

表 9-2　制订加工工艺表

工序号	工序内容	刀具号	切削用量		
			主轴转速/(r/min)	进给速度/(mm/r)	背吃刀量/mm
1	粗加工 ϕ16 外圆	T0101	800	0.1	1.5
2	粗加工 ϕ15 外圆	T0101	800	0.1	1.5
3	粗加工 ϕ10 外圆	T0101	800	0.1	1.5
4	粗加工圆锥	T0101	800	0.1	1.5
5	精加工零件外轮廓至要求尺寸	T0202	1200	0.05	0.5

3. 程序编制

1) 坐标系

数控机床常用坐标系主要有两种：一是机床坐标系；二是工件坐标系。

(1) 机床坐标系。机床坐标系是机床固有坐标系，自机床出厂时就已经设定好的坐标系，其 Z 轴与车床主轴平行，为纵向进刀方向。X 轴与主轴垂直，为横向进刀方向。其原点一般位于机床较远的右下侧，机床开机后，通过回参考点，回到机床坐标系原点位置。

(2) 工件坐标系。工件坐标系也称编程坐标系，是为了编辑加工程序，编程人员建立的坐标系，其 Z 轴及 X 轴与数控车床坐标系方向一致，编程坐标系原点位置一般选取在便于测量和对刀的基准位置，如工件右侧端面的回转中心。

2) 快速点定位指令（G00）

指令格式：

G00 X(U)_Z(W)_;

指令说明：

(1) X、Z 为刀具所要移动目标位置的绝对坐标；U、W 为刀具所要移动目标位置的相对坐标。

(2) G00 的移动速度不能在程序中指定，是由厂家系统参数设置好的。

(3) G00 为模态指令，具有续效性，如程序中上一行使用了 G00，下一行还要使用 G00 时，G00 可以省略不写，直接写坐标位置。

(4) G00 一般使用在非切削加工的快速进刀与退刀过程，便于减少非切削时间，提高机床加工效率。

3) 直线插补指令（G01）

指令格式：

G01 X(U)_Z(W)_F_;

指令说明：

(1) X、Z 为刀具所要移动目标位置的绝对坐标；U、W 为刀具所要移动目标位置的相对坐标；F 为刀具切削速度。

（2）G01 的移动速度由程序中 F 指定，是由编程人员按照切削用量进行设定的。其单位有两种：一种是每转进给量 mm/r；另一种是每分钟进给量 mm/min。

（3）G01 也为模态指令，具有续效性，如程序中上一行使用了 G01，下一行还要使用 G01 时，G01 可以省略不写，直接写坐标位置。

（4）G01 一般使用在切削具有直线或斜线等零件轮廓的加工，工艺主要有车外圆、车锥度、车端面、切槽等车削工艺中。

4）编制程序

```
O0010;                    //程序名称
G40;                      //取消刀具半径补偿
T0101;                    //调用1号粗车刀
M03 S800;                 //主轴正转，转速为800r/min
G00 X17 Z2;
G01 Z-50 F0.1;
X21;
G00 Z2;
X14;
G01 Z-25;
X17;
G00 Z2;
X11;
G01 Z-8;
X14 Z-20;
G00 Z2;
X8;
G01 Z0;
X11 Z-1.5;
G00 X200 Z200;
T0202;                    //调用2号精车刀
M03 S1200;                //主轴正转，转速为1200r/min
G00 X8 Z2;
G01 Z0 F0.05;
X10 Z-1;
Z-8;
X13 Z-20;
Z-25;
X16;
Z-50;
X21;
G00 X200 Z200;
G40;                      //取消刀具补偿
M05;                      //主轴停止转动
M30;                      //程序结束
```

9.2.4　数控车床加工工艺二（圆弧插补 G02、G03）

1. 图样分析（毛坯为 ϕ20mm×50mm）

由图 9-24 可知，该零件具有两段圆弧与两段外圆，且其尺寸分布为：由右至左依次增大。有六个基点，将编程原点建立在工件右侧端面中心，编程坐标系建立。则基点坐标为：$A(0,0)$，$B(10,-5)$，$C(10,-13)$，$D(14,-15)$，$E(16,-15)$，$F(16,-25)$。

2. 加工工艺分析

由图样分析可知，该工件在加工过程中，不能一次吃刀就加工到要求尺寸，否则，由于一次吃刀量太大，达不到切削效果，需要进行分层切削才能加工到图样尺寸。对其进行粗、精加工，并合理分配加工余

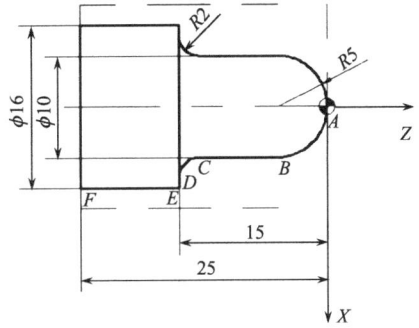

图 9-24　零件图样

量，综合考虑机床功率、刀具使用寿命及切削效率，将粗加工及精加工的背吃刀量分配如下：粗加工为 1.5mm；精加工为 0.5mm。分层情况见图 9-25。

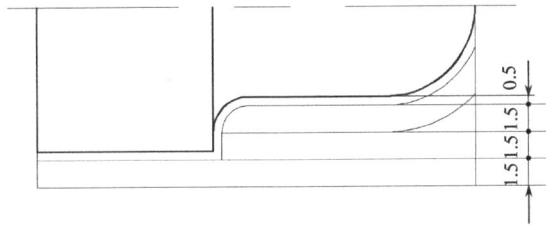

图 9-25　背吃刀量分配图

制订加工工艺表（表 9-3）如下。

表 9-3　制订加工工艺表

工序号	工序内容	刀具号	切削用量		
			主轴转速 /(r/min)	进给速度 /(mm/r)	背吃刀量/mm
1	粗加工 ϕ16 外圆	T0101	800	0.1	1.5
2	粗加工 ϕ10 外圆	T0101	800	0.1	1.5
3	粗加工 R2 的圆弧	T0101	800	0.1	1.5
4	粗加工 R5 的圆弧	T0101	800	0.1	1.5
5	精加工零件外轮廓至要求尺寸	T0202	1200	0.05	0.5

3. 程序编制

1) 圆弧指令 G02、G03

指令格式:

圆弧半径 R 格式:

G02X(U)_Z(W)_R_F_;　　G03X(U)_Z(W)_R_F_;

矢量 I、K 格式:

G02X(U)_Z(W)_I_K_F_;　　G03X(U)_Z(W)_I_K_F_;

指令说明:

(1) X、Z 为在工件坐标系中圆弧终点的绝对坐标值,用于绝对编程情况。

(2) U、W 为圆弧终点坐标相对于圆弧起点坐标的增量值,用于增量编程情况。

(3) I、K 为圆弧中心坐标相对于圆弧起点分别在 X 轴与 Z 轴方向上的矢量(矢量方向指向圆心),如图 9-26 所示。图示中所示矢量 I 为负值,矢量 K 为正值。

(4) 顺时针圆弧插补 G02 与逆时针圆弧插补 G03 的方向判断,首先要确定数控车床 Y 轴,然后沿着由 Y 轴正向朝 Y 轴负向看去,顺时针为 G02,逆时针为 G03(图 9-27)。

(5) 圆弧半径说明

当采用圆弧半径指令格式时,由于指定半径 R,会有两种圆心位置情况,那么从圆弧起点到终点会有两种圆弧情况,如图 9-28 所示。为区别二者,规定圆心角小于 180° 时,R 值为正,如图中所示圆弧 1;圆心角大于 180° 时,R 值为负,如图中所示圆弧 2。另外,用半径 R 时,不能描述整圆。

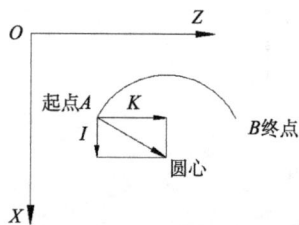

图 9-26　I、K 值图示　　　　图 9-27　圆弧方向判断　　　　图 9-28　圆弧半径说明

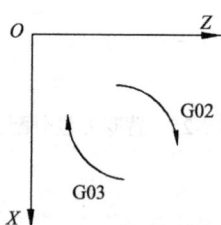

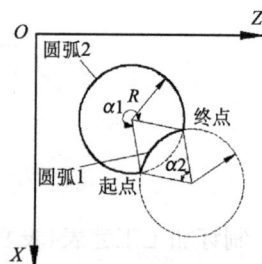

2) 编制程序

```
O0020;
G40;
T0101;                    //调用1号粗车刀
M03 S800;
G00 X17 Z2;
G01 Z-25 F0.1;
X21;
G00 Z2;
X14;
G01 Z-14.5;
```

```
X21;
G00 Z2;
X9.8;
G01 Z0;
G03 X14 Z-5 R7 F0.1;
G01 X15;
G00 Z2;
X4.58;
G01 Z0;
G03 X11 Z-5 R5.5;
G01 X11 Z-13;
G02 X14 Z-14.5 R2;
G01 X21;
G00 X200 Z200;
T0202;                          //调用2号精车刀
M03 S1200;
G00 X0 Z2;
G01 Z0;
G03 X10 Z-5 R5 F0.05;
G01 Z-13;
G02 X14 Z-15 R2;
G01 X16;
Z-25;
X21;
G00 X200 Z200;
G40;
M05;
M30;
```

9.2.5　数控车床加工工艺三（单一固定循环 G90、G94）

1. 图样分析

对上面四个不同结构尺寸的轴类件进行分析，如图 9-29 所示。可知，零件一与零件二在轴向方向上的尺寸比径向方向相对较长，而零件三与零件四相反，其径向方向要比轴向方向尺寸长。同时，零件一与零件三均为外圆柱类型零件，而零件二与零件四均具有锥面。且四个零件的尺寸分布均为由右至左依次增大。

2. 工艺分析

从图样分析可知，这四个零件的加工余量均较大，不能够一次吃刀就达到尺寸要求，均需进行粗、精加工，且合理分配粗加工余量及精加工预留量，通过分层切削逐渐去除切削余量，才能达到尺寸要求。按照四个零件结构尺寸的分布，切削余量合理分配图分别如图 9-30 所示。

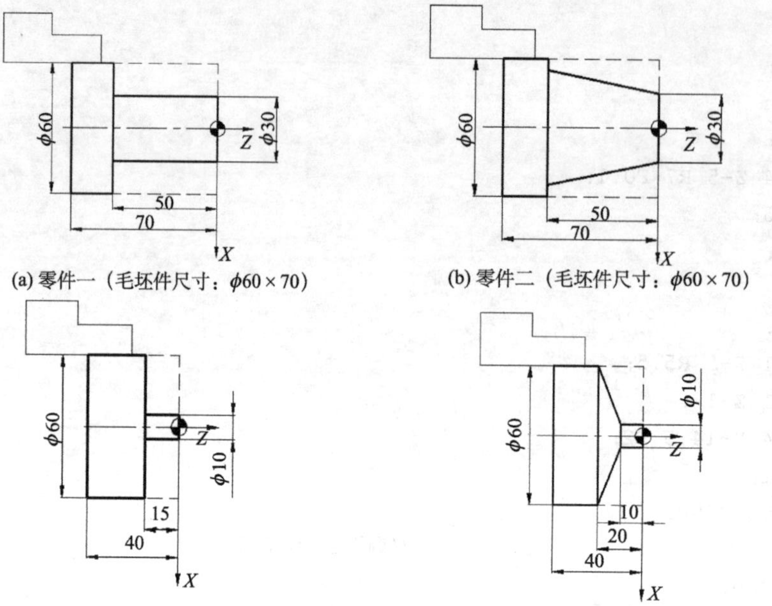

(a) 零件一（毛坯件尺寸：$\phi60\times70$）　(b) 零件二（毛坯件尺寸：$\phi60\times70$）

(c) 零件三（毛坯件尺寸：$\phi60\times40$）　(d) 零件四（毛坯件尺寸：$\phi60\times40$）

图 9-29　零件图样

(a) 零件一　(b) 零件二　(c) 零件三　(d) 零件四

图 9-30　切削余量分配图

根据图样尺寸，四个零件粗加工每层余量为 3mm，最后一层粗加工为 2.5mm，精加工余量为 0.5mm。

加工工艺表如表 9-4、表 9-5、表 9-6、表 9-7 所示。

表 9-4　零件一加工工序

工序号	工序内容	刀具号	切削用量		
			主轴转速/(r/min)	进给速度/(mm/r)	背吃刀量/mm
1	粗加工 $\phi30$ 外圆(四次)	T0101	800	0.1	3
2	粗加工 $\phi30$ 外圆(一次)	T0101	800	0.1	2.5
3	精加工 $\phi30$ 外圆(一次)	T0202	1200	0.05	0.5

表 9-5　零件二加工工序

工序号	工序内容	刀具号	切削用量		
			主轴转速/(r/min)	进给速度/(mm/r)	背吃刀量/mm
1	粗加工圆锥面(四次)	T0101	800	0.1	3
2	粗加工圆锥面(一次)	T0101	800	0.1	2.5
3	精加工圆锥面(一次)	T0202	1200	0.05	0.5

表 9-6　零件三加工工序

工序号	工序内容	刀具号	切削用量		
			主轴转速/(r/min)	进给速度/(mm/r)	背吃刀量/mm
1	粗加工 ϕ10 外圆(四次)	T0101	800	0.1	3
2	粗加工 ϕ10 外圆(一次)	T0101	800	0.1	2.5
3	精加工 ϕ10 外圆(一次)	T0202	1200	0.05	0.5

表 9-7　零件四加工工序

工序号	工序内容	刀具号	切削用量		
			主轴转速/(r/min)	进给速度/(mm/r)	背吃刀量/mm
1	粗加工圆锥面(四次)	T0101	800	0.1	3
2	粗加工圆锥面(一次)	T0101	800	0.1	2.5
3	精加工圆锥面(一次)	T0202	1200	0.05	0.5

3. 程序编制

1) 外径/内径切削固定循环指令 G90

指令格式:

```
G90 X(U)_Z(W)_F_;      (圆柱切削循环)
G90 X(U)_Z(W)_R_F_;    (圆锥切削循环)
```

指令说明:

(1) G90 的走刀路径。G90 用于圆柱面与圆锥面的循环切削加工,由四段直线运动组成,如图 9-31 所示,走刀路径为:由 A 点开始,先以快速进给 G00 的速度运动到 B 点;再以指定的速度 F 切削到 C 点;然后以指定的速度 F 退到 D 点;最后再以快速进给 G00 的速度退至 A 点。从而完成一个切削循环,比使用 G00 与 G01 编程要简洁。

(2) X、Z 值为绝对编程时,切削终点 C 在工件坐标系下的坐标值。U、W 值为相对编程时,切削终点 C 相对于起点 A 的坐标值。

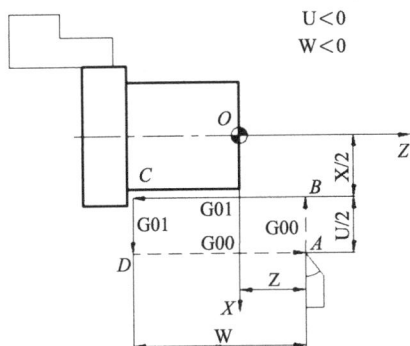

图 9-31　圆柱面切削循环　　　　　　　　　　图 9-32　圆锥面切削循环

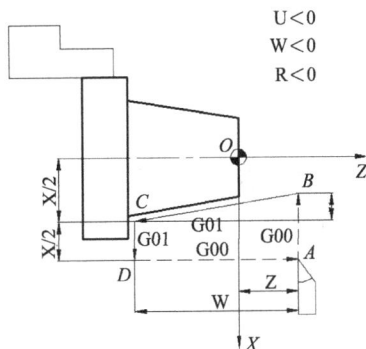

（3）R 值为切削圆锥面时，切削起点 *B* 与切削终点 *C* 的半径差值。当起点 *B* 的坐标值大于终点 *C* 的坐标值时，R 值为正；当起点 *B* 的坐标值小于终点 *C* 的坐标值时，R 值为负。图 9-32 中的 R 值为负。

（4）F 值为切削进给量。

（5）G90 适合于工件在径向方向做分层的粗加工过程。如零件一与零件二。

2）端面固定循环 G94

指令格式：

```
G94 X(U)_Z(W)_F_;      (平端面切削循环)
G94 X(U)_Z(W)_R_F_;    (斜端面切削循环)
```

指令说明：

（1）G94 走刀路径。G94 走刀路径与 G90 的走刀路径相似，也是由四段直线轨迹组成的，只是 G94 适合于加工平端面及锥端面，如图 9-33 所示，走刀路径为：由起点 *A* 以快速进给 G00 方式运动到 *B* 点，然后以直线插补 G01 的速度 F 切削到 *C* 点，再以直线插补 G01 的速度 F 退至 *D* 点，最后以快速进给 G00 方式退至 *A* 点，从而完成一个切削循环运动。

（2）X、Z 值及 U、W 值与 G90 相同。

（3）R 值为切削圆锥面时，切削起点 *B* 与切削终点 *C* 在 Z 轴上的坐标差值。如图 9-34 所示。当起点 *B* 的坐标值大于终点 *C* 的坐标值时，R 值为正；当起点 *A* 的坐标值小于终点 *C* 的坐标值时，R 值为负。图 9-34 中的 R 值为负。

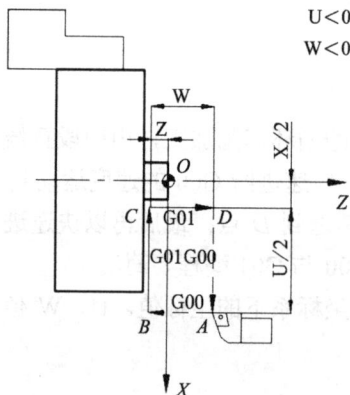

图 9-33　平端面切削循环

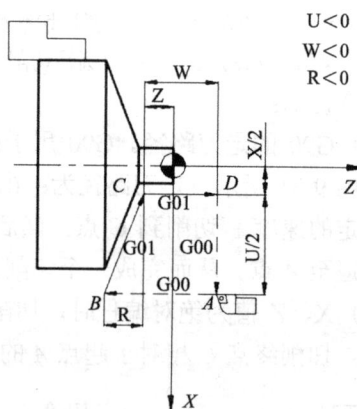

图 9-34　锥端面切削循环

（4）F 值与 G90 相同。

（5）G94 适合于工件在轴向做分层的粗加工过程。如零件三与零件四。

3）编制程序

（1）零件一。

```
O0001;
G40;
T0101;                          //调用1号粗车刀
M03 S800;
G00 X62 Z2;
```

```
G90 X54 Z-50 F0.1;
X48;
X42;
X36;
X31;
G00 X200 Z200;
T0202;                    //调用2号精车刀
M03 S1200;
G00 X62 Z2;
G90 X30 Z-50 F0.05;
G00 X200 Z200;
M05;
M30;
```

(2) 零件二。

```
O0002;
G40;
T0101;
M03 S800;
G00 X62 Z2;
G90 X74.48 Z-50 R-10.4 F0.1;
X68.36;
X62.24;
X56.12;
X51.02;
G00 X200 Z200;
T0202;
M03 S1200;
G00 X62 Z2;
G90 X50 Z-50 R-10.4 F0.05;
G00 X200 Z200;
M05;
M30;
```

(3) 零件三。

```
O0003;
G40;
T0101;
M03 S800;
G00 X62 Z2;
G94 X11 Z-3 F0.1;
Z-6;
Z-9;
Z-12;
Z-14.5;
```

```
G00 X200 Z200;
T0202;
M03 S1200;
G00 X62 Z2;
G94 X10 Z-15 F0.05;
G00 X200 Z200;
M05;
M30;
```

（4）零件四。

```
O0004;
G40;
T0101;
M03 S800;
G00 X62 Z15;
G94 X11 Z12.42 R10.2 F0.1;
Z9.19;
Z5.96;
Z2.72;
Z-0.51;
Z-3.74;
Z-6.97;
Z-9.66;
G00 X200 Z200;
T0202;
M03 S1200;
G00 X62 Z15;
G94 X10 Z-10 R10.4 F0.05;
G00 X200 Z200;
M05;
M30;
```

9.2.6　数控车床加工工艺四（内外径粗车复合循环 G71）

1. 图样分析（毛坯尺寸为：ϕ 62mm × 100mm）

由图 9-35 可知，该工件包括倒角、外圆、倒圆、圆弧、锥面等结构形式，且具有较大切削余量，相对前面的工件要复杂一些，若采用简单指令或单一固定循环指令编程，则编程量会相当复杂和烦琐。如果使用具有能够自动对余量进行分层的指令进行编程，则会大大简化编程工作量。

2. 工艺分析

由图样分析可知，该工件外形轮廓可采用粗车循环对其进行分层车削，并预留合适的精车余量再进行精加工。每层粗加工余量可选择 1.5mm，精加工预留量可选择 0.5mm。

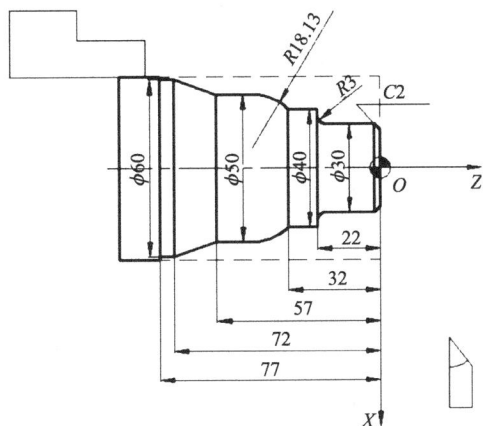

图 9-35   加工轴零件图

制订工艺表如下(表 9-8)。

表 9-8   零件加工工序表

工序号	工序内容	刀具号	切削用量		
			主轴转速/(r/min)	进给速度/(mm/r)	背吃刀量/mm
1	轮廓粗加工	T0101	800	0.1	1.5
2	轮廓精加工	T0202	1200	0.05	0.5

3. 程序编制

1) 内外径粗车复合循环指令 G71

指令格式:

```
G71U(Δd)R(e);
G71P(ns)Q(nf)U(Δu)W(Δw)F(f)S(s)T(t);
```

指令说明:

(1) Δd 为每层粗车背吃刀量,为半径值,无正负号;e 为每层粗车退刀量,半径值,无正负号。

(2) ns 为精加工外形轮廓程序段起始程序段号;nf 为精加工外形轮廓程序段结束程序段号;Δu 为在 X 轴方向上的精加工预留加工余量,为直径值,有正负号,一般车外圆时为正,车内孔时为负;Δw 为在 Z 轴方向上的精加工预留加工余量,有正负号;f 为粗加工进给量;s 为粗加工主轴转速;t 为粗加工刀具号。

(3) G71 走刀路径。粗加工刀具路径由系统根据零件外形尺寸自动设定,如图 9-36 所示,A 点是

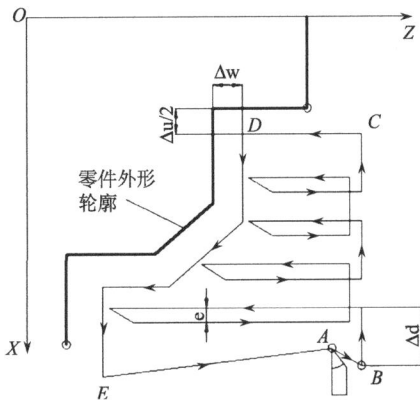

图 9-36   G71 走刀路径图

粗加工循环起点，加工路线按照箭头方向由：$A—B—C—D—E—A$，每次在 X 轴方向上进刀量为 Δd，每次退刀量为 e，不断进刀和退刀，最后在预留精加工余量 Δu 与 Δw 后，沿零件外形轮廓走一刀（即由 $C—D—E$ 的过程）。

（4）G71 循环程序中，在程序号 ns 的程序段中不许含有 Z 轴运动指令。

（5）G71 中指定的 F、S、T 只对粗车循环有效，对精车 G70 无效。

（6）在循环体 ns～nf 程序段中的 F、S、T 只对精车循环 G70 有效，对粗车循环 G71 无效。

（7）G71 必须与 G70 成对使用，不能单独使用。

（8）零件 X 轴方向外形尺寸必须符合由右至左依次递增的趋势。

（9）ns～nf 程序段内刀具半径补偿功能对 G71 循环无效。

2）精加工循环指令 G70

指令格式：

G70P(ns)Q(nf)F;

指令说明：ns、nf、F 与 G71 相同。

3）编制程序

```
O0010;
G40;
T0101;
M03 S800;
G00 X65 Z2;
G71 U1.5 R0.5;
G71 P10 Q20 U0.5 W0.5 F0.1;
N10 G00 X26;
G01 Z0;
X30 Z-2;
Z-19;
G02 X36 Z-22 R3;
G01 X40 Z-22;
Z-32;
G03 X50 Z-44.5 R18.13;
G01 X50 Z-57;
X60 Z-72;
Z-77;
N20 X63;
G00 X200 Z200;
T0202;
M03 S1200;
G00 X65 Z2;
G70 P10 Q20 F0.05;
G00 X200 Z200;
M05;
M30;
```

9.3　数控铣床与加工中心

数控铣床是在普通铣床基础上发展起来的一种高效率高精度自动化机床。可以按照编制的数控程序自动地完成加工任务。加工工艺主要有平面铣削、轮廓铣削、凹槽铣削、曲面铣削、镗削、钻孔、攻丝等。不仅可以加工盘类件、箱体类件、壳体类件、盖板等规则零件，可以加工各种形状复杂的零件，如复杂曲线与曲面轮廓、手机外壳类模具型腔等。对于复杂形状的零件加工，普通手工编程是无法编制的，还要借助 CAD/CAM 等计算机辅助编程实现。

普通的数控铣床不带刀库，换刀操作过程还需手动换刀，如果数控铣床带刀库与自动换刀臂，就称为加工中心。数控铣床具备的加工工艺，加工中心都能做，而加工中心可以完成自动换刀动作。根据加工工艺与编制的数控程序，加工中心可以自动地调用加工刀具，完成加工任务。

多轴数控加工技术的发展，使数控机床的档次越来越高，我们所熟知的数控铣床一般只有 *XYZ* 三个直线轴坐标，而多轴是指在一台机床上至少具备四个轴，五轴机床最具代表性。高档五轴数控机床可同时控制四个以上的坐标轴进行联动，工件在一次装夹后，可对其加工面进行铣削、镗削、钻削与攻丝等多工序加工。有效避免了由于多次装夹造成的定位误差，极大地缩短了生产周期，提高了加工精度。

9.3.1　数控铣床结构与原理

数控铣床是典型的机电一体化产品，是集机械结构、伺服控制、计算机技术、液压与气动、电气控制技术于一体的自动化设备。其基本组成结构包括：机床本体、伺服系统、数控装置、辅助装置等(图 9-37)。

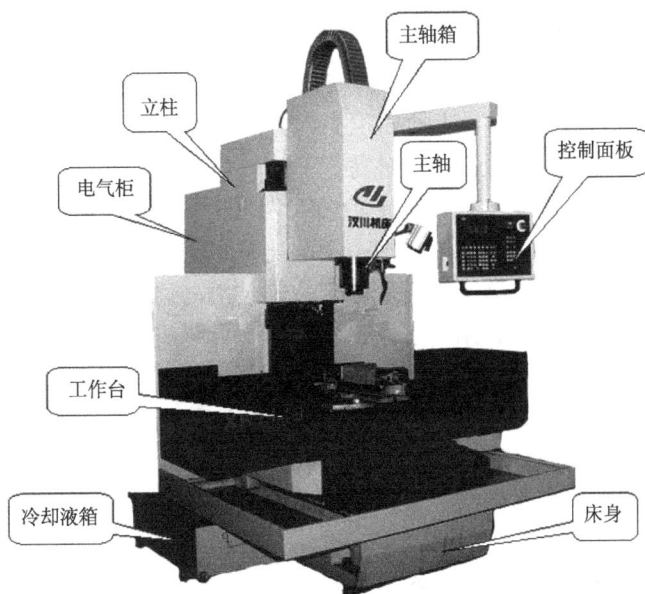

图 9-37　数控铣床结构组成图

1. 机床本体

数控铣床的结构形式多样，不同类型的数控铣床在结构组成上虽有差别，但都具有相似之处。与传统的普通机床相比，数控铣床的机械本体在总体布局、传动系统结构、外观造型、刀具系统及操作性能方面，都发生了很大变化，其特点主要体现在以下几方面。

（1）采用了高性能的主轴及进给伺服驱动系统，极大地简化了机械传动结构与传动链。

（2）较多地采用了高精度与高效率的传动部件，如滚珠丝杠螺母副、直线滚珠导轨副以及电主轴。

（3）机械结构材质采用了具有较高的动态特性、动态刚度、阻尼刚度、耐磨性及抗热变形性能的材料，如采用了碳纳米材料的床身机构。

（4）完善的配套设备，如自动装夹机构、自动排屑系统、自动冷却循环系统、自动润滑系统、安全防护装置、自动对刀设备等。

这些特点较好地满足了数控加工技术的要求，可以充分地适应数控加工特点，便于实现自动化控制。

数控铣床的结构形式主要有立式、卧式和龙门式等多种结构形式（图9-38）。

(a) 立式加工中心　　　　　(b) 卧式加工中心　　　　　(c) 龙门加工中心

图 9-38　数控铣床的结构形式

立式数控铣床（或立式加工中心）：主轴轴线为垂直状态，一般具有三个直线运动轴（X、Y、Z 轴），工作台还可以设置一到两个具有旋转功能的分度头，可进行螺旋线类零件的加工。这种结构机床具有结构简单、占地面积小、价格低等优点。多用于加工简单箱体零件、箱盖零件、平面凸轮、盘类件及板类零件等。

卧式数控铣床（或卧式加工中心）：主轴轴线为水平状态，一般具有三～五个运动轴，常见形式为三个直线运动坐标，即沿 X、Y、Z 轴方向的直线运动。另外，还可配置一到两个回转工作台，能将工件一次装夹，完成除定位安装面与顶面之外的其他面的加工。卧式加工中心占地面积大、重量大、结构复杂、价格昂贵。可用于复杂箱体零件、泵体零件及阀体零件的加工。

龙门式数控铣床（或龙门式加工中心）：具有门式框架和卧式长车身，且其主轴轴线与工作台垂直设置。龙门一般由一个横梁和两个立柱构成。适用于大型或形状复杂的工件加工。

下面以立式数控铣床为例介绍其机床本体机构组成情况。由结构图9-39可知，机床本体主要由床身、立柱、主轴系统、X/Y/Z 三个轴方向上的进给系统、工作台及部分辅助机构组成。如果是加工中心，还有刀库与换刀装置。

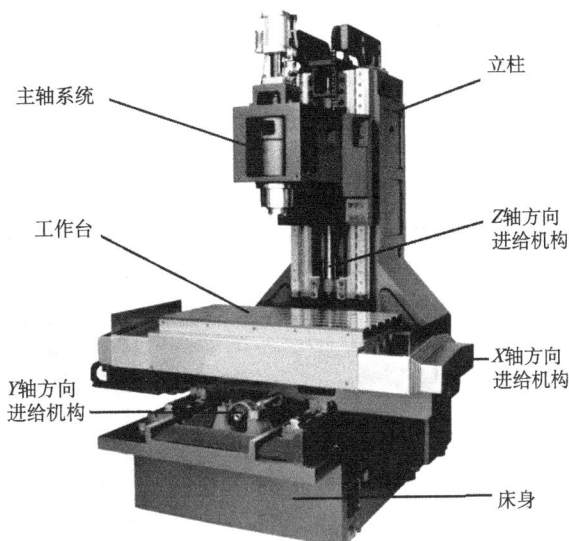

图 9-39　机床本体结构组成图

1）基础部件

主要包括床身、立柱与工作台，他们是机床的基础部件，这些部件主要材质是铸铁材料，也有焊接钢结构件，这些部件要承受机床及工件的静载荷及加工过程中的切削负载，因此必须具备更高强度与刚度特性。

2）主轴系统

数控铣床主轴系统主要由主轴动力部件、主轴传动部件、主轴组件及主轴箱等组成（图 9-40）。主轴是切削功率的输出机构，还要适应不同切削速度的加工条件，一般来说必须具有更高的加工效率及加工精度，因此必须具有如下要求。

（1）刀具夹紧机构要可靠，具有刀具自动夹紧功能。

（2）具有较高的精度、刚度、传动平稳性及低噪声的特点。

（3）具有良好的抗振性和热稳定性。

（4）具有更宽的调速范围且能实现无级调速。

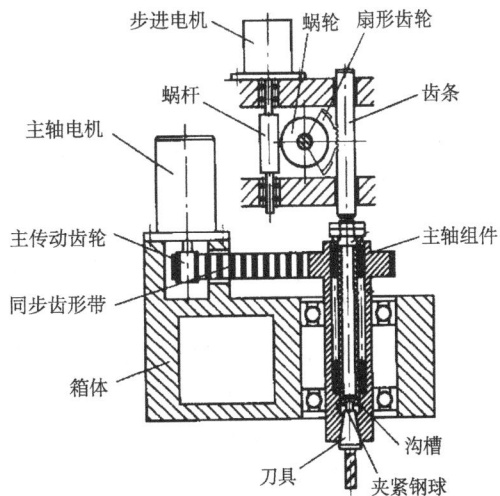

图 9-40　数控铣床主轴传动机构简图

主轴组件包括主轴、轴承、传动件、密封件、自动夹紧机构、主轴锥孔自清理机构等。

3）X/Y/Z 轴方向上的进给系统

数控机床的进给系统一般由驱动元件、机械传动机构及执行部件等组成。数控系统通过控制器向驱动单元发出一定频率的脉冲信号，进而控制驱动元件运动，通过机械传动机构推动执行部件，实现三个轴方向上的进给运动（图 9-41）。

4) 刀库与换刀装置

加工中心是在数控铣床基础上发展起来的, 两者的加工工艺基本相同, 结构也相似, 只是加工中心比数控铣床多一个刀库与自动换刀装置(图 9-42)。

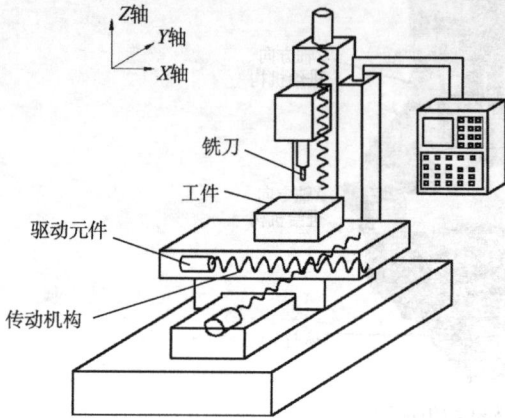

图 9-41　进给系统传动机构简图　　　　图 9-42　立式加工中心结构图

刀库是提供自动化加工设备所需要储存刀具的存储装置, 而刀库必须与换刀机构同时存在, 在加工过程中, 根据工艺安排, 由控制程序、控制机构自动从刀库中调用所需刀具, 并控制机械手完成自动换刀动作, 从而大幅度缩短了非加工时间, 降低了成本。

2. 伺服控制系统

数控机床伺服系统是以机床运动部件的速度和位置作为控制变量的自动控制系统, 又称为位置随动系统, 简称伺服系统。数控机床上的伺服系统有两种:一种是控制机床进给轴的切削进给运动, 称为进给伺服系统;另一种是控制机床主轴的主切削运动, 称为主轴伺服系统。

目前, 随着微电子技术、计算机技术和伺服控制技术的发展, 数控系统开始采用高精度、高速的全数字伺服系统, 使模拟方式的伺服控制技术走向全数字化。由位置、速度和电流构成的三环反馈全部数字化、软件处理数字 PID, 柔性高、使用灵活。全数字伺服系统使机床的控制精度和品质得到了极大的改善。

从位置控制方面来看, 伺服系统有三种:开环控制、闭环控制及半闭环控制。开环控制不需要位置检测装置, 而闭环与半闭环需要位置检测装置。

开环伺服系统主要由驱动控制单元、执行元件及机床部件组成, 执行元件大多数采用步进电机及其驱动电路组成, 无位置检测元件。系统发出指令脉冲经过驱动电路的变换与放大, 输送给步进电机, 步进电机每接收一个脉冲, 旋转一定角度, 在通过机械传动机构驱动机床运动。指令脉冲的频率决定了电机的转速, 指令脉冲的个数决定了电机的转角, 也就决定了进给移动距离。该系统结构简单、成本较低。但由于无位置检测元件, 其精度只取决于步进电机的步距精度、工作频率及传动机构的传动精度, 因此, 开环伺服系统的加工精度不高, 适用于加工精度与速度不高的经济型数控机床。如图 9-43 所示步进电机及图 9-44 所示驱动单元。

图 9-43　步进电机

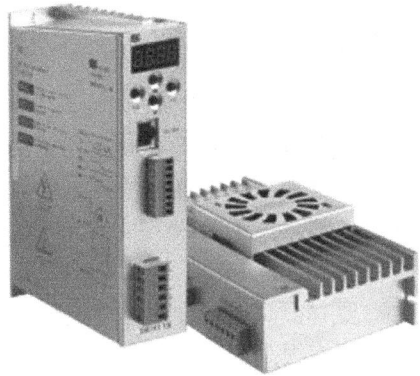

图 9-44　驱动单元

　　闭环及半闭环伺服系统主要由伺服驱动控制单元、执行元件、机床、反馈检测元件及比较环组成，反馈检测元件主要有两种：位置反馈和速度反馈，如图 9-45 所示。闭环伺服系统采用位置反馈元件将检测到的工作台的实际位置反馈给比较环，比较环将发出的指令信号与反馈信号进行比较，将两者的差值作为伺服跟随误差，通过驱动控制单元进行补偿，进而控制执行元件(即伺服电机)驱动工作台完成精确定位。

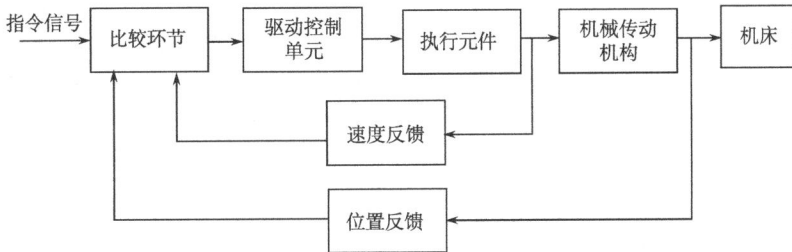

图 9-45　数控伺服系统的基本结构

　　由于具有反馈元件，闭环伺服系统与半闭环伺服系统加工精度均较高，而闭环的反馈点置于传动机构的最末端，因此，要比半闭环精度还要高。这两种伺服系统均受检测反馈元件的精度影响。闭环伺服系统适用于大型或比较精密的数控设备，半闭环伺服系统适用于中小型数控机床。如图 9-46 所示伺服电机与图 9-47 所示驱动单元。

图 9-46　伺服电机

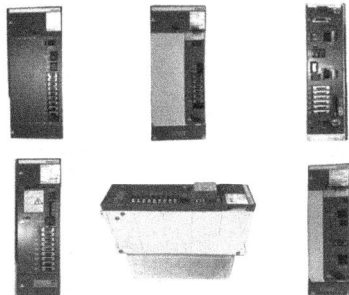

图 9-47　驱动单元

9.3.2 数控铣床常用刀具

随着制造业的高速发展，汽车、模具及航空航天等重要行业对数控切削加工提出了更高的要求，对数控刀具的发展起到了巨大的推动作用。目前数控切削加工自动化程度高、加工精度高及加工效率高等特点，对数控机床所用刀具的耐用度、刚度的要求，以及断屑能力的需求都至关重要。

1）数控刀具的要求

（1）要有很高的精度及重复定位精度，一般要在 3～5μm，甚至更高。

（2）要有很高的可靠性和耐用度，持续切削时间要长，减少刀具更换次数，缩短辅助时间，提高加工效率。

（3）高耐热性与化学稳定性。高耐热性是指刀具在高温下仍能保持原有的硬度、强度、韧度以及耐磨性。化学稳定性是指高温下不易与加工材料或周围介质发生化学反应的能力，包括抗氧化能力。化学稳定性越高，刀具磨损越慢，加工表面质量越好。

（4）足够的强度和韧度。切削时刀具要能承受各种压力与冲击。一般用抗弯强度和冲击来衡量材料强度与韧度的高低。

2）常见数控铣床刀具结构

数控铣床刀具结构一般由三部分组成：切削部件、定位元件及夹紧部件，见图 9-48。切削部件的作用主要用于切削工件，要求要有足够的硬度与耐热性，切削部件主要有立铣刀、盘铣刀、球头铣刀、钻头及镗刀等。定位元件是确定刀具在主轴上的位置、支撑刀具体及承担由于切削力而产生的巨大弯矩作用，铣刀的定位元件称为刀柄。夹紧部件用于锁紧刀具体，夹紧部件称为拉丁。

3）常见刀具类型

（1）盘铣刀。又称面铣刀，主要用于数控铣床、加工中心或龙门铣床上的平面加工。在端面和圆周上均有刀齿，一般采用镶齿式，刀齿材料常采用高速钢或硬质合金，刀体为40Cr，见图 9-49。

(a)铣刀　　(b)刀柄　　(c)拉丁

图 9-48　数控铣刀结构组成元件　　　　图 9-49　盘铣刀

（2）立铣刀。其刀刃分布在圆柱面与端面上，主切削刃在圆柱面上，副切削刃在端面上。端面上没有中心刃的立铣刀是不允许在轴向做进给运动的，如果有中心刃可以在轴向做进给运动。主要用于铣削小平面、沟槽、螺旋槽、孔、台阶面、侧面、凸轮等曲线外轮廓面。

立铣刀的结构形式有多种，如平头铣刀、球头铣刀、T 形铣刀、圆鼻铣刀及倒角刀等。不同结构形式的刀具可加工不同结构的工件，见图 9-50。

(a) 平头铣刀　　　(b) 球头铣刀　　　(c) T 形铣刀　　　(d) 圆鼻铣刀　　　(e) 倒角刀

图 9-50　常见立铣刀

（3）孔加工刀具。在机械加工中，孔的加工根据孔的结构与技术要求，可采用不同的加工方法，主要有两大类：一是在实体工件上加工出孔；二是对已有孔进行半精加工和精加工。对于精度要求不高的非配合孔一般直接采用钻削加工即可，对于配合孔还需要在钻削基础上采用铰削和镗削，甚至还要进行磨削等精加工，常见孔加工刀具如图 9-51 所示。

(a)　钻头　　　　　(b)　机用铰刀　　　　　　　(c)　镗孔刀

图 9-51　常见孔加工刀具

9.3.3　数控铣床加工工艺一（平面铣削）

1. 零件图样（图示零件铣削加工深度为 3mm）

如图 9-52 所示，该零件是一个厚度为 40mm 的板型零件。长×宽=200mm×150mm。

2. 工艺分析

装夹方式：根据该工件形状特点及加工表面，采用机用平口钳装夹零件左右两个侧面，并采用零件底面进行定位，零件上表面高于钳口上端 10mm。

工件坐标系：原点建于零件中心，坐标系 *OXYZ* 如图 9-52 所示。

加工刀具：采用 ϕ100mm 的盘铣刀。

加工方式：对该零件分别进行粗加工与精加工。

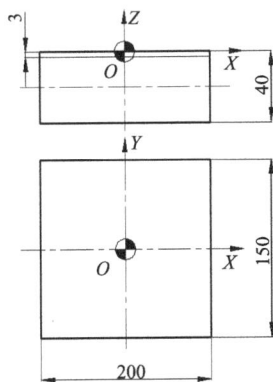

图 9-52　零件图样

加工路线：根据零件结构尺寸及装夹方式，选择刀具加工走刀方向为沿 *X* 轴方向，同时考虑避免出现接刀痕，使切削跨距小于刀盘直径，粗加工及精加工刀具中心走刀路线如图 9-53 所示。

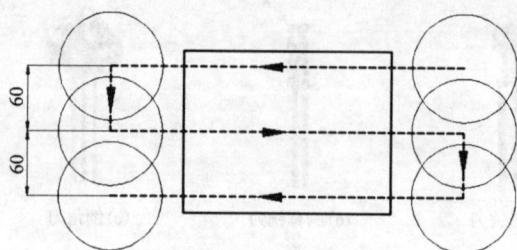

图 9-53　刀具加工路线

铣削用量选择：铣削用量的选择是否合理，会直接影响铣削加工质量。该零件平面加工采用粗加工与精加工，粗铣削加工时，侧重考虑加工效率及机床功率，因此，切削深度选择得要大些、走刀量要慢些、转速要低。精铣削加工时，主要考虑表面加工精度的要求，切削深度选择得要小些、走刀量要快些、转速要高。铣削用量如表 9-9 所示。

表 9-9　平面铣切削用量选择表

| 工序号 | 工序内容 | 刀具号 | 刀具补偿号 | | 切削用量 | | |
			长度	半径	主轴转速 /(r/min)	进给速度 /(mm/min)	背吃刀量/mm
1	粗铣零件上表面	T01	H01		1000	100	2.5
2	精铣零件上表面	T01	H01		2000	150	0.5

3. 平面铣削方式

铣削平面的方式主要有两种：一种是周铣方式；另一种是端铣方式。周铣是用圆柱铣刀圆周上的切削齿进行铣削。端铣是用端铣刀端面上的切削齿进行铣削 (图 9-54)。

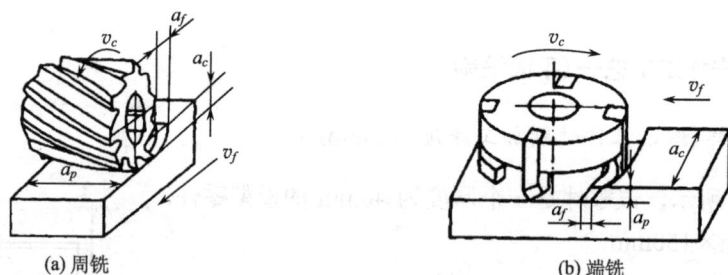

(a) 周铣　　　　　　　　　　　　(b) 端铣

图 9-54　平面铣削方式

4. 程序编制

1) 直线插补指令 G01；

指令格式：

```
G01 X_ Y_ Z_ A_ F_ ;
```

指令说明：

(1) X、Y、Z、A 直线插补运动终点坐标值，其中 X、Y、Z 为三个直线轴的坐标值，A 为旋转轴坐标值。当使用绝对坐标 G90 指令时，X、Y、Z、A 为绝对坐标值；当使用相对坐标 G91 指令时，X、Y、Z、A 为相对坐标值。

(2) F 为进给量，当使用每分钟进给指令时，进给量 F 的单位为 mm/min，当使用每转进给指令时，进给量 F 的单位为 mm/r。

(3) G01 为模态指令，与 9.2 节数控车讲解相同。

2）工件坐标系设定指令 G54～G59

为了便于在数控程序中统一描述机床切削加工运动，简化程序编制，使数控程序具有互换性，在数控机床中引入工件坐标系及编程坐标系的概念。为了便于编程人员根据零件图样及加工工艺等进行编程，数控铣床及加工中心具有多个坐标系，坐标系指令从 G54 到 G59，共有 6 个。

3）刀具长度补偿指令 G43/G44

指令使用格式：

G43 H_;　刀具长度正偏置指令格式

G44 H_;　刀具长度负偏置指令格式

G49;　刀具长度补偿取消指令

指令说明：

刀具长度补偿是数控加工中很重要的概念，当对一个零件编程时，首先确定加工零件编程坐标系的中心，然后建立工件编程坐标系。在建立工件坐标系的过程中，是以刀具基准点为依据的，而刀具基准点是用标准长度的刀具在进行对刀时的刀位点，不同长度的刀具，其刀位点与基准点不一定重合。因此，要

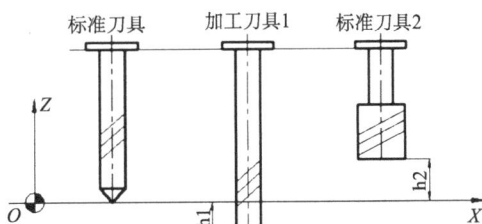

图 9-55　刀具长度补偿示意图

使用刀具长度补偿，使用长度补偿后，只需改变加工刀具的长度补偿值即可，而不需更改零件加工程序，刀具长度补偿示意图如图 9-55 所示。

刀具长度补偿值分正偏置与负偏置，正偏置是加工刀具的长度比编程时的标准刀具长度要长，使用 G43 指令表示；负偏置是加工刀具的长度比编程时的标准刀具长度要短，使用 G44 指令表示。

图中 h1、h2 为刀具的偏差值，所有刀具的偏差值均存放于刀具偏置存储器中，用符号 H00～H99 来指定刀具偏置编号。

4）编制程序

```
O0010;
G40 G80 G49;
G90 G54;
T01;
M03 S1000;
G00 G43 Z100 H01;
G00 X160 Y-60;
Z-2.5;
G01 X-160 F100;
G00 Y0;
G01 X160 F100;
G00 Y60;
G01 X-160 F100;
G00 Z2;
X160 Y-60;
```

```
Z-3;
M03 S2000;
G01 X-160 F100;
G00 Y0;
G01 X160 F100;
G00 Y60;
G01 X-160 F100;
G00 Z200;
G49;
M05;
M30;
```

9.3.4　数控铣床加工工艺二(内、外轮廓铣削)

1. 零件图样

图示零件轮廓加工预留量均为 0.5mm，仅剩轮廓精加工。

2. 工艺分析

装夹方式：由加工零件结构尺寸及内、外轮廓加工表面，采用机用平口钳装夹零件，调整机用平口钳在工作台中的位置，用钳口装夹零件前后两个侧面，使零件上表面高于钳口上端 5mm。

工件坐标系：工件坐标系原点建于零件中心，坐标系 $OXYZ$ 如图 9-56 所示。

加工刀具：采用 ϕ10mm 的立铣刀进行加工。

加工方式：对该零件进行内、外轮廓精加工。

加工路线：根据零件结构尺寸及装夹方式，选择刀具加工走刀路径分别为沿着零件外轮廓与内轮廓进行切削，同时考虑到避免刀具在切入与切出的过程中导致在零件表面留下切刀痕，使刀具在切入与切出时，均沿着零件表面的切线方向进行直线或圆弧方式做进给运动，刀具中心走刀路线见图 9-57。

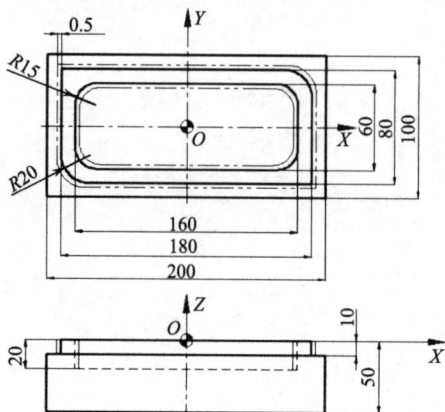

图 9-56　零件图样

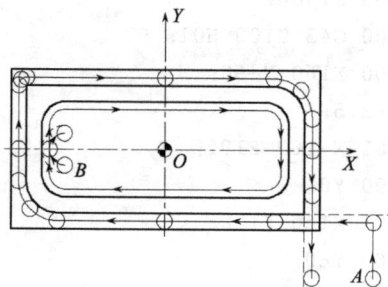

图 9-57　刀具路径图

切削用量选取：根据零件图样与加工工艺，综合选择内、外轮廓精加工切削用量如表 9-10 所示。

表 9-10　内、外轮廓铣切削用量选择表

工序号	工序内容	刀具号	刀具补偿号		切削用量		
			长度	半径	主轴转速 /(r/min)	进给速度 /(mm/min)	背吃刀量/mm
1	精铣零件外轮廓	T01	H01	D01	2000	200	0.5
2	精铣零件内轮廓	T01	H01	D01	2000	200	0.5

3. 程序编制

1) 圆弧插补指令 G02/G03

指令格式：

圆弧编程格式：

G17 G02/G03 X_Y_R_F_；
G18 G02/G03 X_Z_R_F_；
G19 G02/G03 Y_Z_R_F_；

圆心编程格式：

G17 G02/G03 I_J_F_；
G18 G02/G03 I_K_F_；
G19 G02/G03 J_K_F_；

指令说明如下。

(1) G17。指定 XY 平面；G18：指定 ZX 平面；G19：指定 YZ 平面。

(2) G02。顺势针圆弧插补；G03 逆时针圆弧插补（图 9-58）。

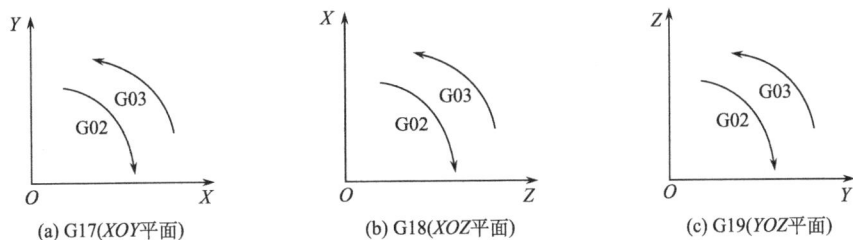

图 9-58　不同平面内 G02 与 G03 的旋转方向图

(3) X、Y、Z。圆弧终点坐标值，在 G90 绝对坐标编程时，为工件编程坐标系的坐标值；在 G91 相对坐标编程时，为圆弧终点相对于圆弧起点的增量坐标值。

(4) I、J、K。圆心相对于圆弧起点的有向偏移矢量，等于圆心的坐标值减去圆弧起点的坐标值，见图 9-59。

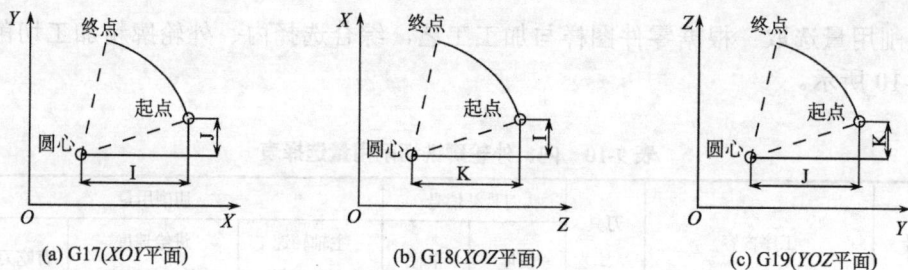

(a) G17(*XOY*平面)　　(b) G18(*XOZ*平面)　　(c) G19(*YOZ*平面)

图 9-59　不同平面内 I、J、K 值的确定

(5) R。圆弧半径，当圆弧圆心角小于 180° 时，R 值为正值；当圆弧圆心角大于 180° 时，R 值为负值。

(6) F。插补轴的合成速度。

2）刀具半径补偿 G41/G42/G40

指令格式：

$$\begin{Bmatrix} G17 \\ G18 \\ G19 \end{Bmatrix} \begin{Bmatrix} G41 \\ G42 \\ G40 \end{Bmatrix} \begin{Bmatrix} G00 \\ G01 \\ G02 \end{Bmatrix} \begin{Bmatrix} X\_Y\_ \\ Y\_Z\_ \\ X\_Z\_R\_ \end{Bmatrix} D\_ ;$$

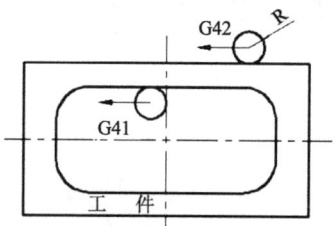

图 9-60　刀具半径

指令说明如下。

（1）G41。刀具半径左补偿，沿着刀具前进方向看，刀具在工件左侧，见图 9-60。

（2）G42。刀具半径右补偿，沿着刀具前进方向看，刀具在工件右侧，见图 9-60。

（3）G40。刀具半径补偿取消。

（4）G17。刀具半径补偿平面为 *XY* 平面。

（5）G18。刀具半径补偿平面为 *ZX* 平面。

（6）G19。刀具半径补偿平面为 *YZ* 平面。

（7）X、Y、Z。为指令 G00/G01/G02/G03 等插补指令的参数，是刀补建立或刀补取消的终点坐标值。

（8）D。刀具半径补偿代码编号（D00～D99），代表了刀具补偿列表中对应的半径值。

3）编制程序

```
O0020;
G40 G49 G80;
T01;
M03 S2000;
G43 G00 Z100 H01;
G90 G54;
X110 Y-60;
Z-10;
G01 G41 X110 Y-40 F200 D01;
X-70;
```

```
G02 X-90 Y-20 R20；
G01 Y40；
X70；
G02 X90 Y20 R20；
G01 X90 Y-60；
G00 Z10；
G40；
X-65 Y-10；
G01 Z-20 F200；
G02 G42 X-80 Y0 R10 D01；
G01 X-80 Y15；
G02 X-65 Y30 R15；
G01 X65；
G02 X80 Y15 R15；
G01 X80 Y-15；
G02 X65 Y-30 R15；
G01 X-65 Y-30；
G02 X-80 Y-15 R15；
G01 X-80 Y0；
G02 X-65 Y15 R15；
G00 Z10；
G40；
M05；
M30；
```

思　考　题

9-1　数控程序的结构组成是怎样的？

9-2　简述数控车床组成机构。

9-3　数控车刀基本类型都有哪些？

9-4　加工图 9-61 所示零件，材料为 45 钢，毛坯尺寸为 ϕ52mm×120mm。请制订出该零件的加工工艺表，并写出加工程序。

9-5　简述数控铣床组成机构。

9-6　简述数控铣刀的种类及其结构形式。

9-7　加工图 9-62 所示零件，材料为 45 钢，毛坯尺寸为 105mm×105mm×25mm。请制订出加工该零件的加工工艺表，并编制零件的加工程序。

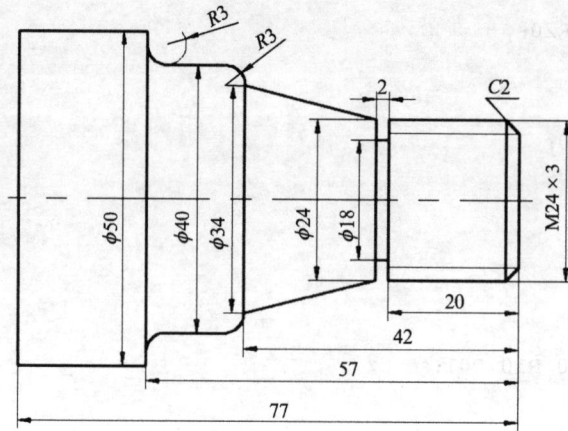

图 9-61　思考题 9-4

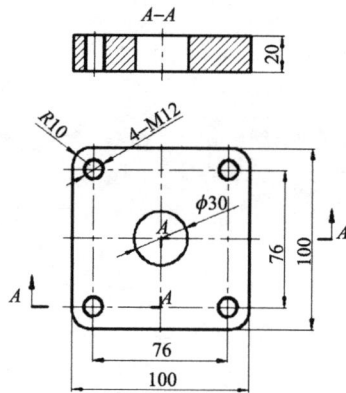

图 9-62　思考题 9-7

9-1　什么是钢的热处理？其作用如何？

9-2　如何划分钢的热处理？

9-3　什么叫淬透性与淬硬性？

9-4　图 9-61 所示零件，材料为 45 钢。C2、R3 含意是什么？试用普通机床安排其加工工艺路线（工序名称即可）。

9-5　简述齿轮的热处理。

9-6　简述轴承的热处理工艺。

9-7　如图 9-62 所示零件，材料为 45 钢，毛坯为 118mm×100mm×25mm 方料，试选择加工方案并安排加工工艺路线（工序名称即可）。

第10章 特种加工

10.1 特种加工技术概述

10.1.1 特种加工技术概述与发展

特种加工也称"非传统加工"或"现代加工方法",是指那些不属于传统加工工艺范畴的加工方法,泛指用热能、光能、电能、电化学能、化学能、声能以及特殊机械能量达到去除或增加材料的加工方法,从而实现材料被去除、变形、改变性能或被镶覆等。特种加工不同于使用刀具、磨具等直接利用机械能切除多余材料的传统加工方法。在近几十年,随着各种新工艺、新技术的不断出现与发展,特种加工对传统加工工艺起到了重要补充与发展作用,目前仍在继续研究开发与改进中。

特种加工兴起于20世纪40年代,材料科学及高新技术的发展,使得新产品更新换代日益加快,而且产品要求具有更高的强度重量比、性能价格比,同时正朝着高速度、高精度、高可靠性、耐腐蚀、高温高压、大功率、超大尺寸及超小尺寸的方向发展。为此,各种新型材料、新型结构及高度复杂形状的精密零件大量面世,对机械制造行业提出了一系列迫切需要解决的新问题。如难切削材料的加工、复杂结构形状零件的加工、尺寸超大或微小的零件加工、超高精度零件的加工、弹性元件及薄壁等特殊零件的加工。采用传统加工方法加工上述材料与工件,显然是十分困难的,有的甚至是无法加工的。所以,一方面通过研究高效率加工的刀具及刀具材料、优化切削参数、提高刀具可靠性和在线刀具监控系统、研发新型切削液、研制新型自动化机床等途径,进一步来改善切削状态,提高切削加工水平;另一方面,打破传统加工方法的束缚,不断探索、寻求先进的加工方法,于是在本质上区别于传统加工方法的特种加工应运而生,并不断发展。使特种加工技术具有许多新的特点。

10.1.2 特种加工技术的特点

(1) 与加工对象的力学性能无关,特种加工是利用电能、热能、光能、化学能及电化学能来加工的,与工件的硬度、强度等力学性能无关,所以,可以加工各种高硬度、超软、脆性、热敏、高熔点、高强度等特殊性能的金属或非金属材料。如钛合金、耐热不锈钢、高强度钢、复合材料、工程陶瓷、金刚石、红宝石、硬化玻璃等高硬度、高韧性、高强度、高熔点材料。

(2) 特种加工是非接触式加工,因此工件不承受很大的作用力,可以加工刚性极低的元件或弹性元件。

(3) 可进行微细加工,加工后的工件表面质量高,如超声、电化学、激光、水喷射等,加工余量都是很微细的,所以可用来加工微小尺寸的孔或狭缝,可获得极高的精度和表面质量。

（4）不存在加工中产生的机械应变或大面积热应变，其热应力、残余应力、冷作硬化均比较小，尺寸稳定性好，可获得较低的表面粗糙度。

（5）特种加工对简化加工工艺、变革新产品的设计及零件结构工艺性等产生积极的影响。

由于新颖制造技术的不断发展，特种加工手段种类很多，目前，较常用的特种加工方法主要有电火花线切割加工、电火花成型加工、激光切割加工、3D 打印加工、电化学加工等，本章以常用的几类特种加工技术为代表，分别介绍它们的加工原理、组成结构及加工特点。

10.2　电火花线切割加工

电火花线切割加工是利用连续移动的细金属丝（又称电极丝）作为电极，对金属类工件进行有规律的脉冲火花放电，蚀除金属，从而达到切割成型的加工目的。第一台线切割机床在 1960 年发明于苏联，1961 年我国第一个将线切割机床应用于工业生产。早期的线切割机床采用的是电气靠模技术来控制切割轨迹，由于切割速度很低而且靠模制造困难，仅应用于电子工业中其他加工方法难以解决的窄缝问题。1966 年，中国研制了采用乳化液和快速走丝机构的高速走丝线切割机床，随着技术的逐渐发展，相继采用了数字控制和光电跟踪控制技术。之后，随着脉冲电源与数字控制技术的飞速发展及切割工艺的改进，线切割的速度和加工精度均有了很大的提高。

10.2.1　线切割机床的基本组成

各种线切割机床的结构组成都类似，主要由数控装置、脉冲电源和主机组成。主机又由床身、进给机构、坐标工作台、走丝机构和工作液系统组成，结构见图 10-1。

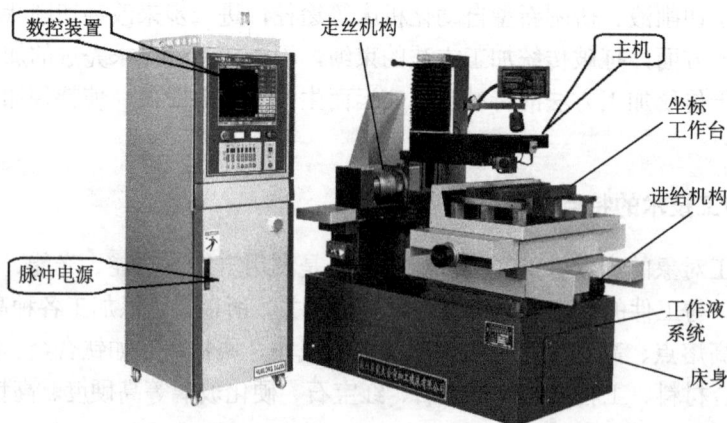

图 10-1　电火花线切割机床组成结构图

1. 数控装置

数控装置以 PC 为核心，并配备一些电气硬件及控制软件，通过键盘或磁盘输入程序。程序编制的方式主要有两种：一种是采用代码形式编程，另一种是绘图式编程。目前，大部分数控线切割机床采用绘图式编程技术，操作者首先在计算机屏幕上画出要加工的零件图形，线切割控制系统具有后置处理功能，可以自动将图形转化为 ISO 代码。

2. 脉冲电源

电火花线切割脉冲电源又称高频电源，是数控电火花线切割的主要组成部分，是影响线切割加工工艺指标的重要因素。脉冲电源采用的是小功率、窄脉冲、高频率、大峰值电流的高频脉冲电源。主要由脉冲发生器、推动级、功放及直流电源四部分组成。一般电源的电规准有几个挡，用于调整脉冲宽度和脉冲间隙时间，从而满足不同工件加工要求。

3. 主机

主机又称为机床本体，主要由床身、坐标工作台、走丝机构和工作液系统等组成。

（1）床身。是基础部件，主要用于支承和固定工作台、走丝机构等部件，材料一般为铸铁，因此，要求床身要有一定的强度和刚度，一般采用箱体式结构。床身里面安装有部分机床电气元件、走丝机构和工作液循环系统等。

（2）坐标工作台。安装在床身上，主要由拖板、导轨、丝杠螺母运动副、齿轮副或蜗轮蜗杆副组成。驱动部件一般采用步进电机，步进电机通过机构传动链将运动最终传递给工作台，驱动工作台在 XY 平面上移动。工作台传动原理简图见图 10-2。

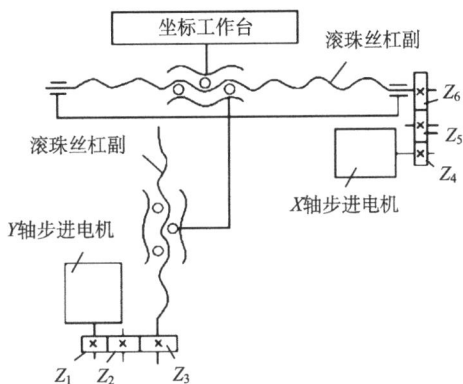

图 10-2　坐标工作台传动原理简图

（3）走丝机构。是以一定的速度使电极丝连续不断地进入和离开放电区，一般有两种：一种是快走丝，另一种是慢走丝。

① 快走丝机构的电极丝一般采用钼丝，钼丝以一定的张力平整而均匀地卷绕在储丝筒表面，储丝筒通过联轴器与驱动电动机相连，在电机的带动下高速旋转，同时还沿着轴向做往复移动。快走丝能较好地将电蚀切屑排出加工区，加工速度较高，钼丝的速度可达 8～10mm/min。由于电极丝在储丝筒往复移动换向的减速和加速过程中，放电与进给必须停顿，否则会断丝，这样电极丝换向所引起的抖动和反复停顿，造成加工表面出现凹凸不平的条纹，降低了加工质量。

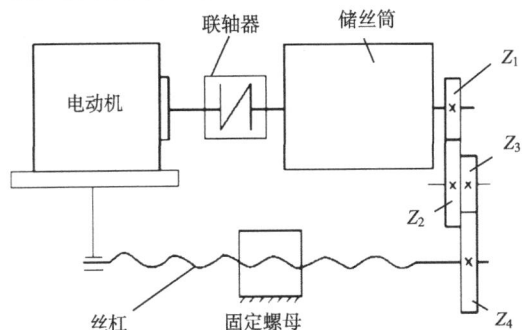

图 10-3　走丝机构传动简图

② 慢走丝机构主要包括供丝绕线轴、伺服电机恒张力控制装置、电极丝导向器和电极丝四栋卷绕机构。其电极丝一般采用黄铜丝，预装在供丝绕线轴上，为防止电极丝散乱，轴上装有力矩很小的预张力电机。由于慢走丝是利用连续移动的细黄铜丝，且电极丝做低速单向运动，一般走丝速度低于 0.2mm/s，但加工精度非常高，可达 0.001mm 级。

走丝机构传动简图见图 10-3。

（4）工作液系统。工作液采用具有一定绝缘性质的工作液，用于冷却电极丝和工件，排除电蚀产生的切屑，从而保证持续火花放电。工作液系统包括：工作液箱、泵、流量阀、进液管、回液管和过滤网等。工作液系统是循环系统，工作液的清洁程度对加工稳定性起着至关重要的作用。

10.2.2　线切割机床的加工原理

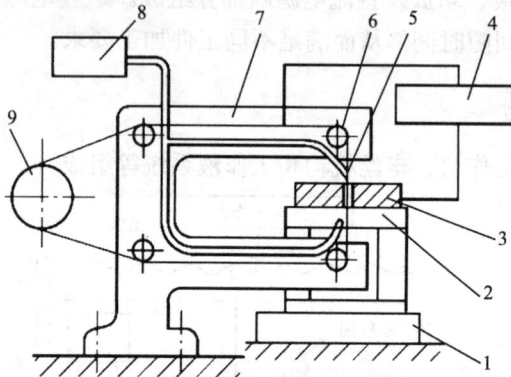

图 10-4　数控线切割加工原理

1-工作台；2-夹具；3-工件；4-脉冲电源；5-电极丝；6-导轮；
7-横梁；8-工作液箱；9-储丝筒

电火花线切割加工是利用电极丝对工件进行脉冲放电时产生的电腐蚀现象来进行加工的。电极丝一般采用钼丝或黄铜丝。脉冲电源的正极接工件，负极接电极丝，电极丝以一定的速度往复运动，不断地进入和离开放电区，同时，在电极丝和工件之间注入工作液，进行冷却与冲除切屑。步进电机通过传动链带动工作台和工件在水平面内做相对运动，电极丝和工件之间发生脉冲放电，通过电极丝和工件在水平面内的相对运动轨迹和进给速度，切割成各种形状的工件。原理图见图 10-4。

10.2.3　线切割机床的加工特点

（1）加工对象不受硬度的限制，可用于一般切削方法难以加工或者无法加工的金属材料，且在一定条件下可以加工半导体材料，特别适合硬质合金、淬火工具钢等高硬度材料的加工，但无法加工非金属材料。

（2）能加工形状复杂、尺寸非常细小的工件。由于电极丝直径最小可达 0.01mm，所以能加工出窄缝、锐角（小圆角半径）等微细结构。

（3）慢走丝机构的线切割机床加工精度较高。由于电极丝是不断移动的，所以电极丝的磨损很小，目前电火花加工精度已经能达到 μm 级，表面粗糙度可达 $Ra=0.05\mu m$，完全可以满足一般精密零件的加工要求。

（4）工件材料被蚀除的量很少，加工下来的材料还可以再利用。

（5）便于实现自动化，采用数控技术，只要编好程序，就能自动加工，操作方便、加工周期短，成本低，较安全。

（6）工作液选用乳化液或去离子水等，而不是煤油，可节约能源物资，防止着火。

（7）用户不需要制造电极，节约了电极制造时间和电极材料，减低了加工成本。

10.2.4　线切割加工工艺与编程

1. 工艺分析

为了使加工工件达到图样规定的几何尺寸、表面粗糙度和形位公差，要合理制订数控线切割加工工艺。在制订线切割加工工艺时要综合考虑以下几个方面：零件工艺图的分析和审核，工艺基准的选择，工件的装夹，电极丝的选择，电极丝位置的调整。

1）零件工艺图分析和审核

分析零件加工图样是对保证工件加工质量和综合技术指标具有决定意义的第一步。首先，要明确零件图的加工要求，是否导电材料，如果不是导电材料，线切割是无法加工的。其次要考虑表面粗糙度和尺寸精度的要求，切割后是否还有其他半精加工或精加工工序，是否预留合理的加工余量，以及是否需要多次切割。另外，要考虑哪些面可以作为工艺基准，采用什么方法进行定位，在确定工艺基准时，还要考虑数控加工特点，使工序尺寸的标注便于编程。确定工艺后还要分析如何对工件进行安装与调整。除此之外，还要分析零件在切割过程中是否会发生变形，哪些部位最容易变形，如果发生变形，应采取何种措施，总之，一定要制订出合理的加工路线。

2）工艺基准的选择

在分析工艺基准时，首先要选择主要定位基准面，以保证工件能够正确、可靠地安装在机床夹具上，尽量使定位基准与设计基准重合。其次，在电火花线切割加工中，电极丝与加工零件之间的相对位置也直接决定加工精度的好坏，电极丝的定位基准也要合理选择。例如，对于以底面作为定位基准的工件，当其上具有相互垂直，且又同时垂直于底面的相邻侧面时，应选择这两个侧面作为电极丝的定位基准。

3）工件的装夹

在装夹工件时，要确保工件的切割部位处于工作台两个进给轴的允许范围内，避免超出极限或切到夹具。安装工件要注意以下几点。

(1) 应保持工件定位基准表面清洁无毛刺，经过热处理的工件，在其表面上会有残留物和氧化皮，这些杂质会影响电极丝切割时的放电过程，必须清除工件表面上的杂质。

(2) 工件装夹的位置应有利于工件找正，并应与机床行程相适应，工作台移动时工件不得与丝架相碰。

(3) 夹具应具有必要的精度，将其稳固地固定在工作台上，对工件的夹紧力要均匀，不得使工件变形或翘起。

(4) 细小、精密、薄壁的工件应固定在不易变形的辅助夹具上。

(5) 大批零件加工时，最好采用夹具，以提高生产效率。

4）电极丝的选择

电极丝的选择主要从两大方面考虑：一是材料，二是直径尺寸。电极丝的材料应具有良好的导电性、抗电蚀性、材质均匀和抗拉强度。电极丝的直径选择应根据切缝宽窄、工件加工精度、工件厚度及拐角尺寸大小来选择。当加工具有窄缝和尖角等尺寸结构的小型零件与模具时，要选用较细的电极丝。当加工工件厚度较大或电流较大的切割情况时，应选择较粗的电极丝。

常用电极丝材料主要有钼丝、黄铜丝、钨丝及包芯丝等。钨丝具有较高的抗拉强度，一般用于各种窄缝的精加工，价格昂贵，直径范围在 0.03～0.1mm。黄铜丝适合于较慢速度的切割加工，加工表面粗糙度和平直度好，电蚀屑附着少，但抗拉强度差，损耗大，一般用于慢速单向走丝加工，直径范围在 0.1～0.3mm。钼丝的抗拉强度高，适于快走丝加工，目前，国内多数快速走丝切割机床都选用钼丝作为电极丝，直径范围在 0.08～0.2mm。

5) 电极丝位置的调整

线切割在加工之前，必须调整电极丝准备切割的起始坐标位置，调整方法主要有三种：目测法、火花法和自动找中心法。

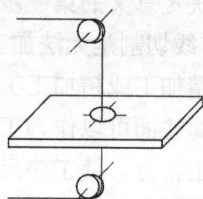

图 10-5　目测法调整电极丝位置

（1）目测法。对于加工精度要求不高的工件，在确定电极丝与工件基准间的相对位置时，可以直接采用目测方式来观察，通常利用穿丝孔处的十字基准线，分别沿着划线方向观察电极丝与基准线的相对位置，根据两者的偏离情况移动工作台，当电极丝中心分别和横向与纵向基准线重合时，工作台横向上和纵向上的读数就确定了电极丝中心的位置，见图 10-5。

（2）火花法。火花法是通过移动工作台使工件的基准线逐渐靠近电极丝，在出现火花的瞬间，记下工作台的相应坐标位置，然后，根据放电间隙推算电极丝中心的坐标位置。该方法便于操作，但往往因电极丝靠近基准面时，产生的放电间隙与正常切割情况下的放电间隙不完全相同而产生误差，见图 10-6。

（3）自动找中心法。自动找中心就是让电极丝在工件孔的中心自动定位，该方法是根据电极丝与工件的短路信号来确定电极丝中心位置的。一般较高档的数控线切割机床具有此功能。在找正中心时，首先让电极丝在 X 轴方向移动至与孔壁相接触，此时当前 X 轴坐标为 X_1，然后电极丝沿反方向移动，再次与孔壁接触，此时当前 X 轴坐标为 X_2，之后，系统自动计算这两点的中心坐标 $X_0 = (X_2 - X_1)/2$，并使电极丝移动到 X_0 的位置。同样的方式，沿 Y 轴移动，首先电极丝移动至与孔壁接触，此时当前 Y 轴坐标为 Y_1，然后电极丝沿反方向移动，再次与孔壁接触，此时当前 Y 轴坐标为 Y_2，系统自动计算中点坐标 $Y_0 = (Y_2 - Y_1)/2$。这样，系统会经过多次以上动作，当精度达到所要求的允许值时，就找到了孔的中心位置（图 10-7）。

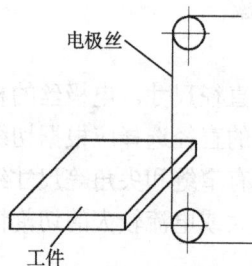

图 10-6　火花法调整电极丝位置

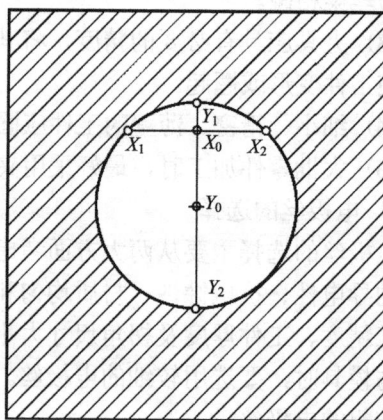

图 10-7　自动找中心法调整电极丝位置

2. 程序编制

数控线切割机床的控制系统根据编程人员编制的指令程序，控制机床进行加工。编程人员需要事先将工件要切割的几何图形，按线切割系统能够识别的语言编制指令程序，然后将程序输入到线切割机床的数控系统中。数控线切割编程方式可分为两种：手工编程与自动编程。

手工编程是编程人员按照工件要切割的几何图形分割成直线段与圆弧段，然后通过各种数学算法，计算每段曲线的关键点（起点、终点、圆心及切点等），之后，按照各关键点，按照切割顺序编制切割路线程序。当切割零件形状复杂或具有非圆曲线时，手工编程的工作量是非常大的，而且容易出错。

自动编程是采用交互式绘图软件，按照零件几何形状和尺寸绘制加工图形，然后由系统内置的后处理软件自动生成加工代码，通过仿真模拟加工后，最后控制机床进行加工，实现 CAD/CAM 集成加工。

本章着重讲解手工编程，国内线切割程序常用手工编程格式主要有 3B、4B、5B 和 ISO 四种，使用较多的是 ISO 格式。

ISO 代码进行数控编程是电加工控制发展的必然趋势。目前，国内各种线切割加工机床基本采用符合 ISO 标准的 G 代码格式。下面介绍常用 G 代码指令格式与使用方法。

（1）坐标方式指令 G90、G91。

G90 是绝对坐标指令，程序中使用了该指令，表示编程坐标按绝对坐标给定。

G91 是增量坐标指令，程序中使用了该指令，表示编程坐标按增量坐标给定，即坐标值均按前一个坐标作为起点来计算下一点的位置值。

（2）工件坐标系设置指令 G92。

G92 工件坐标系设置指令表示电极丝当前的位置在编辑坐标系中的坐标值，即定义加工程序的起点。只设定程序原点，电极丝不产生运动，仍在原来位置。

编程格式：G92X_Y_;

（3）快速定位指令 G00。

在电极丝不切割加工情况下，使电极丝以较快的速度移动到指定的位置。

编程格式：G00X_Y_;

如图 10-8 所示，电极丝由 A 点快速运动到 B 点，编程如下：

G92 X20000Y10000;

G00 X40000Y30000;

图 10-8　快速定位指令

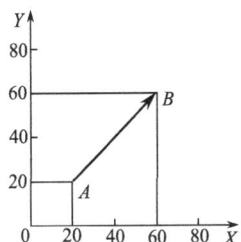

（4）直线插补指令 G01。

用于电极丝在坐标平面内加工直线轮廓。

编程格式：G01 X_Y_;

如图 10-9 所示，电极丝由 A 点以直线切割到 B 点，编程如下：

G92 X20000Y20000; G01 X60000Y60000;

（5）圆弧插补指令 G02、G03。

用于电极丝在坐标平面内加工圆弧，G02 为顺时针圆弧插补指令，G03 为逆时针圆弧插补指令。

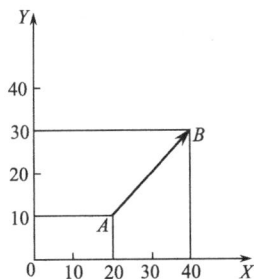

图 10-9　直线插补指令

编程格式：

```
G02/G03 X_Y_I_J_;
```

其中，X、Y 表示圆弧终点坐标；I、J 表示圆心坐标，指圆心相对于圆弧起点的增量值，I 是 X 轴方向上的坐标增量值，J 是 Y 轴方向上的坐标增量值。

如图 10-10 所示，电极丝由 A 点先顺时针切割至 B 点，再逆时针切割至 C 点，编程如下：

```
G92 X20000Y20000;
G02 X60000Y60000I40000J0;
G03 X90000Y30000I30000J0;
```

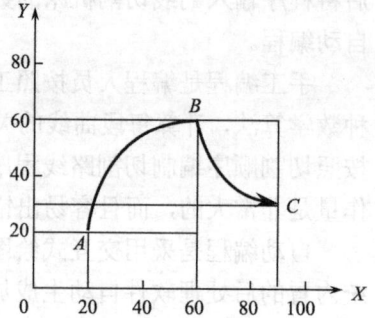

图 10-10 圆弧插补指令

10.3 电火花成型加工技术

电火花加工是在液体介质中，通过电极与工件之间脉冲放电而产生的电蚀现象，再由控制系统进行有规律的控制，进而去除材料，达到工件成形的目的。

10.3.1 加工原理

如图 10-11 所示，电火花加工主要由脉冲电源、工作电极、工件、机床进给机构、工作液体、循环系统等组成。

在电火花加工时，脉冲电源的一极接工件电极，另一极接工具电极，这两极均浸入具有一定绝缘度液体介质(常用介质有煤油、矿物质油或去离子水等)中，工具极受自动进给装置的控制，保证在加工时，工具极与工件之间保持一定的放电间隙(一般在 0.01～0.05mm)。当工具极与工件极之间有脉冲电压时，便将当时条件下两极之间最近距离的绝缘介质击穿，形成放电通道。由于放电时间极短，且通道的截面积很小，致使能量密度高度集中(局部可达 $10～10^7$ W/mm)，在工具电极与工件之间的放电区域，产生瞬时高温，足以使工件材料瞬间融

图 10-11 电火花加工原理图

1-脉冲电源；2-工件；3-自动进给机构；
4-工具极；5-液体介质；6-过滤器；
7-液体泵

化，甚至蒸发，从而形成一个小凹坑。第一次脉冲放电结束后，在经过很短的时间间隔，第二个脉冲也在两极间产生击穿放电。如此周而复始地高频循环放电，放电区绝缘液体逐渐被局部加热，急剧气化，体积发生膨胀。同时，工具极有规律地向工件进给，逐渐将其形状复印在工件上，最终形成所需的工件加工表面。在电加工过程中，能量不可避免地会释放到工具电极上，从而造成工具的损耗。

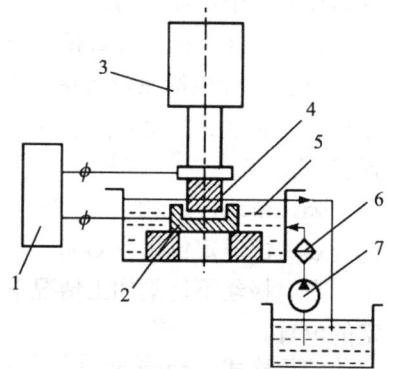

10.3.2 电火花加工条件

由电火花加工原理可以看出，电火花加工必须具备以下条件。

(1) 必须具有脉冲电源。工具电极和工件电极之间必须加以 60～300V 的脉冲电压。要保证输送到两极间脉冲能量应足够大，即放电通道要有很大的电流密度（一般为 10^4～$10^9\mathrm{A/cm^2}$）。另外，放电过程必须是短时间的脉冲放电，一般为 $1\mu s$～1ms，这样才能使放电产生的热量来不及扩散，从而把能量作用局限在很小的范围内，保持火花放电的冷极特性。脉冲放电需要多次进行，并且多次脉冲放电在时间上和空间上是分散的，避免发生局部烧伤。

(2) 必须采用自动进给控制装置。通过自动进给控制装置实现工具极与工件之间保持微小的放电间隙，一般在 0.01～0.05mm。长时间保持如此微小间隙是手动进给无法做到的，只能由自动进给控制系统来实现。放电间隙如果大于上述范围，液体介质是不能被击穿的，无法形成火花放电；放电间隙如果小于上述范围，会导致积炭，甚至发生电弧放电，无法继续加工。

(3) 两极之间必须充满液体介质。放电过程必须在有一定绝缘性能的流动工作液中，这有利于产生脉冲性火花放电，并排除间隙中的电蚀杂物，还可以对电极与工件表面起到冷却作用。

10.3.3 电火花设备结构组成

由于加工厂家生产的标准与系列要求不同或功能差异，电火花设备在外观布局上有很大不同，但是基本组成都类似，都具有脉冲电源、数控装置、进给系统、工作液循环系统及基础结构部件，见图 10-12。

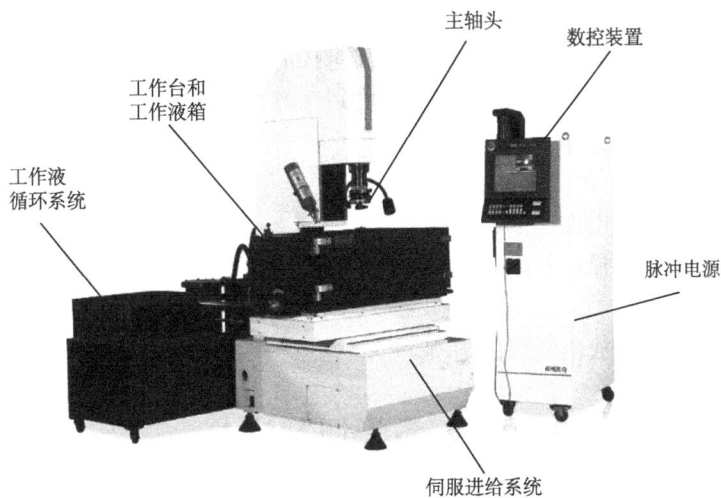

图 10-12 电火花设备基本组成结构图

(1) 脉冲电源。电火花成型加工的脉冲电源主要是将普通 220V 或 380V 的 50Hz 交流电，转换成为在一定频率范围且具有一定输出功率的单向脉冲电，提供电火花成型加工需要的放电能量来蚀除金属。脉冲电源的种类很多，分类方式多样，按功能可分为等电压脉宽（等频率）、等电流脉宽脉冲电源，以及模拟量、数字量、微机控制、适应控制、智能化等脉冲电源。

(2) 主轴头。主轴头是电火花成型加工机床的关键组成部件，由伺服进给机构、导向机构及辅助机构等组成。主轴头要有一定的轴向和侧向刚度和精度，灵敏度要高，无爬性现象。主轴头的控制方式主要有三种：电液伺服进给、步进电机进给、交(直)流伺服进给。

(3) 进给装置。电火花成型加工是一种无切削力且不接触的加工方法，要保证加工的持续性，就必须在电极与工件之间保持一定的放电间隙。这个间隙必须保证脉冲电压能够击穿介质，在这一过程中，电极要频繁地靠近和离开工件，以便排除电蚀残渣，这种运动的控制必须由伺服控制系统来完成，手动是无法控制的。

(4) 工作液循环过滤装置。工作液循环系统主要包括工作液泵、储液箱、过滤器及管道等。工作液循环系统经过加压泵将过滤后的清洁工作液强迫冲入电极与工件之间的放电间隙，将电蚀的产物随工作液一起从放电间隙中排除，从而达到稳定的加工过程。在加工过程中，工作液的压力可根据不同工件的几何形状及加工深度进行改变，一般压力选在 0～200kPa。

(5) 工作台与工作液箱。工作台用于支撑和装夹工件，在电加工过程中，可通过横向或纵向的丝杠传动机构来改变电极和工件的相对位置。工作台上装有储液箱，用于储存工作液，使电极与工件处于工作液介质中。

10.3.4　电火花加工特点

(1) 电火花能够加工用切削加工方法难以加工或无法加工的高硬度导电材料。

(2) 加工工件的变形小，可加工细长、薄、脆性零件及形状复杂的零件。

(3) 电火花机加工一般会采用粗、中、精等不同精度等级的加工方式。粗加工采用大功率、低损耗的方式，而中、精加工时，电极损耗相对较大，但一般情况下，中、精加工余量少，所以电极损耗很小，可通过加工尺寸来控制补偿量的大小。电火花精加工时的加工精度较高。目前，电火花加工的精度可以达到 0.01～0.05mm。

(4) 易于实现加工过程的自动化控制。

(5) 电火花加工的不足之处：

① 只能够对具有导电性能的材料进行加工。

② 加工精度受电极损耗的限制。

③ 加工速度慢。

④ 最小圆角半径受放电间隙的限制。

10.4　激光切割技术

10.4.1　激光切割发展与概述

激光的产生是人类历史上最伟大的发明之一，是 20 世纪第三次科技革命中的重大科技成就。其原理由爱因斯坦在 1916 年提出，到 1960 年由美国科学家 T.H.Maiman 研制成第一台激光器，这标志着激光由理论发展到技术应用阶段。在近 50 年的发展历程中，随着激光技术与应用的迅速发展，激光技术已与多学科相结合，从而形成交叉学科与新技术，广泛应用于工业制造、医疗、测量、科研与军事等领域。激光加工是激光应用最有发展前途的领域之一，激光加工是将激光照射到被加工物体上，利用激光与物质之间的相互作用改变材料的性质、形状及性能等，以达到加工的目的。

在激光加工技术中，激光切割是应用最为广泛的一种加工技术，目前激光切割技术在激光加工技术中所占的比例超过了 70%。其原理是激光经过聚焦后照射到材料上，使材料温度急剧升高至溶化或汽化，随着激光与被切割材料的相对运动，在切割材料上形成切缝，从而达到切割的目的。

激光切割技术在工业领域的应用始于 20 世纪 70 年代初期，早期的应用是在硬木板上切割不穿透的槽、镶嵌刀片、冲剪纸板模具等。之后，随着激光器的组成器件与加工技术的发展，其应用领域扩大到各种金属与非金属的板材切割加工，应用规模逐渐扩大。目前激光切割的非金属材料有木材、布料、皮革、纸张、玻璃、石英、陶瓷及各种塑料(如半导体硅材料及亚克力等)；金属材料有铁及其合金、不锈钢、铜及其合金、钛及其合金、镍合金、铝及铝合金等。

10.4.2 激光切割基本原理

由激光器发射的激光经过光路系统，聚焦成激光束，聚焦后的激光束形成很小的光点，最小直径可小于 0.1mm，使焦点处达到很高的功率密度，可超过 10^6W/cm^2。激光束照射到材料上，使材料温度急剧升高，将光能转化为热能，使材料溶化或汽化，与光束同轴的高压气体将溶化和汽化的材料吹走，同时高压气体还起到了冷却已切割表面和减少热影区的作用。另外，气流还有保证聚焦透镜不受污染的作用。随着光束与切割工件的相对运动，在切割材料上形成切缝，最终达到切割的目的，激光切割原理如图 10-13 所示。

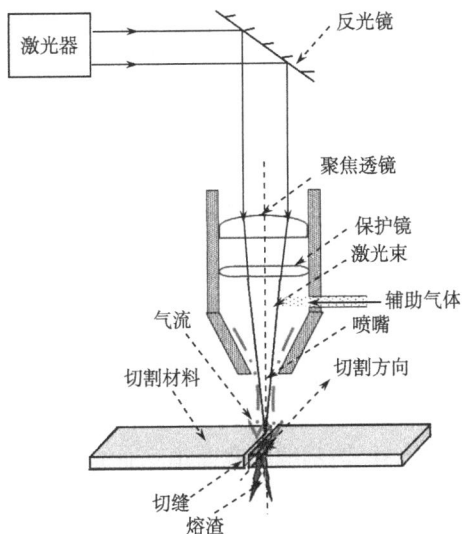

图 10-13 激光切割原理图

10.4.3 激光切割设备组成

激光切割机主要由激光发生器、机床主机、数控系统、供气系统、冷却系统、稳压电源等组成(图 10-14)。

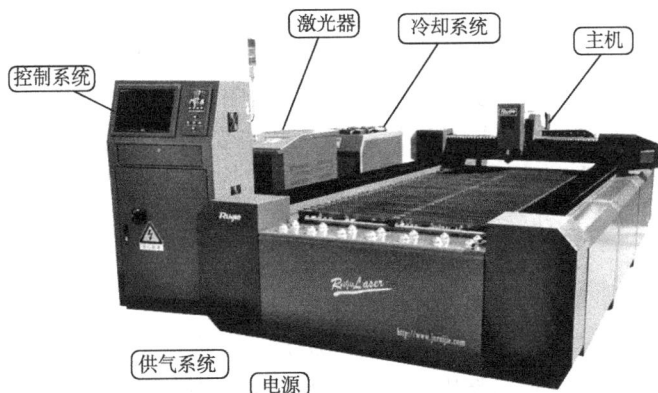

图 10-14 激光切割机组成结构

（1）激光发生器。是将电能转化为光能，产生激光束的装置，主要分为固体激光器和气体激光器两种。固体激光器一般采用光激励，能量转化环节多，光的激励能量大部分转化为热能，所以效率低。它包括工作物质、光泵、玻璃套管和滤光液、冷却水、聚光器及谐振腔等部分。气体激光器一般直接采用电激励，其效率高、寿命长、连续输出功率大，广泛用于切割、焊接、热处理等加工，常用的有二氧化碳激光器、氩离子激光器等。二氧化碳激光器主要包括放电管、谐振腔、冷却系统和激励电源等。

（2）机床主机。激光切割机机床部分实现 X、Y、Z 三个轴方向上运动的机械部分，包括床身与切割工作台，通常由伺服电机驱动。

（3）数控系统。控制机床 X、Y、Z 轴的运动及激光器的输出功率。

（4）供气系统。包括空压机、储气罐、气瓶、干燥机和过滤器。

（5）冷却系统。用于冷却激光器。把多余的热量带走保证激光器正常工作，同时还对机床外光路反射镜和聚焦镜进行冷却，保证稳定的光束传输质量，并有效防止镜片温度过高而导致变形或炸裂。

（6）稳压电源。连接在激光器、数控机床与电力供应系统之间，防止外电网干扰。

10.4.4　激光切割加工特点

（1）激光切割加工过程是非接触式加工，加工过程中无应力变形、无磨损、无耗材，原材料无浪费，使用成本低。

（2）激光能量集中，热影响区域小，材料无热变形，切割质量好。

（3）切割缝隙宽度小，加工精度高，具有很好的灵活性，可加工外形轮廓复杂的零件。

（4）使用范围广，可加工金属及非金属材料。还可以加工易碎的脆性材料及硬度极高的特殊性材料。

（5）生产工序少，工艺简单，操作方便，切割速度快，生产周期短。

（6）无化学废液、废气、粉尘及噪声等污染，无环境危害。

10.5　3D 打印技术

10.5.1　3D 打印技术概述

3D 打印机（3D Printer）也称三维立体打印机，该技术出现在 20 世纪 90 年代中期，是利用光固化和纸层叠等技术实现快速成型的装置，见图 10-15。它采用层层堆积的方式分层制作三维立体模型。3D 打印是"增材制造"的一种主要工艺，这种"增材制造"的理念是区别于传统的"去除型"制造，传统的加工制造是在原材料基础上，使用车削、铣削、磨削、切割、腐蚀、熔融等去除材料的方式，而"增材制造"与传统制造方法截然不同，它可直接根据计算机图形数据，通过叠加材料的方法生成任意几何形状的物体，简化产品生产制造周期、节省材料、提高效率并降低成本。

其工作过程类似于传统打印机，传统打印机是以二维平面图纸形式将墨水打印到纸张上，而三维打印机是通过喷射或挤出黏结剂等方式将液态光敏树脂材料、熔融塑料丝、石膏粉等材料以层层堆积叠加的形式形成三维实体。

图 10-15　3D 打印机

10.5.2　技术原理

3D 打印机是一种累积制造技术,是快速成型技术的一种工艺,是以数字模型文件为基础,以液态光敏树脂材料、熔融塑料丝、石膏粉等作为打印材料,打印机与电脑连接后,通过电脑控制将"打印材料"一层层叠加起来。在打印过程中,每一层的打印分为两步,首先在需要成型的区域喷洒一层特殊的胶水,胶水液滴自身很小,不易扩散。然后再喷洒一层均匀的粉末,粉末遇到胶水会迅速固化黏结,没有胶水的区域,依然保持松散状态,这样一层胶水一层粉末的交替下,最终将实体模型打印成型,打印完毕后清除松散的粉末,剩余的粉末还可以循环利用。作为打印耗材的胶水和粉末都是经过处理的特殊材料,不仅对固化反应的速度有要求,而且与模型强度以及分辨率都有直接关系。

除了上述打印方式,也有不使用喷墨喷嘴的方式,如 Stratasys 公司研发的熔融沉积成型法(FDM),这种方法是将热可塑性树脂从可动式喷嘴挤出,这种树脂以细长的线状形式在加热的喷嘴内溶化,同时,在喷嘴按照一定的运动轨迹进行运动,并挤出熔丝,从而完成造型过程。

使用 3D 打印技术制作三维实体模型时,一般需要经过三个过程:首先要运用专业 CAD 软件在计算机中设计虚拟的三维实体模型,常用的三维实体造型软件有 Pro/E、Solidworks、3ds MAX、CATIA、UG 等;然后进行文件格式转换,因为 3D 打印机要求用于打印的模型文件为.STL 格式,而不同的 CAD 软件设计的模型文件格式不同,需要将 CAD 软件设计的模型转换为.STL 格式。目前多数 CAD 软件都能够导出.STL 格式文件;最后转换为机器能够识别的代码,对于数控设备,它能够识别 G code 代码,3D 打印机也不例外,在打印前需要利用专业软件(如 Replicator G)根据 STL 模型文件生成 G code 代码。

10.5.3　3D 打印技术特点

（1）3D 打印的第一大优势是对打印对象的造型没有限制，因为这种快速成型技术是通过层叠方式构建实体模型的，所以 3D 打印可以打印制造几乎任意复杂的结构造型，这一技术打破了传统铸造以及切削加工制造对工件结构的限制要求，同时对于复杂曲面造型和小孔径内腔等结构的制造难点也被攻破。可以制造出传统生产技术无法制造出的外形，如让人们可以更有效地设计出飞机机翼或热交换器。

（2）3D 打印技术具有良好设计概念和设计过程，无需机械加工或任何模具，就能直接从计算机图形数据中生成任何形状的零件，从而极大地缩短产品的研制周期，简化生产制造过程，快速有效又廉价地生产出单个物品。提高生产率和降低生产成本。

（3）3D 打印技术能够实现 600dpi 的分辨率，每层厚度可达 0.01mm，即使模型表面有文字或图案也能够清晰打印。受到喷打印原理的限制，打印速度不会很快，较先进的产品可以实现每小时 25mm 高度的垂直速率，相比早期产品有 10 倍提升，而且可以利用有色胶水实现彩色打印，色彩深度高达 24 位。

（4）在传统切削加工及铸造工艺中，大多数金属和塑料零件为了生产而设计，这就意味着它们会非常笨重，并且含有与制造有关但与其功能无关的剩余物。三维打印技术不是这样的。在三维打印技术中，原材料只为生产所需要的产品，大幅减少了材料浪费。

（5）人们用它来制造服装、建筑模型、汽车、巧克力甜品等。

10.6　电化学加工技术

10.6.1　电化学加工技术概述

电化学加工（Electrochemical Machining，ECM）是指通过电化学反应（或电化学腐蚀）从工件上去除或在工件表面上镀覆金属材料的特种加工方法。在 1834 年法拉第发现电化学作用原理后，电镀、电铸、电解加工等技术逐渐被开发并发展起来，在 20 世纪 30 年代以后开始逐渐在工业上获得广泛应用。近几十年来，借助高新技术，在精密电铸、脉冲电流电解加工、电解复合加工、数控电解加工及电化学微细加工等方面取得了显著发展。目前电化学加工已成为一种不可或缺的去除或镀覆金属材料及微细加工的重要方法。广泛应用于电子、模具、医疗器材、汽车及兵器行业中。

电化学加工主要有三种不同的类型：第一类是利用电化学反应过程中的阳极溶解来进行加工，主要有电解加工和电化学抛光等；第二类是利用电化学反应过程中的阴极沉积来进行加工，主要有电镀和电铸等；第三类是利用电化学加工与其他加工方法相结合的电化学复合加工工艺进行加工，主要有电解磨削、电化学阳极机械加工。本节主要以电解加工为例介绍其加工原理。

10.6.2　电化学加工原理

电化学加工过程如图 10-16 所示，加工时，由稳压电源提供电流，被加工工件接在电源的正极（阳极）上，具有一定形状的工具接在负极（阴极）上，在工件与工具这两极之间，要保持 0.1～1mm 的间隙。同时，让具有一定压力的电解液(压力一般在 0.5～2.5MPa)从工件与工具之间的缝隙中高速流过(速度一般为 5～60m/s)。

接通电源后，形成通路，导线与电解液均有电流通过，但金属导线和电解溶液是两类不同性质的导体，金属导线是靠自由电子在外电场的作用下沿一定方向移动导电的，而电解液是靠溶液中正、负离子移动而导电的。当形成通路后，在工件、工具和溶液中产生交换电子的反应。作为阴极的工具极，其凸出的部分与工件阳极的电极间隙最小，此处的电流密度最大，单位时间内消耗的电量最多，根据法拉第定律，金属阳极的溶解量与通过的电量成正比。因此，工件

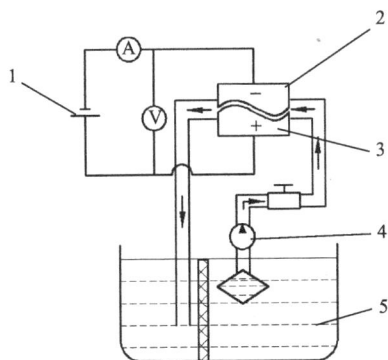

图 10-16　电化学加工原理图

1-稳压电源；2-工具极；3-工件极；
4-电解液泵；5-电解液

上与工具极凸出部位的反应要比其他地方反应快，并立即被高速通过的电解液冲走。同时，工具极以一定的速度(0.5～3mm/min)向工件进给，随着工件表面金属材料的不断溶解，工具极不断地向工件方向进给，由溶解而产生的电解产物被电解液不断冲走，工件表面也逐渐被加工成工具极的形状，当达到预定的加工深度时，就获得了所需要的加工形状。

10.6.3　电化学加工设备组成

电化学加工设备主要由三大部分组成：直流电源系统、机床、正负电极、电解液系统。电化学加工机床组成结构图见图 10-17。

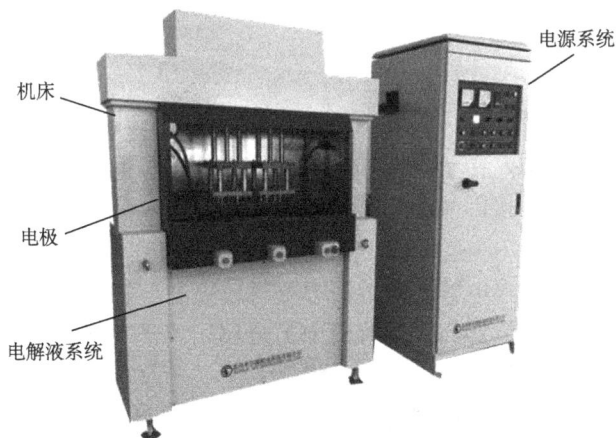

图 10-17　电化学加工机床

1. 直流电源

电解加工设备中常用的直流电源是硅整流电源及晶闸管电源。硅整流电源先用变压器把 380V 交流电转变为低电压的交流电，然后再用大功率硅二极管将交流电整成直流电。为了能无级调压，目前生产中采用三种方式：扼流式饱和电抗器调压、自饱和式电抗器调

压、晶闸管调压。

2. 机床

电化学加工机床的作用主要是：安装夹具、工件和工具极；实现工具极的进给运动；输送直流电与电解液。电解加工机床的结构应满足足够的刚性、良好的稳定性及安全与防腐特性。

（1）机床的刚性。电化学加工机床应具有较高的刚性，否则会引起机床部件的变形，工具极和工件极之间的相互位置关系如果发生改变，将会造成短路，从而烧伤工具极或工件表面。

（2）进给机构的稳定性。工件极溶解量随着时间的增加而逐渐增大，如果进给速度不稳定，工具极对工件的各个表面的电解时间就不同，从而影响加工精度，如工件的内孔、花键、膛线等截面形状的零件加工精度会受到很大的影响。

（3）安全与防腐。电化学加工过程中会产生大量的氢气，应及时排除，否则，会因为短路而引起爆炸，机床必须具有排氢防爆设备。另外，电解溶液及电化学产物都具有一定的腐蚀性，所以机床结构部件应该具有良好的密封性与防腐功能。

3. 正负极

正负电极即工具极和工件极。在电化学加工机床中，工具极广泛使用的材料是铝、黄铜、铜、青铜、石墨、镍铜合金及不锈钢等；工件材料必须具有良好的导电性质。装夹工件的夹具是由绝缘材料制作而成的，常用材料有环氧树脂或玻璃纤维等。这些材料具有良好的低湿性和热稳定性。

4. 电解液系统

电解液系统主要由泵、管道、过滤器、电解液槽及阀等组成。电解液泵一般使用的是离心泵。在电解加工过程中，由于析出的电解泥和气体使极间电解液的参数产生了变化，所以电解液的成分和性能直接影响电化学加工效率和加工精度。所以使用的电解液要具有如下特点。

（1）蚀除速度要快，要求电解质在溶液中要有较强的溶解度和离解度，电导率要高。

（2）加工精度和表面质量要高，电解液中的金属阳离子不能在阴极上产生放电反应，而沉积到阴极工具极上，以免影响工具的形状尺寸。

（3）阳极反应的最终产物是不溶性的化合物，主要是为了便于处理，不会影响工具极尺寸。

10.6.4 电化学加工技术特点

电化学加工的主要特点如下。

（1）电化学加工范围广，不受材料本身强度、硬度和韧性的限制。可加工高强度、高硬度和高韧性等难切削的金属材料，如钛合金、淬火钢、不锈钢、硬质合金、耐热合金等；可加工具有复杂结构形状的零件，如发动机叶片、花键孔、炮管膛线、锻模等各种复杂的三维型面，还可以加工薄壁和异形零件等。

（2）电化学加工能以简单的进给运动一次加工出形状复杂的型面和型腔，进给速度可达 0.3～15mm/min。

（3）电化学加工的工件表面质量好，在加工过程中无切削力和切削热。因此，不产生由此引起的变形和残余应力、加工硬化、飞边、毛刺、刀痕等。可以达到较低的表面粗糙度（Ra 为 1.25～0.2μm）和±0.1mm 左右的平均加工精度。微细加工钢材的电解加工精度可达±10～70μm。适合于电解加工易变形或薄壁型零件。

（4）电化学加工过程中工具电极在理论上无损耗，可长期使用。因为工具极的材料本身不参与电极反应，其表面仅产生析氢反应，同时工具材料又是抗腐蚀性良好的不锈钢或黄铜等材料，所以除产生火花短路等特殊情况外，工具阴极损耗极小。

（5）电化学加工的生产率高，为电火花加工的 5～10 倍。在某些情况下比切削加工的生产率还高。且加工生产率不直接受加工质量的限制，故一般适宜于大批量零件的加工。

（6）电解加工的主要缺点如下。

① 电解加工影响因素多，技术难度高，不易实现稳定加工和保证较高的加工精度。

② 工具电极的设计、制造和修正较麻烦，因而很难适用于单件生产。

③ 电解加工设备投资较高，占地面积较大。

④ 电解液对设备、工装有腐蚀作用，电解产物的处理和回收困难。

思　考　题

10-1　请简述特种加工技术的特点。

10-2　简述电火花线切割加工技术原理及其特点。

10-3　简述电火花成型加工技术原理及其特点。

10-4　简述激光切割技术原理及其特点。

10-5　简述 3D 打印技术原理及其特点。

10-6　请写一篇小论文，阐述你对特种加工技术的认识，并展望特种加工技术的发展趋势。

参考文献

博尔克纳. 2014. 机械切削加工技术[M]. 杨祖群，译. 长沙: 湖南科学技术出版社

曹凤国. 2015. 激光加工[M]. 北京: 化学工业出版社

陈日曜. 2012. 金属切削原理[M]. 北京: 机械工业出版社

关雄飞. 2011. 数控加工工艺与编程[M]. 北京: 机械工业出版社

李亚江. 2012. 激光焊接/切割/熔覆技术[M]. 北京: 化学工业出版社

刘英超. 2010. 数控机床编程与操作[M]. 北京: 机械工业出版社

娄延春. 2012. 铸造手册[M]. 北京: 机械工业出版社

陆剑中，孙家宁. 2011. 金属切削原理与刀具[M]. 北京: 机械工业出版社

吕雪松. 2011. 数控电火花加工技术[M]. 武汉: 华中科技大学出版社

蒙坚，丘立庆. 2012. 零件数控电火花加工[M]. 2版. 北京: 北京理工大学出版社

彭云峰，郭隐彪. 2010. 车削加工工艺及应用[M]. 北京: 国防工业出版社

施江澜，赵占西. 2015. 材料形成技术基础[M]. 北京: 机械工业出版社

王贵成，王振龙. 2013. 精密与特种加工[M]. 北京: 机械工业出版社

王少纯，马慧良，关晓东. 2011. 金属工艺学[M]. 北京: 清华大学出版社

王维，王克峰，张启超，等. 2015. 3D打印技术概论[M]. 沈阳: 辽宁人民出版社

吴怀宇. 2014. 3D打印: 三维智能数字化创造(全彩)[M]. 北京: 电子工业出版社

杨建伟，刘昭琴. 2011. 机械零件切削加工[M]. 北京: 北京理工大学出版社

杨叔子. 2012. 机械加工工艺师手册-切削加工[M]. 北京: 机械工业出版社

叶建斌，戴春祥. 2012. 激光切割技术[M]. 上海: 上海科学技术出版社

张德荣. 2010. 数控车床/加工中心工艺编程与加工[M]. 武汉: 华中科技大学出版社

赵金凤，等. 2013. 数控机床编程与操作[M]. 武汉: 武汉大学出版社

周功耀，罗军. 2016. 3D打印机床教程[M]. 北京: 东方出版社

周晖. 2009. 数控电火花加工工艺与技巧[M]. 北京: 化学工业出版社

周旭光. 2011. 特种加工技术[M]. 西安: 西安电子科技大学出版社

周湛学，刘玉忠. 2013. 数控电火花加工及实例详解[M]. 北京: 化学工业出版社

朱振华. 2011. 金属工艺学[M]. 北京: 化学工业出版社